突破平面
InDesign
版式设计与制作剖析

6.8.1
房地产
广告设计

6.8.2
咖啡
酒水
单设计

7.6.2 促销广告设计

9.5.1 南京印象
宣传单页设计

10.4.1 房地产宣传册内页设计

10.4.2 月饼包装设计

21Vianet Group, Inc.

公司简介

云计算战略

我们致力于 What we do

产品概述 Product Overview

画册主页设计与应用 11.7.1

InDesign

突破平面

InDesign

版式设计与制作剖析

13.2 房地产广告

13.4 粽子包装设计

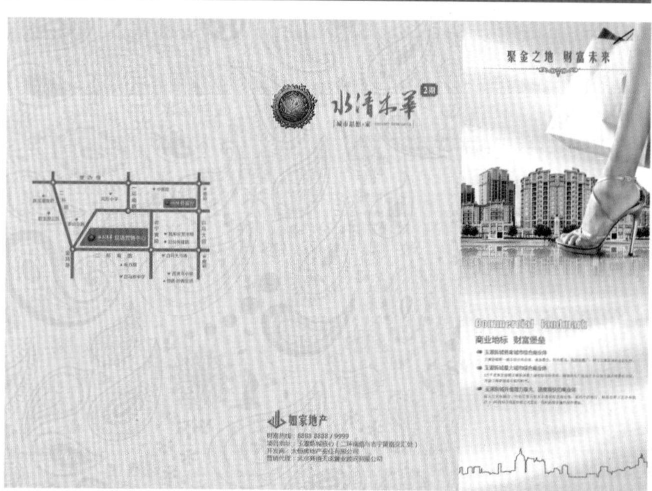

13.5 房地产三折页设计

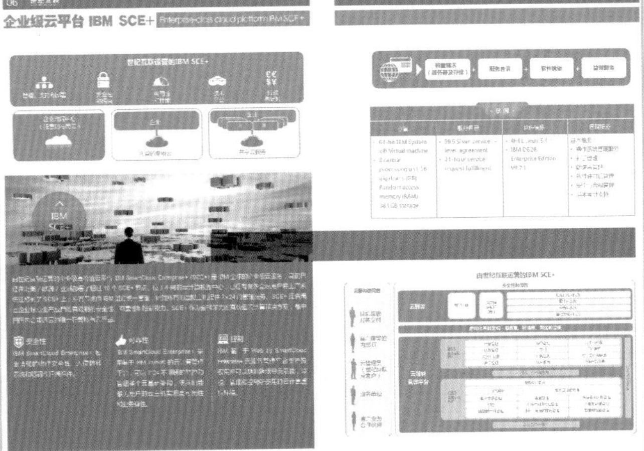

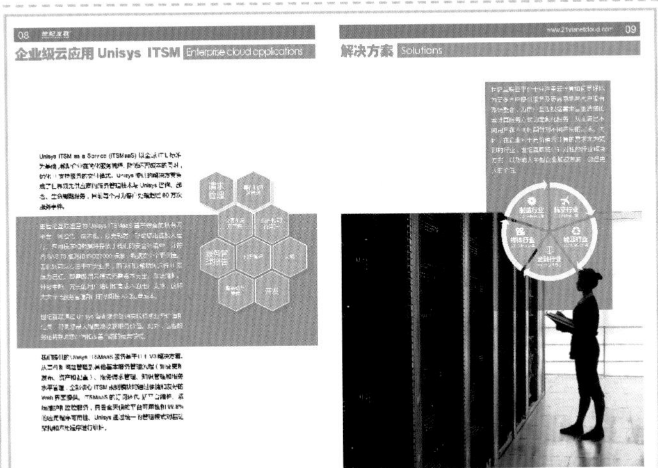

13.6 点智互联宣传册设计

平面设计与制作

突破平面 InDesign 版式设计与制作剖析

宿丹华 / 编著

清华大学出版社
北 京

内 容 简 介

本书讲解的内容兼容InDesign CS4/5/6软件版本，在讲解InDesign最核心、最实用软件技术的同时，穿插了大量示例、练习、实战及综合案例，并遵循“深入浅出、循序渐进、学以致用、用有所依”的教学理念，让读者真正掌握InDesign中的重要功能，并能够在以后的实际应用与工作过程中应对自如。本书的光盘中附送了书中运用到的素材及相关部分的视频教学文件，能帮助各位读者快速掌握核心的InDesign技术知识。

本书特别适合于InDesign自学者使用，也可以作为相关院校的教材使用。

图书在版编目（CIP）数据

突破平面InDesign版式设计与制作剖析/宿丹华　编著. --北京：清华大学出版社，2015（2019.6重印）
（平面设计与制作）
ISBN 978-7-302-38273-7

Ⅰ.①突…　Ⅱ.①宿…　Ⅲ.①电子排版—应用软件—教材　Ⅳ.①TS803.23

中国版本图书馆CIP数据核字（2014）第235108号

责任编辑： 陈绿春
封面设计： 潘国文
责任校对： 徐俊伟
责任印制： 沈　露

出版发行： 清华大学出版社
　　网　　址： http://www.tup.com.cn，http://www.wqbook.com
　　地　　址： 北京清华大学学研大厦A座　　**邮　　编：** 100084
　　社 总 机： 010-62770175　　**邮　　购：** 010-62786544
　　投稿与读者服务： 010-62776969，c-service@tup.tsinghua.edu.cn
　　质量反馈： 010-62772015，zhiliang@tup.tsinghua.edu.cn
印 装 者： 涿州市京南印刷厂
经　　销： 全国新华书店
开　　本： 203mm×260mm　　**印　张：** 18.5　　**插　页：** 2　　**字　数：** 513千字
（附DVD1张）
版　　次： 2015年4月第1版　　**印　次：** 2019年6月第3次印刷
定　　价： 59.00元

产品编号：054501-01

前言

CONTENTS

InDesign是Adobe公司开发的专业排版软件，随着软件不断的更新完善、软件功能的日渐成熟，也越来越被更多的用户所接受和使用，其应用领域涵盖了平面广告、封面、包装、易拉宝、画册、宣传单、报刊以及菜谱等，尤其是与Adobe公司其他知名的Photoshop与Illustrator等软件搭配在一起使用，可以起到绝佳的互补作用与兼容性，更方便地实现各类设计工作。

本书以实用、易用、兼容多版本InDesign软件为原则，在讲解InDesign最常用、最实用功能的同时，配合大量实例讲解，力求让读者在掌握软件最核心的技术的同时，具有实际动手操作的能力。

总体而言，本书具有以下特色：

- **兼容多版本InDesign软件**

  InDesign软件的核心功能在于对版面的设计、管理与编排，历经了多个版本的升级与功能变迁，在实用性、易用性等方面均有了很大的提升，功能也有了极大的扩展，但总的来说，其核心功能并没有发生质的变化，因此，笔者在编写本书时，在侧重讲解实用功能的同时，也兼顾了InDesign CS4/5/6，让读者无论是使用哪个版本的软件，都能够通过本书，学习到最实用、最核心的功能。

- **真正的理论与实战紧密联系在一起**

  在笔者看来，软件技术与理论知识的学习，最终都是为实际的应用打基础，这也是笔者一直坚持将理论与实战结合起来讲解的原因。在本书中，除了讲解InDesign软件最实用、最核心的功能外，通过了大量的实例，来演示和讲解其具体用途，尽可能让读者达到学有所用、用有所依的学习目的。

在实战方面，主要通过以下几个方面进行讲解：

- 示例：本书在讲解软件功能的过程中，采用了大量的精美示例，除了演示软件功能的作用外，也在一定程度上向读者展示了该功能的某个应用领域，及相关的设计方法。还将这些素材与效果文件附送在光盘中，读者可以随时调用这些文件进行学习，还可以运用到以后的工作当中去。

- 练习：在讲解了一些典型的功能后，还专门提供了一些相关的案例，作为功能的练习之用，达到熟能生巧的教学目的。
- 实战：在每章的末尾，准备了针对本章内容而设计的实战案例，通过这些案例的学习，有助于读者对整章的内容有一个好的理解和运用。
- 综合案例：在本书的第13章中，精心挑选了封面、广告、宣传单、宣传册、名片以及三折页等InDesign软件的典型应用领域，设计了精美的案例，并附上详细的操作步骤讲解，使读者能够将本书讲解的InDesign核心技术知识，真正地融合在一起，并应用到实际的工作当中去。

限于水平与时间，本书在操作步骤、效果及表述方面定然存在不少不尽如人意之处，希望各位读者来信指正，笔者的邮件是LB26@263.net及Lbuser@126.com，或加入QQ学习群91335958或105841561。

本书是集体劳动的结晶，参与本书编著的包括以下人员：

雷剑、吴腾飞、左福、范玉婵、刘志伟、李美、邓冰峰、詹曼雪、黄正、孙美娜、刑海杰、刘小松、陈红艳、徐克沛、吴晴、李洪泽、漠然、李亚洲、佟晓旭、江海艳、董文杰、张来勤、刘星龙、边艳蕊、马俊南、姜玉双、李敏、邰琳琳、李亚洲、卢金凤、李静、肖辉、寿鹏程、管亮、马牧阳、杨冲、张奇、陈志新、刘星龙、马俊南、孙雅丽、孟祥印、李倪、潘陈锡、姚天亮、葛露露、李阗琪、陈阳、潘光玲、张伟等。

笔者

目录

PREFACE

第1章 Adobe InDesign入门

第2章 InDesign必学基础知识

VILLA
山中院落 知己为邻

PURE CEYLON TEA
TEATUL

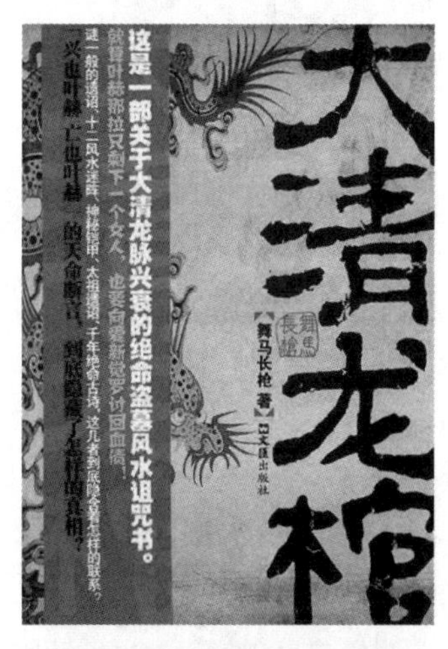
大清龙棺
这是一部关于大清龙脉兴衰的绝命盗墓风水诅咒书。
舞马长枪 著

COCONUT

大家再见，我要回2005年买房了
如果老天给你一次机会时空穿越，
你会不会做一些不让自己后悔的事儿…
你会不会跟暗恋多年的女孩告白，
这样她就不会嫁到国外从此了无音讯
你会不会多陪陪爷爷奶奶，
这样就不会每年对着年饭上的空碗叹息
你会不会再努力努力，
这样就能考上最钟爱的大学而不是将就将就就算了
你会不会选择留在国内，
这样就能见到外公最后一面
我什么都不做，我就回去买套房!!!
在这个12月
协信·城立方携手搜房网成全大家的愿望，时空倒转，房市穿越
千人齐抢"狂惠房"，总价16.8万狂抢两房
一锤定音!
首付约6.5万买两房 / 首付约8.5万买三房
大学城·星光系购物天地旁 约51~64m²百变精致小户即将献世
协信·城立方 65766688 重庆·大学城 轻松置业 生活满分

万科幸福汇
活在北京不容易
之坚持梦想不容易
毕业
北京
坚持梦想，只为活在北京！
在北京，我们都可以找到幸福
VIP-010 69397777
万科幸福汇

第5章 编辑与组织对象

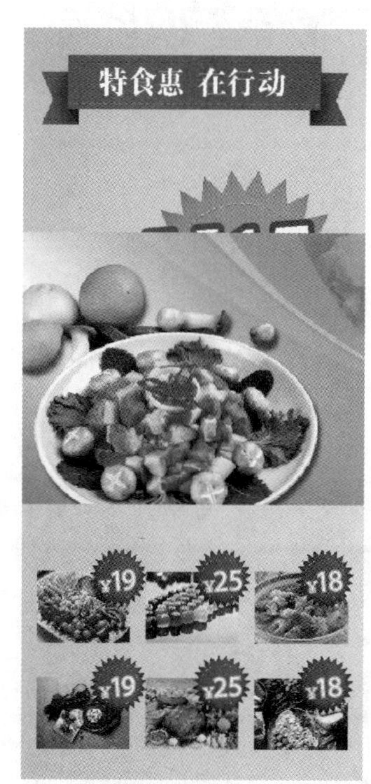
特食惠 在行动
¥19
¥25
¥18
¥19
¥25
¥18

HOME HERITAGE

地道
英语口语
DIDAO YINGYU KOUYU

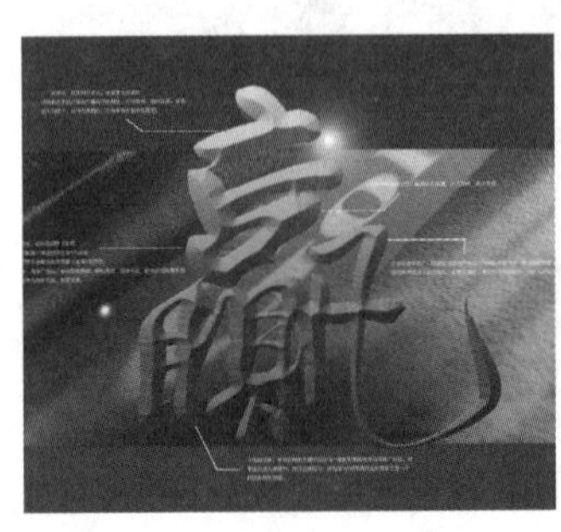

第10章 合成与特效处理

第11章 创建与编辑长文档

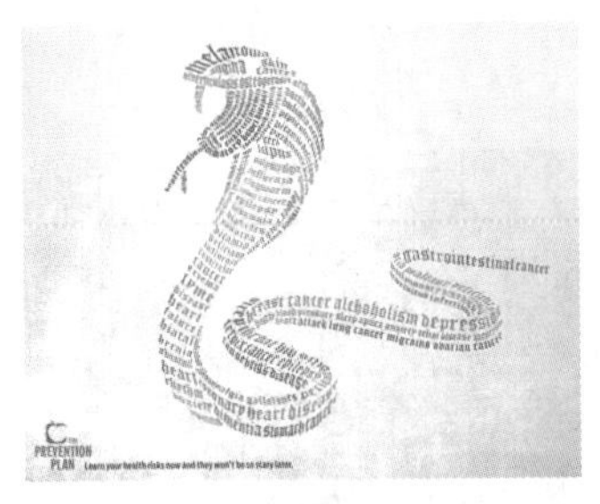

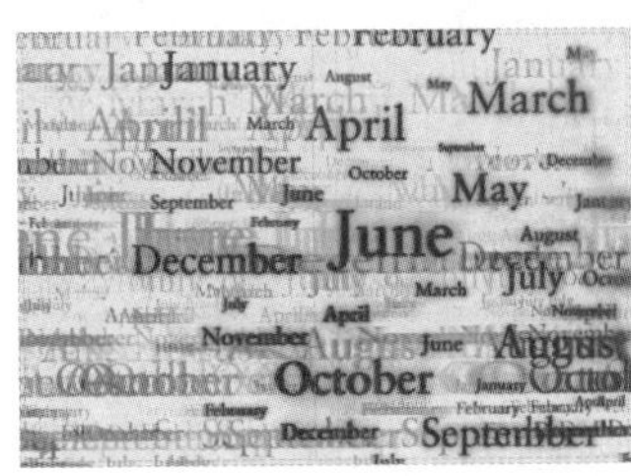

第12章 印前与输出

第13章 综合案例

第1章

Adobe InDesign入门

1.1 了解InDesign的应用领域

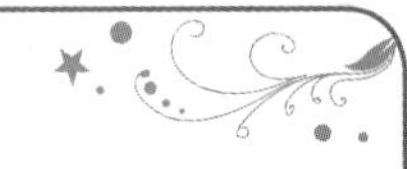

InDesign软件是Adobe公司开发的一款定位于专业排版领域的设计软件。随着软件的逐步升级，其功能、性能、稳定性及兼容性等方面，都有了极大的提高，其应用领域非常广泛。如一些平面广告设计、画册设计、封面设计、易拉宝设计及包装设计等。下面就来具体介绍一下其主要应用领域。

1.1.1 平面广告设计

广告是人们身边无处不在的东西。对于平面广告而言，由于其先天的静态特性，使得设计师必须在用图、用色、版面设计等方面综合考量、合理安排，才能够吸引并打动消费者，这就对设计师的综合素质有较高的要求了。

图1.1所示是一些优秀的广告设计作品。

图1.1 广告设计作品

1.1.2 封面设计

封面设计又称装帧设计，具体来说又可以分为画册封面、图书封面、使用手册封面及杂志封面等。它主要由正封和封底两部分组成。对于图书、杂志来说，往往还有书脊，书脊的尺寸依据图书或杂志的厚度不同而异。

由于书籍的封面是一个尺寸不大的设计区域，因此切实运用好每一种封面的设计元素就显得特别重要。图1.2所示为精美的书籍装帧设计作品。

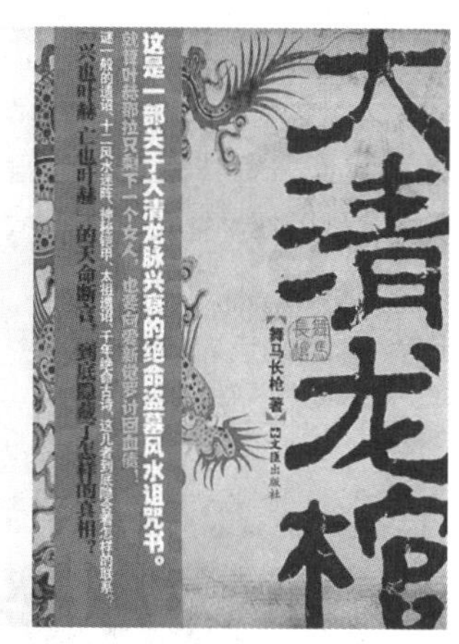

图 1.2　书籍装帧设计作品

1.1.3　包装设计

包装设计是由包装结构设计和包装装潢设计两部分组成。一般来说，大部分设计师涉及的都是后者，即包装装潢设计。具体来说，是指对产品保护层的美化修饰工作，它带给消费者对产品的第一印象，也是消费者在购买产品以前主观所能够了解到该商品内容的唯一途径。这就要求包装装潢设计不仅具备说明产品功用的实际作用，还应以美观的姿态呈现在消费者面前，从而提高产品的受注目程度，甚至让人产生爱不释手的购物冲动。

图1.3所示是优秀的包装作品。

图 1.3　包装作品

1.1.4　盘面设计

盘面设计主要是为光盘表面增加一层具有装饰和说明性的设计。光盘盘面设计并不是独立存在的，它往往是图书、杂志的附送品，即使是独立销售的光盘，也会在其外部增加一个光盘盒，以保护光盘、避免受损。因此，盘面的设计通常是跟随图书、杂志的封面或其包装盒的设计，取其主体进行设计，或略做修改即可，如图1.4所示。图1.5所示是一些设计得较为优秀的盘面作品。

图1.4　设计风格跟随主体的盘面设计

图1.5　盘面设计

1.1.5　卡片设计

卡片包含的类型较为广泛，如请柬、名片、明信片、会员卡及贺卡等，它们共同的特点就是普遍比较小巧，即可供发挥设计的空间较小。因此，要设计出美观、突出、新奇的卡片作品，更要求设计师有深厚的设计经验，有大胆的想象与发挥。图1.6所示就是一些极具创意的名片作品。

图 1.6　精美的卡片设计

1.1.6　易拉宝设计

简单来说，易拉宝就是一个可移动便携海报，它通过一个专用的展架，支撑起所展示的内容，如图1.7所示。易拉宝常用于目前会议、展览、销售宣传等场合，可分为单面型、双面型、桌面型、电动型、折叠型、伸缩型、滚筒型等类型。

图1.8所示是一些优秀的易拉宝作品。

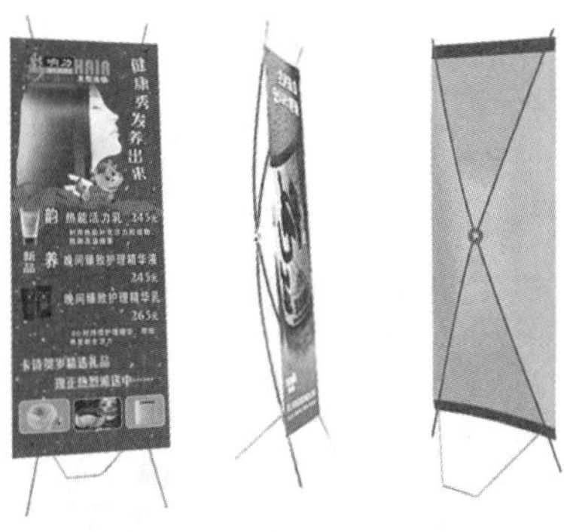

图1.7　易拉宝展示效果

图 1.8　易拉宝设计作品

1.1.7　画册设计

画册又称为宣传册，是一种较为大型的宣传手段，可针对企业形象或产品进行详细的介绍。目前，画册已经成为重要的商业贸易媒体，成为企业充分展示自己的最佳渠道，更是企业最常用的产品宣传手段。

图1.9所示就是一些优秀的宣传册作品。

图 1.9　宣传品

1.1.8 宣传单设计

宣传单，又称传单，可视为画册的一个简化版本，大致可分为单页、对页、双折页、三折页及多折页等形式。其特点就是容纳的信息较大，同时又易于工作人员分发和读者携带，大到汽车、楼盘、家电，小到化装品、美容美发等，都常以宣传单作为主要的宣传手段。

图1.10所示就是典型的宣传单设计作品。

图 1.10 宣传单设计作品

1.1.9 书刊版面设计

常见的书刊版面设计主要包括杂志、图书内文及报纸等。图1.11、图1.12和图1.13所示分别是一些典型的作品。

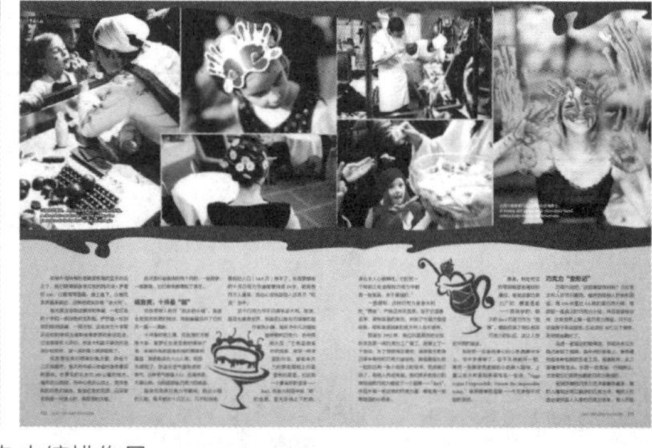

图 1.11 杂志编排作品

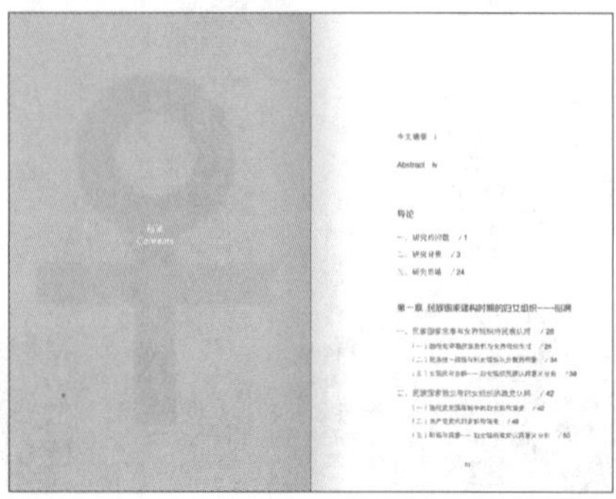

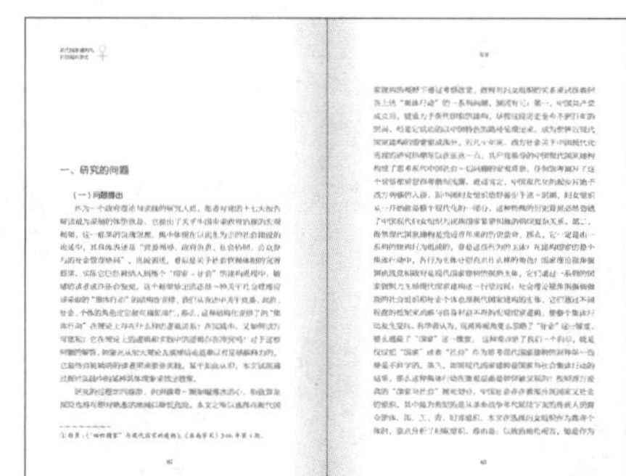

图1.12 图书内文版式编排作品

图 1.13　报纸编排作品

通过上面的作品就不难看出，杂志的版面设计较为灵活，除一些文学类杂志外，图像往往占据页面的主体，即便是存在大段的叙述性文字时，往往也是加入一些小的图形图像作为装饰，使页面更为美观；图书的版式往往是中规中矩的，即便有图片时，也与文字之间有明显的间隔和区分，以便于读者进行学习和阅读，其主要的版面设计在于篇（章）首页、页眉页脚及文章的标题处；报纸的版面介于杂志和图书之间，即大部分版面以适合阅读的形式进行文字编排，同时会采用一些相关的、必要的图像作为辅助。

1.1.10　菜谱设计

在餐厅、咖啡馆、酒吧等场所中，菜谱是必不可少的东西，随着人们审美情趣的逐渐提高，一份美观、大气、亲切的菜谱，更能增加客人的食欲，也更容易带来"回头客"，图1.14所示就是一些精美的菜谱设计作品。

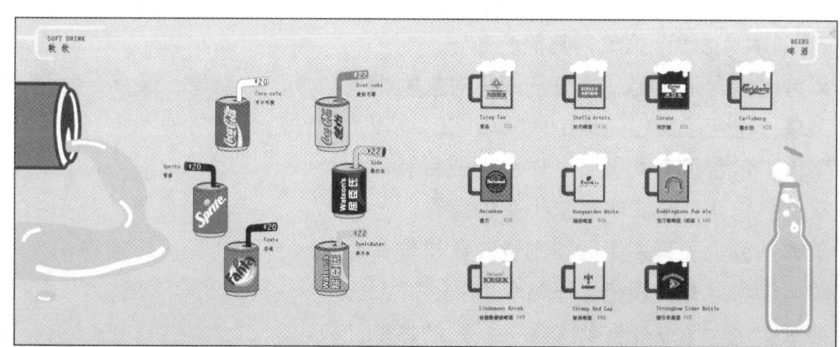

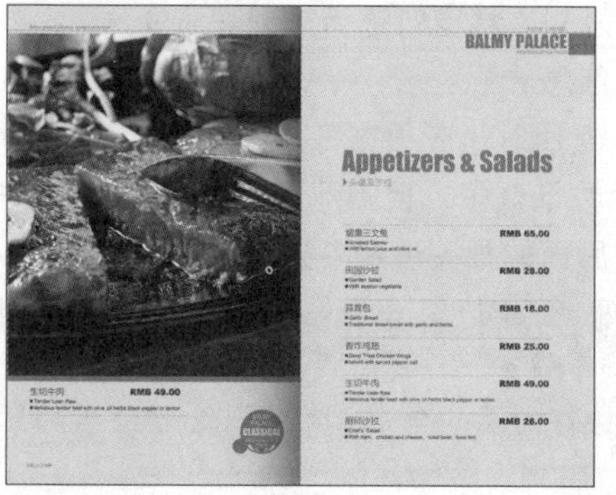

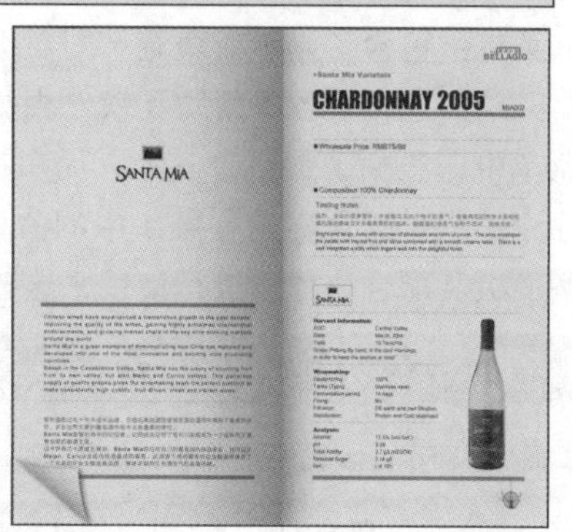

图 1.14　菜谱设计作品

1.2 了解InDesign的界面

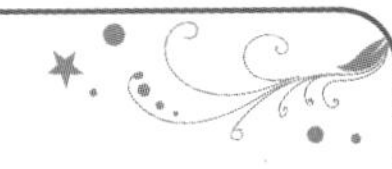

在正确安装并启动InDesign CS6后，将显示图1.15所示的工作界面。

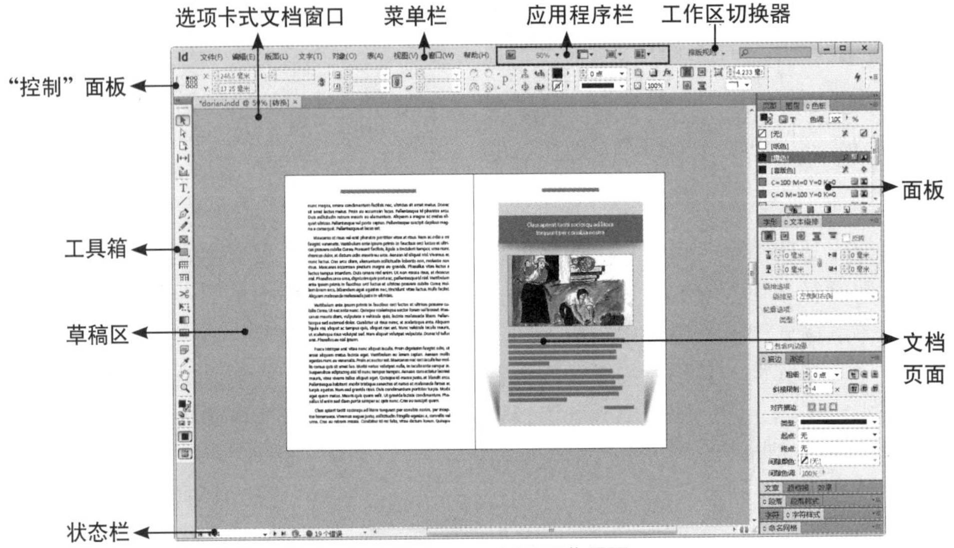

图1.15　InDesign CS6 工作界面

下面来分别介绍一下工作界面各部分的功能。

1.2.1　菜单栏

在InDesign中，共包括9个菜单，其简介如下。

- “文件”菜单：包含了文档、书籍及库等对象的相关命令，如新建、保存、关闭、导出等。
- “编辑”菜单：包含了文档处理中使用较多的编辑类操作命令。
- “版面”菜单：包含了有关页面操作及生成目录等命令。
- “文字”菜单：包含了与文字对象相关的命令。
- “对象”菜单：包含了有关图形、图像对象操作命令。
- “表”菜单：包含了有关表格操作命令。
- “视图”菜单：包含了改变当前文档的视图的命令。
- “窗口”菜单：包含了显示或隐藏不同面板及对文档窗口进行排列等命令。
- “帮助”菜单：包含了各类帮助及软件相关信息。

在这些菜单中，包括了数百个命令，用户在使用时，应根据各菜单的上述基本作用，进而准确选择需要的命令。另外，虽然这些菜单中的命令数量众多，但实际上，常用的命令不多，且大部分都可以在各类面板及配合快捷键进行使用，这在后面的相关讲解中会逐一提到。

提示

在菜单上以灰色显示的命令，为当前不可操作的菜单命令；对于包含子菜单的菜单命令，如果不可操作，则不会弹出子菜单。

1.2.2 控制面板

1. “控制”面板简介

“控制”面板的作用就是显示并设置当前所选对象的属性，使用户可以快速、直观地进行相关参数设置。例如图1.16所示是选中了一个矩形对象后的“控制”面板。图1.17所示则是选择“文字工具”T后的“控制”面板。

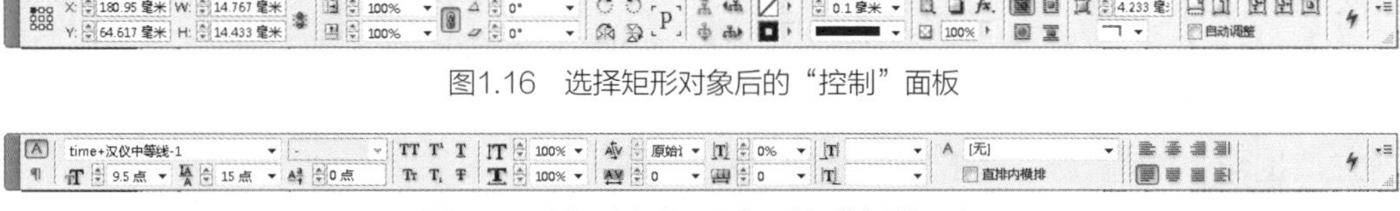

图1.16 选择矩形对象后的“控制”面板

图1.17 选择“文字工具”后的“控制”面板

2. “控制”面板使用技巧

对于“控制”面板中的一些参数，除了可以直接在其中设置以外，若要进行更多参数设置，则可以按住【Alt】键单击该图标，以调出其参数设置对话框。例如按住【Alt】键单击“旋转角度”图标⊿，即可调出“旋转”对话框，如图1.18所示。

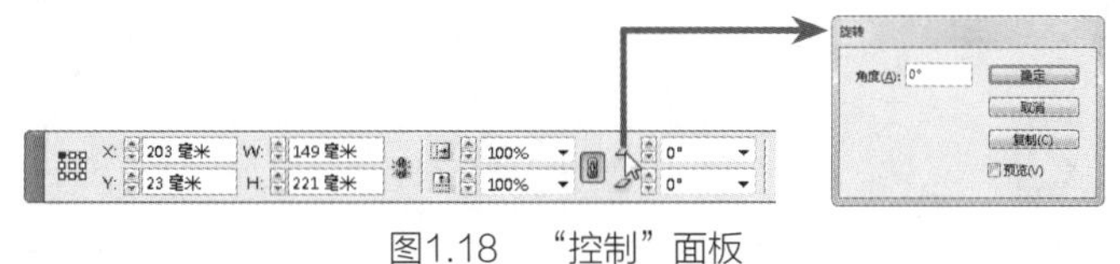

图1.18 “控制”面板

3. 自定“控制”面板中的项目

若要自定义“控制”面板中显示的内容，可以单击该面板右侧的“面板”按钮▾≡，在弹出的菜单中选择“自定”命令，在弹出的对话框中选择显示或隐藏某些参数，如图1.19所示。

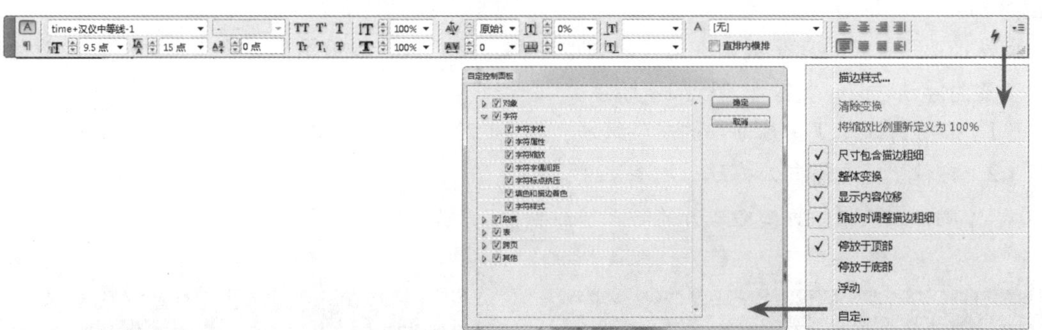

图1.19 自定“控制”面板设置

1.2.3 工具箱

InDesign提供了数量众多的工具，它们全部位于工具箱中，掌握各个工具的正确、快捷的使用方法，有助于加快操作速度，提高工作效率。下面来讲解一下与工具箱相关的基础操作。

1. 选择工具

要在工具箱中选择工具，可直接单击该工具的图标，或按下其快捷键。其操作步骤如下所述。

（1）将光标置于要选择的工具图标上。

（2）停留2秒左右，即可显示工具的名称及快捷键，如图1.20所示。

（3）单击鼠标左键即可选中该工具。

2. 选择隐藏工具

在InDesign中，同类的工具被编成组置于工具箱中，其典型特征就是在该工具图标的右下方有一个黑色小三角图标，当选择其中某个工具时，该组中其他工具就被暂时隐藏起来。下面以选择"矩形工具"为例，讲解如何选择隐藏工具。

（1）将鼠标置于"矩形工具"图标上，该工具图标呈高亮显示。

（2）执行下列操作之一：

- 在工具图标上按住鼠标左键不放约2秒钟左右；
- 在工具图标上单击鼠标右键。

（3）此时会显示出该工具组中所有工具的图标，如图1.21所示。

（4）拖动鼠标指针至"椭圆工具"上，如图1.22所示，即可将其激活为当前使用的工具。

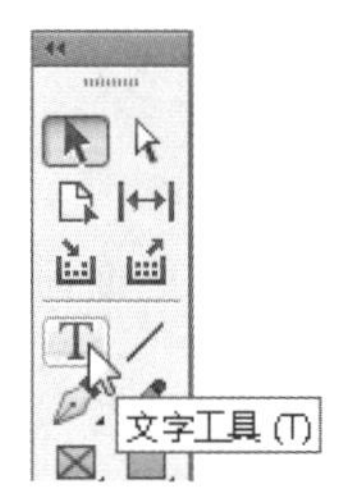

图 1.20　将鼠标指针放置在工具图标上

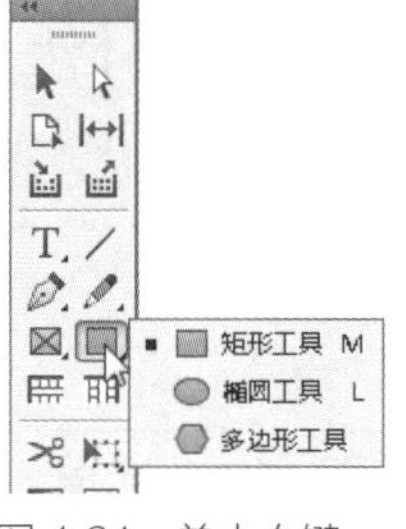

图 1.21　单击右键

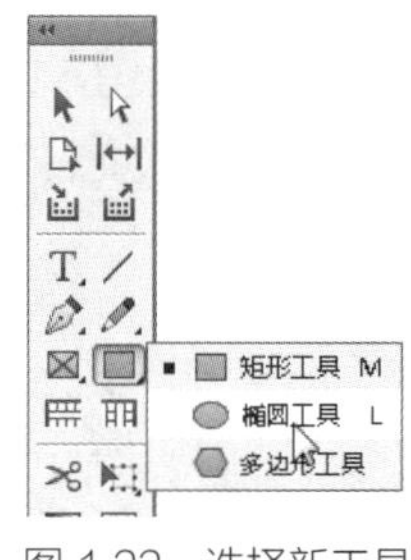

图 1.22　选择新工具

另外，若要按照软件默认的顺序来切换某工具组中的工具，可以按住【Alt】键，然后单击该工具组中的图标。

3. 拆分工具箱

默认情况下，工具箱是吸附在工作界面的左侧，用户也可以根据需要将其拖动出来，使之从吸附状态变为浮动状态，其操作步骤如下所述。

（1）将光标置于工具箱顶部的灰色区域，如图1.23所示。

（2）按住鼠标左键向外拖动，如图1.24所示。

（3）确认工具箱与界面边缘分离后，释放鼠标左键即可。

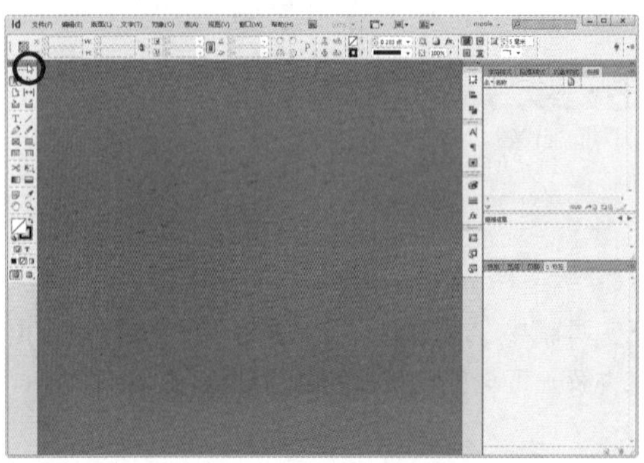
图1.23　摆放光标位置

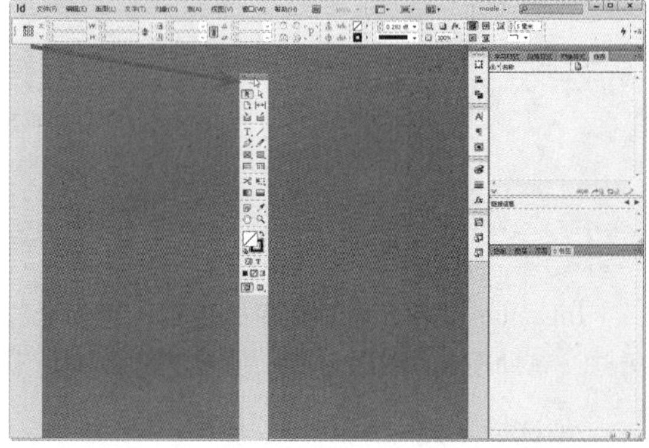
图1.24　拖动工具箱

4. 合并工具箱

与拆分工具箱刚好相反，合并工具箱是指将处于浮动状态的工具箱改为吸附状态，其操作步骤如下所述。

（1）将光标置于工具箱顶部的灰色区域。

（2）按住鼠标左键向软件界面左侧拖动，直至边缘出现蓝色高光线，如图1.25所示。

（3）释放鼠标左键，即可将工具箱吸附在软件界面左侧，如图1.26所示。

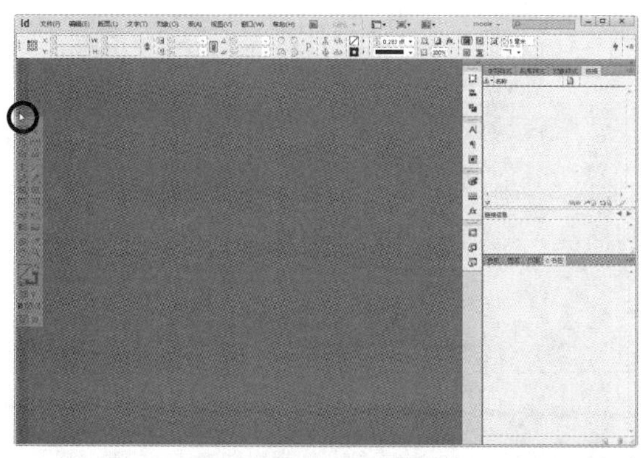

图1.25 显示蓝色高光线

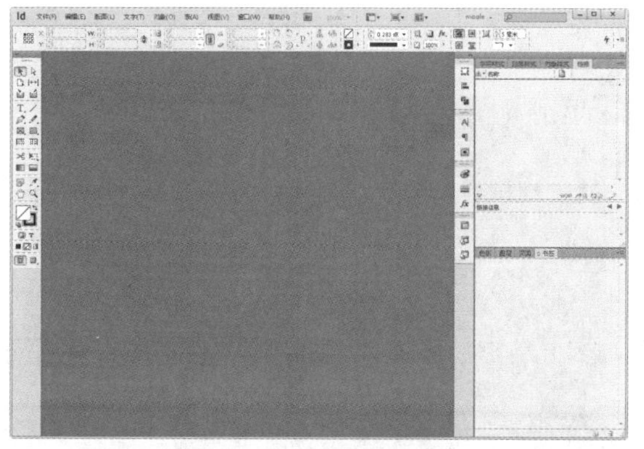

图1.26 吸附状态下的工具箱

5. 调整工具箱显示方式

在InDesign中，工具箱可以以单栏、双栏和横栏3种状态显示，用户可以单击工具箱顶部的显示控制按钮进行切换，如图1.27所示。

例如在默认情况下，工具箱是贴在工作界面的左侧，这样可以更好地节省工作区中的空间。此时单击工具箱的显示控制按钮，即可将其切换为双栏状态，如图1.28所示。

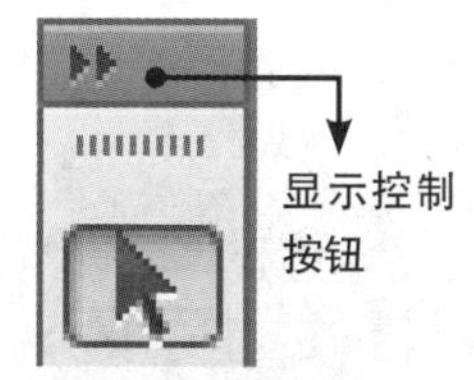

图 1.27 工具箱的伸缩栏

图 1.28 双栏工具箱状态

当把工具箱拆分出来时，再单击显示控制按钮，可以在单栏、双栏及横向状态之间进行切换，如图1.29所示。

图 1.29 横向状态的工具箱

1.2.4 面板

在InDesign中，面板具有无可替代的重要地位，它除了可以实现部分菜单中的命令外，还可以完成工具箱或菜单命令无法完成的操作及参数设置，其使用频率甚至比工具箱还要高。下面就来学习一下与面板相关的基础操作。

值得一提的是，面板也支持收缩、扩展操作，其方法与工具箱基本相同，故不再详细讲解。

1. 调整面板栏的宽度

要调整面板栏的宽度，可以将鼠标指针置于某个面板伸缩栏左侧的边缘位置上，此时鼠标指针变为⇔状态，如图1.30所示。

向右侧拖动，即可减少本栏面板的宽度，反之则增加宽度，如图1.31所示。

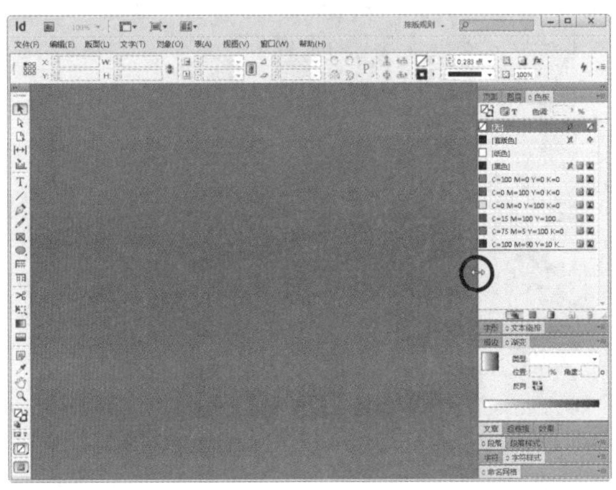

图 1.30　光标状态

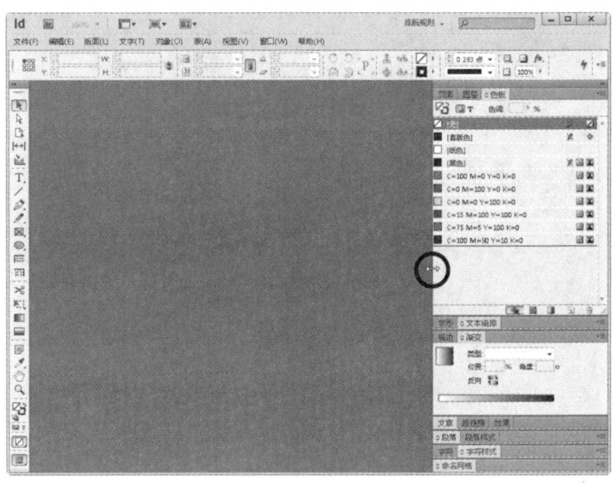

图 1.31　增加面板的宽度

受面板装载内容的限制，每个面板都有其最小的宽度设定值，当面板栏中的某个面板已经达到最小宽度值时，该栏宽度将无法再减少。

2. 拆分与组合面板

拆分面板操作与前面讲解的拆分工具箱是基本相同的，用户可以按住鼠标左键拖动要拆分的面板标签，如拖至工作区中的空白位置，如图1.32所示，释放鼠标左键即可完成拆分操作，图1.33所示就是拆分出来的面板。

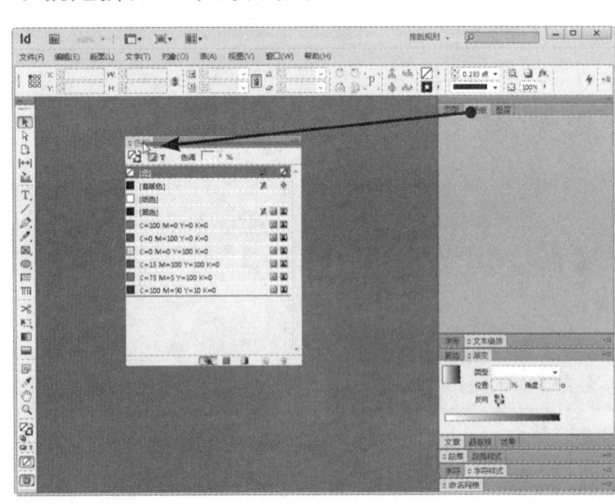

图 1.32　拖向空白位置

图1.33　拆分后的面板状态

组合面板操作也与组合工具箱基本相同，不同的是，用户可以向不同的位置进行面板组合。要组合面板，可以拖动位于外部的面板标签至想要的位置，直至该位置出现蓝色反光时，如图1.34所示。释放鼠标左键后，即可完成面板的拼合操作，如图1.35所示。

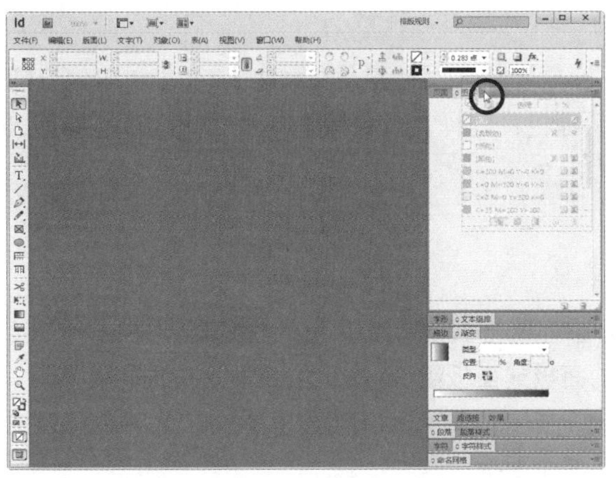

图 1.34　出现蓝色高光线状态

图 1.35　组合面板后的状态

3. 创新的面板栏

在InDesign中，用户可以根据实际需要创建多个面板栏，此时可以拖动一个面板至原有面板栏的最左侧边缘位置，其边缘会出现灰蓝相间的高光显示条，如图1.36所示，释放鼠标即可创建一个新的面板栏，如图1.37所示。

图 1.36　出现蓝色高光线

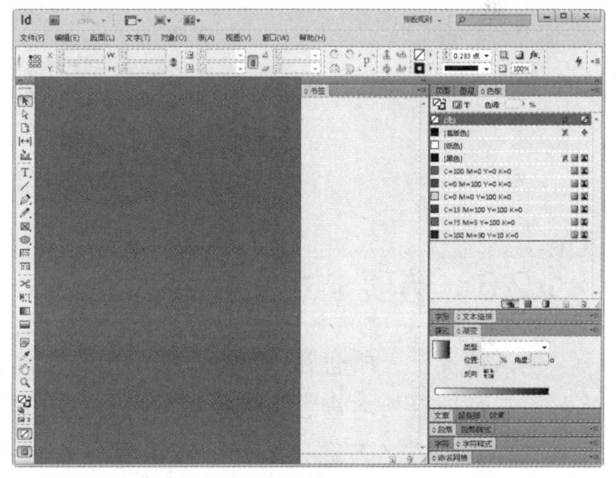

图1.37　创建新的面板栏后的状态

读者可以尝试按照上述方法，在上下位置创建新的面板栏。

4. 面板菜单

单击面板右上角的“面板”按钮，即可弹出面板的命令菜单，如图1.38所示。不同的面板弹出的菜单命令的数量、功能也各不相同，利用这些命令，可增强面板的功能。

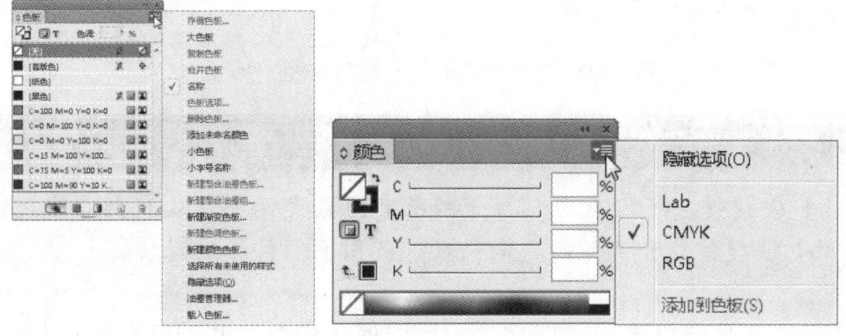

图 1.38　弹出的面板菜单

5. 隐藏/显示面板

在InDesign中，按【Tab】键可以隐藏工具箱及所有已显示的面板，再次按【Tab】键可以全部显示。如果仅隐藏所有面板，则可按【Shift+Tab】快捷键；同样，再次按【Shift+Tab】快捷键可以全部显示。

6. 关闭面板/面板组

要关闭面板或面板组，可以按照以下方法操作。

- 当面板为吸附状态时，可以在要关闭的面板标签上单击右键，在弹出的快捷菜单中选择“关闭”或“关闭选项卡组”命令，即可关闭当前的面板或面板组。
- 当面板为浮动状态时，单击面板右上方的“关闭”按钮，即可关闭当前面板组。此时也可以按照上一项目的方法，单独关闭某个面板，或关闭整个面板组。

1.2.5 状态栏

状态栏能够提供当前文件的当前所在页码、印前检查提示、“打开”按钮和页面滚动条等提示信息。单击状态栏底部中间的“打开”按钮，即可弹出图1.39所示的菜单。

图1.39 状态栏弹出菜单

1.2.6 选项卡式文档窗口

默认情况下，所有在InDesign中打开的文档，都以选项卡的方式显示在“控制”面板的下方，此时用户可以轻松地查看和切换当前打开的文档。当选项卡无法显示所有的文档时，可以单击选项卡式文档窗口右上方的“展开”按钮，在弹出的文件名称选择列表中选择要操作的文件，如图1.40所示。

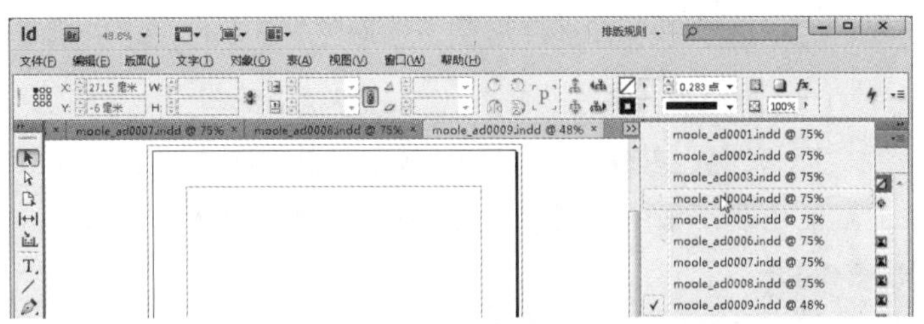

图 1.40 在列表菜单中选择要操作的图像文件

技巧

按【Ctrl+Tab】快捷键，可以在当前打开的所有图像文件中，从左向右依次进行切换，如果按【Ctrl+Shift+Tab】快捷键组合，可以逆向切换这些图像文件。

使用这种选项卡式文档窗口管理文档文件，可以使我们对这些图像文件进行如下各类操作，以更加快捷、方便地对文档文件进行管理。

- 改变文档的顺序，在文档文件的选项卡上按住鼠标左键不放，将其拖至一个新的位置再释放后，可以改变该图像文件在选项卡中的顺序。
- 取消图像文件的叠放状态，在图像文件的选项卡上按住鼠标左键不放，将其从选项卡中拖出来，如图1.41所示，可以取消该图像文件的叠放状态，使其成为一个独立的窗口，如图1.42所示。

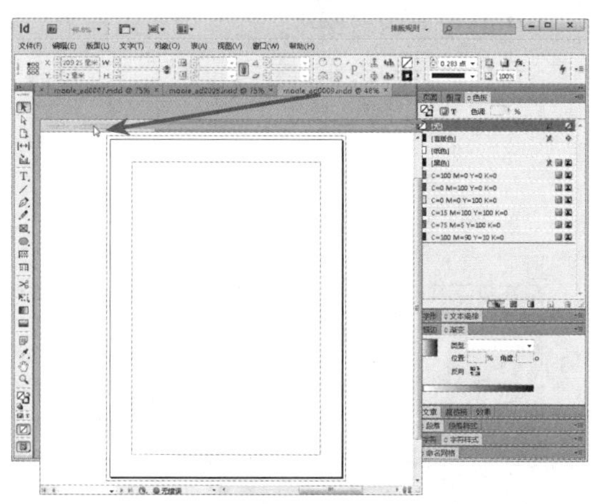

图 1.41　从选项卡中拖出来

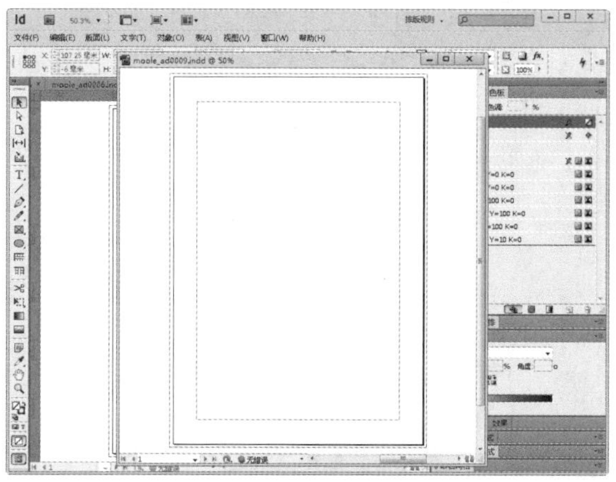

图1.42　成为独立的窗口

1.2.7　文档页面

文档页面是指新建文档后的纸张区域，是编辑正文的地方。只有在页面范围内的文本和图像才能被打印，故在对文档进行编排时，要注意文本和图像的位置。

1.2.8　草稿区

草稿区是指除页面以外的空白区域，它可以在不影响文档内容的同时，对文本或图片进行编辑后添加到文档页面中，避免操作中出现失误。

要注意的是，草稿区只有在屏幕模式为“正常”时才会显示出来。

1.2.9　工作区切换器

在此处可以根据需要选择适合的工作区域。如果想自定义工作区，可以在此下拉列表中选择“新建工作区”命令，在弹出的对话框中进行设置，然后单击“存储”按钮即可，如图1.43所示。

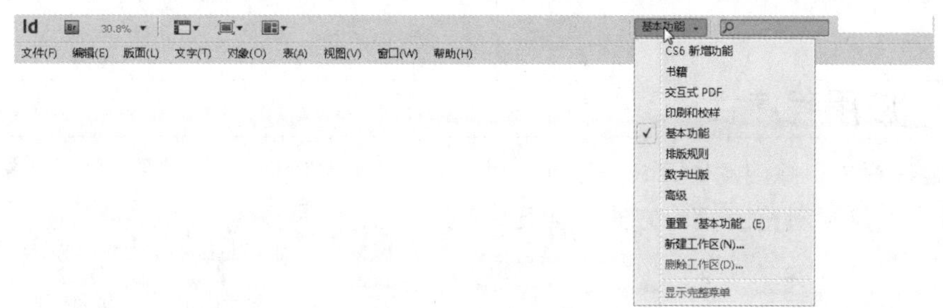

图1.43　工作区切换器的下拉菜单

1.2.10 保存工作界面

按照前面讲解的自定义界面中工具箱、面板等方法，用户可以根据自己的偏好布置工作界面，然后，用户可以将其保存为自定义的工作界面。

用户也可以单击工作区切换器，在弹出的菜单中选择“新建工作区”命令，如图1.44所示，或选择“窗口”|“工作区”|“新建工作区”命令，将弹出图1.45所示的对话框，在其中输入自定义的名称，然后单击“确定”按钮退出对话框，即完成新建的工作环境的操作，并可将该工作区存储到InDsign中。

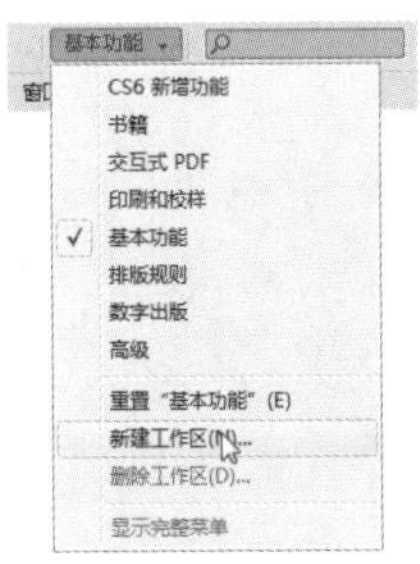

图1.44　选择“新建工作区”命令

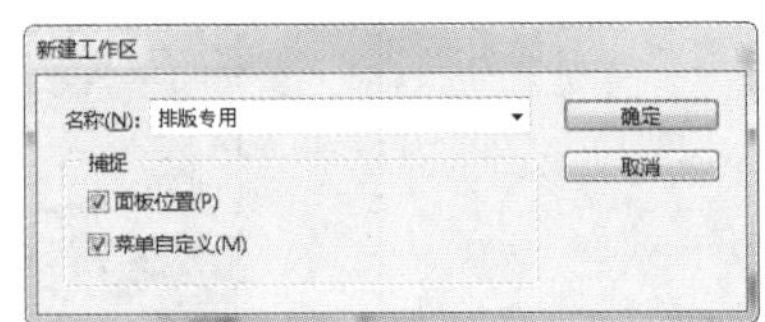

图1.45　“新建工作区”对话框

1.2.11 载入工作区

要载入已有的或自定义的工作区，可以单击工作区切换器，在弹出的菜单中选择现有的工作区，如图1.46所示，或选择“窗口”|“工作区”子菜单中的自定义工作界面的名称。

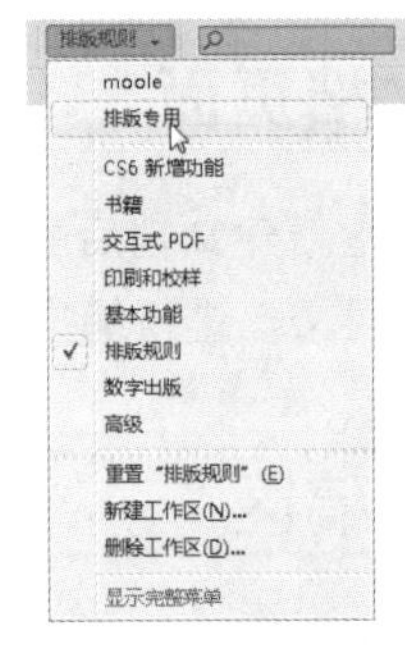

图1.46　在工作区切换器中载入工作区

1.2.12 重置工作区

若在应用了某个工作区后，改变了其中的界面布局，此时若想恢复至其默认的状态，则可以单击工作区切换器，或选择“窗口”|“工作区”|“重置‘***’”命令，其中的***代表当前所用工作区的名称。

以前面保存的工作区“排版专用”为例，此时就可以在工作区切换器菜单中选择“重置‘排版专用’”命令。

1.2.13 应用程序栏

在应用程序栏中，除启动Bridge按钮外，其他按钮均用于控制浏览图像的方式，如图1.47所示。

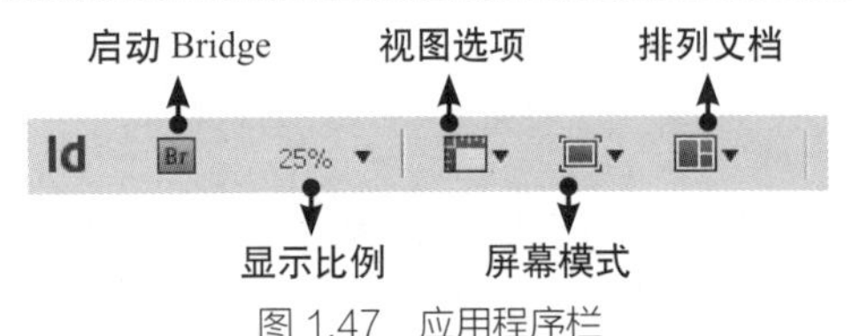

图 1.47　应用程序栏

应用程序栏中各选项的含义解释如下。

- 启动Bridge：单击此按钮，即可启动Bridge。Adobe Bridge 作为整个CS系列套件中的文件浏览与管理工具，可以完成浏览及管理图像文件的操作，如搜索、排序、重命名、移动、删除和处理图像文件等。
- 显示比例：此处显示了当前操作图像的显示比例，在此处输入数值，或在下拉列表中选择一个数值，可以控制当前图像的显示比例。
- 视图选项：此处包括显示或隐藏框架边线、标尺及参考线等辅助功能的控制。
- 屏幕模式：此处可以选择正常、预览及出血等屏幕显示模式。
- 排列文档：当打开多个文档时，在此处可以设置它们的排列方式，以便于快速进行文档的布局和查看。

1.3 文档基础操作

文档的基础操作主要包括新建、打开、保存、关闭和恢复文档等，是日常工作过程中必不可少的。在本节中，就来讲解一下它们的相关操作。

1.3.1 新建文档

在InDesign中，可以选择“文件”|“新建”|“文档”命令或按【Ctrl+N】快捷键，在弹出的对话框中可设置新文档的相关参数，如图1.48所示。

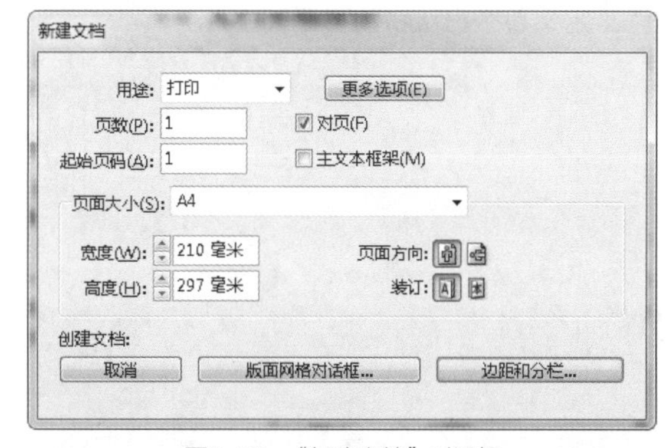

图1.48 “新建文档”对话框

1. 设置基本参数

“新建文档”对话框中的重要参数如下所述。

- 用途：在此项目的下拉列表中，如图1.49所示，可以选择当前新建的文档的最终用途。默认情况下是选择“打印”，此时，新建的文档可用于最终的打印输出；如果要将创建的文档输出为适用于 Web 的 PDF 或 SWF，则选择此选项，此时对话框中的多个选项会发生变化。例如，关闭“对页”、页面方向从“纵向”变为“横向”，并且页面大小会根据显示器的分辨率进行调整。

图1.49 列表框选项

 **提示** 

选择“Web”选项创建文档之后，可以编辑所有设置，但无法更改为“打印”设置。

- 页数：在此输入一个数值，可以确定新文件的总页数。需要注意的是，该数值必须介于1~9999之间，因为InDesign无法管理9999以上的页面。
- 对页：选中此复选项，可以使双面跨页中的左右页面彼此相对，如书籍和杂志，页面效果如图1.50所示；取消选中此复选项可以使每个页面彼此独立，例如，当你计划打印传单、海报，或者希望对象在装订中出血时，页面效果如图1.51所示。

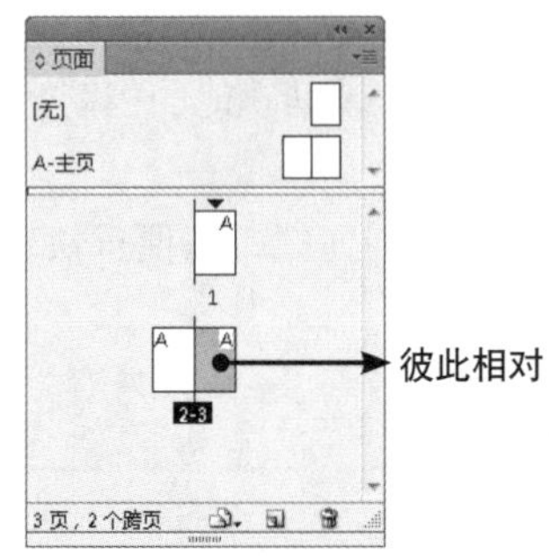

图1.50　选中“对页”复选项时的页面效果

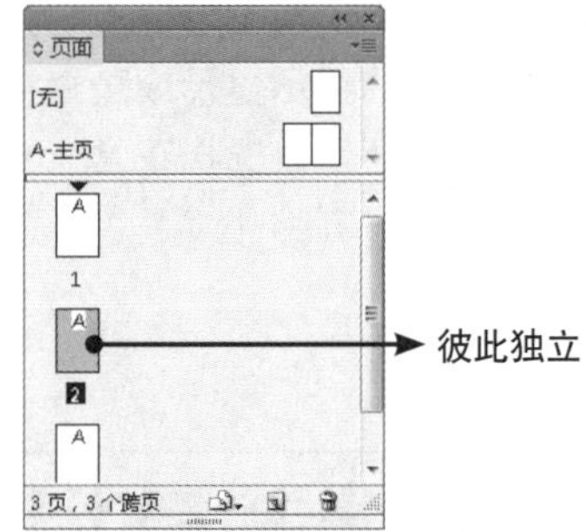

图1.51　未选中“对页”复选项时的页面效果

- 起始页码：顾名思义，起始页码也就是指定文档的起始页码。如果选中“对页”复选项，并指定了一个偶数（如 2），则文档中的第一个跨页将以一个包含两个页面的跨页开始，如图1.52所示。
- 主文本框架：该选项被选中的情况下，InDesign自动以当前页边距的大小创建一个文本框。
- 页面大小：单击其右侧的下三角按钮，弹出图1.53所示的下拉列表框。读者可以从下拉列表框中选择合适的尺寸大小，也可以在“宽度”和“高度”文本框中输入所需要的页面尺寸，即可定义整个出版物的页面大小。

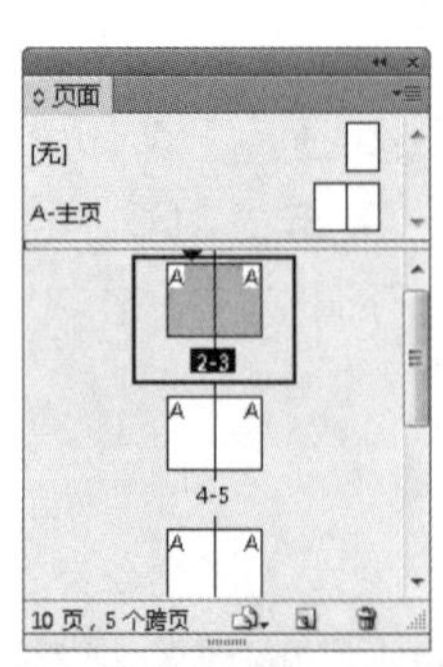

图1.52　选中“对页”并指定起始页码为偶数时的页面效果

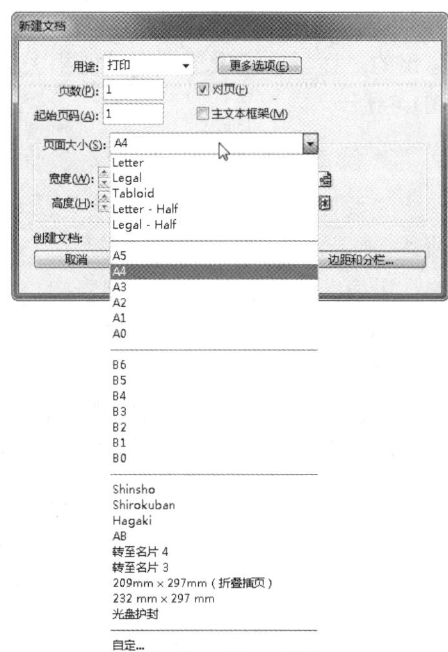

图1.53　下拉列表选项

- 页面方向：在默认情况下，当用户新建文件时，页面方向为直式的，但用户可以通过选取页面摆放的选项来制作横式页面。选择选项，将创建直式页面；而选择选项，可创建横式页面。图1.54所示为创建的直式页面及横式页面。

图1.54　创建的直式页面及横式页面

在“新建文档”对话框中，单击“更多选项”按钮，对话框将变为图1.55所示的状态。

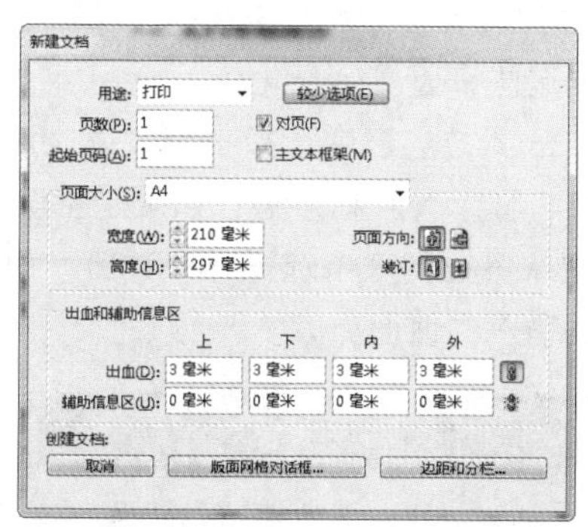

图1.55　显示更多选项后的“新建文档”对话框

- 出血：在其后面的4个文本框中输入数值，可以设置出版物的出血数值。
- 辅助信息区：在其后面的4个文本框中输入数值，可以圈定一个区域，用来标志出该出版物的信息，例如设计师及作品的相关资料等，该区域至页边距线区域中的内容不会出现在正式印刷得到的出版物中。

2. 设置版面网格

在“新建文档”对话框中，单击“版面网格对话框”按钮，弹出图1.56所示的“新建版面网格”对话框。在此可以设置网格的方向、字间距及栏数等属性。单击“确定”按钮退出对话框，即可创建一个新的空白文件。

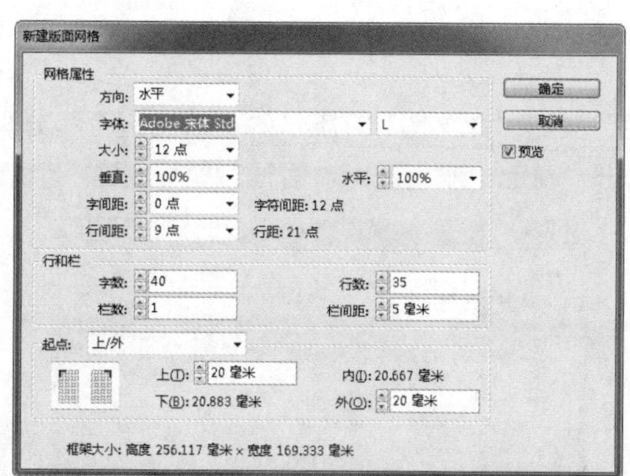

图1.56　“新建版面网格”对话框

在“新建版面网格”对话框中各选项的含义解释如下。

- 方向：在此下拉列表中选择“水平”选项，可以使文本从左至右水平排列；选择“垂直”选项，可以使文本从上至下竖直排列。
- 字体：此下拉列表中的选项用于设置字体和字体样式。所选定的字体将成为“框架网格”的默认设置。

提示

如果将“首选项”对话框中的“字符网格”选项组中的网格单元设置了“表意字”，则网格的大小将根据所选字体的表意字而发生变化。

- 大小：在此文本框中输入或从下拉列表中选择一个数值，用于控制版面网格中正文文本的基准的字体大小，并还可以确定版面网格中的各个网格单元的大小。
- 垂直、水平：在此文本框中输入或从下拉列表中选择一个数值，用于控制网格中基准字体的缩放百分比，网格的大小将根据这些设置发生变化。
- 字间距：在此文本框中输入或从下拉列表中选择一个数值，用于控制网格中基准字体的字符之间的距离。如果是负值，网格将显示为互相重叠；如果是正值，网格之间将显示间距。
- 行间距：在此文本框中输入或从下拉列表中选择一个数值，用于控制网格中基准字体的行间距离，网格线之间的距离将根据输入的值而更改。

提示

在“网格属性”区域中，除“方向”外，其他选项的设置都将成为“框架网格” 的默认设置。

- 字数：在此文本框中输入数值，用于控制“行字数”计数。
- 行数：在此文本框中输入数值，用于控制 1 栏中的行数。
- 栏数：在此文本框中输入数值，用于控制 1 个页面中的栏数。
- 栏间距：在此文本框中输入数值，用于控制栏与栏之间的距离。
- 起点：选择此下拉列表中的选项，然后在相应的文本框中输入数值。网格将根据“网格属性”和“行和栏”区域中设置的值从选定的起点处开始排列。在“起点” 另一侧保留的所有空间都将成为边距。因此，不可能在构成“网格基线”起点的点之外的文本框中输入值，但是可以通过更改“网格属性”和“行和栏” 选项值来修改与起点对应的边距。当选择“完全居中”并添加行或字符时，将从中央根据设置的字符数或行数创建版面网格。

3. 设置边距和分栏

单击“新建边距和分栏”按钮，弹出图1.57所示的“新建边距和分栏”对话框，在此可以更深入地设置新文档的属性。单击“确定”按钮退出对话框，即可创建一个新的空白文件。

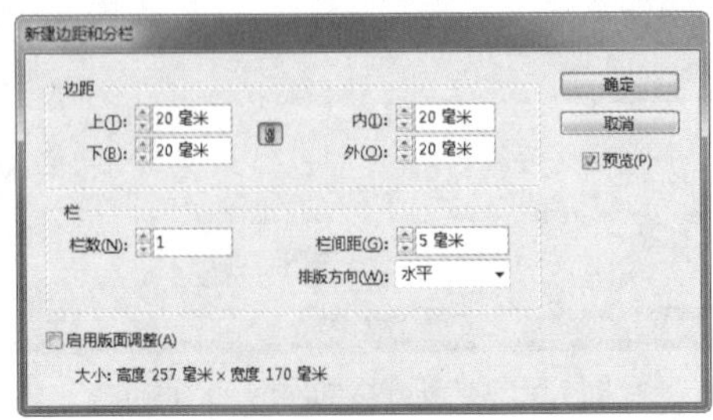

图1.57 “新建边距和分栏”对话框

在“新建边距和分栏”对话框中各选项的含义解释如下。

- 边距：任何出版物的文字都不是也不可能充满整个页面，为了美观，通常需要在页的上、下、内、外留下适当的空白，而文字则被放置于页面的中间即版心处。页面四周上、下、内、外留下的空白大小，即由该文本框中数值控制。在页面上，InDesign用水平方向上的粉红色线和垂直方向上的蓝色线来确定页边距，这些线条将仅用于显示并不会被实际打印出来。

提示

默认状态下的边距大小是相连的，单击“将所有设置设为相同”按钮，即可对页面四周上、下、内、外留下的空白大小进行不同的设置。

- 栏数：在此文本框中输入数值，以控制当前跨页页面中的栏数。
- 栏间距：对于分栏在两栏以上的页面，可在该输入框对页面的栏间距进行调整更改。

1.3.2 存储文档

存储，是最为重要的基础操作之一，用户做的所有工作，都需要使用此功能存储到磁盘中。在InDesign中，存储操作可分为直接存储与另存两种，下面分别讲解一下其作用。

1. 直接存储

直接存储是指选择“文件”|“存储”命令，或按【Ctrl+S】快捷键，即可将我们对当前文档所做的修改保存起来。若当前文档是第一次执行存储操作，将会弹出如图所示的对话框。如果当前文档自打开后还没有被修改过，该命令呈现灰色不可用状态，如图1.58所示。

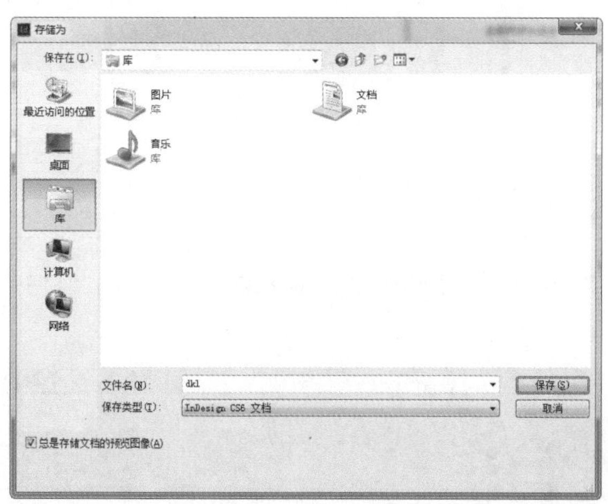

图1.58 “存储为”对话框

此对话框中各选项的含义说明如下。

- 保存在：可以选择图像的保存位置。
- 文件名：在文本框中输入要保存的文件名称。
- 保存类型：在下拉列表中选择图像的保存格式。
- 总是存储文档的预览图像：勾选此选项，可以为存储的文件创建缩览图。

2. 另存

选择“文件”|“存储为”命令可以用另一名字、路径或格式保存出版物文件。与“存储”命令

不同，使用“存储为”命令保存出版物时，InDesign将压缩出版物，使它占据最小的磁盘空间，因此如果希望使出版物文件的大小更小一些，可以使用此命令对出版物执行另存操作。

3. 全部存储

当用户打开了多个文档时，若要一次性对这些文档执行保存操作，可以按【Ctrl+Alt+Shift+S】快捷组合键。

1.3.3　关闭文档

要关闭文档，可以执行以下操作之一。

- 按【Ctrl+W】快捷键。
- 单击文档文件右上方的按钮。
- 选择“文件”|“关闭”命令。

若要同时关闭多个文档，可以执行以下操作之一。

- 在任意一个文档选项卡上单击右键，在弹出的菜单中选择“全部关闭”命令。
- 按【Ctrl+Alt+Shift+W】快捷组合键。

执行以上操作后，如果对文档做了修改，就会弹出提示对话框，如图1.59所示。单击“是”按钮，则会保存修改过的文档而关闭，单击“否”按钮，则会不保存修改过的文档而关闭，单击“取消”按钮，则会放弃关闭文档。

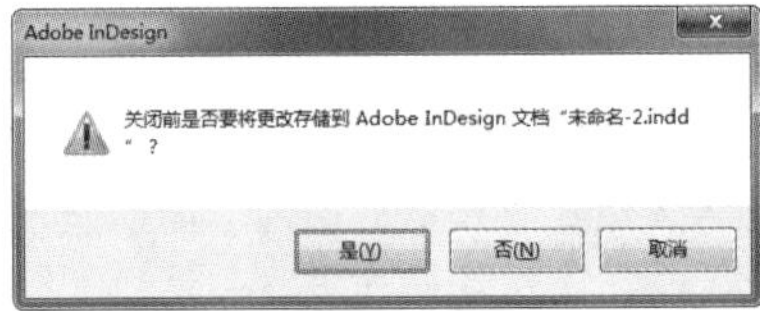

图1.59　提示框

1.3.4　打开文档

选择“文件”|“打开”命令或按【Ctrl+O】快捷键，在弹出的“打开文件”对话框中选择需要打开的文件，如图1.60所示。

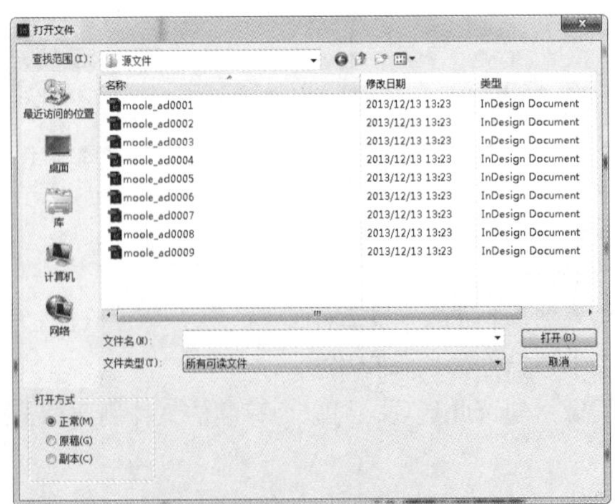

图1.60　“打开文件”对话框

此对话框中各选项的含义说明如下。

- 查找范围：在此查找要打开的文档的路径。
- 文件类型：在此可以选择要打开的文件类型。
- 正常：选择此选项，将打开原始文档或模板的副本。通常情况下，选择此选项即可。
- 原稿：选择此选项，将打开原始文档或模板。
- 副本：选择此选项，将打开文档或模板的副本。

另外，直接将文档拖至InDesign工作界面中也可以打开，用户可以执行以下操作方法之一。

- 在界面中没有任何打开的文档时，可直接将要打开的文档拖至软件的空白处。
- 若当前打开了文档，则可以将文档拖动到菜单栏、应用程序栏处。

执行上述操作之一后，当光标成 状态时，释放鼠标即可打开文档。

1.3.5 恢复文档

选择“文件”|“恢复”命令，可以返回到最近一次保存文件时图像的状态，但如果刚刚对文件进行保存，则无法执行“恢复”操作。如果当前文件没有保存到磁盘，则“恢复”命令也是不可用的。

提示

由于使用“恢复”命令时，是将文档关闭并重新打开，以读取最近一次保存的状态，因此在执行“恢复”命令后，所有的历史操作都将被清空，因此在执行此操作前要特别注意确认。

另外，InDesign在工作过程中，会自动每隔一段时间进行自动保存，当出现断电、软件意外退出等问题时，再次启动InDesign后，将根据最近的自动保存结果，打开上次未正常关闭的文档。若反复出现意外，则InDesign会弹出图1.61所示的对话框，供用户选择是否执行自动恢复。

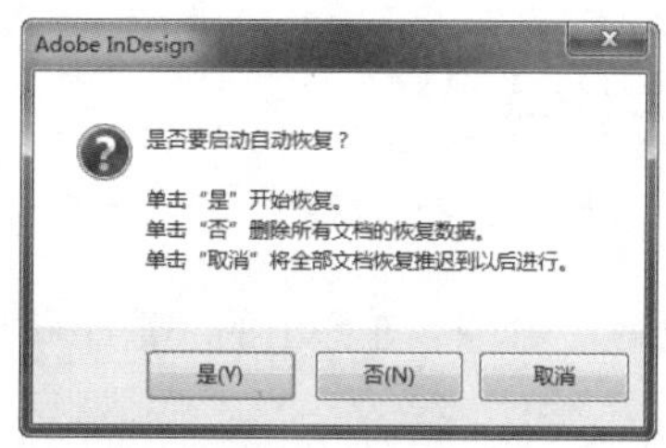

图1.61　提示框

在该提示框中各按钮的含义解释如下。

- 是：单击此按钮，将恢复丢失的文档数据。
- 否：单击此按钮，将不进行自动恢复丢失的文档。
- 取消：单击此按钮，暂时取消全部文档的恢复，可以在以后进行恢复。

提示

自动恢复的数据将位于临时文件中，而临时文件则独立于磁盘上的原始文档文件。只有出现在电源或系统故障而又没有成功保存的情况下，自动恢复数据才非常重要。尽管有这些功能，但仍应该时常存储文件并创建备份文件，以防止意外电源或系统故障。

1.4 设置文档属性

在前面讲解新建文档时，已经讲解了对文档属性进行设置的方法，而若要修改已有文档的属性，则可以选择“文件”|“文档设置”命令，或按【Ctrl+Alt+P】快捷键，将弹出图1.62所示的对话框。

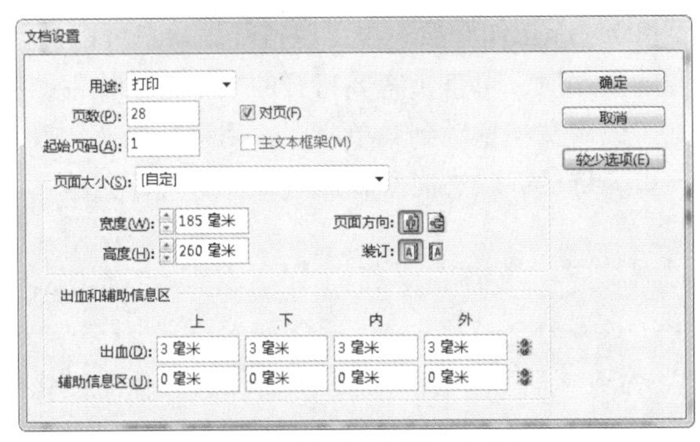

图1.62　“文档设置”对话框

在“文档设置”对话框中，用户可以修改当前文档的纸张尺寸、出血等参数，这些在前面都已经讲解过，故不再重述。

另外，也可以选择“页面工具”，其快捷键为【Shift+P】，然后在“控制”面板中设置其尺寸、方向等属性，如图1.63所示。

图1.63　“控制”面板

1.5 设置边距与分栏

执行菜单“版面”|“边距和分栏”命令，在弹出的“边距和分栏”对话框中对页面的边距大小和栏目数进行更改，如图1.64所示。

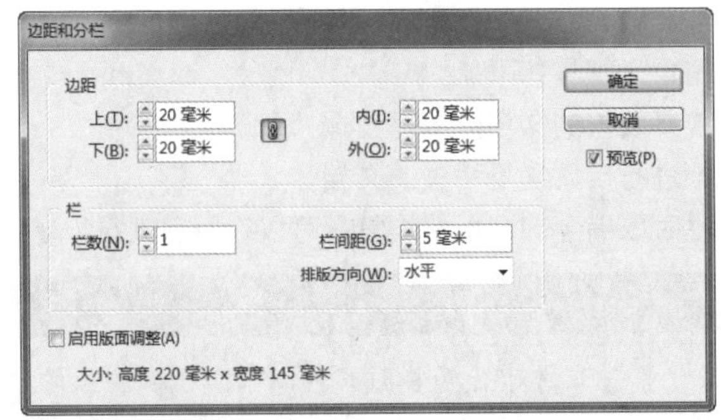

图1.64　“边距和分栏”对话框

更改该对话框中的参数可对边距大小和栏目数进行重新设置。由于和“新建文档”中的参数基本相同，故不再赘述。

1.6 创建与应用模板

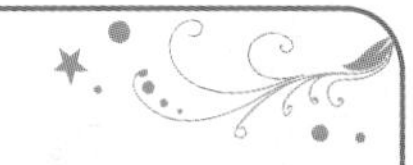

当我们需要以固定的元素为基础制作一系列的作品时，如样式、色板、页眉页脚等，就可以将其存储为模板，当以该模板创建新文档时，就会自动包含这些元素，以避免一些重复的工作。

下面来讲解一下关于模板的相关操作。

1.6.1 将当前文档保存为模板

要制作模板，首先应该创建一个文档，并将需要的信息，如文档尺寸、页边距、页数、主页、样式、颜色等全部设置好，然后选择“文件”|“存储为”命令，或按【Ctrl+Shift+S】快捷组合键，在弹出的“存储为”对话框中设置“保存类型”为“InDesign CS6 模板”，如图1.65所示，并指定存储的位置和文件名，然后单击“保存”按钮即可。

图1.65 选择保存类型

提示

当使用不同版的InDesign时，此处显示的版本号也随之有所不同。

1.6.2 依据模板新建文档

要依据现有的模板创建新文档，使用打开文档的方法来打开模板文件即可。但要注意的是，在“打开文件”对话框中，需要在左下方选择“正常”选项。

1.6.3 编辑现有模板

当用户对模板中的元素不满意，需要进行修改时，可以选择“文件”|“打开”命令，在弹出的对话框中选择要编辑的模板文件，并在左下方选择“原稿”选项，然后将其打开即可进行编辑。

1.7 基本的页面视图操作

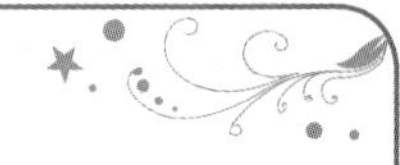

1.7.1 多文档显示

当用户需要同时显示多个文档的内容时，可以借助InDesign提供的排列文档功能快速实现。其方法就是单击应用程序栏中的“排列文档”按钮，在弹出的菜单中，即可根据当前打开的文档数量，选择不同的排列方式，如图1.66所示，图1.67所示是将当前打开的3个文档进行排列 后的状态。

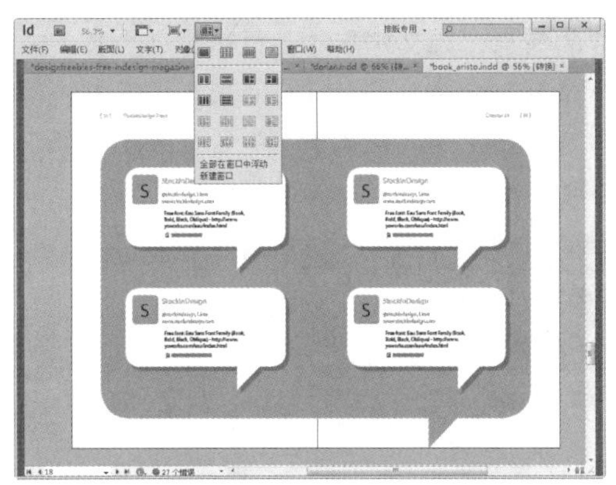

图1.66 排列文档下拉列表

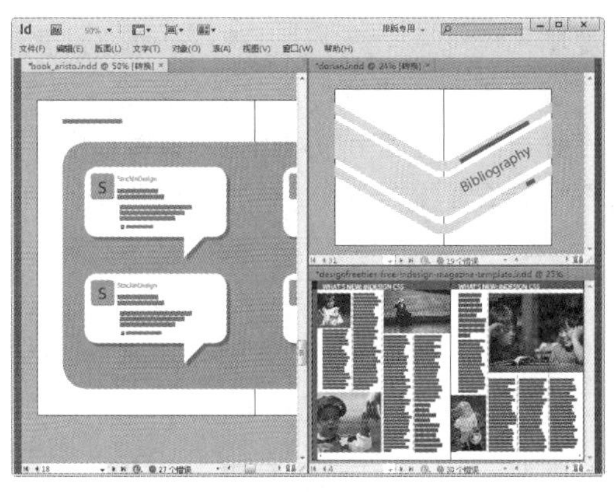

图1.67 排列文档后的状态

1.7.2 设置显示比例

根据不同的查看和编辑需求，我们常常在操作过程中要设置不同的显示比例，下面就来介绍各种设置显示比例的方法。

1. 使用菜单命令设置显示比例

用户可以使用以下菜单命令设置显示比例。

- 执行“视图”|“放大”命令或者按【Ctrl + +】快捷键，将当前页面的显示比例放大。
- 执行“视图”|“缩小”命令或者按【Ctrl + -】快捷键，将当前页面的显示比例缩小。
- 执行“视图”|“使页面适合窗口”命令，或按【Ctrl+0】快捷键，可前的页面按屏幕大小进行缩放显示。
- 执行“视图”|“使跨页适合窗口”命令，或按【Ctrl+Alt+0】快捷键，将当前的跨页按屏幕大小进行缩放显示。
- 执行“视图”|“实际尺寸”命令，或按【Ctrl+1】快捷键将当前的页面以100%的比例显示。

另外，在未选中任何对象的情况下，在文档的空白处单击鼠标右键，在弹出的快捷菜单中可以选择相应的命令，如图1.68所示，以快速缩放所需要浏览的页面。

2. 使用快捷键设置显示比例

除了前面介绍的一些与命令相关联的快捷键，用户还可以使用以下快捷键设置显示比例。

- 按【Ctrl+2】快捷键可以将当前的页面以200%的比例显示。
- 按【Ctrl+4】快捷键可以将当前的页面以400%的比例显示。

● 按【Ctrl+5】快捷键可以将当前的页面以50%的比例显示。

3. 使用应用程序栏设置显示比例

在应用程序栏中，可以在“显示比例”下拉列表中选择一个显示比例值，或手动输入具体的显示比例数值，如图1.69所示。

图1.68 快捷菜单

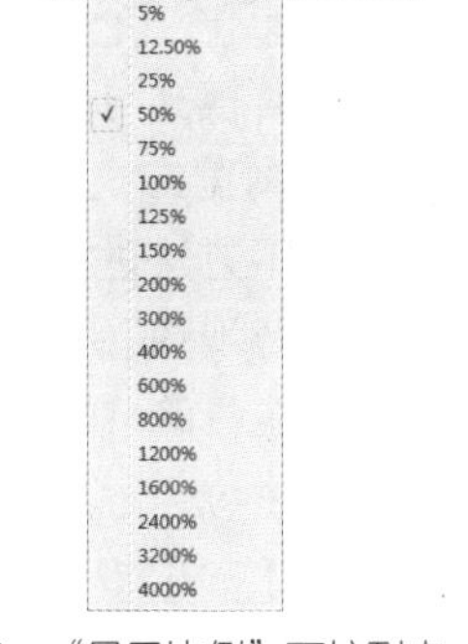

图1.69 “显示比例”下拉列表

4. 使用工具设置显示比例

在工具箱中选择“缩放显示工具”后，可以执行以下操作，以设置显示比例。

当光标为状态时，在当前文档页面中单击鼠标左键，即可将文档的显示比例放大；保持“缩放显示工具”为选择状态，按住【Alt】键，当光标显示为状态，在文档页面中单击鼠标左键，即可将文档的显示比例缩小。

用“缩放显示工具”在文档页面中拖曳矩形框，可进行页面缩放，拖曳的矩形框越小，显示比例越大，拖曳的矩形框越大，显示比例越小。

1.7.3 调整显示范围

当使用较大的显示比例查看时，往往无法显示文档中的所有内容，就需要调整当前的显示范围，下面来讲解调整显示范围的几种方法。

● 使用“抓手工具”：在工具箱底部选择“抓手工具”后，在页面中进行拖动，即可调整文档的显示范围。
● 在选择“文字工具”T并在文档中插入了光标时，按住【Alt】键可暂时切换为“抓手工具”。除此之外，用户可以按住空格键暂时将其他工具切换为“抓手工具”，以调整页面的显示范围。
● 在切换至“抓手工具”后，按住鼠标左键1秒左右，会自动缩小显示比例，并以当前光标所在位置为中心，生成一个红色的矩形框，如图1.70所示。此时移动光标至要查看的位置，再释放鼠标左键，即可放大查看目标区域的内容。

图1.70 光标周围的红框

1.7.4 设置屏幕模式

屏幕模式可用于设置对于页面辅助元素（如参考线、网格、文档框架、出血等）的显示方式及文档的浏览方式，它主要包括了正常、预览、出血、辅助信息区和演示文稿共4种模式，用户可以使用以下方法进行选择和设置。

- 在“视图”|“屏幕模式”子菜单中选择相应的命令。
- 在工具箱底部的“预览”按钮上单击右键，在弹出的菜单中选择一种屏幕模式。
- 单击应用程序栏中的“屏幕模式”按钮，在弹出的菜单中选择一种屏幕模式。
- 按【W】键，可以在最近使用过的一种屏幕模式（“出血”、“预览”或“辅助信息区”模式）与“正常”模式之间进行快速切换。

下面来分别介绍一下各个屏幕模式的工作方式。

- 正常：该模式对参考线、出血线、文档页面两边的空白粘贴板等所有可打印和不可打印元素都可在屏幕上显示出来，例如图1.71所示就是显示了文档网格及对象边缘等辅助元素时的状态。
- 预览：按照最终输出显示文档页面。该模式以参考边界线为主，在该参考线以内的所有可打印对象都会显示出来。
- 出血：按照最终输出显示文档页面。该模式下的可打印元素在出血线以内的都会显示出来，如图1.72所示。

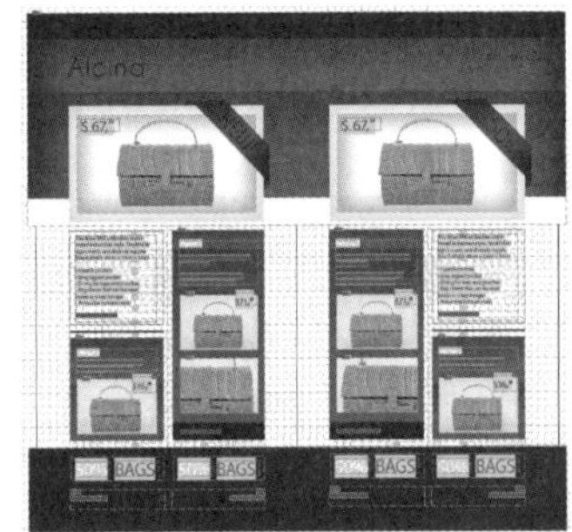

图1.71 “正常”模式

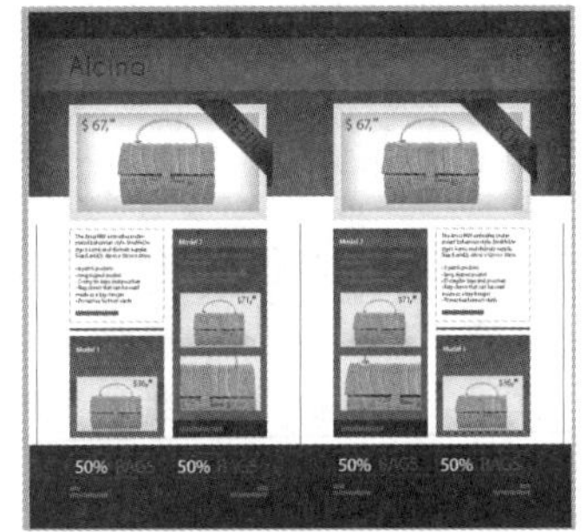

图1.72 “出血”模式

- 辅助信息区：该模式与“预览模式”一样，完全按照最终输出显示文档页面，所有非打印线、网格等都被禁止，最大的不同在于文档辅助信息区内的所有可打印元素都会显示出来，不再以裁切线为界。
- 演示文稿：该模式为 InDesign CS5 新引入的屏幕模式，该模式将页面的应用程序菜单和所有面板都隐藏起来，在该文档页面上，可以通过单击鼠标或按键进行页面的上下操作。在此模式中不能对文档进行编辑，只能通过鼠标与键盘进行页面的上下操作，其可用的操作如下表所示。

鼠标操作	键盘操作	功能
单击	向右方向键或【Page Down】键	下一跨页
按下【Shift】键的同时单击鼠标、按下向右方向键的同时单击鼠标	向左方向键 或【Page Up】键	上一跨页
	Esc	退出演示文稿模式
	Home	第一个跨页
	End	最后一个跨页
	B	将背景颜色更改为黑色
	W	将背景颜色更改为白色
	G	将背景颜色更改为灰色

1.8 自定义快捷键

使用“编辑”|“键盘快捷键”命令，在弹出的对话框中可以根据自己的需要和习惯来重新定义每个命令的快捷键，如图1.73所示。

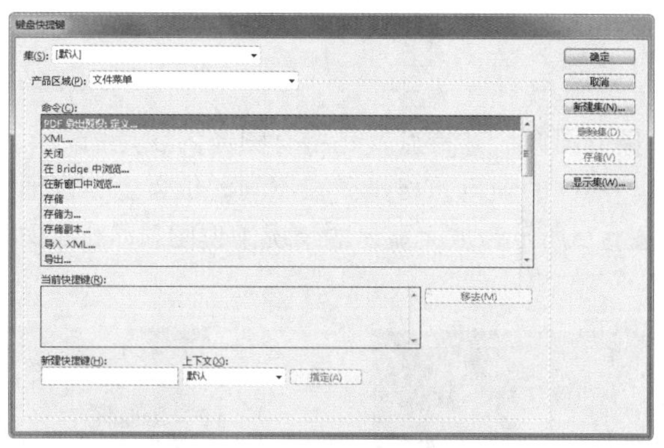

图1.73 “键盘快捷键”对话框

“键盘快捷键”对话框中各选项的含义解释如下。

- 集：用户将设置的快捷键可单独保存成为一个集，此下拉列表中的选项用于显示自定义的快捷键集。
- 新建集：单击此按钮，可以通过新建集来自定义快捷键，默认的“集”是更改不了快捷键的。
- 删除集：在此下拉列表中选择不需要的集，单击此按钮可将该集删除。
- 存储：单击此按钮，以存储新建集中所更改的快捷键命令。
- 显示集：单击该按钮，可以弹出文档文件，里面将显示一个集的全部文档式快捷键。
- 产品区域：此下拉列表中的选项，用于对各区域菜单进行分类。
- 命令：列出了与菜单区域相应的命令。
- 当前快捷键：显示与命令相应的快捷键。
- 移去：单击此按钮，可以将当前的命令所使用的快捷键删除。
- 新建快捷键：在此文本框中可以重新定义自己需要和习惯的快捷键。
- 确定：单击此按钮，对更改进行保存后退出对话框。
- 取消：单击此按钮，对更改不进行保存退出对话框。

1.9 还原与重做

在InDesign中，当执行了错误的操作时，可以选择“编辑”|“还原”命令或按【Ctrl+Z】快捷键，将刚刚操作的动作撤销。多次执行该命令，可以撤销多个操作。

若要恢复刚刚撤销的操作，则可以选择“编辑”|“重做”命令，或按【Ctrl+Shift+Z】快捷组合键。

要注意的是，一些视图操作如调整显示比例、显示或隐藏参考线等，是不会被记录下来的，因此也就无法通过“还原”与“重做”命令进行撤销或重做。另外，在关闭文档后，所有的历史操作都将被清空，而无法使用“还原”或“重做”关闭前的操作。

1.10 位图与矢量图的概念

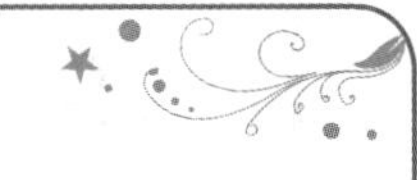

InDesign作为一个专业的排版软件，在设计过程中不可避免地会接触到各类位图或矢量图对象。下面就来介绍一下它们的概念及特点，以便于以后进行使用和编辑。

1.10.1 位图

位图，又称为位图图像或图像，其特点就是所有图像内容是由一个个颜色不同的方格来组成的，该方格称为“像素”。不同的颜色方格排列在不同的位置上，便形成了不同的图像，例如图1.74所示为原位图图像，图1.75所示为放大显示的情况下位图显示出的马赛克，可清晰地看到组成图像的像素点。

图1.74　原位图图像

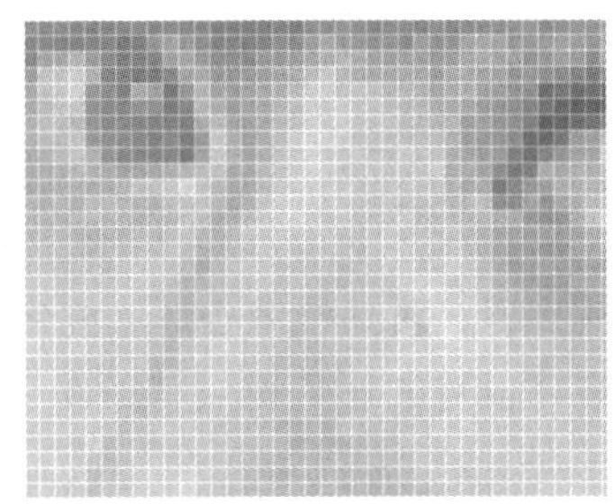

图1.75　放大情况下显示出的颜色方格（像素）

位图的优点就是可以呈现出非常丰富的内容，生活中常见的照片、创意广告等，都是通过制作与编辑位图图像得到的。其缺点就是图像的像素越多，则文件越大，且进行缩放时，会损失图像的细节内容。

用于制作和编辑位图的软件主要有Photoshop、ACDSee等。常见的位图格式有jpg、gif、psd、bmp、png、tif等。

1.10.2 矢量图

矢量图，又称为矢量图形或图形，其特点就是所有图形内容，如颜色、位置、粗细等，都是由一系列由数学公式代表的线条所构成。相对于位图，矢量图文件可以非常小，而且图形线条非常光滑、流畅。

矢量图的优点是具有优秀的缩放平滑性，例如图1.76所示是原始的矢量图及局部进行300%的放大后时，可以看到它仍然具有非常流畅的线条边缘，且不会有任何的画质损失。

图1.76　矢量图形放大操作示例

用于生成矢量图形的软件，通常被称为矢量软件，常用的矢量处理软件有CorelDRAW、Illustrator等。常见的矢量图格式有ai、cdr、eps等。

1.11 设计实战

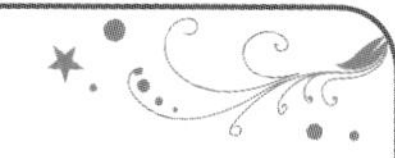

1.11.1 创建A4尺寸广告文件

下面通过一个实例，来讲解创建一个含出血的对页A4尺寸广告文件的方法。

01 按【Ctrl+N】快捷键新建一个文件。在弹出的对话框中选择默认的A4尺寸，如图1.77所示。

02 在“页数”文本框中，设置其数值为2，如图1.78所示。

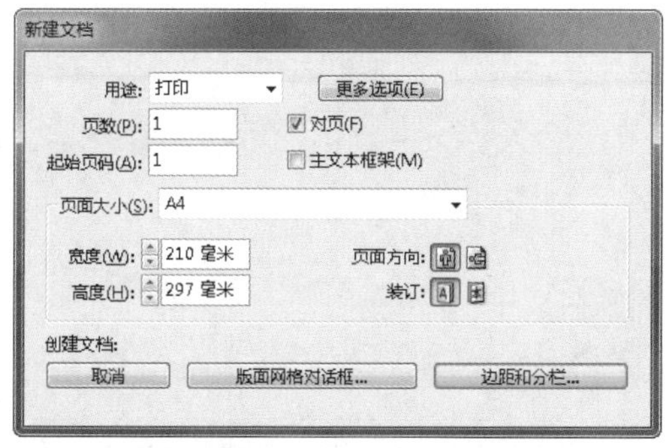

图1.77 “新建文档”对话框

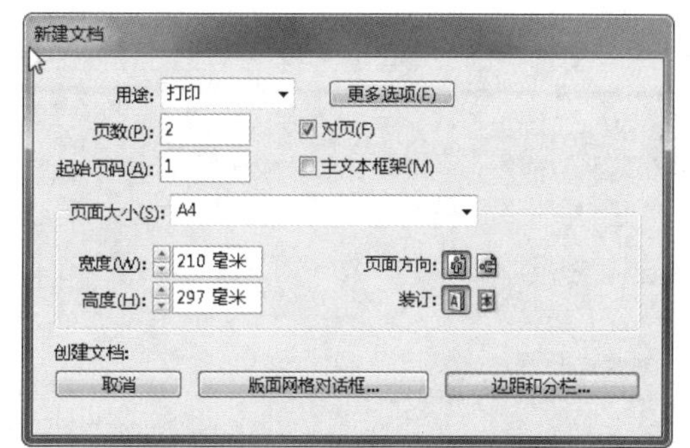

图1.78 设置“页数”数值

03 在对话框右侧，设置文档方向为“横向”，如图1.79所示。

04 作为广告文件，通常不需要设置边距，因此单击“边距和分栏”按钮，在弹出的对话框中设置“边距”数值均为0，如图1.80所示。

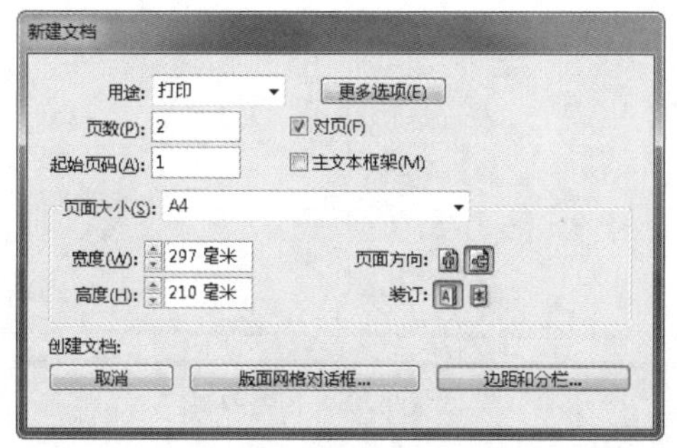

图1.79 设置文档方向

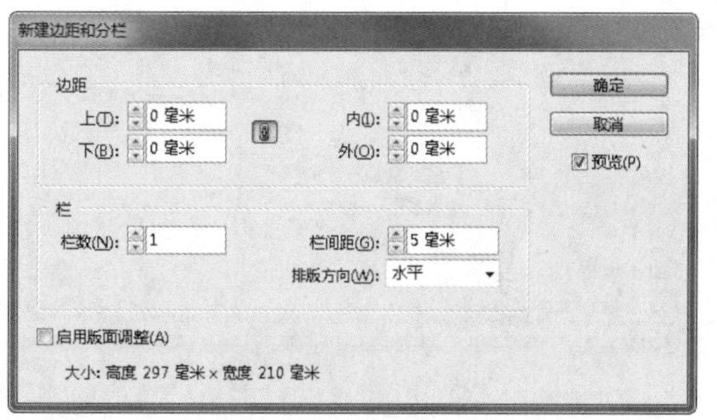

图1.80 设置“边距”数值

05 设置完成后，单击“确定”按钮退出对话框即可。

1.11.2 为16开封面创建新文档

下面通过一个实例，讲解创建一个标准的封面设计文件的方法。在本例中，封面的开本尺寸为185*230mm，书脊厚度为18mm，因此整个封面的宽度就是正封宽度+书脊宽度+封底宽度=

185mm+18mm+185mm=388mm。

01 按【Ctrl+N】快捷键新建文档，在弹出的对话框中按照上述数值设置文本的宽度与高度，如图1.81所示。

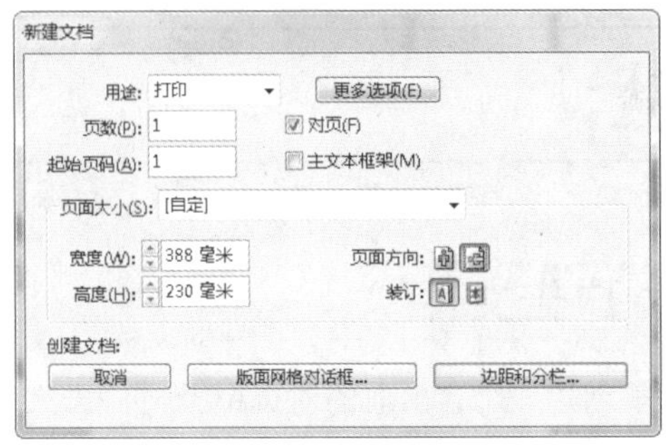

图1.81 “新建文档”对话框

02 单击“边距和分栏”按钮，在弹出的对话框中设置边距参数，将上下边距设置为0，如图1.82所示，此时的预览效果如图1.83所示。

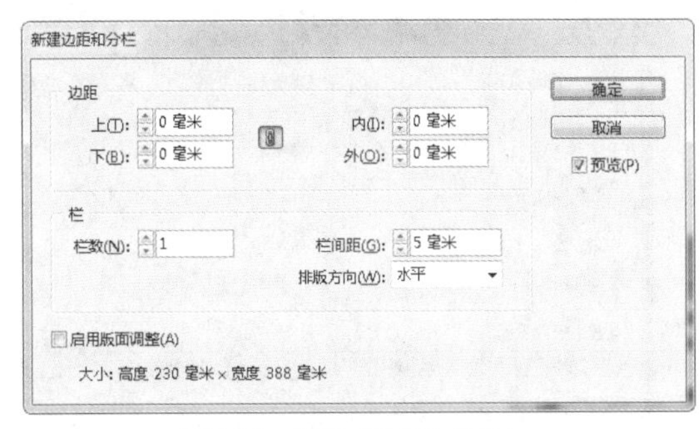

图1.82 设置“边距”数值

图1.83 设置“边距”数值后的效果

03 下面继续将分栏数值设置为2，并将栏间距设置为15mm，从而作为书脊的参考线，如图1.84所示，此时的预览效果如图1.85所示。单击“确定”按钮退出对话框即可。

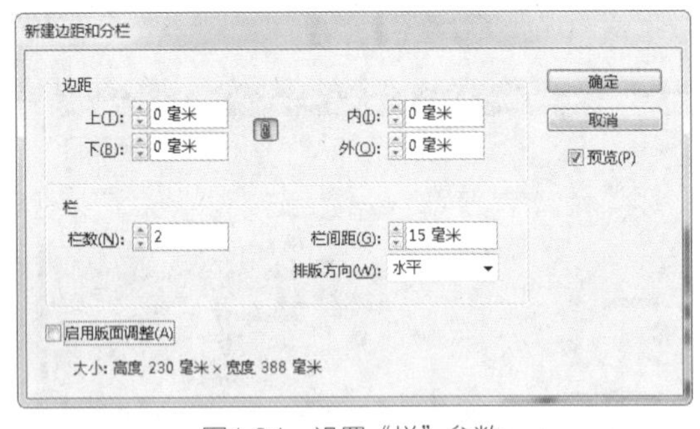

图1.84 设置“栏”参数

图1.85 最终效果

第2章 InDesign必学基础知识

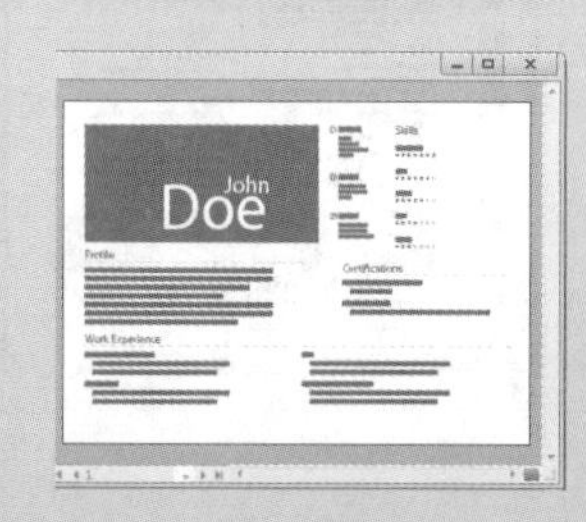

2.1 设置标尺

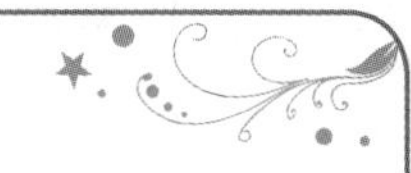

使用InDesign中的标尺功能，可以帮助我们进行各种精确的定位操作。在本节中，就来讲解一下与之相关的操作及使用技巧。

2.1.1 显示与隐藏标尺

要使用标尺，首先要将其显示出来，当然，在不需要的时候也可以将其隐藏，下面就来讲解其具体操作方法。

1. 显示标尺

用户可以执行以下操作之一，以显示出标尺。

- 选择“视图”|“显示标尺”命令。
- 按【Ctrl+R】快捷键。

默认情况下，执行上述操作之后，即可以显示出标尺。标尺会在文档窗口的顶部与左侧显示出来，如图2.1所示。

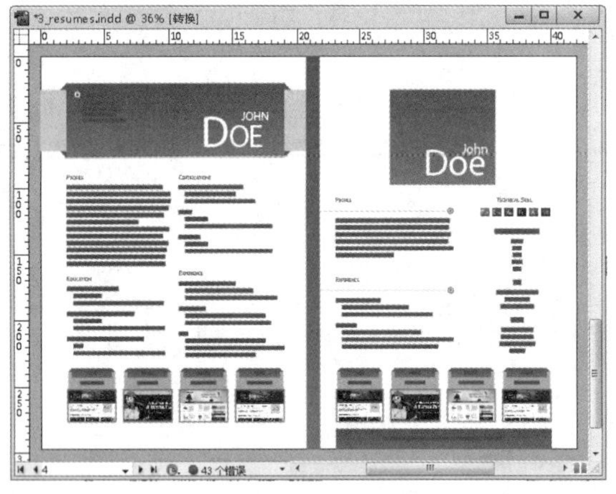

图2.1 显示标尺

2. 隐藏标尺

若要隐藏标尺，可以执行以下操作之一。

- 选择“视图”|“隐藏标尺”命令。
- 按【Ctrl+R】快捷键。

执行上述操作之一后，即可隐藏标尺，如图2.2所示。

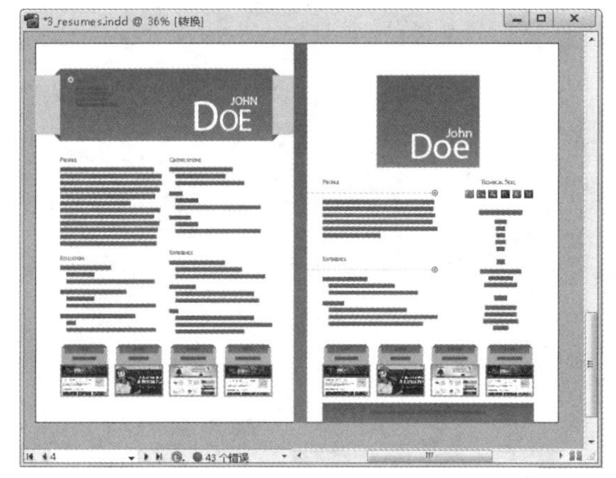

图2.2 隐藏标尺

2.1.2 改变标尺单位

通常情况下，我们使用的标尺单位为厘米或毫米，用户也可以根据需要，选择其他的单位。在水平或垂直标尺的任意位置上单击鼠标右键，即可调出图2.3所示的菜单，在其中选择需要的单位即可。

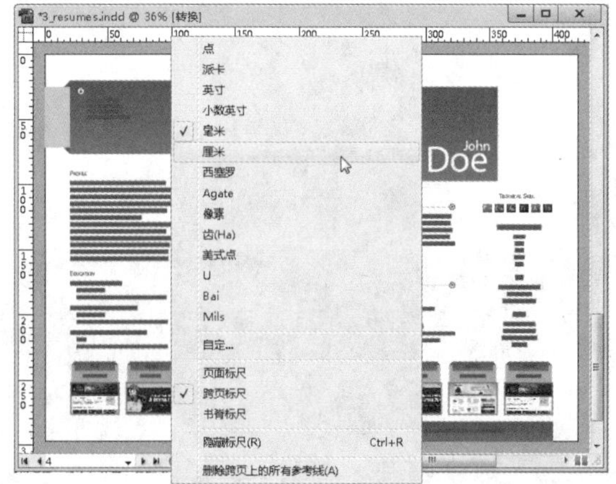

图2.3 标尺下拉菜单

2.1.3 改变标尺零点

标尺零点是指在水平和垂直标尺上显示数值为0的位置，通常情况下，该零点是位于页面的左上角位置，用户也可以根据需要进行修改。

在零点位置上按住左键不放，向页面中拖动，如图2.4所示，即可改变零点位置，如图2.5所示。

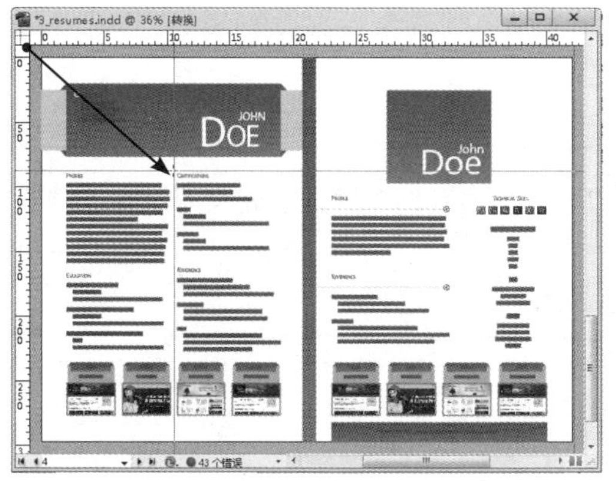

图2.4 向页面中拖动

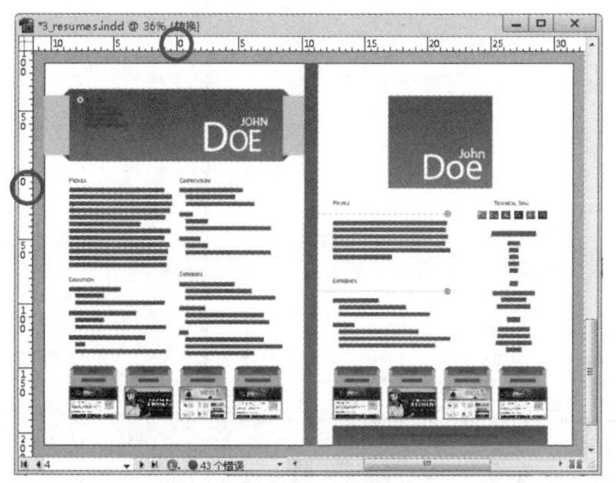

图2.5 改变零点后的状态

若要复位零点至默认的位置，在左上角的标尺交叉处双击鼠标即可。

2.1.4 锁定/解锁标尺零点

为了避免误操作而改变标尺的零点，用户可以将其锁定。在文档窗口左上角的标尺交叉处单击鼠标右键，在弹出的快捷菜单中选择“锁定零点”命令，即可完成锁定零点的操作。

若要解除标尺零点的锁定，可以在标尺交叉处单击鼠标右键，在弹出的快捷菜单中再次选择“锁定零点”命令，将该命令左侧的勾选取消掉即可。

2.1.5 标尺的高级设置

除了上面讲解的常用设置外，用户还可以根据需要，对标尺及其相关参数进行高级设置。选择“编辑”|“首选项”|“单位和增量”命令，弹出“首选项”对话框中的“单位和增量”选项组窗口，如图2.6所示。

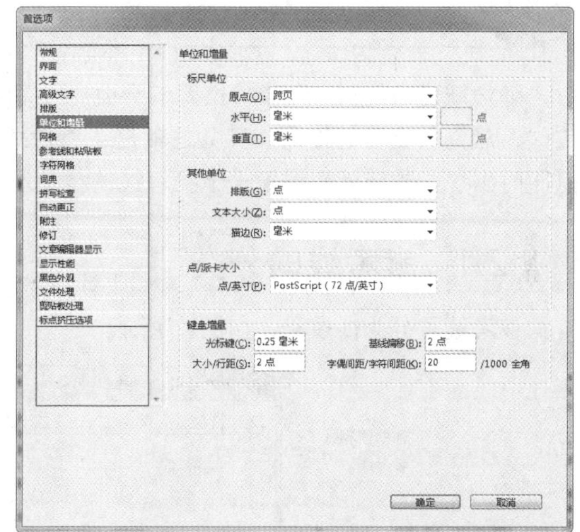

图2.6 “首选项”对话框中的“单位和增量”选项组窗口

在该窗口中各选项的含义解释如下。

- 原点：此下拉列表中的选项用于设置原点与页面的关系。选择“跨页”选项，可以将标尺原点设置在各个跨页的左上角，水平标尺可以度量整个跨页；选择“页面”选项，可以将标尺原点设置在各个页面的左上角，水平标尺起始于跨页中各个页面的零点；选择“书脊”选项，可以将标尺原点设置在书脊中心，水平标尺测量书脊左侧时读数为负，测量书脊右侧时读数为正。
- 水平、垂直：在下拉列表中可以为水平和垂直标尺选择度量的单位。若选择“自定”选项，则可以输入标尺显示主刻度线时使用的点数。
- 排版：选择此下拉列表中的选项，在排版时可以用于字体大小以外的其他度量单位。
- 文本大小：选择此下拉列表中的选项，用

于控制在排版时字体大小的单位。

- 描边：选择此下拉列表中的选项，用于指定路径、框架边缘、段落线以及许多其他描边宽度的单位。
- 点/英寸：选择此下拉列表中的选项，用于指定每英寸所需的点大小。
- 光标键：在此文本框中输入数值，用于控制轻移对象时箭头键的增量。
- 大小/ 行距：在此文本框中输入数值，用于控制使用键盘快捷键增加或减小点大小或行距时的增量。
- 基线偏移：在此文本框中输入数值，用于控制使用键盘快捷键偏移基线的增量。
- 字偶间距/ 字符间距：在此文本框中输入数值，用于控制使用键盘快捷键进行字偶间距调整和字符间距调整的增量。

2.2 设置参考线

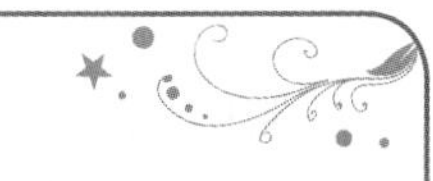

参考线是InDesign中非常重要的一个辅助功能，它可以帮助我们在进行多元素的对齐或精确定位时，起到关键性的作用。其共性就是，参考线只是用于辅助进行页面编排和设计，而不会在最终打印时出现。本节就来讲解一下参考线的类型及其相关操作。

2.2.1 参考线的分类

参考线可分为很多种，如图2.7所示。

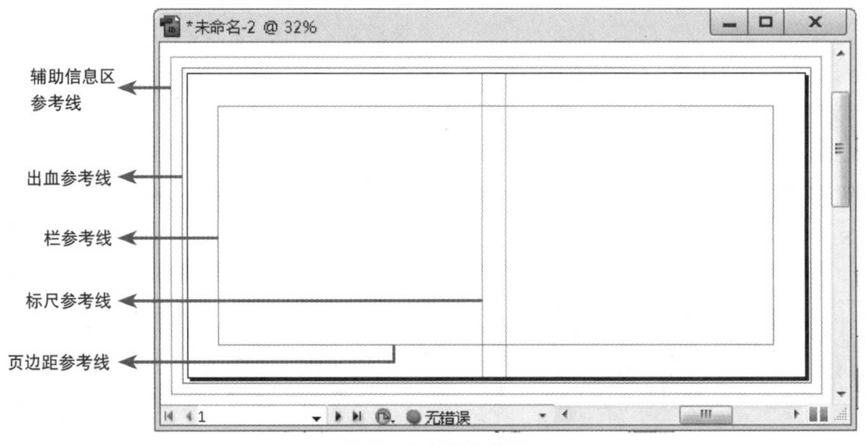

图2.7 参考线的分类

各种参考线的解释如下。

- 辅助信息区参考线：在“新建文档”或“文档设置”对话框中设置了“辅助信息区”数值后，该处会显示参考线，默认以灰蓝色显示。
- 出血参考线：在“新建文档”或“文档设置”对话框中设置了“出血”数值后，如图2.8所示，该处会显示参考线，默认数值为在四周分别添加3毫米出血，并以红色显示。

提示

在传统印刷行业中，当印刷完成后，会使用专门的模具对印刷好的出版物按照所设置的尺寸进行裁剪，该处理操作并不是非常精确，通常是会有一点误差，因此，如果页面中的内容超出了页面边缘，为避免出现误差时页面边缘出现“露白”，因此要在页面边缘以外增加几毫米（通常为3毫米），这样即使在裁剪是出现误差，也不用担心边缘有“露白”的问题了。

- 栏参考线：在“新建文档”或“边距和分栏”对话框中，如图2.9所示，每栏的参考为两条，用于界定该栏的左右位置，默认以淡紫色显示。默认情况下，文档页面只有1个分栏，而栏参考线相当于放置在其中的文本分界线，通常用来控制文本的排列。

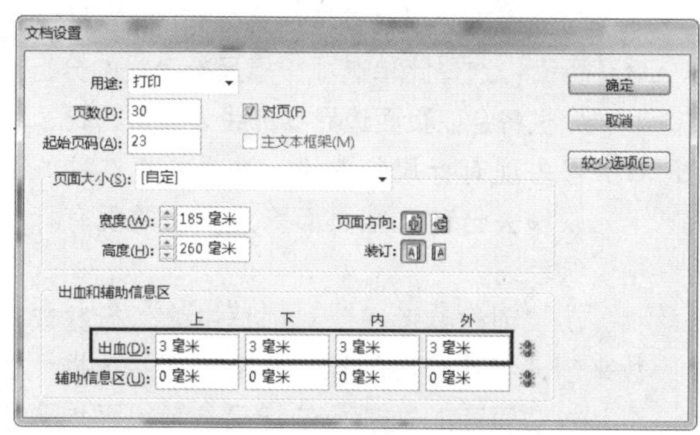

图2.8 “文档设置”对话框

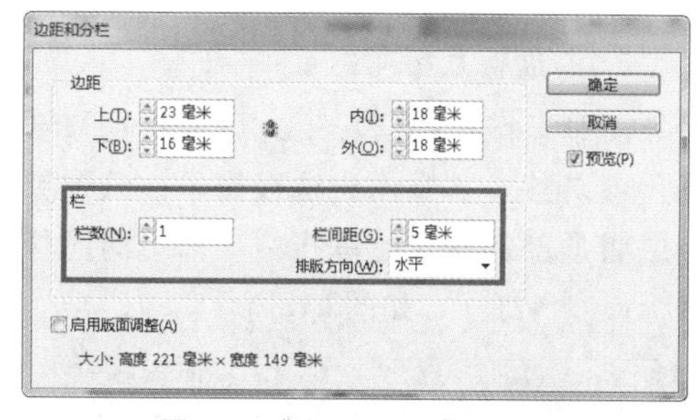

图2.9 “边距和分栏”对话框

- 页边距参考线：又称为版心线，在“新建文档”或“边距和分栏”对话框中指定边距数值后，将在此处显示相应的参考线，用以界定页面中摆放内容的部分，默认以紫红色显示。
- 标尺参考线：指从标尺中拖动出来得到的参考线（也可以使用命令创建，后面的讲解中会详细说明），标尺参考线是最常用的参考线类型之一，通常我们所说的参考线，都是指标尺参考线，它可以非常灵活、自由地添加到文档的任意位置，以便于控制某些元素的对齐方式，或划分页面的各个区域。
- 智能参考线：顾名思义，智能参考线是由软件自动提供的一种用于自动对齐对象的参考线，用户可以选择“视图”|“网格和参考线”|“智能参考线”命令以启用或禁用智能参考线。启用智能参考线后，当用户拖动对象时，会自动根据页面中已有的对象自动生成参考线，以告诉用户，该对象可以与其进行居中、居左或居中的对齐，如图2.10所示。默认情况下，智能参考线以绿色显示。

提示

要设置不同类型参考线的颜色，用户可以选择“编辑”|“首选项”|“参考线与粘贴板”命令，在弹出的“首选项”对话框中进行设置，如图2.11所示。

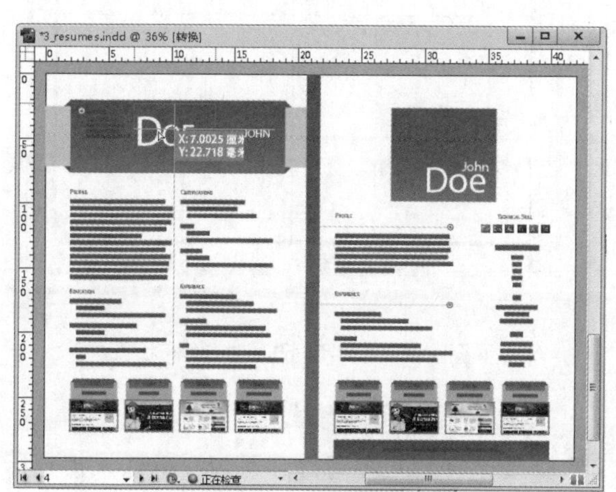

图2.10 智能参考线示意

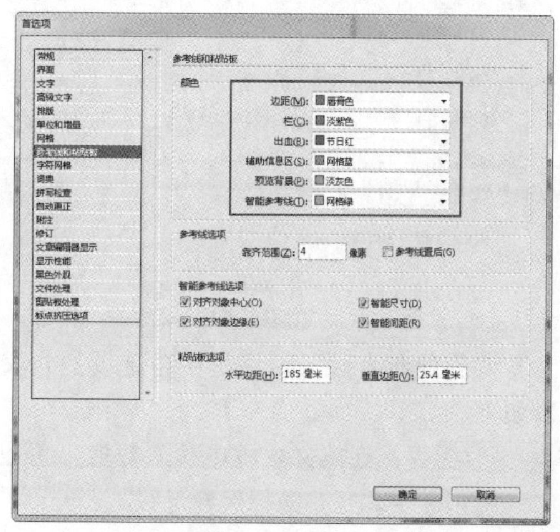

图2.11 “首选项”对话框

2.2.2 创建与编辑标尺参考线

如前所述，标尺参考线是最为常用也最为重要的参考线之一，下面将分别来讲解与之相关的操作。

1. 添加标尺参考线

在显示标尺的情况下，可以根据需要添加标尺参考线。其操作方法很简单，只需要在左侧或者顶部的标尺上进行拖动即可向图像中添加标尺参考线了，如图2.12所示。

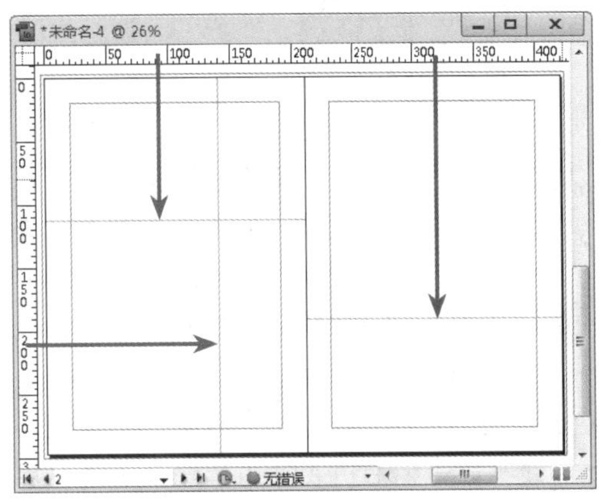

图2.12 创建标尺参考线

2. 精确添加标尺参考线

执行“版面”|“创建参考线”命令，在弹出的“创建参考线”对话框中输入行数或栏数，单击“确定”按钮退出对话框，即可创建标尺参考线，如图2.13所示。

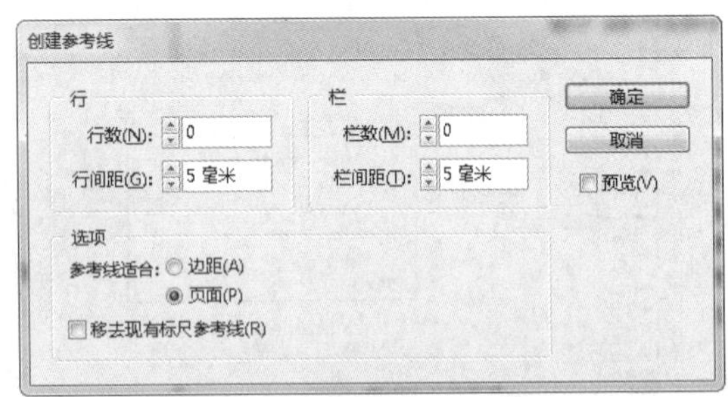

图2.13 “创建参考线”对话框

“创建参考线”对话框中各选项的含义解释如下。

- 行/栏数：在此文本框中输入数值，可以精确创建平均分布的标尺参考线。
- 行/栏间距：在此文本框中输入数值，可以将标尺参考线的行与行、栏与栏之间的间距精确分开。
- 边距：选择此单选项，标尺参考线的分行与分栏将会以栏参考线为分布区域。
- 页面：选择此单选项，标尺参考线的分行与分栏将会以页面边界参考线为分布区域。
- 移去现有标尺参考线：选择此复选项，可以移去当前文档页面除主页外的现有标尺参考线。

在“创建参考线”对话框中输入行数或栏数来创建平均分布的标尺参考线，并选择“边距”或“页面”选项，使标尺参考线平均分布在页面中，如图2.14所示。

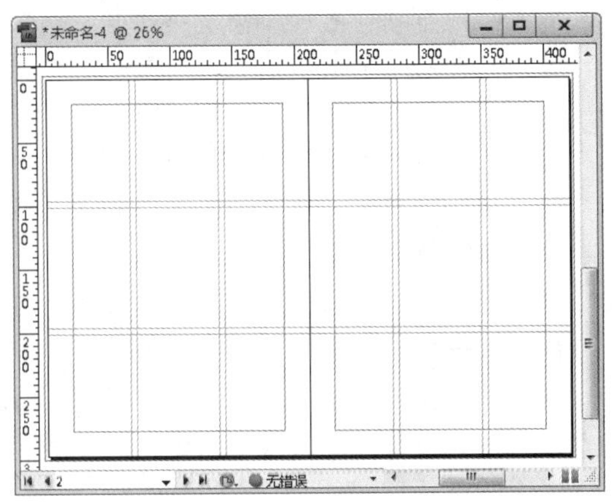

（a）“边距”选项

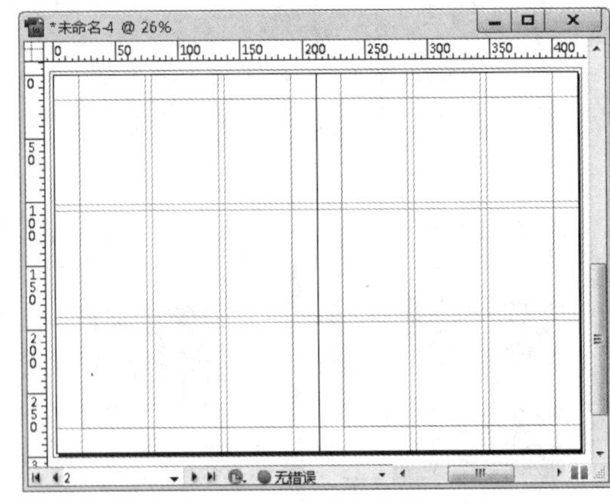

（b）“页面”选项

图2.14 选择不同选项时的分布状态

3. 选择标尺参考线

要选择标尺参考线，可以在确认未锁定标尺参考线的情况下，执行以下操作。

- 使用“选择工具”单击标尺参考线，标尺参考线显示为蓝色状态表明其已被选中。
- 对于多条标尺参考线的选择，可以按住【Shift】键，分别单击各条标尺参考线。
- 按住鼠标左键不放并拖拉出一个框将与框有接触的标尺参考线都选中。
- 按【Ctrl+Alt+G】快捷组合键可以一次性将当前页面的所有标尺参考线都选中。
- 若当前页面中只有标尺参考线，也可以按【Ctrl+A】快捷键选中所有的标尺参考线。

提示

标尺参考线无法与文本、图形、图像等元素同时被选中，且在任何情况下，都会优先选中标尺参考线以外的元素。

4. 移动标尺参考线

使用“选择工具”选中标尺参考线后，拖动鼠标可将标尺参考线移动，按住【Shift】键拖动标尺参考线可确保其移动时对齐标尺刻度，如图2.15所示。

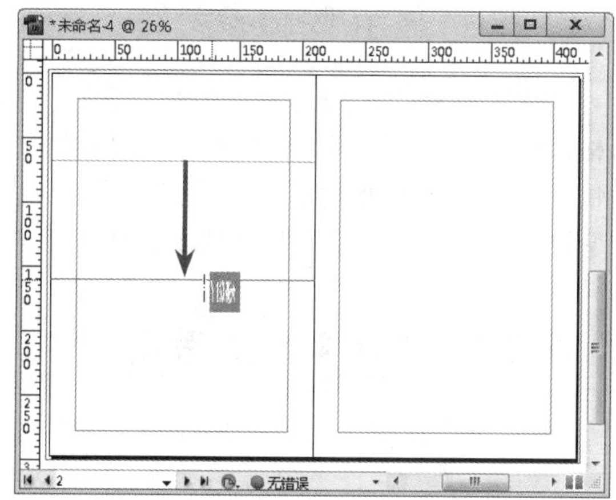

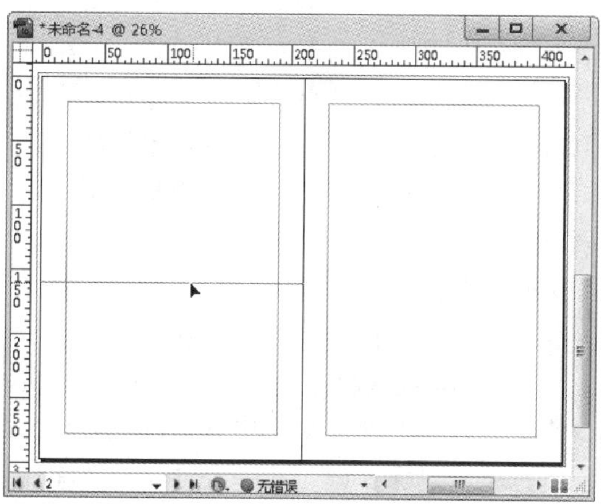

图2.15 移动标尺参考线前后的效果

5. 精确调整标尺参考线位置

选择标尺参考线，单击鼠标右键，在弹出的快捷菜单中选择“移动参考线”命令，弹出“移动”对话框，如图2.16所示。在此对话框中的文本框中输入数值，单击“确定”按钮即可将标尺参考线移动到所设置的位置。单击对话框中的“复制”按钮，可在保持原标尺参考线的基础复制出一条移动后的参考线。

另外，用户也可以在使用“选择工具”选中参考线后，在“控制”面板中设置其X（水平位置）和Y（垂直位置）的数值，以精确调整标尺参考线的位置，如图2.17所示。

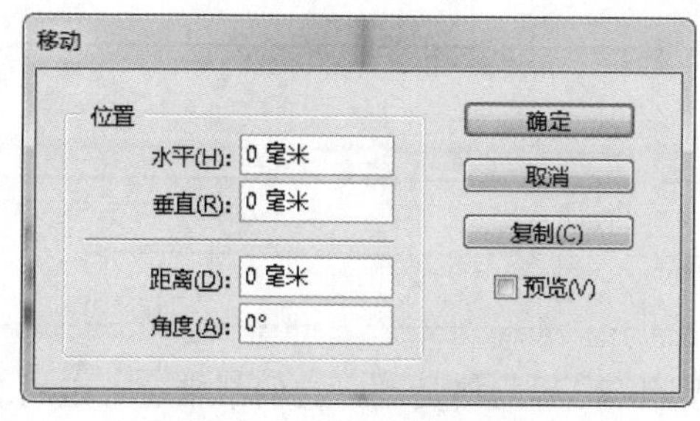

图2.16 “移动”对话框

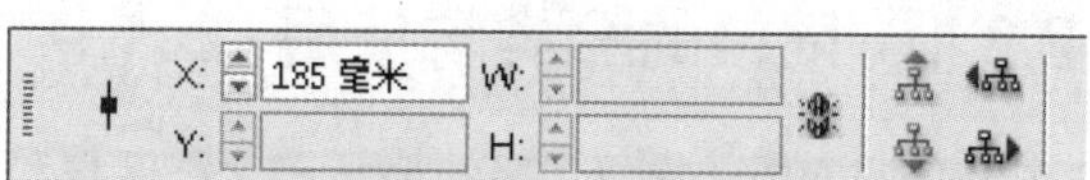

图2.17 选中标尺参考线后的“控制”面板

6. 删除标尺参考线

要删除标尺参考线，可以执行以下操作之一。

- 使用“选择工具”选择需要删除的标尺参考线，直接按【Delete】键即可。
- 执行“视图”|“网格和参考线”|“删除跨页上的所有参考线”命令，即可将跨页上的所有标尺参考线删除。
- 使用“选择工具”选择标尺参考线，单击鼠标右键，在弹出的快捷菜单中选择“删除跨页上的所有参考线”命令，即可删除跨页上的所有标尺参考线。

7. 调整参考线的叠放顺序

默认情况下，标尺参考线是位于所有对象的最上面的，这样有助于对象在版面上的精确对齐操作。但有时这种叠放顺序可能会妨碍到用户对对象的编辑操作，特别是对图像类的编辑。针对于这种情况，可以通过调整参考线的叠放顺序来解决。

- 执行“编辑”|“首选项”|“参考线与粘贴板”命令，在弹出的“首选项”对话框中勾选“参考线置后”选项。
- 使用“选择工具”选中任一标尺参考线后，单击鼠标右键，在弹出的快捷菜单中选择“参考线置后”命令也可将标尺参考线叠放在所有对象之下。
- 如果要取消标尺参考线叠放在最下层的状态，可以在“参考线与粘贴板”选项组窗口中的“参考线置后”小方框上单击，以取消对该选项的选择。
- 使用“选择工具”选中任一标尺参考线后，单击鼠标右键，在弹出的快捷菜单中选择“参考线置后”命令，以将其前面的勾选取消，即可将标尺参考线置于所有对象最上面。

8. 设置标尺参考线的颜色

选择“版面”|“标尺参考线”命令，在弹出的对话框中对标尺参考线的颜色进行更改，如图2.18所示。

图2.18 “标尺参考线”对话框

2.2.3 显示/隐藏参考线

在显示参考线的状态下，选择“视图”|“网格和参考线”|“显示参考线”命令或按【Ctrl+;】快捷键，即可隐藏所有类型的参考线。再次执行相同的操作，即可重新显示所有参考线。

2.2.4 锁定/解锁参考线

要锁定参考线，可以执行下列操作之一。

- 选择“视图”|“网格和参考线”|“锁定参考线”命令。
- 按【Ctrl+Alt+;】快捷组合键。
- 使用“选择工具”在标尺参考线上单击鼠标右键，在弹出的菜单中选择“锁定参考线”命令。

执行上述任意一个操作后，都可以将当前文档的所有标尺参考线锁定。再次执行上述前两个操作，即可解除标尺参考线的锁定。

2.3 设置网格

2.3.1 网格的分类与使用

在InDesign中，提供了基线网格、文档网格和版面网格等3种网格类型，它们都带有一定的规律，以便于在不同的需求下，辅助用户进行对齐处理。

1. 基线网格

基线网格可以覆盖整个文档，但不能指定给任何主页。文档的基线网格方向与“版面”|“边距和分栏”命令对话框中的栏的方向一样。

执行“视图”|“网格和参考线”|“显示基线网格”命令可以将基线网格显示出来，如图2.19所示。此时，再执行“视图”|“网格和参考线”|“隐藏基线网格”命令，即可将基线网格隐藏起来。

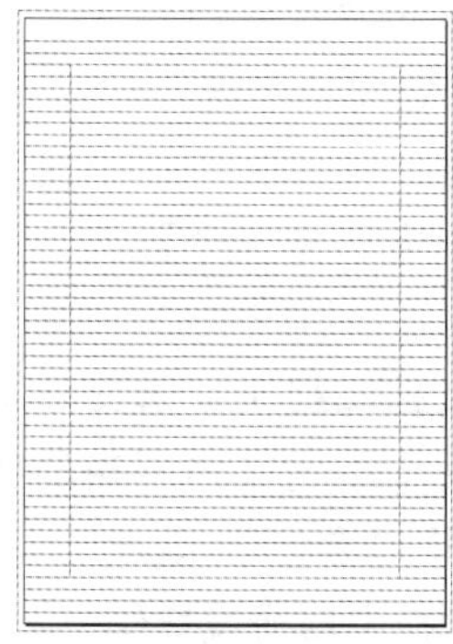

图2.19　基线网格

执行“视图”|“网格和参考线”|“靠齐参考线”命令，可以使对象靠齐基线网格。

2. 文档网格

文档网格可以显示在所有参考线、图层和对象上，还可以覆盖整个粘贴板，但不能指定给任何主页和图层。

执行“视图”|“网格和参考线”|“显示文档网格”命令可以将文档网格显示出来，如图2.20所示。此时，再执行“视图”|“网格和参考线”|“隐藏文档网格”命令可以将文档网格隐藏起来。

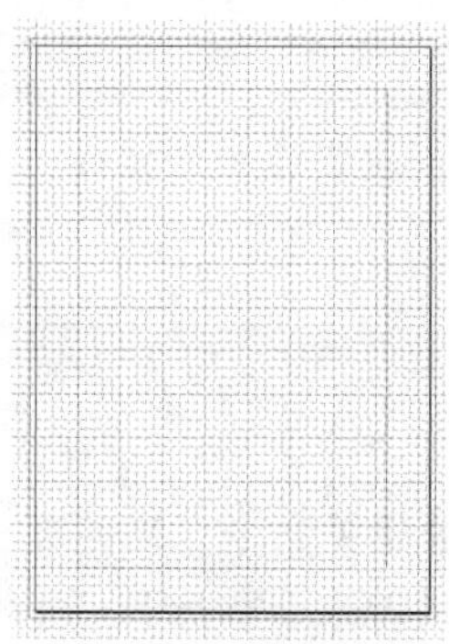

图2.20　文档网格

执行“视图”|“网格和参考线”|“靠齐参考线”命令，并确认同时选择了“靠齐文档网格”命令，将对象拖向网格，直到对象的一个或多个边缘位于网格的靠齐范围内，即可将对象靠齐文档网格。

3. 版面网格

版面网格显示在跨页内的指定区域内，可以指定给主页或者文档页面，但不将其指定给图层。使用“版面网格”对话框可以设置字符网格（字符大小），还可以设置网格的排文方向（自左向右横排文本或从右上角开始直排文本）。

执行“视图”|“网格和参考线”|“显示版面网格”命令可以将版面网格显示出来，如图2.21所示。此时，再执行“视图”|“网格和参考线”|“隐藏版面网格”命令可以将版面网格隐藏起来。

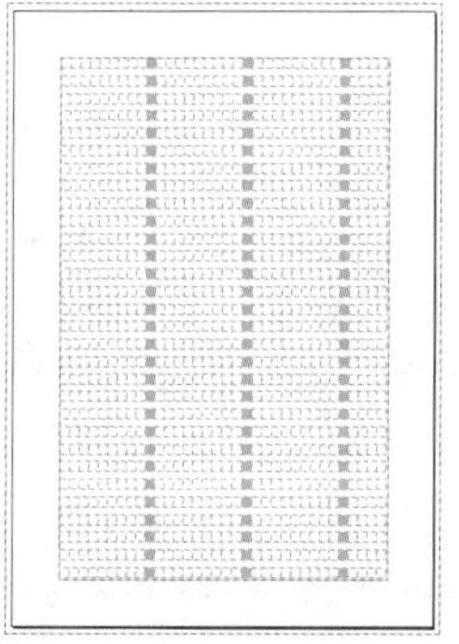

图2.21　版面网格

如果要修改版面网格，可以执行“版面”|“版面网格”命令，在弹出的“版面网格”对话框中更改设置，如图2.22所示。

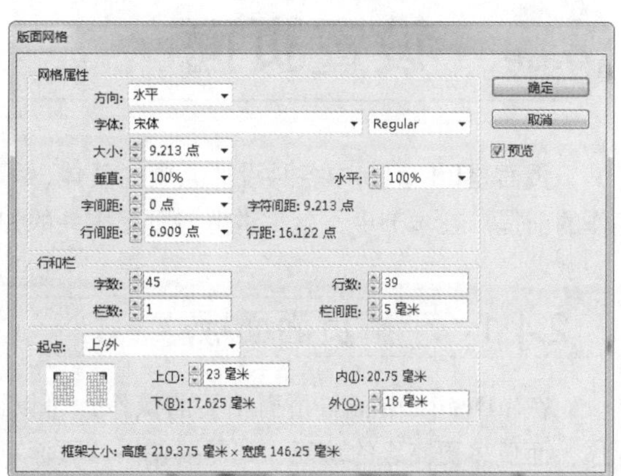

图2.22　“版面网格”对话框

2.3.2 网格的高级设置

除了使用默认的各类网格外，如果使用默认的网格不能满足排版的需要，此时用户可以通过设置“网格”选项组的选项重新定义。执行“编辑”|“首选项”|“网格”命令，弹出“首选项”对话框中的“网格”选项组窗口，如图2.23所示。

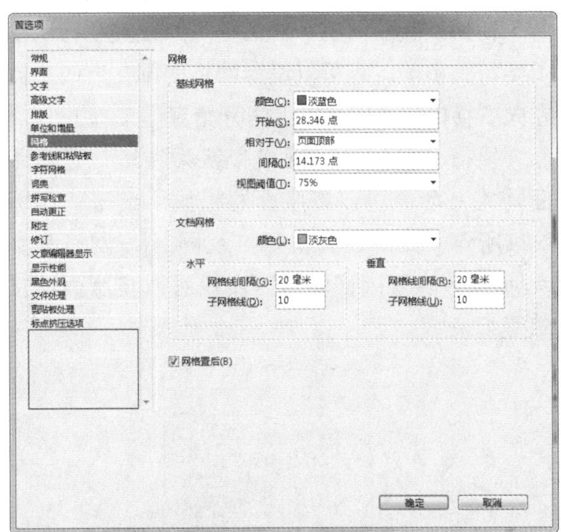

图2.23 “首选项”对话框中的“网格”选项组窗口

在该窗口中各选项的含义解释如下。

- 颜色（基线网格）：选择此下拉列表中的选项，用于指定基线网格的颜色。也可以通过选择“自定”选项，在弹出的“颜色”对话框中自行设置颜色。
- 开始：在此文本框中输入数值，用于控制基线网格相对页面顶部或上边缘的偏移量。
- 相对于：选择此下拉列表中的选项，用于指定基线网格是从页面顶部开始，还是从上边缘开始。
- 间隔：在此文本框中输入数值，用于控制基线网格之间的距离。
- 视图阈值：在此文本框中输入数值，或在下拉列表中选择一个数值，用于控制基线网格的缩放显示阈值。
- 颜色（文档网格）：选择此下拉列表中的选项，用于指定文档网格的颜色。也可以通过选择“自定”选项，在弹出的“颜色”对话框中自行设置颜色。
- 水平：在“网格线间隔”和“子网格线”文本框中输入数值，以控制水平网格间距。
- 垂直：在“网格线间隔”和“子网格线”文本框中输入数值，以控制垂直网格间距。
- 网格置后：选择此复选项，可以将文档和基线网格置于其他所有对象之后；若取消对此复选项的选择，则文档和基线网格将置于其他所有对象之前。

2.4 设置页面

页面是InDesign中各种设计元素的载体，因此，正确的对页面进行设置和操作，是做好设计工作的前提。在本节中，就来讲解与页面相关的知识。

2.4.1 了解页面面板

在InDesign中，与页面相关的操作，可以通过“版面”中的相关命令，来完成一些简单的操作，而更多更高级的功能，则需要使用“页面”面板来完成，下面就来了解一下“页面”面板。

选择“窗口”|“页面”命令或按【F12】键，即可弹出图2.24所示的“页面”面板。

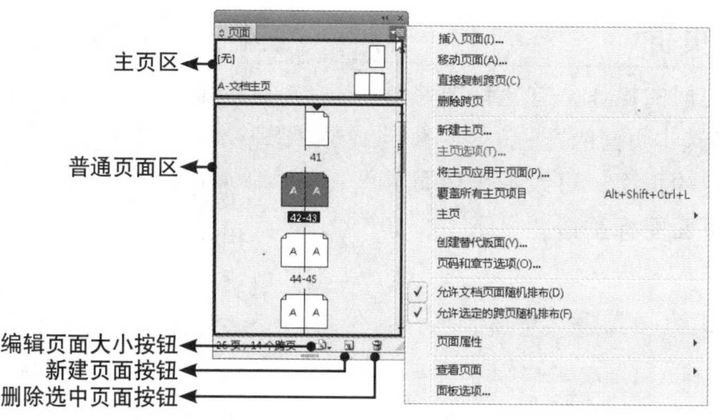

图2.24　“页面”面板

“页面”面板中的参数解释如下。

- 主页区：在该区域中显示了当前所有主页及其名称，默认状态下有两个主页。

提示

关于主页的讲解，请参见本书第11章的相关内容。

- 普通页面区：在该区域中显示了所有当前文档的页面，我们所做的大部分编排与设计工作，都将在该区域的页面中完成。
- “新建页面”按钮：单击该按钮，可以在当前所选页后新建一页文档，如果按住【Ctrl】键单击该按钮可以创建一个新的主页。
- “删除选中页面”按钮：单击该按钮可以删除当前所选的主页或文档页面。
- “编辑页面大小”按钮：单击该按钮，在弹出的菜单中可以快速为选中的页面设置尺寸，如图2.25所示。若选择其中的“自定”命令，在弹出的对话框中，也可以自定义新的尺寸预设，如图2.26所示。

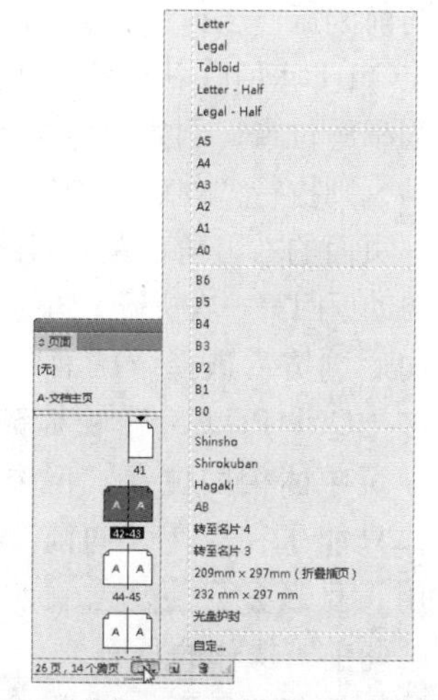

图2.25　编辑页面大小按钮弹出的菜单

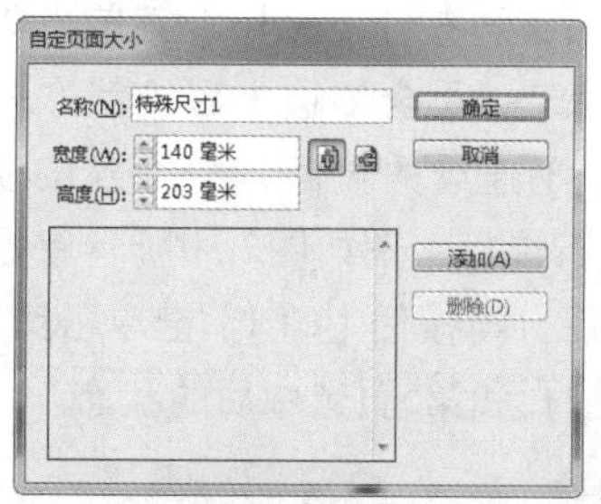

图2.26　“自定页面大小”对话框

提示

需要注意的是，在第1章的讲解中，我们已经学习了通过“文件”|“文档设置”命令来修改文档中页面的尺寸，但在使用此方法时，会将修改应用于当前文档中的所有页面。若要修改部分页面的尺寸，可以将要修改的页面选中，然后单击“页面”面板底部的“编辑页面大小”按钮，在弹出的菜单中可以快速为选中的页面设置尺寸，或选择“自定”命令，在弹出的对话框中自定义其尺寸。

2.4.2 选择页面

要对页面进行任何的操作，首先都要将其选中，下面就来讲解选中页面的方法。

- 要选中某个特定的页面，可以单击该页面对应的图标（页面图标呈蓝色显示），如图2.27所示。

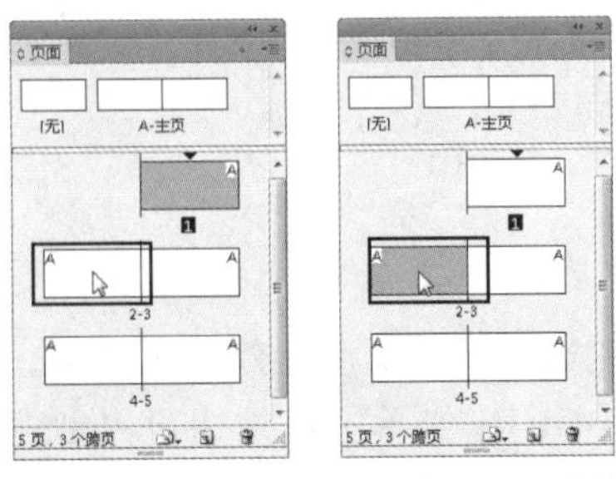

图2.27 摆放光标位置及单击选择页面后的状态

- 若要选中某个特定的跨页，可以单击该跨页对应的页码，如图2.28所示。

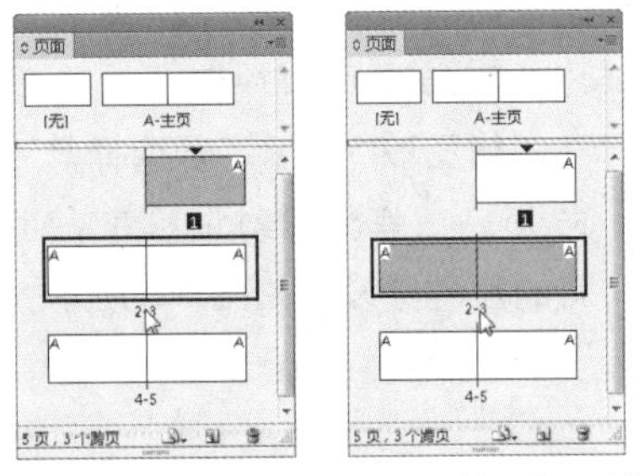

图2.28 摆放光标位置及单击页码选择跨页后的状态

- 若要选择连续的多个页面，在选择页面时可以按住【Shift】键，例如图2.29所示就是在选中第2页后，再按住【Shift】键单击第4页，从而将第2~4页全部选中后的状态；若要选择多个不连续的页面，则可以按住【Ctrl】键进行选择，例如图2.30所示就是在选中第2页后，再按住【Ctrl】键单击第5页，从而将第2页和第5页选中后的状态。

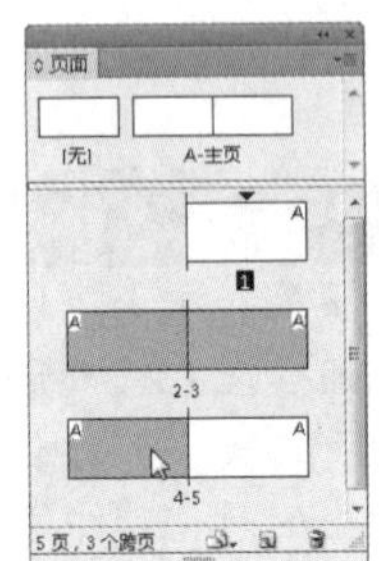

图2.29 选择连续页面

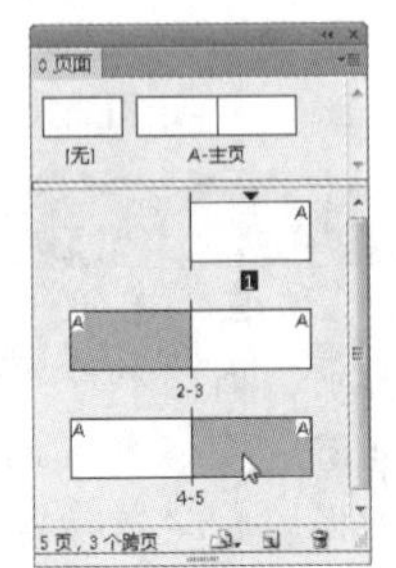

图2.30 选择非连续页面

2.4.3 跳转页面

要跳转至某个页面，主要可以通过3 类方法来实现，下面来分别讲解其操作方法。

1. 使用命令跳转页面

使用命令跳转页面的方法介绍如下。

- 跳转至首页：选择“版面”|“第一页”命令或按【Ctrl+Shift+PageUp】快捷组合键即可。在未插入光标的情况下，也可以按【Home】键跳转至首页。
- 跳转至尾页：选择“版面”|“最后一页”命令或按【Ctrl+Shift+PageDown】快捷组合键即可。在未插入光标的情况下，也可以按【End】键跳转至尾页。
- 跳转至上一页：选择“版面”|“上一页”命令或按【Shift+PageUp】快捷键。
- 跳转至下一页：选择“版面”|“下一页”命令或按【Shift+PageDown】快捷键。
- 跳转至上一跨页：选择“版面”|“上一跨页”命令或按【Alt+PageUp】快捷键。
- 跳转至下一跨页：选择“版面”|“下一跨页”命令或按【Alt+PageDown】快捷键。
- 向前浏览：选择“版面”|“向前”命令或按【Ctrl+PageUp】快捷键，可以跳转至上一页中的相同位置，例如当前显示的是页面的右上角，则执行“向前”操作后，即可跳转至上一页面的右上角位置。当跳转至首页后，会自动返回第一次执行“向前”操作的页面。
- 向后浏览：选择“版面”|“向前”命令或按【Ctrl+PageUp】快捷键，可以跳转至下一页中的相同位置。但要注意的是，该操作只能是在应用“向前”操作后才可以使用，且最多只能从首页跳转至第一次执行“向前”操作的页面。
- 跳转至任意页面：选择“版面”|“转到”命令或按【Ctrl+J】快捷键，在弹出的对话框中输入要跳转到的页码，如图2.31所示，单击“确定”按钮即可。

图2.31 “转到页面”对话框

2. 使用“页面”面板跳转页面

● 双击要跳转到的页面，则此页面对应的内容将显示在眼前（此时，页码出现黑色矩形块），如图2.32所示。

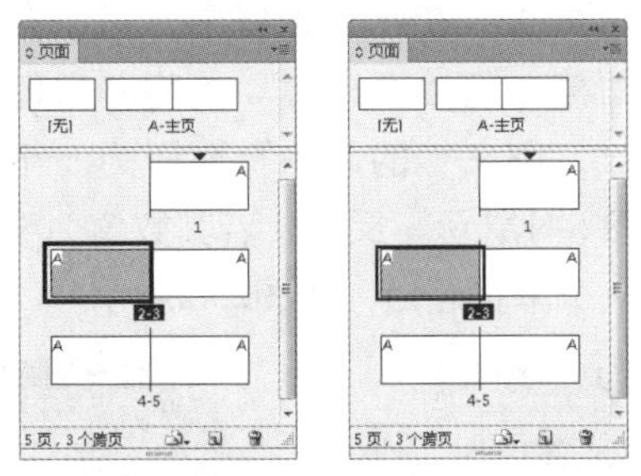

图2.32 摆放光标位置及双击页面后的状态

● 若想跳转至某个跨页，可以双击该跨页的页码（此时，页码出现黑色矩形块），其显示状态如图2.33所示。

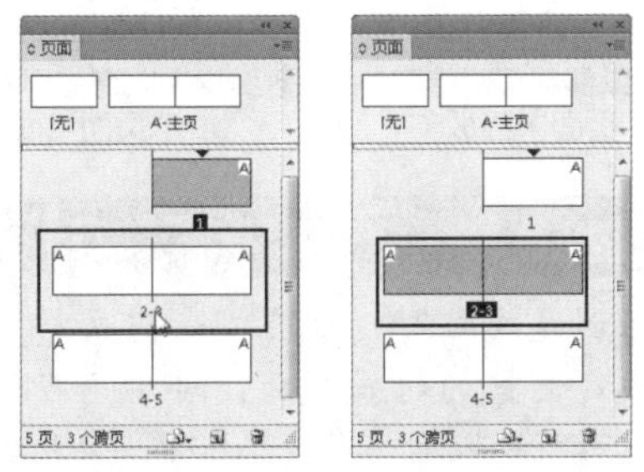

图2.33 摆放光标位置及双击跨页后的状态

3. 使用页面选择器跳转页面

● 在页面的左下角，单击页面选择器，在弹出的列表中选择相应的页面即可，如图2.34所示。

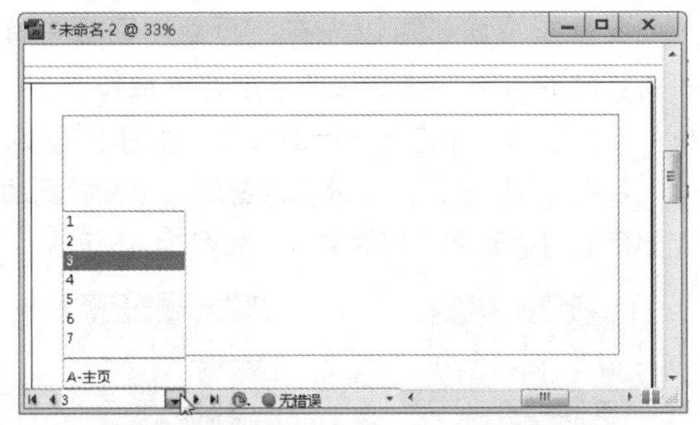

图2.34 选择要跳转的页面

2.4.4 插入页面

通常情况下，要插入页面，首先要选择插入页面的位置，例如要在第2-3跨页之后插入页面，就要先将其选中，然后再执行相关的插入操作，新页面将使用与当前所选页面相同的主页。下面就来讲解其具体的操作方法。

● 选择目标页面，如图2.35所示，单击“页面”面板底部的“新建页面”按钮，即可在选择的页面之后添加一个新页面，图2.36所示。

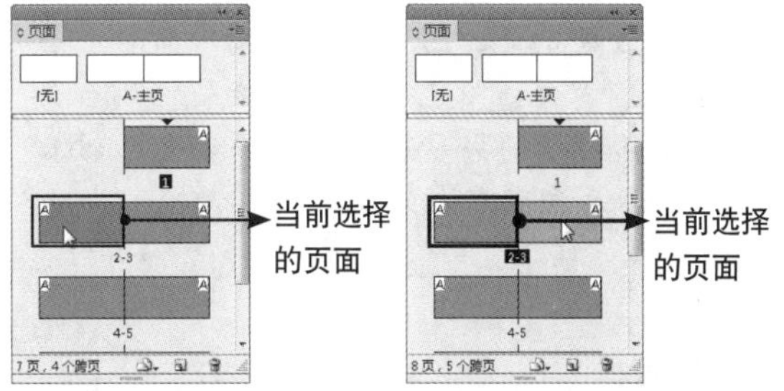

图2.35 选择一个页面　　图2.36 插入新的页面

● 选择目标页面，按【Ctrl+Shift+P】快捷组合键或执行“版面”|“页面”|“添加页面”命令，可以每次添加一个页面。

● 如果要添加页面并指定文档主页，可以执行“版面”|“页面”|“插入页面”命令，或者单击“页面”面板右上角的“面板”按钮，在弹出的菜单中选择“插入页面”命令，弹出“插入页面”对话框，如图2.37所示。在“页数”文本框中可以指定要添加页面的页数。取值范围介于1~9999之间；在“插入”后面的下拉菜单中，可以指定新页面相对于当前所选页面的位置；在“插入”后面的文本框中，可以选择新页面的相对位置；在“主页”下拉菜单中，可以为新添加的页面指定主页。

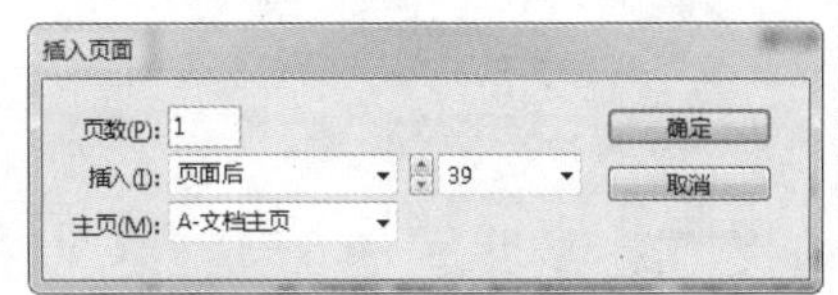

图2.37 “插入页面”对话框

● 如果要在文档末尾添加页面，可以执行“文件”|“文档设置”命令，在弹出的“文档设置”对话框的“页数”文本框中重新指定文档的总页数，如图2.38所示。单击“确定”按钮退出对话框。InDesign 会

在最后一个页面或跨页后添加页面。

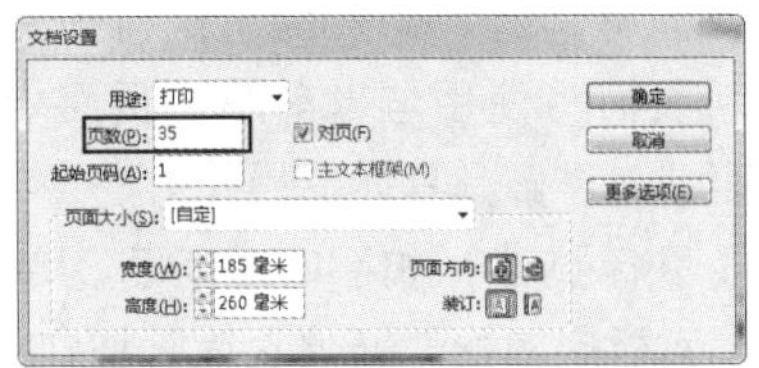

图2.38　“文档设置”对话框

提示

要注意的是，若当前输入的“页数”数值小于当前文档中已有的页面数值，则会弹出图2.39所示的提示框，单击“确定”按钮后，将从后向前删除页面。

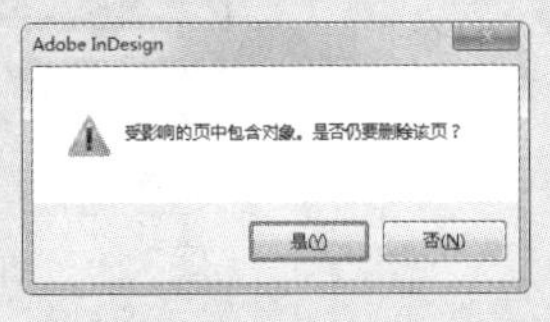

图2.39　提示框

2.4.5　设置起始页码

默认情况下，新建的文档都是以1作为起始页码，并采用“自动编排页码”的方式。用户也可以根据需要，进行自定义的设置。

要设置起始页码，首先应该在页面上单击鼠标右键，在弹出的菜单中选择“页码和章节选项”，或单击“页面”面板右上角的“面板”按钮，在弹出的菜单中选择“页码和章节选项”命令，此时将弹出图2.40所示的对话框。

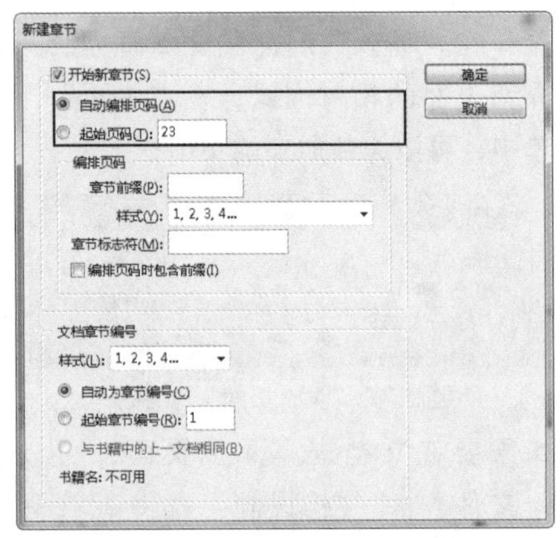

图2.40　“新建章节”对话框

在“新建章节”对话框中，与起始页码相关的参数讲解如下。

- 自动编排页码：选择此单选项后，若当前文档位于书籍中，则重排页码后，将自动按照上一文档的最后一个页码来设置当前文档的起始页码。
- 起始页码：在此文本框中，可以自定义当前文档的起始页码值。若将其数值设置为偶数，则文档的起始页面即为一个跨页，如图2.41所示。反之，若其数值为奇数，则以一个单页起始，如图2.42所示。

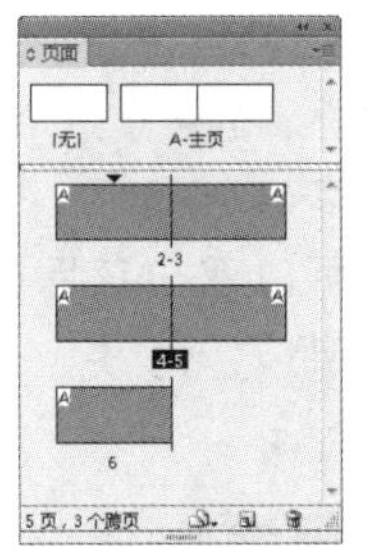

图2.41　以偶数页起始时的“页面”面板

图2.42　以奇数页起始时的“页面”面板

提示

在创建文档时，可在“新建文档”对话框中指定文档的起始页码；对于已经创建完的文档，则可以按【Ctrl+Alt+P】快捷组合键或选择“文件”|“文档设置”命令，在弹出的对话框中设置“起始页码”数值。

2.4.6　复制与移动页面

要复制页面，可以先在“页面”面板中选中要复制的页面，然后按照以下方法操作。

- 将选中的页面拖至“新建页面”按钮上，如图2.43所示，释放鼠标左键后，复制得到的页面将显示在文档的末尾，如图2.44所示。

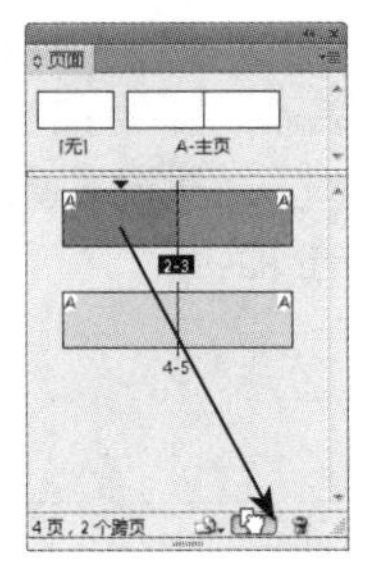

图2.43　拖动要复制的页面

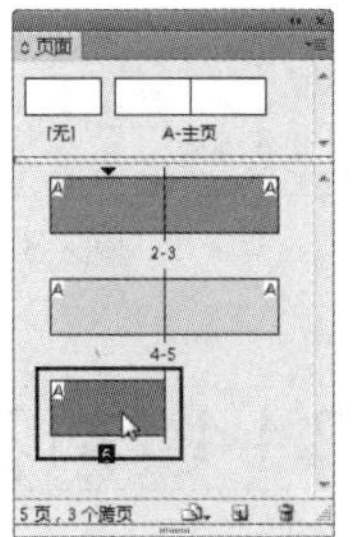

图2.44　复制得到的新页面

- 在选中的页面上单击鼠标右键，或单击“页面”面板右上角的“面板”按钮，在弹出的菜单中选择“直接复制页面”或“直接复制跨页”命令。新的页面或跨页将显示在文档的末尾。
- 按住【Alt】键将页面拖至要复制的目标位置，释放鼠标左键后，即可完成复制操作，复制得到的页码将自动出现在末尾，如图2.45所示。

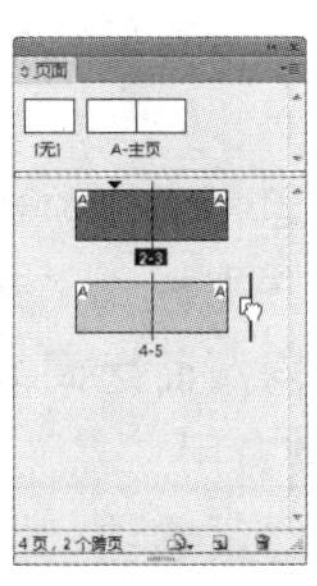
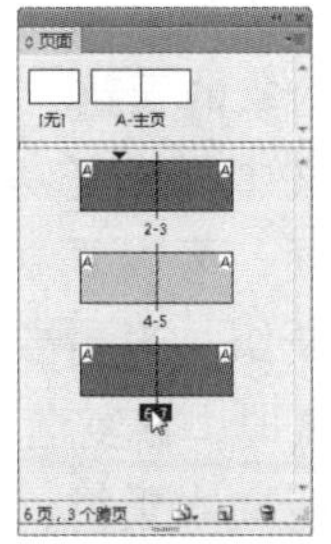

图2.45　复制页面流程

- 在拖动页面时，若不按住【Alt】键，即可实现移动页面操作。

> **提示**
>
> 在拖动页面时，竖条将指示当前释放该图标时页面将显示的位置。但需要注意的是，在移动页面时，需要选择“页面”面板菜单中的“允许文档页面随机排布”和“允许选定的跨页随机排布”命令，不然会出现拆分跨页或者合并跨页的现象。

- 在选中的页面上单击鼠标右键，或单击“页面”面板右上角的“面板”按钮，在弹出的菜单中选择“移动页面”选项，将弹出图2.46所示的对话框。在“移动页面”文件框内可以输入要移动的页码范围，若已经选中页面，则此处自动填写所选页面的页码。在此下拉菜单中，还可以选择“所有页面”选项；在“目标”下拉菜单中，可以选择移动后的页面位于相对于目标的位置；在“目标”后面的下拉菜单中，还可以设置要移动的目标位置；在“移至”下拉菜单中，可以选择将页面移至当前文档或其他的文档中；当在“移至”下拉菜单中选择“当前文档”以外的选项时，将激活“移动后删除页面”复选项，选中此复选项后，单击“确定”按钮，会将选中的页面移动至目标位置中，反之，若未选中此复选项，则会复制选中的页面至目标位置。

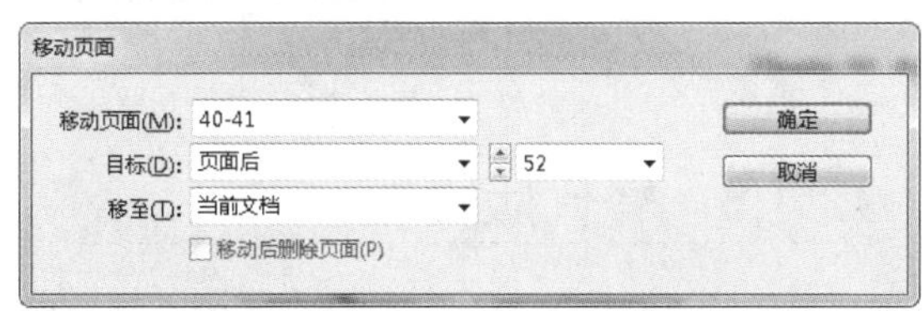

图2.46　“移动页面”对话框

> **提示**
>
> 复制页面或跨页的同时，也会复制页面或跨页上的所有对象。从复制的跨页到其他跨页的文本串接将被打断，但复制的跨页内的所有文本串接将完好无损。

2.4.7　删除页面

要删除页面，可以按照以下方法操作。

- 在“页面”面板中，选择需要删除的一个或者多个页面图标，或者是页面范围号码，然后拖至“删除选中页面”按钮上，即可删除不需要的页面。
- 在“页面”面板中，选择需要删除的一个或者多个页面图标，或者是页面范围号码，然后直接单击“删除选中页面”按钮，在弹出的提示框中单击“确定”按钮，即可删除不需要的页面。
- 在“页面”面板中，选择需要删除的一个或者多个页面图标，或者是页面范围号码，然后单击“页面”面板右上角的“面板”按钮，在弹出的菜单中选择“删除页面”或“删除跨页”命令，在弹出的提示框中单击“确定”按钮，即可删除不需要的页面或跨页。

> **提示**
>
> 在删除页面时，若被删除的页面中包含文本框、图形、图像等内容，则会弹出图2.47所示的提示框，单击“确定”按钮即可删除。

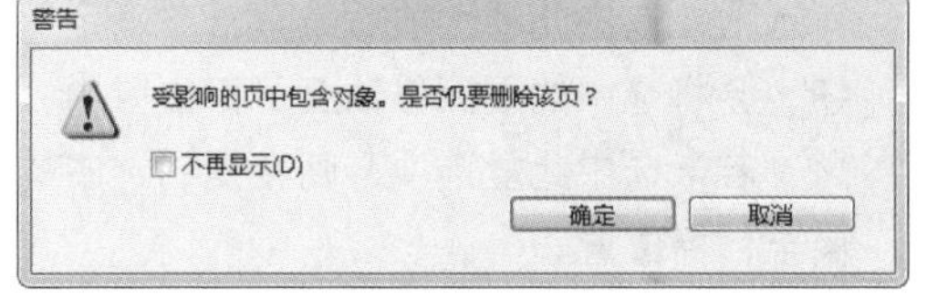

图2.47　提示框

2.4.8　替代版面

替代版面功能可以对同一文档中的页面，使用不同的尺寸进行设置，也可以作为备选方案来用。下面就来讲解替代版面的具体操作方法。

提示

替代版面是InDesign CS6中新增的一项版面控制功能，仅在CS6或更高版本的软件中可用。

1. 创建替代版面

在应用“替代版面”功能时，需要创建替代版面，选择“版面”|“创建替代版面”命令，或单击“页面”面板右上角的“面板”按钮，在弹出的菜单中选择“创建替代版面”命令，弹出“创建替代版面”对话框，如图2.48所示。

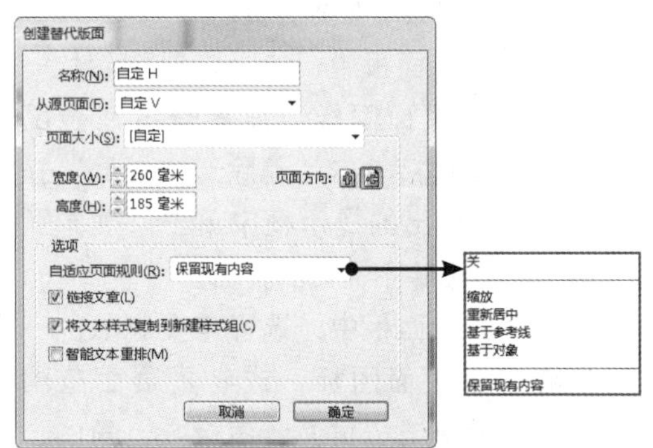

图2.48　“创建替代版面”对话框

该对话框中各选项的功能如下。

- 名称：在该文本框中输入替代版面的名称。
- 从源页面：选择内容所在的源版面。
- 页面大小：为替代版面选择页面大小或输入自定大小。
- 宽度和高度：当选择适当的“页面大小”后，此文本框中将显示相应的数值；如果“页面大小”选择的是“自定”选项，此时可以输入自定义的数值。
- 页面方向：选择替代版面的方向。如果在纵向和横向之间切换，宽度和高度的数值将自动对换。
- 自适应页面规则：选择要应用于替代版面的自适应页面规则。选择“保留现有内容”选项可继承应用于源页面的自适应页面规则。
- 链接文章：选择此复选项，可以置入对象，并将其链接到源版面中的原始对象。当更新原始对象时，可以更轻松地管理链接对象的更新。
- 将文本样式复制到新建样式组：选择此复选项，可以复制所有文本样式，并将其置入新组。当需要在不同版面之间改变文本样式时，该复选项非常有用。
- 智能文本重排：选择此复选项，可以删除文本中的任何强制换行符以及其他样式优先选项。

创建得到的替代版面，将位于原始页面的最后。图2.49所示就是创建了替代版面后的“页面”面板状态。

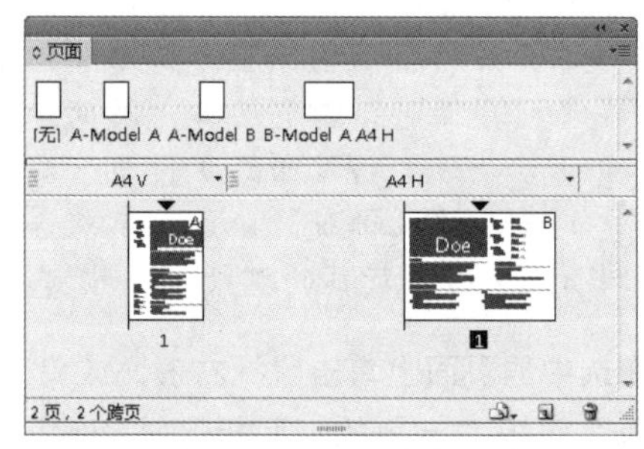

图2.49　创建了替代版面后的“页面”面板状态

2. 删除替代版面

在版面的标题栏上，单击其右侧的三角按钮，在弹出的菜单中选择“删除替代版面”命令，此时将弹出图2.50所示的提示框，单击“确定”按钮即可删除当前的替代版面。

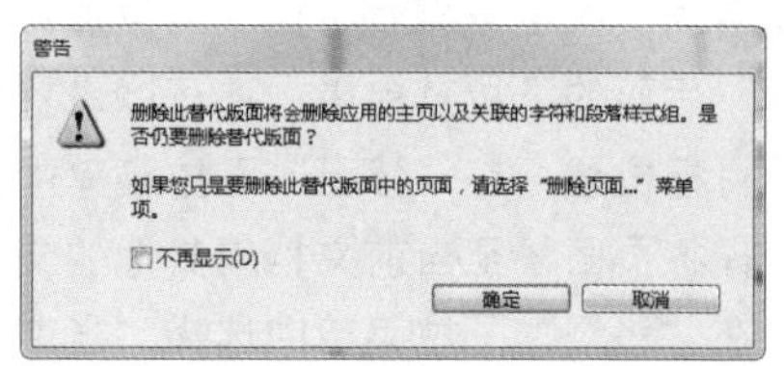

图2.50　提示框

3. 拆分窗口以查看替代版面

在版面的标题栏上，单击其右侧的三角按钮▾，在弹出的菜单中选择“拆分窗口以比较版面”命令，此时会将当前窗口拆分为左右两个窗口，以便于对比查看，如图2.51所示。

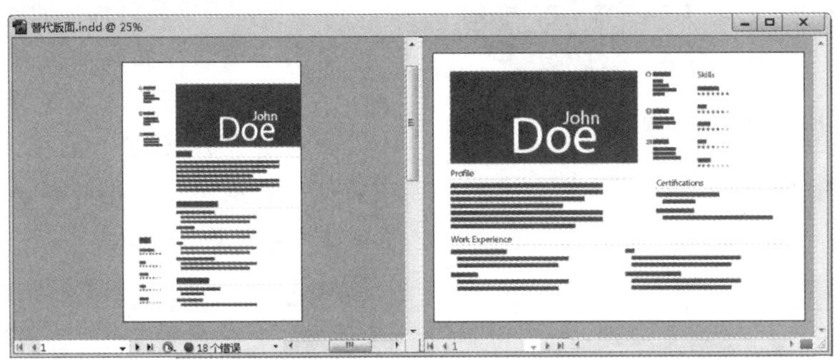

图2.51 拆分窗口以对比版面

2.4.9 自适应版面

“自适应版面”是InDesign中新增的功能，其作用就是可以在改变页面尺寸时，根据所设置的自适应版面规则，由软件自动对页面中的内容进行调整。因而可以非常轻松地设计多个页面大小、方向或者设备的内容。应用自适应页面规则，可以确定创建替代版面和更改大小、方向或长宽比时页面中的对象如何调整。

选择“版面”|“自适应版面”命令，或选择“窗口”|“交互”|“自适应版面”命令，弹出“自适应版面”面板，如图2.52所示。

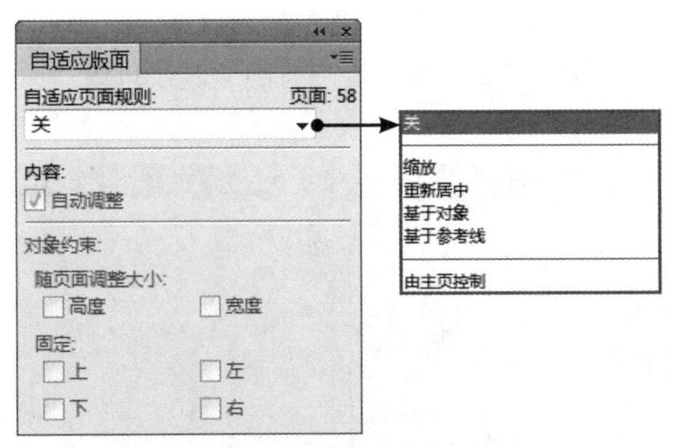

图2.52 “自适应版面”面板

“自适应版面”面板中的重要参数解释如下。

- 自适应页面规则：在此下拉菜单中，选择“关”选项，则不启用任何的自适应页面规则；选择“缩放”选项，在调整页面大小时，将页面中的所有元素都按比例缩放。结果类似于高清电视屏幕上的信箱模式或邮筒模式；选择“重新居中”选项，无论宽度为何，页面中的所有内容都自动重新居中。与缩放不同的是，内容保持其原始大小；选择“基于对象”选项，可以指定每个对象（固定或相对）的大小和位置相对于页面边缘的自适应行为；选择“基于参考线”选项，将以跨过页面的直线作为调整内容的参照；选择“由主页控制”选项，则页面的变化将随着主页的变化而改变。
- 自动调整：选中此复选项时，将在适应版面的过程中，自动对页面中的元素进行调整。
- 对象约束：在此区域中，可以设置“随页面调整大小”中的“高度”和“宽度”属性，也可以将选中的对象固定在上、下、左、右的某个位置上。

以图2.53所示的文档为例，其“文档设置”对话框如图2.54所示，按【Ctrl+A】快捷键选中所有的元素后，在“自适应版面”面板中将其规则设置成为“缩放”，然后在“文档设置”对话框中将其页面尺寸修改为图2.55所示的数值后，单击“确定”按钮，此时版面就会随之发生变化，如图2.56所示。

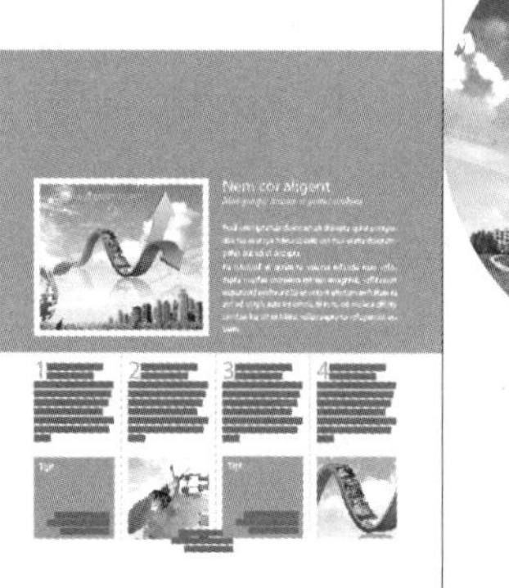

图2.53　原文档

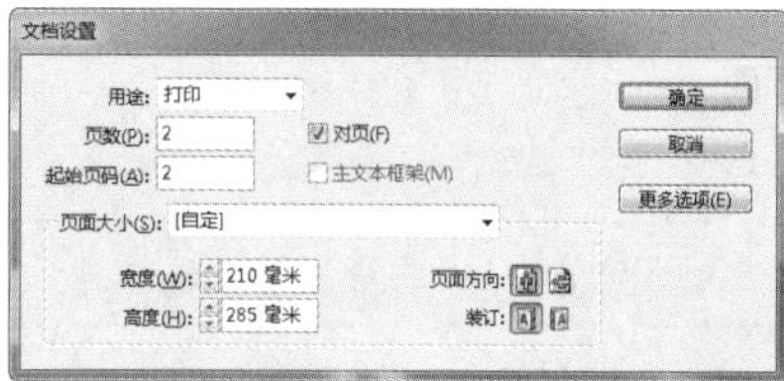

图2.54　“文档设置”对话框

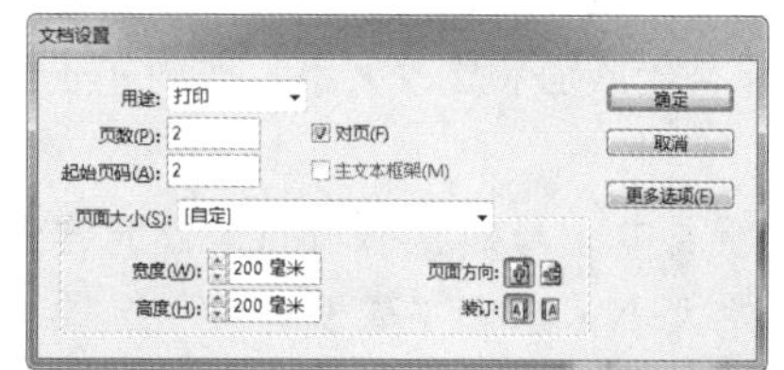

图2.55　修改“页面大小”后的“文档设置”对话框

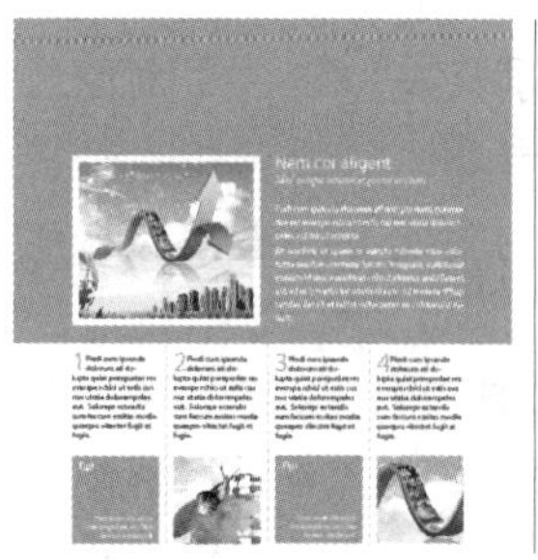

图2.56　在“缩放”规则下缩小文档尺寸后的效果

2.4.10　设置页面显示选项

通常情况下，“页面”面板中的每一个页面或主页都会显示一个小的页面或主页缩览图，由此小的页面或主页缩览图可以预览该页面或主页中的内容，可以根据需要修改页面或主页缩览图的大小以更加方便地选择页面或图层。

单击“页面”面板右上角的“面板”按钮▤，在弹出的下拉菜单中选择“面板选项”命令，弹出图2.57所示的“面板选项”对话框，在该对话框中通过选择相应单选按钮，来设置页面或主页缩览图的显示大小。

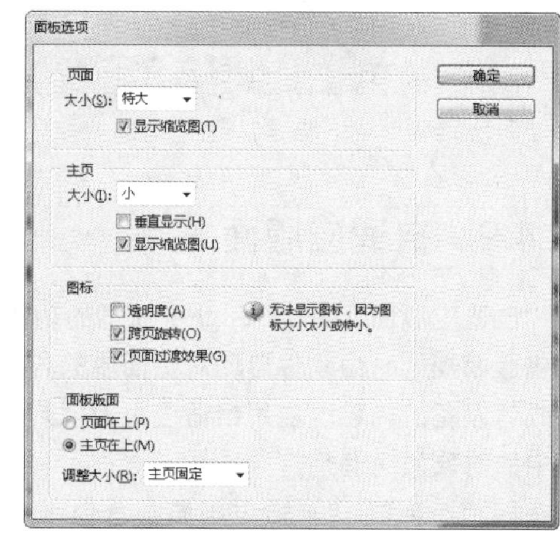

图2.57　“面板选项”对话框

图2.58所示为页面选择“超大”、主页选择“特大”时“页面”面板的显示状态；图2.59所示为页面和主页均选择“特小”时“页面”面板的显示状态。

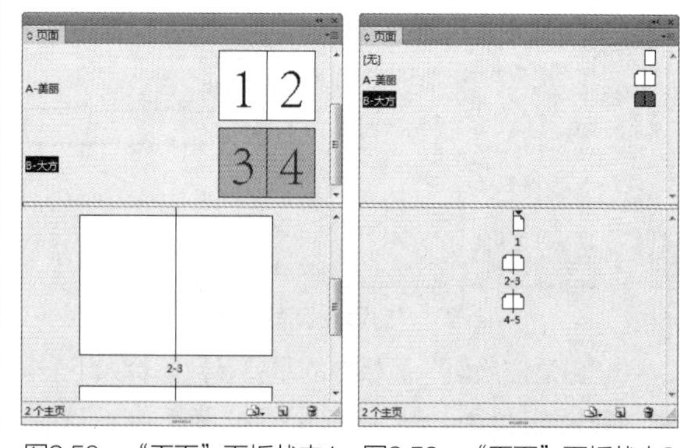

图2.58　“页面”面板状态1　图2.59　“页面”面板状态2

2.5　设置图层

使用图层功能，可以创建和编辑文档中的特定区域或者各种内容，而不会影响其他区域或其他

种类的内容，以便于我们将图层中的对象锁定或调整顺序等操作。下面就来讲解一下与图层相关的知识。

2.5.1 了解图层面板

按【F7】键或选择“窗口”|“图层”命令，即可调出“图层”面板，如图2.60所示。默认情况下，该面板中只有一个图层即“图层1”。通过此面板底部的相关按钮和面板菜单中的命令，可以对图层进行编辑。

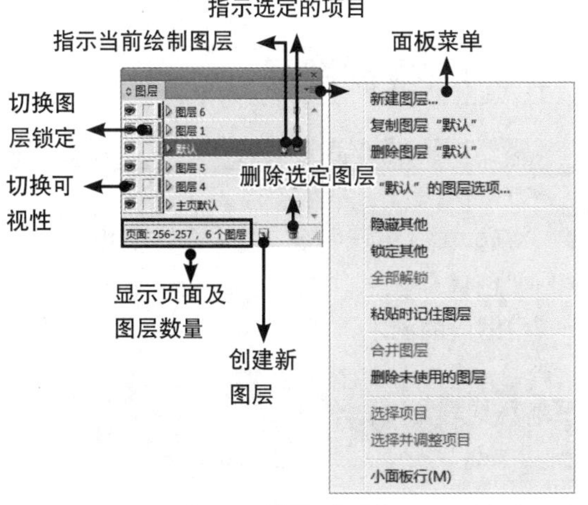

图2.60 “图层”面板

“图层”面板中各选项的含义解释如下。

- 切换可视性：单击此图标，可以控制当前图层的显示与隐藏状态。
- 切换图层锁定：控制图层的锁定。
- 指示当前绘制图层：当选择任意图层时会出现此图标，表示此时可以在该图层中绘制图形。如果图层为锁定状态，此图标将变为状态，表示当前图层上的图形不能编辑。
- 指示选定的项目：此方块为彩色时，表示当前图层上有选定的图形对象。拖动此方块，可以实现不同图层图形对象的移动和复制。
- 面板菜单：可以利用该菜单中的命令进行新建、复制或删除图层等操作。
- 显示页面及图层数量：显示当前页面的页码及当前“图层”面板中的图层个数。
- 创建新图层：单击此按钮，可以创建一个新的图层。
- 删除选定图层：单击此按钮，可以将选择的图层删除。

2.5.2 新建图层

默认情况下，创建一个新文档后，都会包含一个默认的“图层1”。如果要创建新的图层，可以执行以下操作之一。

- 直接单击“图层”面板底部的“创建新图层”按钮，从而以默认的参数创建一个新的图层。
- 单击“图层”面板右上角的“面板”按钮，在弹出的菜单中选择“新建图层”命令，或按【Alt】键单击“图层”面板底部的“创建新图层”按钮，弹出图2.61所示的“新建图层”对话框。参数设置完毕后，单击“确定”按钮即可创建新图层。

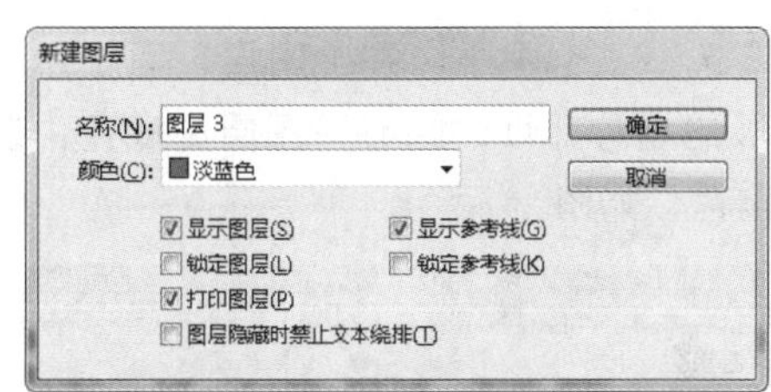

图2.61 “新建图层”对话框

“新建图层”对话框中各选项的含义解释如下。

- 名称：在此文本框中可以输入新图层的名称。
- 颜色：在此下拉列表中可以选择用于新图层的颜色。
- 显示图层：选择此复选项，新建的图层将在“图层”面板中显示。
- 显示参考线：选择此复选项，在新建的图层中将显示添加的参考线。
- 锁定图层：选择此复选项，新建的图层将处于被锁定的状态。
- 锁定参考线：选择此复选项，新建图层中的参数线都将处于锁定状态。
- 打印图层：选择此复选项，可以允许图层被打印。

- 图层隐藏时禁止文本绕排：选择此复选项，当新建的图层被隐藏时，不可以进行文本绕排。

提示

要在某个图层上方新建图层，可以将其选中再执行新建图层操作；按住【Ctrl】键单击“图层”面板底部的“创建新图层”按钮，可以在当前图层的下方创建一个新图层；按住【Ctrl+Shft】快捷键单击“图层”面板底部的“创建新图层”按钮，可以在“图层”面板的顶部创建一个新图层。

2.5.3 选择图层

在页面中选中某个对象后，会自动选中其所在的图层，如果要选择其他图层或多个图层，则可以按照下面的操作来完成。

1. 选择单个图层

要选择某个图层，在“图层”面板中单击该图层的名称即可，此时该图层的底色由灰色变为蓝色，如图2.62所示。

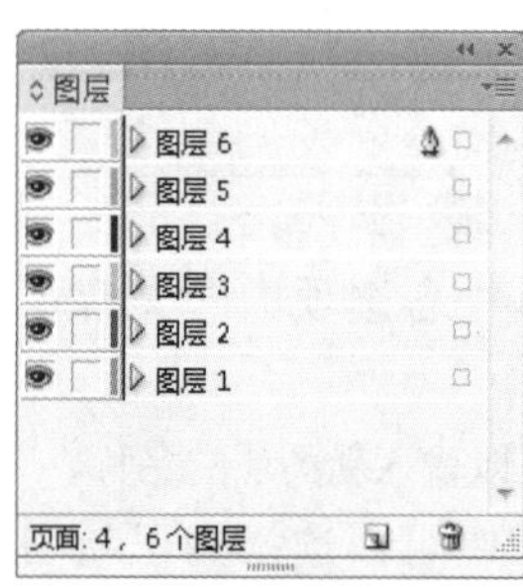

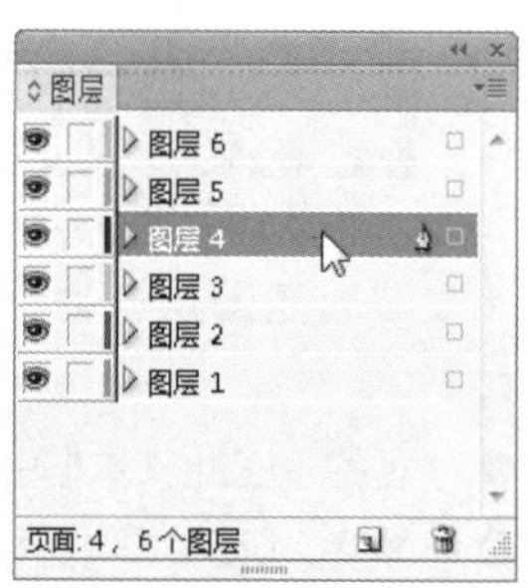

图2.62 选中图层前后对比效果

2. 选择多个连续图层

要选择连续的多个图层，在选择一个图层后，按住【Shift】键在“图层”面板中单击另一图层的名称，则两个图层间的所有图层都会被选中，如图2.63所示。

3. 选择多个非连续图层

如果要选择不连续的多个图层，在选择一个图层后，按住【Ctrl】键在“图层”面板中单击另一图层的图层名称，如图2.64所示。

图2.63 选择连续图层

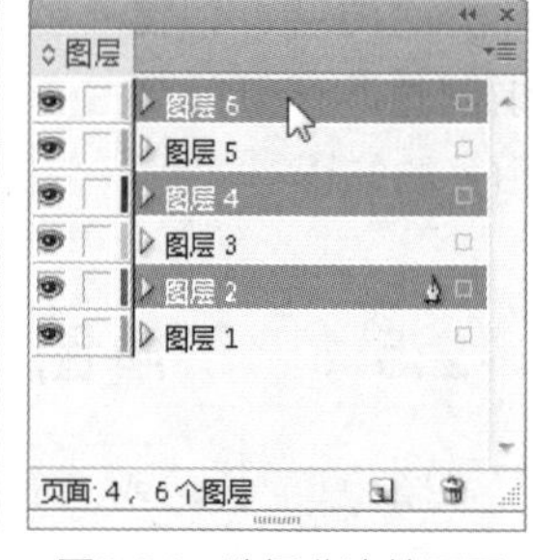

图2.64 选择非连续图层

4. 取消选中图层

要取消选中任何图层，可在“图层”面板的空白位置单击鼠标左键。

2.5.4 复制图层

要复制图层，首先要将其选中，然后按照下述方法操作。

- 将选中的图层拖至“图层”面板底部的“创建新图层”铵钮上，即可创建选中图层的副本，图2.65所示为操作的过程。

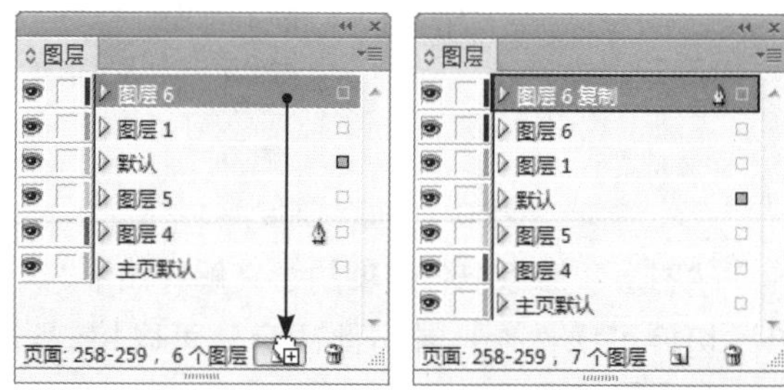

图2.65 拖动复制图层

- 在选中要复制的单个图层后，可以在图层上单击鼠标右键，或单击“图层”面板右上角的“面板”按钮，在弹出的菜单中选择“复制图层‘***’”命令（***代表当前的图层名称），即可将当前图层复制一个副本。
- 在选中多个图层时，可在选中的任意一个图层上单击鼠标右键，或单击“图层”面板右上角的“面板”按钮，在弹出的菜单中则需要选择“复制图层”命令，即可为所有选中的图层创建副本。

2.5.5 显示/隐藏图层

在“图层”面板中单击图层最左侧的图标

，使其显示为灰色，即隐藏该图层，再次单击此图层可重新显示该图层。

如果在图标列中按住鼠标左键不放向下拖动，可以显示或隐藏拖动过程中所有掠过的图层。按住【Alt】键，单击图层最左侧的图标，则只显示该图层而隐藏其他图层；再次按住【Alt】键，单击该图层最左侧的图标，即可恢复之前的图层显示状态。

提示

再次按住【Alt】键单击图标的操作过程中，不可以有其他显示或者隐藏图层的操作，否则恢复之前的图层显示状态的操作将无法完成。

另外，只有可见图层才可以被打印，所以对当前图像文件进行打印时，必须保证要打印的图像所在的图层处于显示状态。

2.5.6 改变图层顺序

通过调整图层的上下顺序，可以改变图层间各对象的上下覆盖关系，以图2.66所示的原图像为例，只需要按住鼠标左键将图层拖动至目标位置，如图2.67所示，当目标位置显示出一条粗黑线时释放鼠标按键即可，图2.68所示就是调整图层顺序后的效果及对应的“图层”面板。

图2.66 原图像

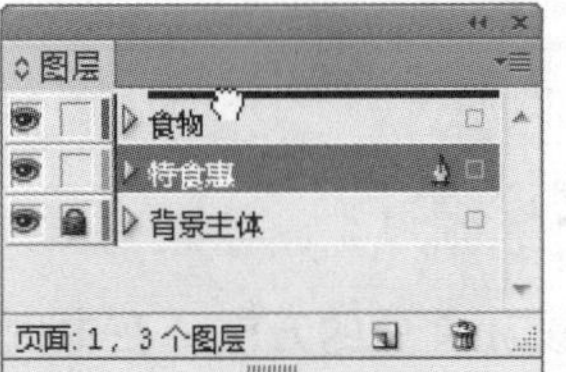

图2.67 拖动图层

图2.68 调整后的效果及其“图层”面板

2.5.7 锁定与解锁图层

为了避免误操作，我们可以将一些对象置于某个图层上，然后将其锁定。锁定图层后，就不可以对图层中的对象进行任何编辑处理了，但不会影响最终的打印输出。

要锁定图层，可以单击图层名称左侧的图标，使之变为状态，表示该图层被锁定。图2.69所示为锁定图层前后的状态。再次单击该位置，即可解除图层的锁定状态。

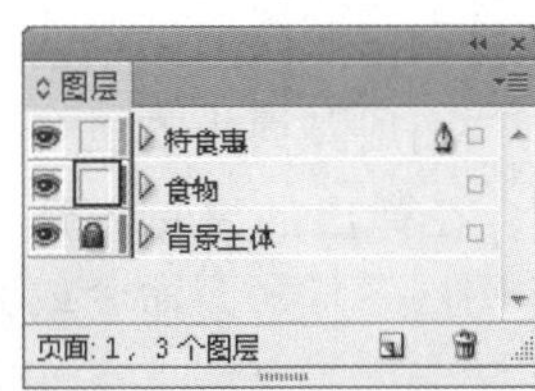

图2.69 锁定图层“食物”前后的状态

2.5.8 合并图层

合并图层是指将选中的多个图层合并为一个图层，同时，图层中的对象也会随之被合并到新图层中，并保留原有的叠放顺序。

要合并图层，可以将其（两个以上的图层）选中，然后执行下列操作之一：

- 单击“图层”面板右上角的“面板”按钮，在弹出的菜单中选择“合并图层”命令。
- 在选中的任意一个图层上单击鼠标右键，在弹出的快捷菜单中选择“合并图层”命令。

执行上述操作之一后，即可将选择的图层合并为一个图层。图2.70所示为合并图层前后的“图层”面板状态。

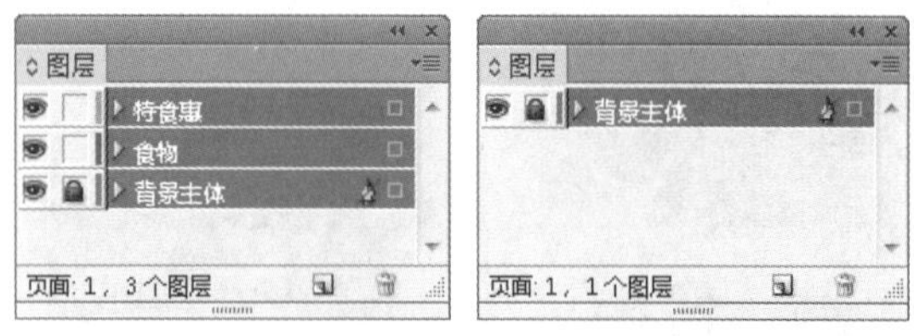

图2.70　合并图层前后的“图层”面板状态

2.5.9　删除图层

对于无用的图层，用户可以将其删除。要注意的是，在InDesign中，可以根据需要删除任意图层，但最终“图层”面板中至少要保留一个图层。

要删除图层，可以执行以下的操作之一。

- 在“图层”面板中选择需要删除的图层，并将其拖至“图层”面板底部的“删除选定图层”按钮上即可。
- 在“图层”面板中选择需要删除的图层，直接单击“图层”面板底部的“删除选定图层”按钮。
- 在“图层”面板中选择需要删除的一个图层或多个图层，单击“图层”面板右上角的“面板”按钮，在弹出的菜单中选择“删除图层‘当前图层名称’”命令或“删除图层”命令。
- 单击“图层”面板右上角的“面板”按钮，在弹出的菜单中选择“删除未使用的图层”命令，即可将没有使用的图层全部删除。

提示

若被删除的图层中含有对象，则会弹出图2.71所示的提示框，单击“确定”按钮即可删除图层。

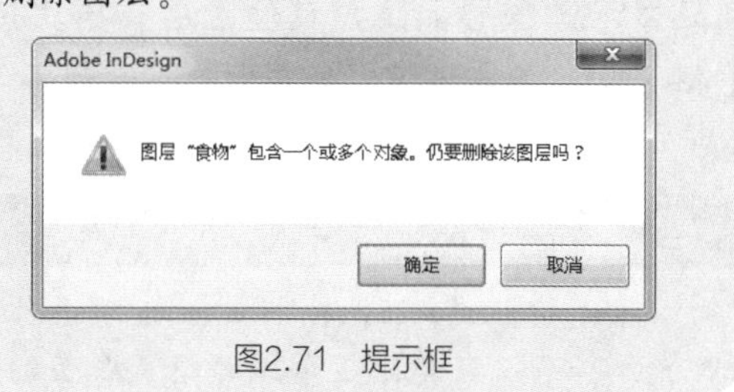

图2.71　提示框

2.5.10　图层的高级参数选项

在InDesign中，用户可以设置图层的名称、颜色、显示、锁定以及打印等属性。

双击要改变图层属性的图层，或选择要改变图层属性的图层，单击“图层”面板右上角的“面板”按钮，在弹出的菜单中选择“‘***’的图层选项”命令（***代表当前图层的名称），弹出“图层选项”对话框，如图2.72所示。

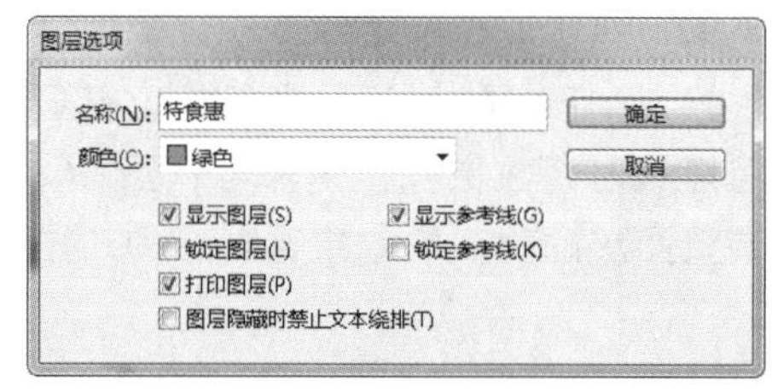

图2.72　“图层选项”对话框

“图层选项”对话框中的选项设置与“新建图层”对话框中的参数基本相同，故不再重述。

2.6　设计实战

2.6.1　创建带有勒口的完整封面设计文件

下面通过一个实例，讲解创建一个完整的封面设计文件的方法。在本例中，封面的开本尺寸为185*260mm，书脊厚度为13.5mm，并带有70mm宽的勒口。因此整个封面的宽度就是前勒口+正封宽度+书脊宽度+封底宽度+后勒口＝70mm+185mm+13.5mm+185mm+70mm=523.5mm。

01 按【Ctrl+N】快捷键新建文档，在弹出的对话框中按照上述数值设置文本的宽度与高度，如图2.73所示。

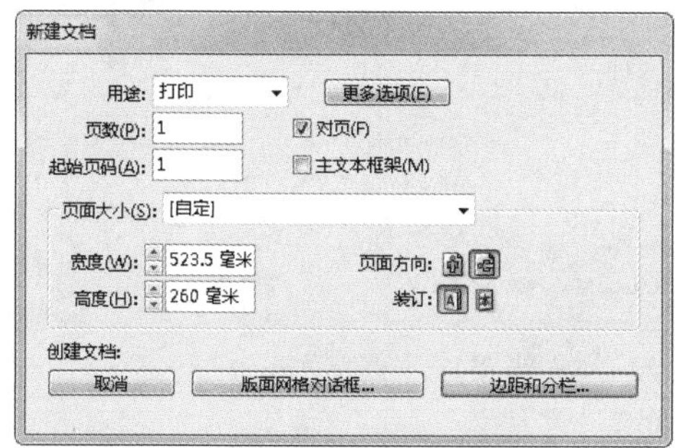

图2.73 “新建文档”对话框

02 单击“边距和分栏”按钮，在弹出的对话框设置边距参数，将上下边距设置为0，将左右边距设置为70mm，以作为勒口的参考线，如图2.74所示，此时的预览效果如图2.75所示。

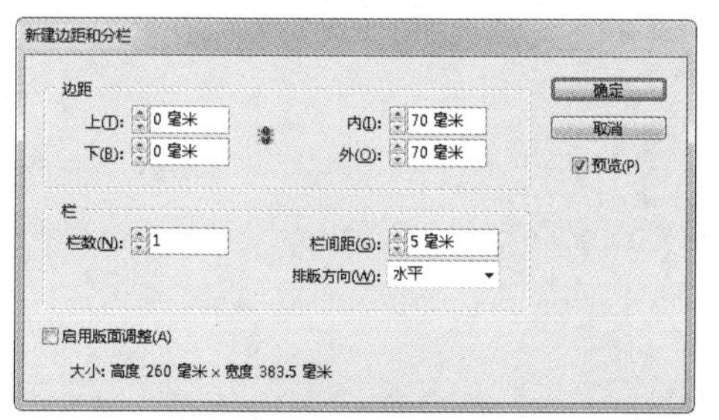

图2.74 设置“边距”数值

图2.75 添加勒口参考线后的状态

03 下面继续将分栏数值设置为2，并将栏间距设置为13.5mm，从而作为书脊的参考线，如图2.76所示，此时的预览效果如图2.77所示。单击“确定”按钮退出对话框即可。

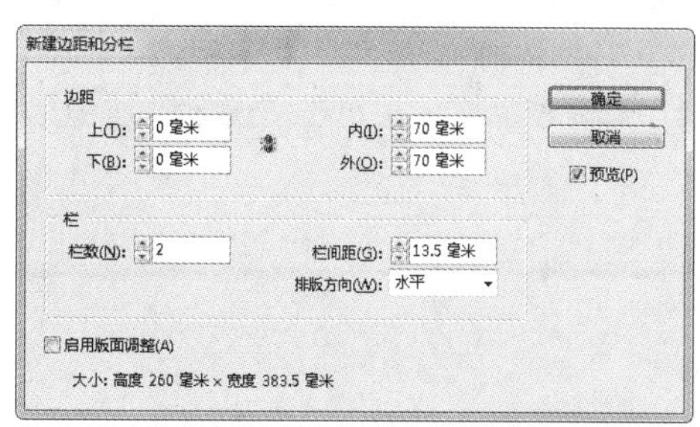

图2.76 设置“栏”参数

图2.77 最终效果

2.6.2 创建基本的宣传单设计文件

下面通过一个实例，来讲解创建一个含出血的宣传单文件的方法。

01 按【Ctrl+N】快捷键新建一个文件。在弹出的对话框中选择默认的A4尺寸，如图2.78所示。

02 在“页数”文本框中，设置其数值为2，并取消对“对页”复选项选择，如图2.79所示。通常第1页中设计的是宣传单的正面，而第2页则是宣传单的背面。

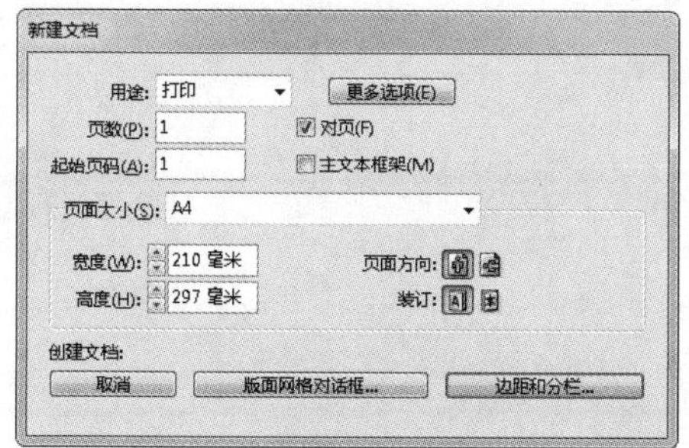

图2.78 “新建文档”对话框

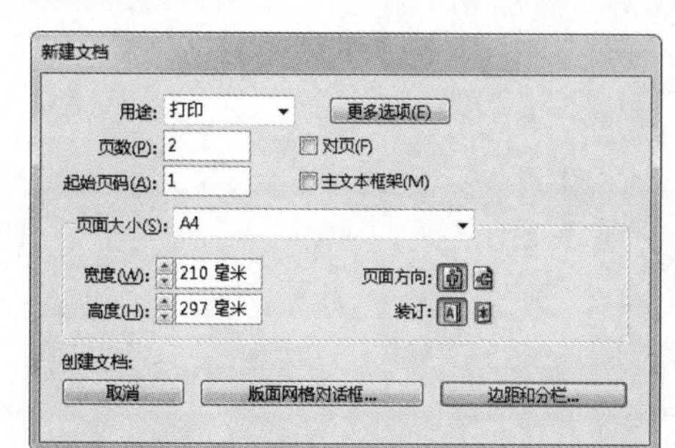

图2.79 设置页数

03 在对话框右侧，设置文档方向为横向，如图2.80所示。

04 作为广告文件，通常不需要设置边距，因此单击“边距和分栏”按钮，在弹出的对话框中设置“边距”数值均为0，如图2.81所示。

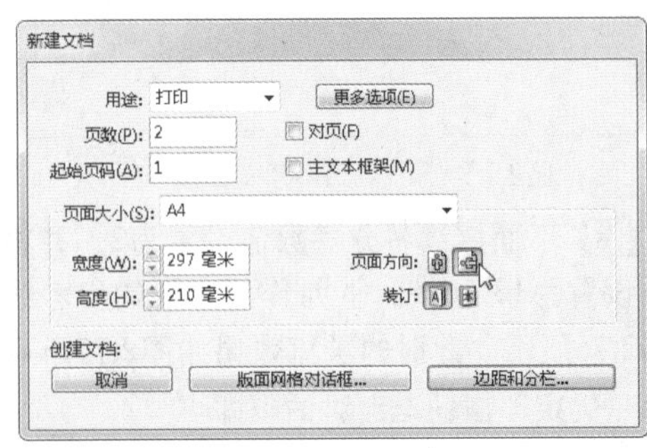

图2.80　设置页面方向

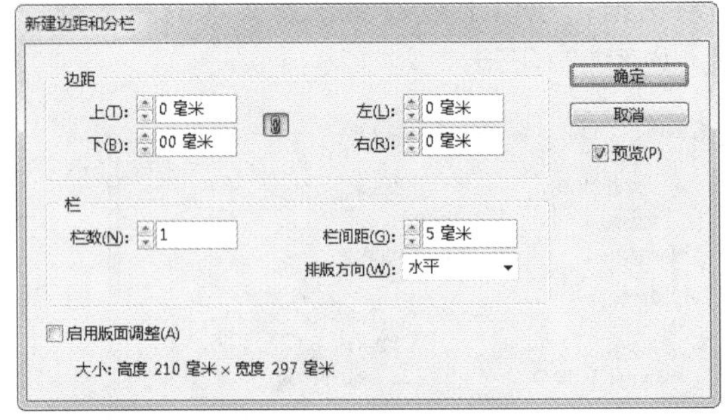

图2.81　设置边距和分栏

05 设置完成后，单击“确定”按钮退出对话框即可。

ID
InDesign

第3章

绘制与编辑图形

神奇数码
一键学习宝典
DVD

致加西亚的信
A Message
To Garcia

HOME HERITAGE

3.1 路径与图形的基本概念

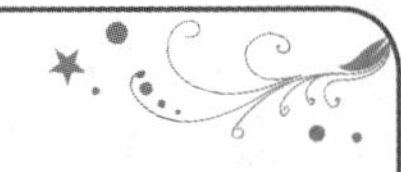

在学习绘制图形功能之前，首先要对路径与图形的概念及相关关系有一个了解，下面就对其相关知识进行讲解。

3.1.1 路径的组成

简单来说，路径是由贝赛尔曲线所构成的一段封闭或开放的曲线或直线，它通常由路径线、锚点、控制句柄3个部分组成，锚点用于连接路径线，锚点上的控制句柄用于控制路径线的形状，如图3.1所示。

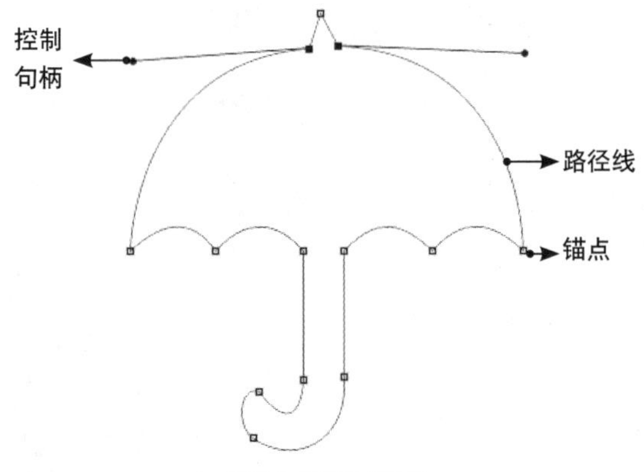

图3.1 路径示意图

提示

以上给出的是路径的完整组成，对于有些路径，如直线路径，则没有控制句柄，但对于任意路径，都会有锚点和路径线。

3.1.2 路径与图形

对于上面讲解的路径，它是一条“虚线”，并且不会被打印出来，用户可以根据需要为其进行设置填充色或描边色等格式化处理，这样就形成了一个线条或填充图形，它们是可以在打印输出时显示出来的。例如图3.2所示就是典型的使用了各种图形的设计作品。

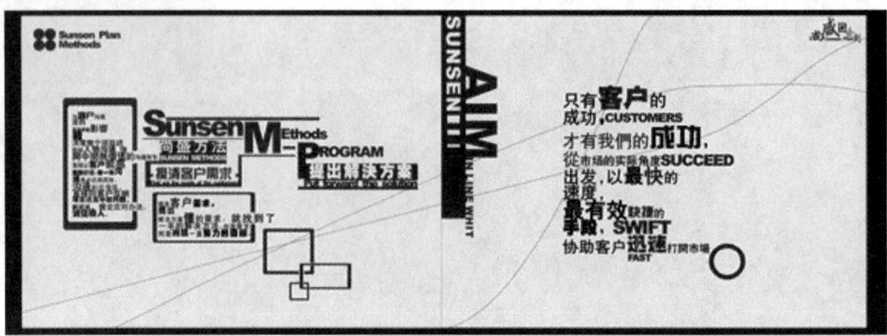

图3.2　使用了各种图形的设计作品

3.2 使用直线工具绘制线条

"直线工具"是InDesign中最简单的线条绘制工具，其快捷键为"\"。在将光标置于要绘制线条的起始点后，光标变为+状态，然后按住鼠标拖动，到需要的位置释放鼠标，即可绘制一条任意角度的直线。

提示

在绘制时，若按住【Shift】键后再进行绘制，即可绘制出水平、垂直或45度角及其倍数的直线；按住【Alt】键可以以单击点为中心绘制直线；按住【Shift+Alt】快捷键则可以以单击点为中心绘制出水平、垂直或45度角及其倍数的直线。

以图3.3所示的素材文档为例，图3.4所示是在其中绘制水平和垂直线条，并在"控制"面板中设置其粗细后的效果。

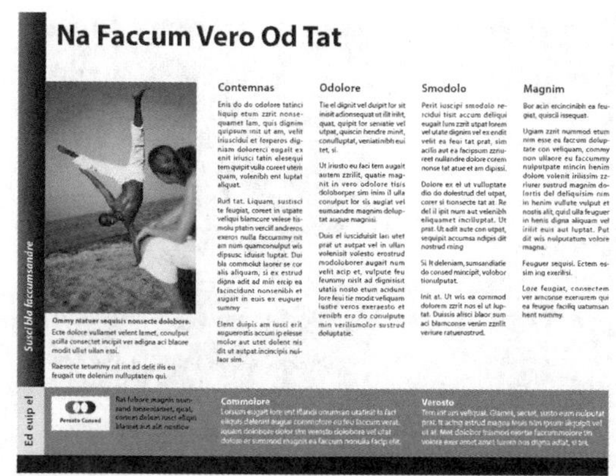

图3.3　素材文档

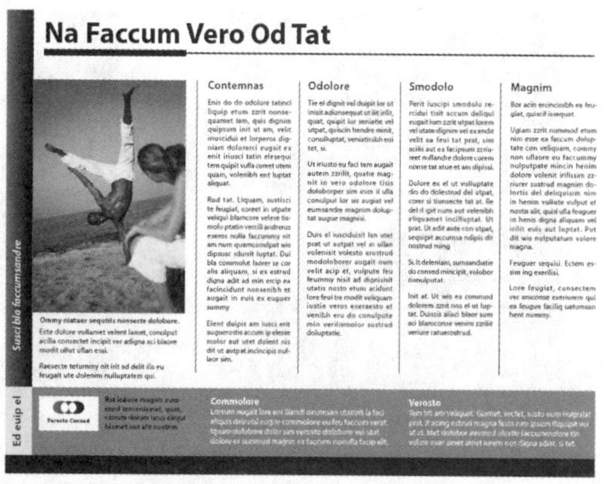

图3.4　绘制不同粗细的线条

图3.5所示是在"控制"面板中将垂直线条设置为点线后的效果。

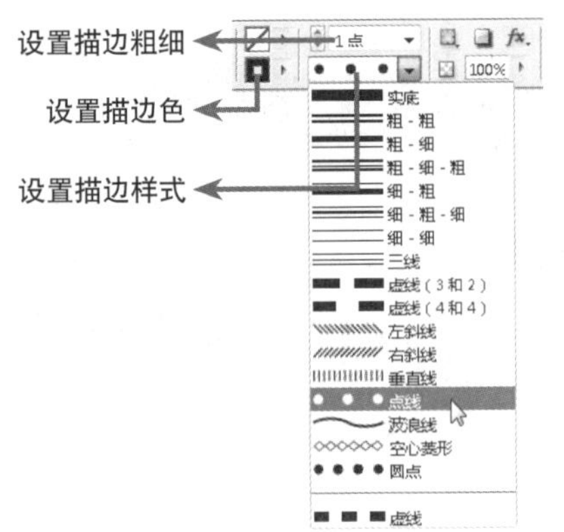

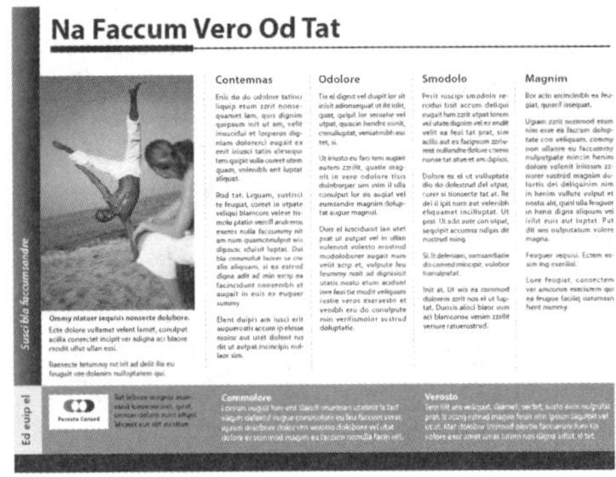

图3.5　虚线效果

3.3　使用工具绘制几何图形

3.3.1　矩形工具

“矩形工具”是最常用的几何图形绘制工具之一，本小节就来讲解其绘制方法。

在工具箱中选择“矩形工具”，在工作页面上向任意方向拖动，即可创建一个矩形图形。

1. 绘制任意矩形

选择“矩形工具”后，此时光标变为状态，在页面中按住鼠标左键拖动，即可绘制一个矩形，矩形图形的一个角由开始拖动的点所决定，而对角的位置则由释放鼠标键的点确定。

以图3.6所示的文档为例，图3.7所示是在其中绘制3个矩形后的状态。对于绘制完成的矩形，也可以向其中置入图像，图3.8所示就是分别置入3幅图像后的效果。

图3.6　素材文档

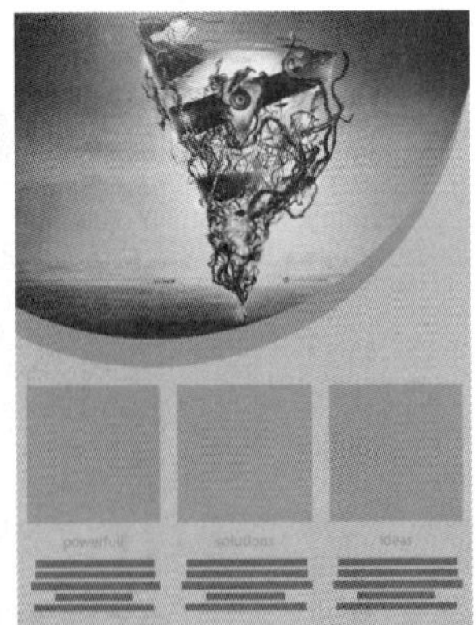

图3.7　绘制矩形

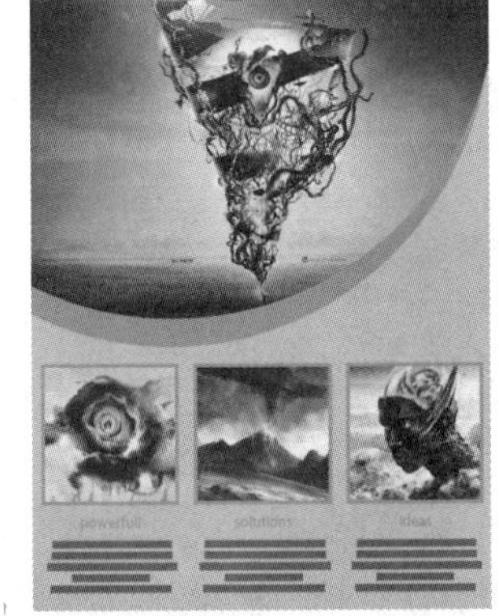

图3.8　向矩形中置入图像后的状态

提示

若按住【Shift】键后再进行绘制，即可创建一个正方形；按住【Alt】键可以以单击点为中心绘制矩形；按住【Shift+Alt】快捷键则可以以单击点为中心绘制正方形。

2. 精确绘制矩形

要以精确的尺寸绘制矩形，可以在选择“矩形工具”后，在页面上单击，将弹出“矩形”对话框，如图3.9所示。在“宽度”和“高度”文本框中分别输入数值，单击“确定”按钮，将按照所设置的宽度与高度数值创建一个矩形。

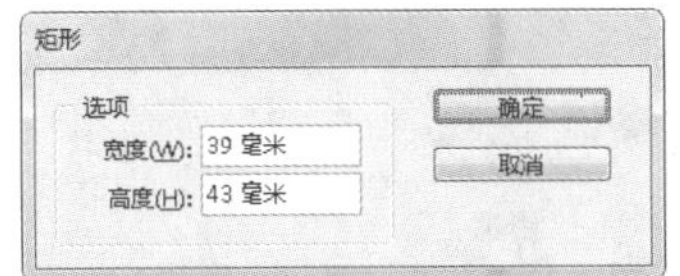

图3.9 “矩形”对话框

> **提示**
>
> 在创建一个矩形后，如果需要调整矩形的宽度和高度，可以通过工具选项栏中的“宽度微调框” W: 64.648 毫米 和“高度微调框” H: 26.62 毫米 来控制。

3.3.2 椭圆工具

“椭圆工具”可以绘制正圆或椭圆形，其使用方法与“矩形工具”基本相同，故不再详细讲解，图3.10所示就是按住【Shift】键绘制了3个正圆形后的效果，图3.11所示则是分别为其置入图像后的效果。

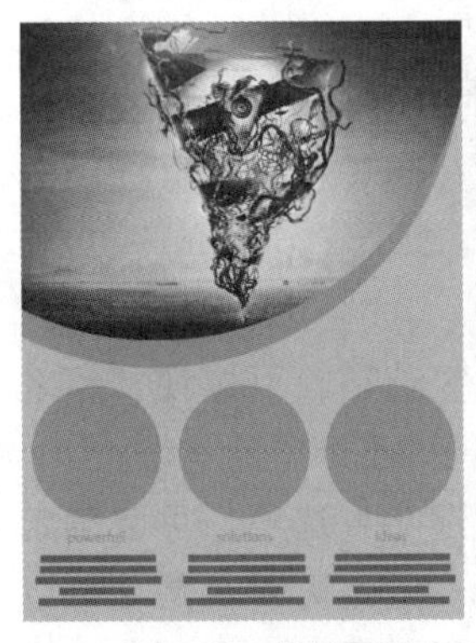

图3.10 绘制圆形

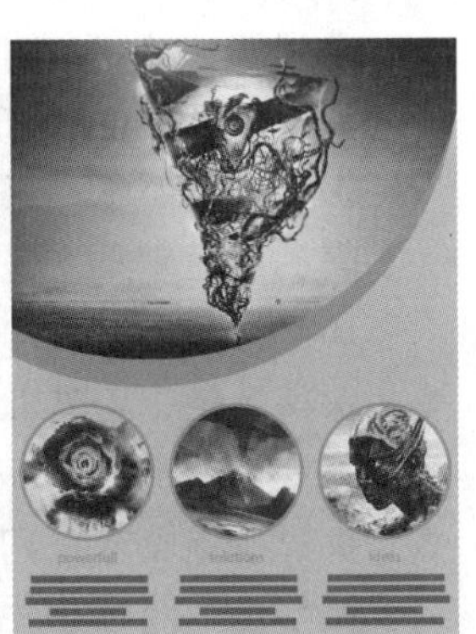

图3.11 向圆形中置入图像后的状态

3.3.3 多边形工具

使用“多边形工具”可以绘制多边形或星形，如图3.12所示。图3.13所示的是向其中置入图像后的状态。使用“多边形工具”在页面上单击，将弹出“多边形”对话框，如图3.14所示，在其中可以指定多边形的具体参数。

图3.12 绘制多边形

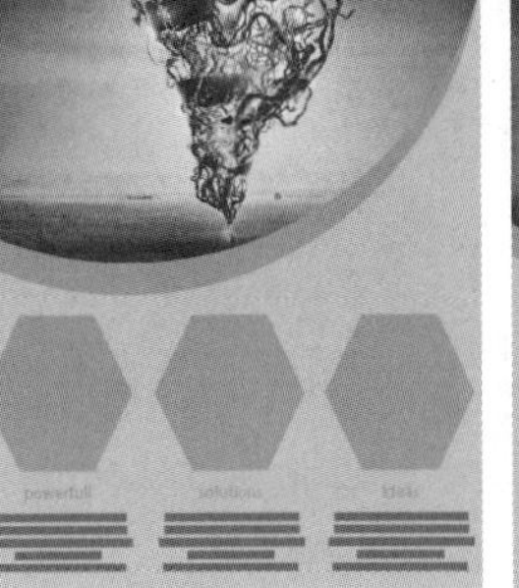

图3.13 向多边形中置入图像后的状态

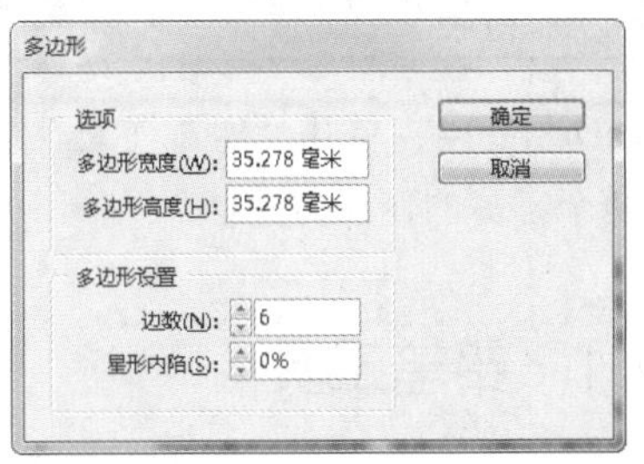

图3.14 “多边形”对话框

“多边形”对话框中各选项的功能如下。

- 多边形宽度：在该文本框中输入数值，以控制多边形的宽度，数值越大，多边形的宽度就越大。
- 多边形高度：在该文本框中输入数值，以控制多边形的高度，数值越大，多边形就越高。
- 边数：在该文本框中输入数值，以控制多边形的边数。但输入的数值必须介于3~100之间。
- 星形内陷：在该文本框中输入数值，以控制多边形角度的锐化程度。数值越大，两条边线间的角度越小；数值越小，两条边线间的角度越大。当数值为0%时，显示为多边形；数值为100%时，显示为直线。图3.15所示为所绘制的不同星形。

在选中一个多边形的情况下，双击工具箱中的“多边形工具”，弹出“多边形设置”对话框，如图3.16所示。在对话框中可以通过设

置“边数”和“星形内陷”的参数修改多边形。

图3.15　边数为5、星形内陷为10%、30%和50%时的效果

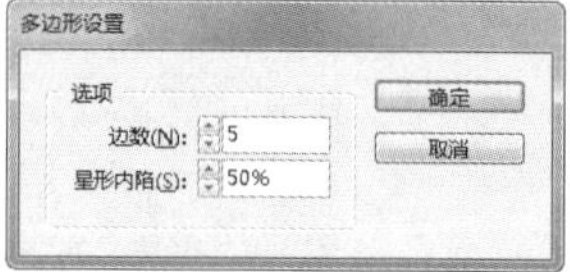

图3.16　“多边形设置”对话框

3.4 使用工具绘制任意图形

在InDesign中，使用“铅笔工具”和“钢笔工具”可以自由的绘制图形，在本节中，就来讲解这两个工具的使用方法。

3.4.1 铅笔工具

使用“铅笔工具”可以按照用户拖动的轨迹绘制路径，并通过设置其保真度以及平滑度等属性，实现简单、方便和灵活地绘图操作。

在工具箱中双击“铅笔工具”图标，弹出“铅笔工具首选项”对话框，如图3.17所示。其中的参数控制了“铅笔工具”对鼠标或所用光笔的响应速度，以及在路径绘制之后是否仍然被选定。

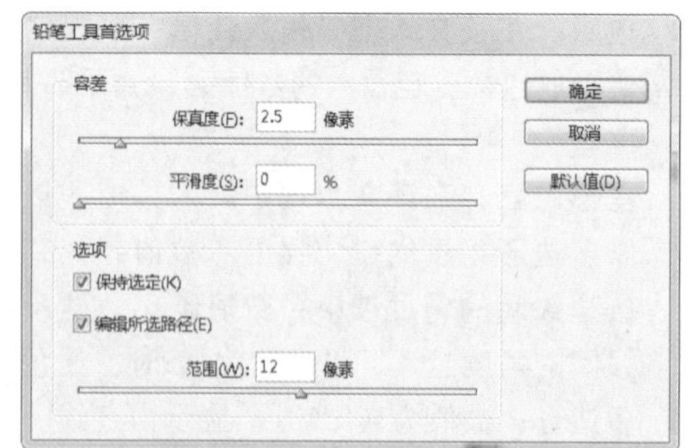

图3.17　“铅笔工具首选项”对话框

在“铅笔工具首选项”对话框中各选项的含义解释如下。

- 保真度：此选项控制了在使用“铅笔工具”绘制曲线时对路径上各点的精确度。数值越高，路径就越平滑，复杂度就越低；数值越低，曲线与指针的移动就越匹配，从而将生成更尖锐的角度。其取值范围介于0.5 ~ 20像素之间。
- 平滑度：此选项控制了在使用“铅笔工具”绘制曲线时所产生的平滑效果。百分比值越低，路径越粗糙；百分比值越高，路径越平滑。其取值范围介于0% ~ 100%之间。
- 保持选定：勾选此复选项，可以使“铅笔工具”绘制的路径处于选中的状态。
- 编辑所选路径：勾选此复选项，可以确定当与选定路径相距一定距离时，是否可以更改或合并选定路径（通过“范围：_ 像素”选项指定）。
- “范围：_ 像素”：决定鼠标或光笔与现有路径必须达到多近距离，才能使用“铅笔工具”对路径进行修改。此选项仅在选择了“编辑所选路径”选项时可用。

通常情况下，使用“铅笔工具”绘制出的都是开放路径，如果想绘制出一条封闭路径，可以在绘制开始后按住【Alt】键，此时光标将变为状，然后在创建想要的路径后先释放鼠标按钮，再释放【Alt】键，则路径的起始点与终点之间会出现一条边线封闭路径，如图3.18所示。

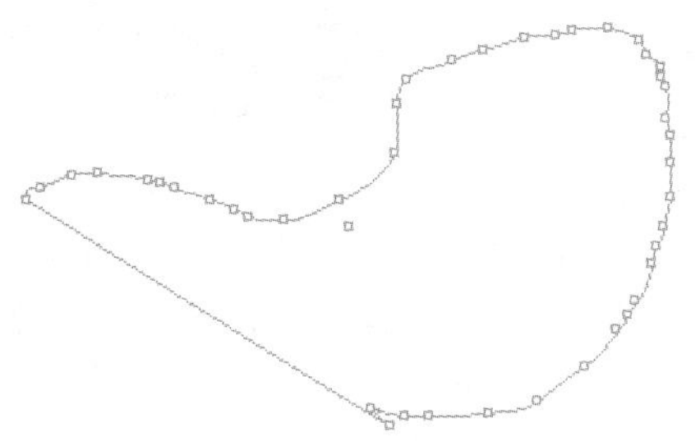

图3.18 绘制的封闭路径

提示

使用“铅笔工具”配合手写板进行绘画更为实用、方便。

3.4.2 使用钢笔工具绘制路径

在InDesign中，“钢笔工具”可以说是最强大的绘图工具，使用它可以根据用户的需要自定义绘制直线、曲线、开放、封闭或多种形式相结合的路径，再通过为其设置填充与描边色，从而得到多种多样的线条或图形。

1. 绘制直线

要绘制直线路径，首先要将鼠标指针放置在绘制直线路径的起始点处，单击以定义第一个锚点的位置，在直线结束的位置处再次单击以定义第二个锚点的位置，两个锚点之间将创建一条直线路径，如图3.19所示。

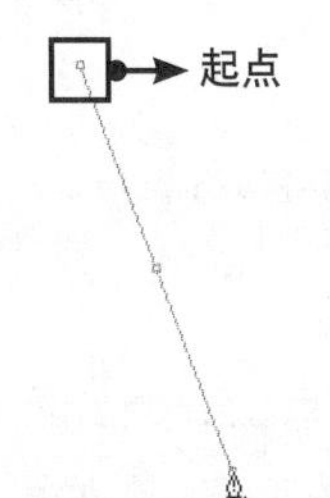

图3.19 绘制直线路径段

在绘制直线路径时，使用“钢笔工具”确定一个点后，按住【Shift】键，则可以绘制出水平、垂直或45度角的线段。以图3.20所示的素材为例，将光标置于左下方位置，单击创建一个锚点后，再按住【Shift】键在另一侧单击即可绘制一条直线，如图3.21所示。

图3.20 摆放光标位置

图3.21 直线图形

2. 绘制曲线

如果某一个锚点有两个位于同一条直线上的控制手柄，则该锚点被称为曲线型锚点。相应地，包含曲线型锚点的路径被称为曲线路径。

要绘制曲线，首先单击鼠标创建第一个锚点，在单击鼠标左键以定义第二个锚点时，按住鼠标左键不放并向某方向拖动鼠标指针，此时在锚点的两侧出现控制手柄，拖动控制手柄直至路径线段出现合适的曲率，如图3.22所示，按此方法不断进行绘制，即可绘制出一段段相连接的曲线路径，如图3.23所示。图3.24所示是绘制其他曲线及装饰圆后的效果。

图3.22　绘制曲线　　图3.23　继续绘制曲线　　图3.24　绘制其他曲线及装饰圆后的效果

在拖动鼠标指针时，控制手柄的拖动方向及长度决定了曲线段的方向及曲率。除了在绘制过程中调整控制句柄的方向与长度外，用户也可以使用“直接选择工具”拖动控制句柄，图3.25所示为不同控制手柄的长度及方向对路径效果的影响。

图3.25 调整控制句柄

3. 绘制直线后接曲线

在使用“钢笔工具”绘制一条直线路径后，如图3.26所示，可以将光标移至下一个位置，按住鼠标左键不放，向任意方向拖动即可绘制曲线路径，如图3.27所示。

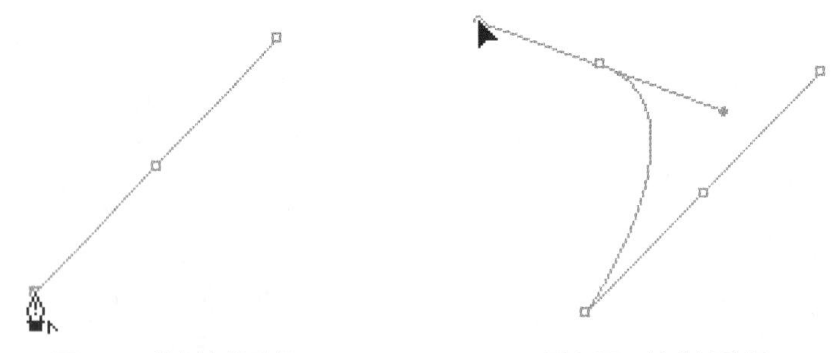

图3.26　绘制直线路径　　图3.27　接曲线路径

4. 绘制曲线后接直线

要在绘制曲线路径后，继续绘制曲线路径，需要将光标置于锚点上，当光标成状时，如图3.28所示，单击一下鼠标，此时则收回了一侧的控制句柄，如图3.29所示，然后继续绘制直线路径即可，如图3.30所示。

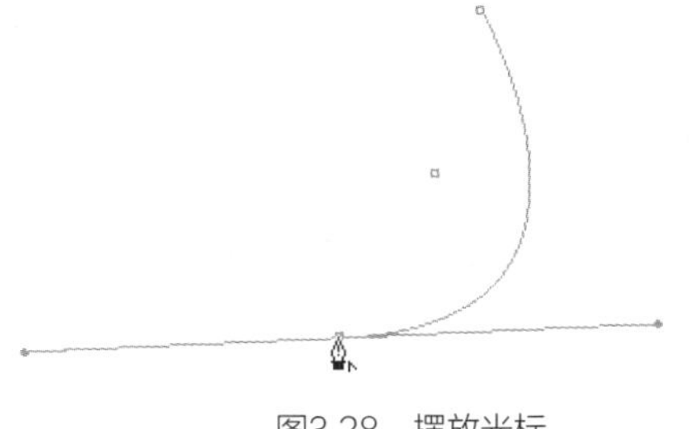

图3.28　摆放光标

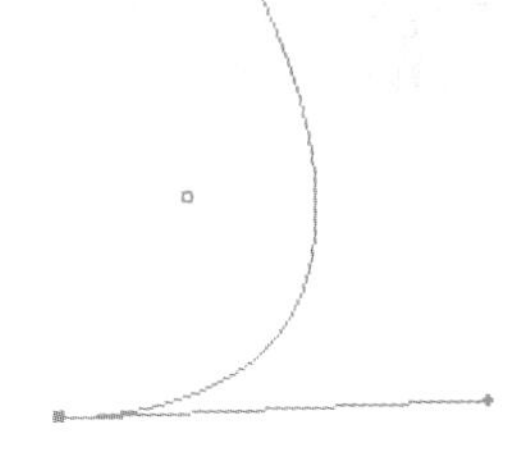

图3.29　去除一端的控制句柄

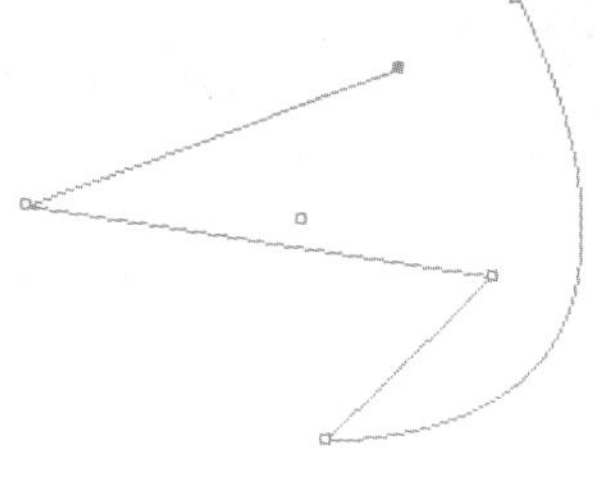

图3.30　在曲线后绘制直线

5. 绘制拐角曲线

拐角曲线是指由两个曲线组成的路径，但两条曲线之间有较大的拐角。绘制拐角曲线的方法与绘制曲线后接直线较为相似，只是在后面绘制直线时，改为绘制曲线，如图3.31所示。

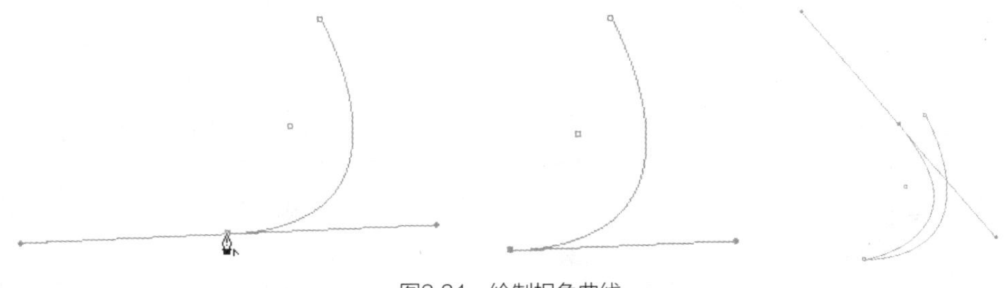

图3.31　绘制拐角曲线

6. 绘制封闭路径

所谓的封闭路径，是指路径的起始锚点与终止锚点连接在一起，形成一条封闭的路径，其绘制方法非常简单，用户可以在绘制到路径结束点处时，将鼠标指针放置在路径起始点处，此时在钢笔光标的右下角处显示一个小圆圈，如图3.32所示，单击该处即可使路径封闭，如图3.33所示。

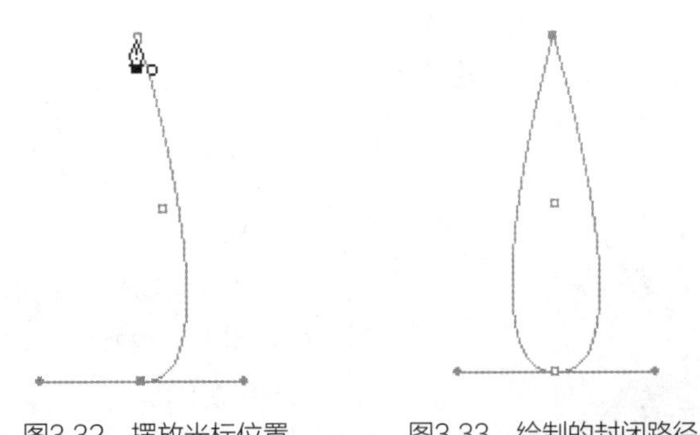

图3.32　摆放光标位置　　图3.33　绘制的封闭路径

7. 绘制开放路径

与封闭路径刚好相反，开放路径是指起始锚点与终止锚点没有连接在一起。要绘制开放路径，可在绘制完需要的路径后，执行以下操作之一：

- 按【Esc】键。
- 按住【Ctrl】键以临时切换至“直接选择工具”，然后在空白处单击鼠标。
- 随意再向下绘制一个锚点，然后按【Delete】键删除该锚点。

使用前面两种方法时，是放弃选中当前路径，因此执行这两种方法后，得到的开放路径为不选中状态；在使用第三种方法时，路径将保持选中状态。

3.5 编辑与修饰路径

对于已经绘制完成的路径，我们可以根据需要对其进行编辑与修饰处理，在本节中，就来讲解其相关知识。

3.5.1 选择路径

当要选中整个路径时，使用“选择工具”单击该路径即可；若要选中路径线，可以使用“直接选择工具”，将光标置于路径上，如图3.34所示，单击即可将其选中，如图3.35所示。

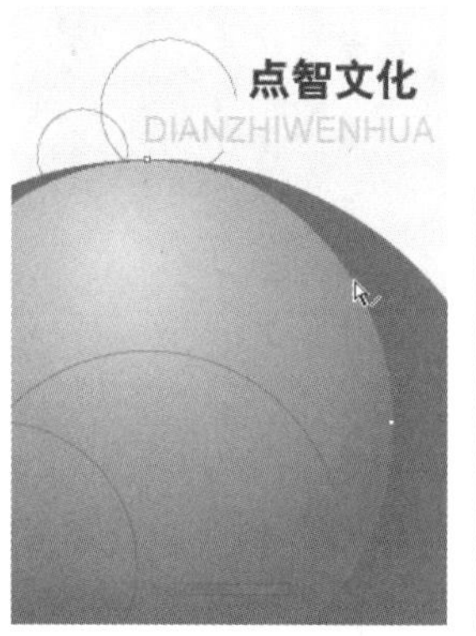

图3.34 摆放光标位置

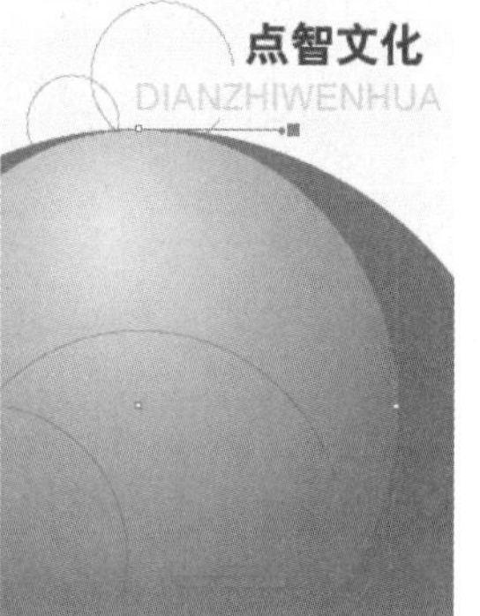

图3.35 选中路径后的状态

若要选中路径上的锚点，可以使用“直接选择工具”在锚点上单击，被选中的锚点呈实心小正方形，未选中的锚点呈空心小正方形，如图3.36所示。

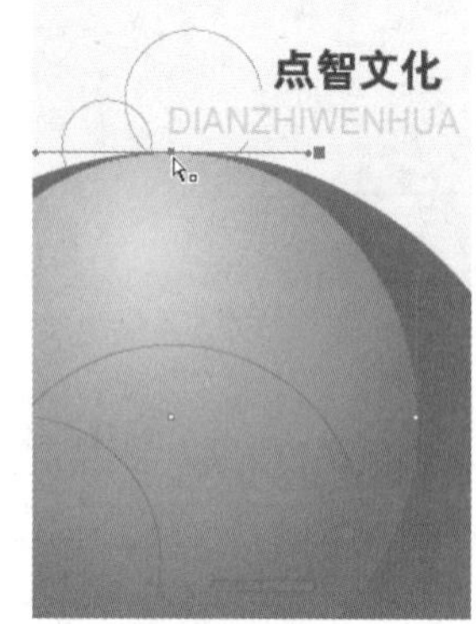

图3.36 选择描点

如果要选择多个锚点，可以按【Shift】键不断单击锚点，或按住鼠标左键拖出一个虚线框，释放鼠标左键后，虚线框中的锚点将被选中。

3.5.2 添加锚点

默认情况下，使用“钢笔工具”或“添加锚点工具”可以在已绘制完成的路径上增加锚点。在路径被激活的状态下，选用“钢笔工具”或“添加锚点工具”直接单击要增加锚点的位置，即可增加一个锚点，如图3.37所示。图3.38所示是添加并修改锚点位置后的效果。

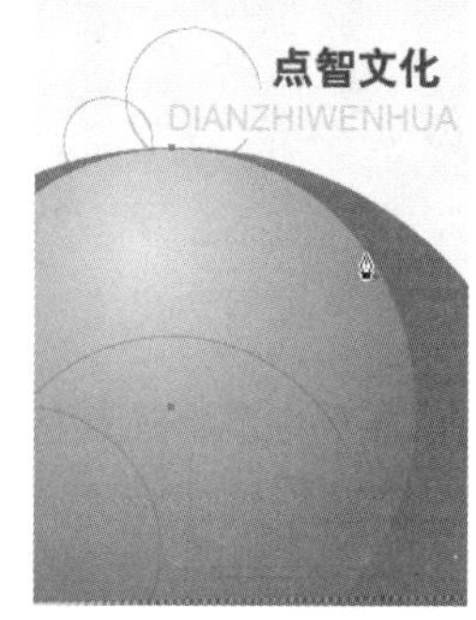

图3.37 摆放光标位置

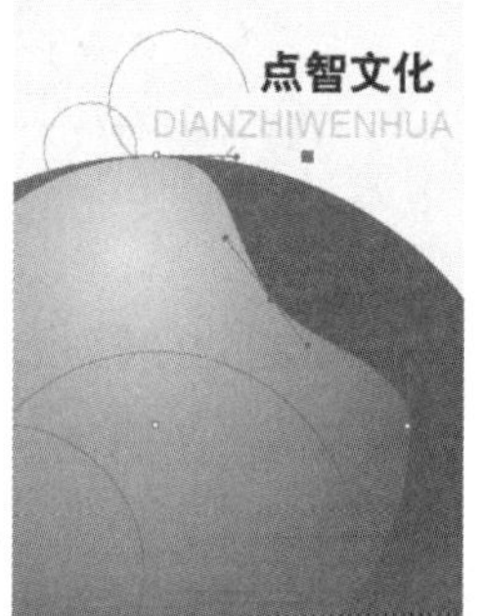

图3.38 添加锚点后的状态

3.5.3 删除锚点

在默认情况下，选择“钢笔工具”或“删除锚点工具”，将光标放在要删除的锚点上，当光标变为“删除锚点钢笔图标”时，如图3.39所示，单击一下即可删除锚点，如图3.40所示。

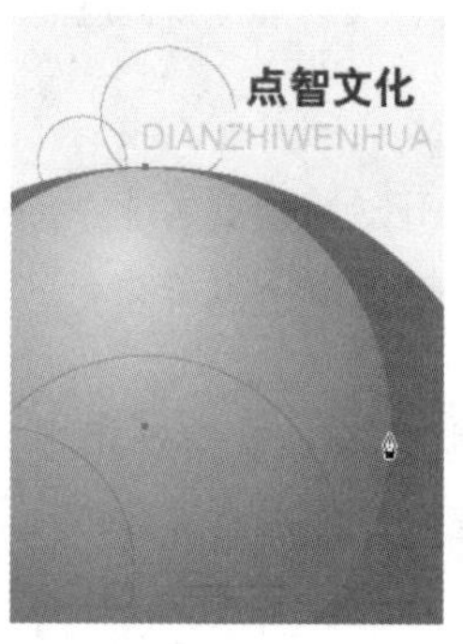

图3.39 摆放光标位置

图3.40 删除锚点后的状态

3.5.4 平滑路径

顾名思义，“平滑工具”就是用于对图形进行平滑处理的工具，它可以对任意一条路径进行平滑处理，移去现有路径或某一部分路径中的多余尖角，最大程度地保留路径的原始形状，一般平滑后的路径具有较少的锚点。

在工具箱中双击“平滑工具”，弹出“平滑工具首选项”对话框，如图3.41所示。其中的参数控制了平滑路径的程度以及是否在路径绘制之后仍然被选中。

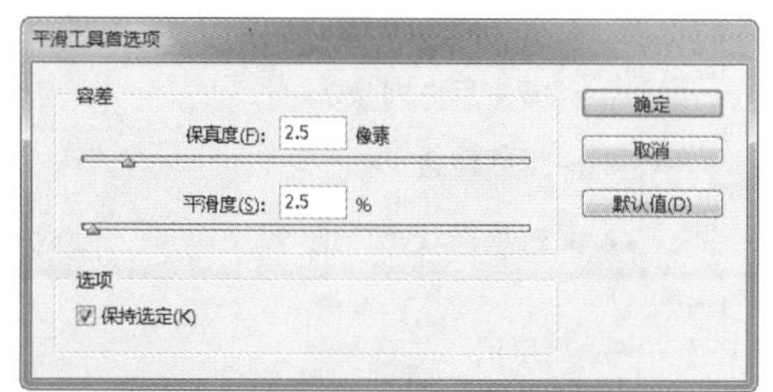

图3.41 “平滑工具首选项”对话框

在“平滑工具首选项”对话框中各选项的含义解释如下。

- 保真度：此选项控制了在使用“平滑工具”平滑时对路径上各点的精确度。数值越高，路径就越平滑；数值越低，路径越粗糙。其取值范围介于0.5～20像素之间。
- 平滑度：此选项控制了在使用“平滑工具”对修改后路径的平滑度。百分比越低，路径越粗糙；百分比越高，路径越平滑。其取值范围介于0%～100%之间。
- 保持选定：勾选此复选项，可以使平滑时的路径处于选中的状态。

以图3.42所示的路径为例，使用“平滑工具”在路径上沿需要平滑的区域拖动，如图3.43所示。图3.44所示是平滑后的效果，可以看出，路径变得更为平滑，而且锚点也少了很多。

如果一次不能达到满意效果，可以反复拖动将路径平滑，直至达到满意的平滑度为止。

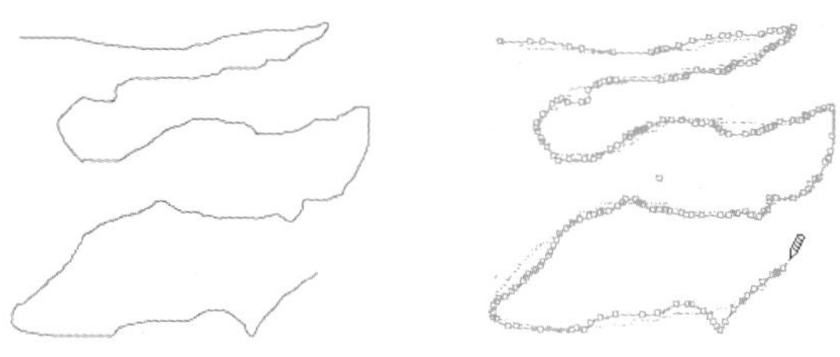

图3.42 原路径　　图3.43 绘制平滑时的状态

图3.44 平滑后的效果

提示

如果当前选择的是“铅笔工具”，要实现“平滑工具”的功能，可以在平滑路径时按住【Alt】键。

3.5.5 清除部分路径

“涂抹工具”可以清除路径或笔画的一部分。在工具箱中选择“涂抹工具”，在需要清除的路径区域拖动即可清除所拖动的范围，如图3.45所示。图3.46所示为清除部分路径后的效果。

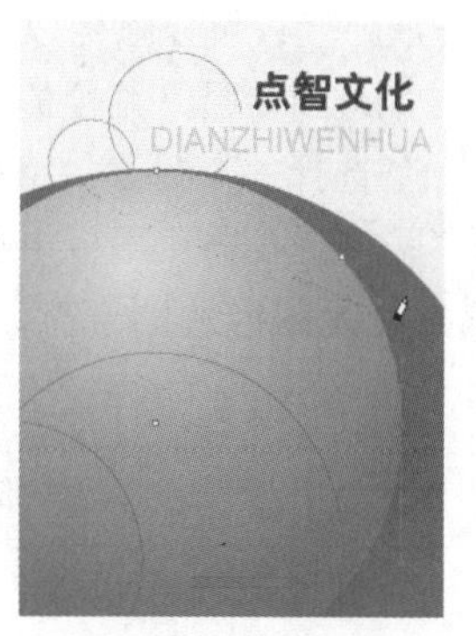

图3.45 擦除时的状态

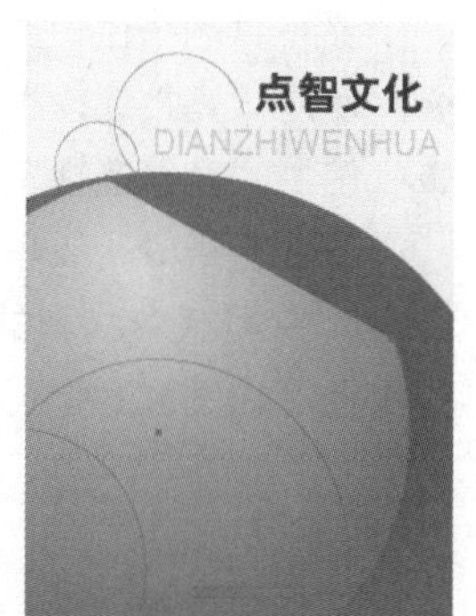

图3.46 擦除后的效果

3.6 转换与运算路径

InDesign提供了非常丰富的路径编辑与转换功能，以便于用户根据需要，对现有的路径进行各

种调整。在本节中，就来讲解其相关知识。

3.6.1 了解路径查找器面板

在学习路径的转换与运算知识前，首先我们要对“路径查找器”面板有一个了解，因为大多数转换与运算操作，我们都可以通过此面板方便、快速地完成。

选择“窗口”|“对象和版面”|“路径查找器”命令，弹出“路径查找器”面板，如图3.47所示。

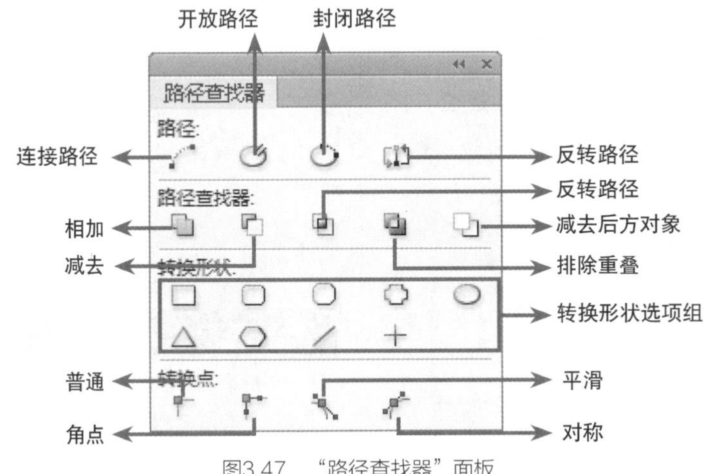

图3.47 “路径查找器”面板

在基本了解了“路径查找器”面板后，下面来详细讲解转换与运算路径的相关知识。

3.6.2 转换封闭与开放路径

要转换封闭与开放路径，可以按照下面的讲解进行操作。

1. 将封闭路径转换为开放路径

要将封闭路径转换为开放路径，可以按照以下方法操作。

- 使用“直接选择工具”选中要断开路径的锚点，然后按【Delete】键将其删除即可。
- 使用“直接选择工具”选择一个封闭的路径，如图3.48所示。执行“对象”|“路径”|“开放路径”命令，或单击“路径查找器”面板中的“开放路径”按钮，即可将封闭的路径断开，其中呈选中状态的锚点就是路径的断开点，如图3.49所示。通过拖动该锚点的位置以断开路径，如图3.50所示。

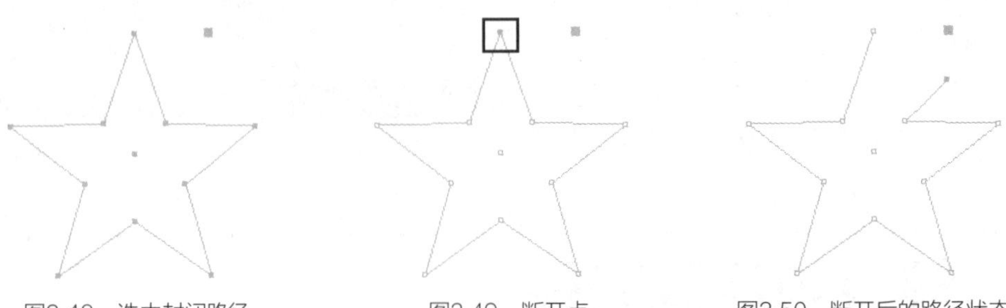
图3.48 选中封闭路径　图3.49 断开点　图3.50 断开后的路径状态

- 使用“直接选择工具”选中要断开路径的锚点，如图3.51所示。然后选择“剪刀工具”，将光标置于锚点上，当中间带有小圆形的十字架时，如图3.52所示。单击鼠标左键，按【Ctrl】键拖动断开的锚点，此时状态如图3.53所示。

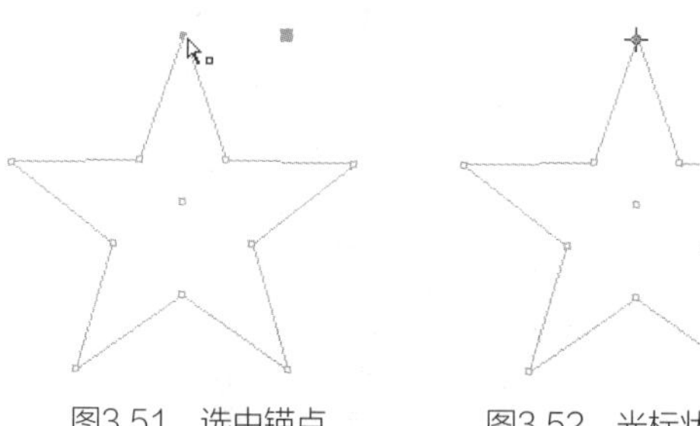

图3.51 选中锚点　　图3.52 光标状态

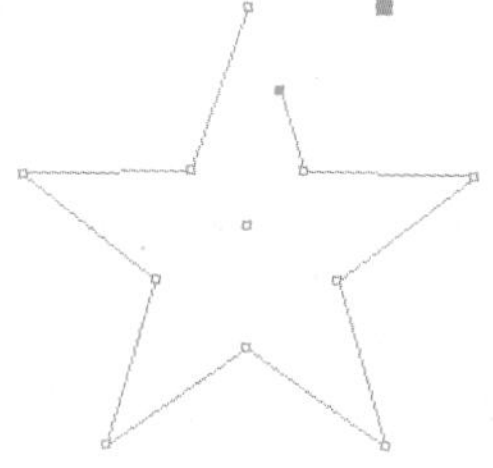

图3.53 断开后的路径状态

- 若要使剪切对象变为两条路径，可以先在对象的一个锚点上单击，然后再移至另外一个锚点上单击，该对象就会被两个锚点之间形成的直线分开。例如图3.54所示是单击圆形上、右两个锚点后的状态，此时该圆形就已经被分开，图3.55所示是将右一半圆形向右移动后的效果。

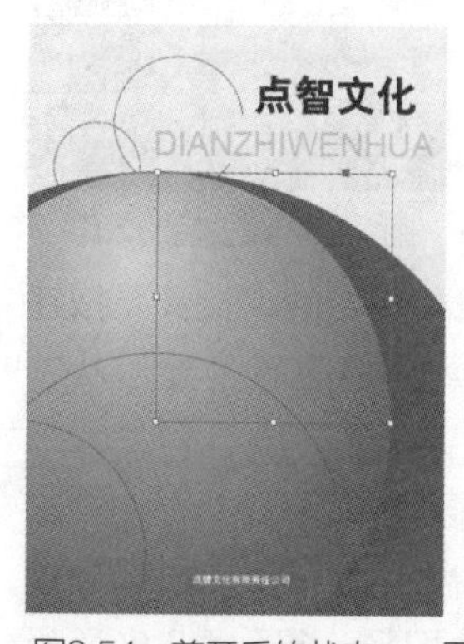

图3.54 剪开后的状态

图3.55 移动右侧半圆后的状态

提示

将剪切对象无论剪切成多少个单独对象，每一个单独对象将保持原有的属性，如线型、内部填充和颜色等。

2. 将开放路径转换为封闭路径

要将开放的路径连接起来，可以按照以下方法操作。

- 将“钢笔工具”置于其中一条开放路径的一个端，当光标变为状时，如图3.56所示。单击该锚点将其激活，接着将“钢笔工具”移至另外一条开放路径的起始点位置，当光标变为状时，如图3.57所示，单击该锚点可将两条开放路径连接成为一条路径，如图3.58所示。

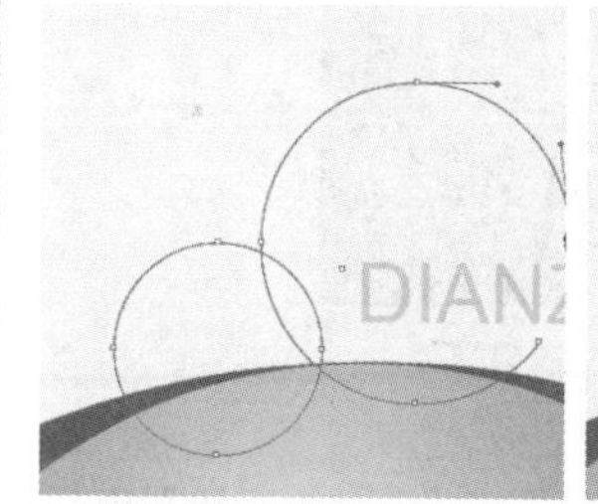

图3.56 终点位置的光标状态

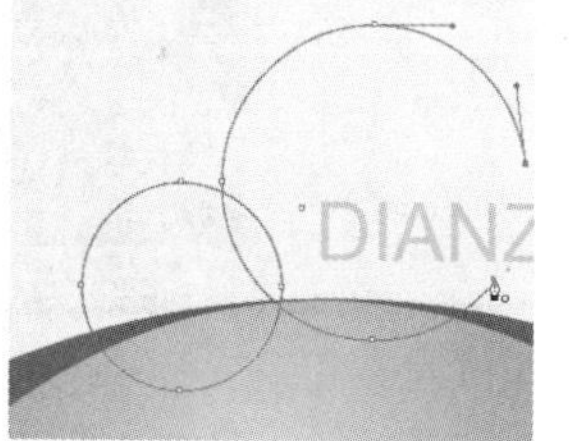

图3.57 起点位置的光标状态

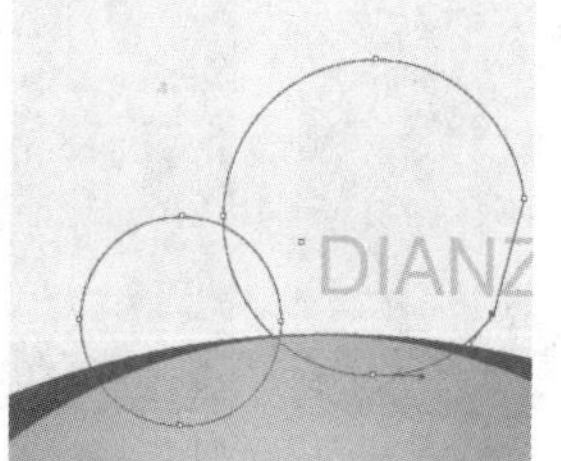

图3.58 连接后的状态

- 使用“选择工具”选中要封闭的路径，然后选择“对象”|“路径”|“封闭路径”命令，或单击“路径查找器”面板中的“封闭路径”按钮，即可闭合所选路径。
- 使用“直接选择工具”将路径中的起始和终止锚点选中，然后选择“对象”|“路径”|“连接”命令，或单击“路径查找器”面板中的“连接”按钮，即可在两个锚点间自动生成一条线段并将路径封闭起来。此方法不仅适用于制作封闭路径，只要是希望连接两个锚点的操作，都可以通过此方法实现。

3.6.3 转换形状

单击此区域中的各个按钮，可以将当前图

形转换为对应的图形，例如在当前绘制了一个矩形的情况下，单击“转换为椭圆形”按钮后，该矩形就会变为椭圆形。

以图3.59中所示的圆形为例，图3.60所示是分别将其转换为三角形和多边形时的效果。

图3.59　素材文档

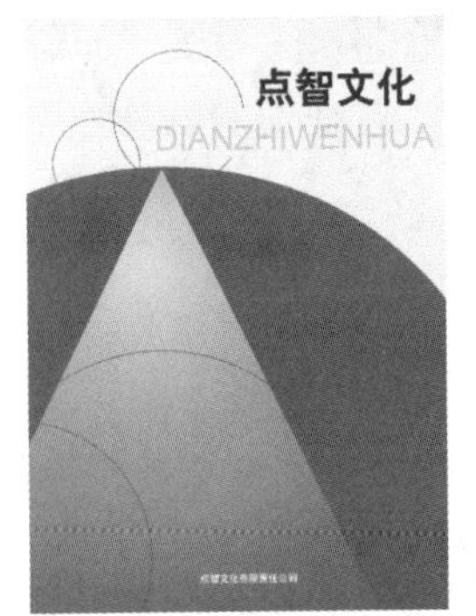

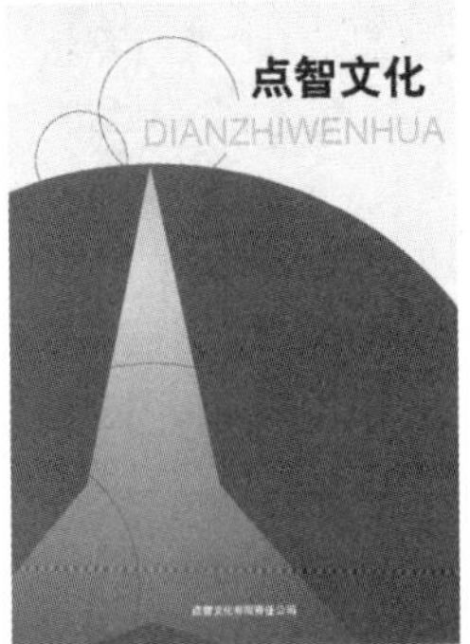

图3.60　转换图形示例

提示

当水平线或垂直线转换为图形时，会弹出图3.61所示的提示框。

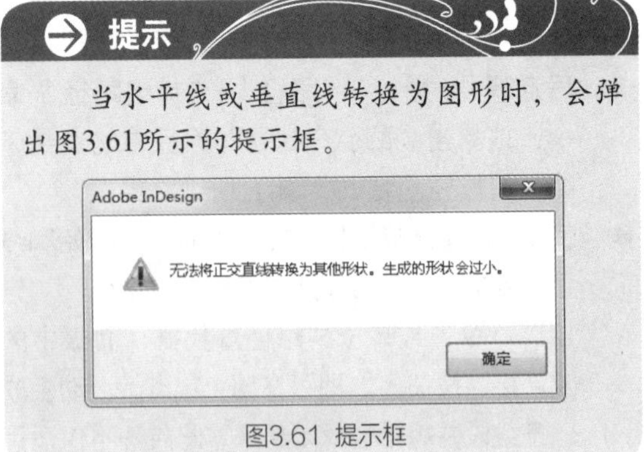

图3.61　提示框

3.6.4　运算路径

在“路径查找器”区域中，其按钮可用来对图形对象进行相加、减去、交叉、重叠以及减去后方对象等操作，以得到更复杂的图形效果。下面将以图3.62所示的图形为例，来分别讲解其具体用法。

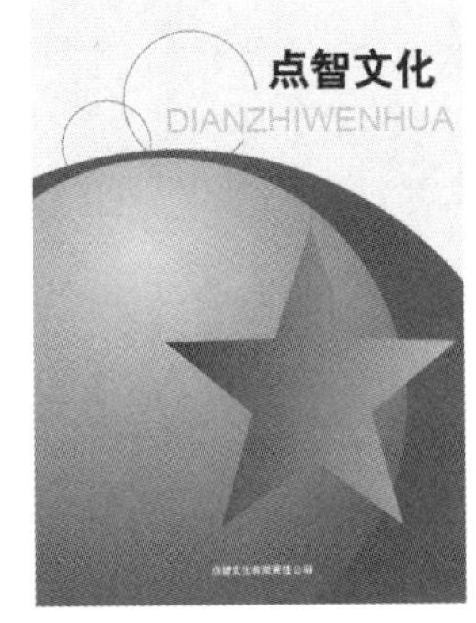

图3.62　选中的对象

- 相加：单击路径查找器区中的“相加”按钮，可以将两个或多个形状复合成为一个形状，得到图3.63所示的效果。
- 减去：单击路径查找器区中的“减去”按钮，则前面的图形挖空后面的图形，得到图3.64所示的效果。

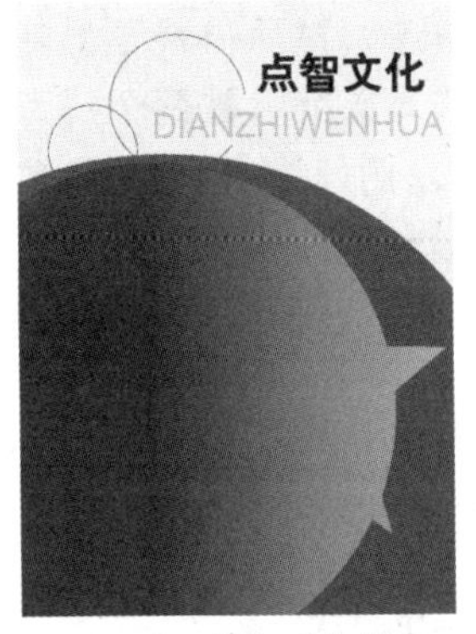

图3.63　相加后的效果

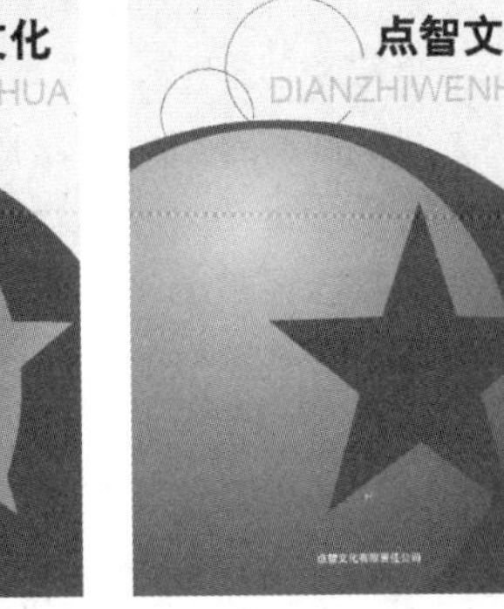

图3.64　减去后的效果

- 交叉：单击路径查找器区中的“交叉”按钮，则按所有图形重叠的区域创建形状，得到图3.65所示的效果。
- 排除重叠：单击路径查找器区中的“排除重叠”按钮，即所有图形相交的部分被挖空，保留未重叠的图形，得到图3.66所示的效果。
- 减去后方对象：单击路径查找器区中的“减去后方对象”按钮，则后面的图形挖空前面的图形，得到图3.67所示的效果。

图3.65　交叉后的效果

图3.66　排除重叠后的效果

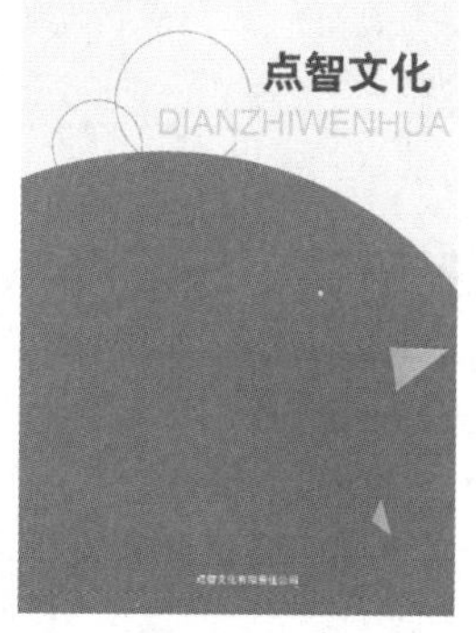

图3.67　减去后方对象后的效果

3.6.5　转换曲线与尖角锚点

要转换曲线与尖角锚点，可以按照下面的讲解进行操作。

1. 将曲线锚点转换为尖角锚点

要将曲线锚点转换为尖角锚点，可以在选择“钢笔工具”时，按住【Alt】键单击，或直接使用“转换方向点工具”，将光标置于要转换的锚点上，如图3.68所示，单击鼠标左键即可将其转换为尖角锚点，如图3.69所示。图3.70所示是将另一个锚点也转换后的效果。

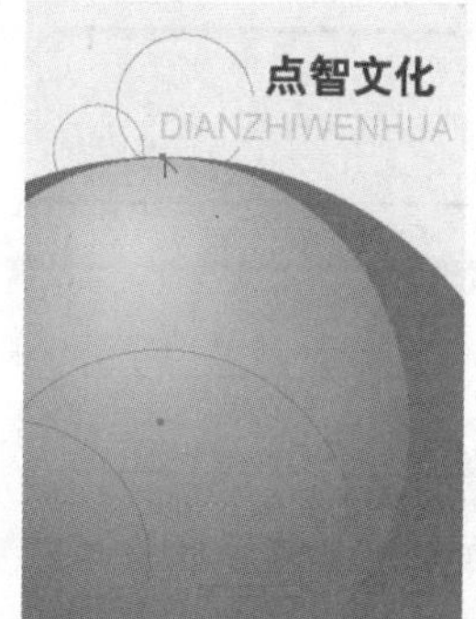

图3.68　按住【Alt】键单击

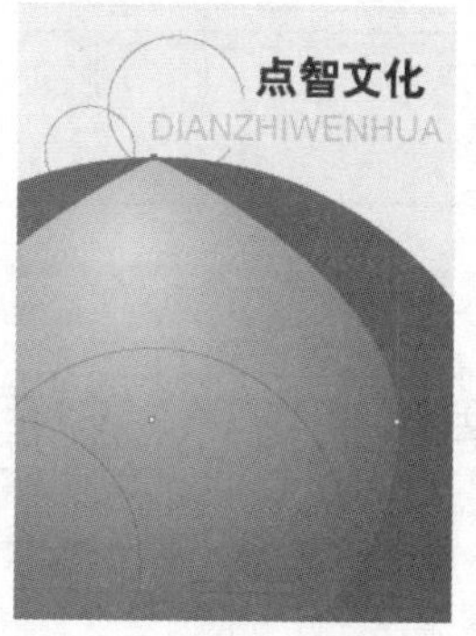

图3.69　转换后的锚点

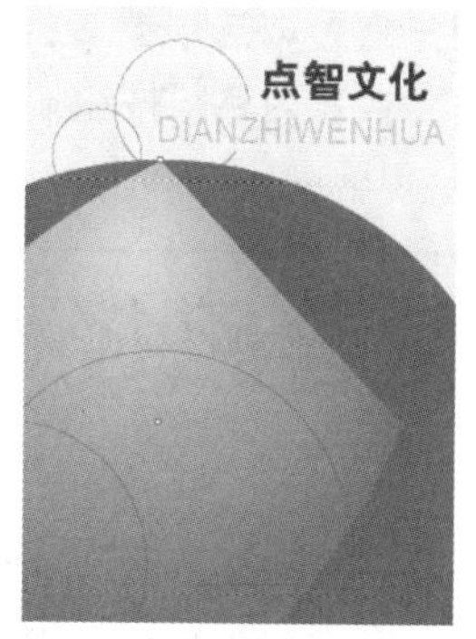

图3.70　转换其他锚点后的效果

另外，用户也可以选中要转换的锚点，然后在“路径查找器”面板中单击“普通”按钮，以将其转换为尖角锚点。

2. 将尖角锚点转换为曲线锚点

对于尖角形态的锚点，用户也可以根据需要将其转换成为曲线类型。此时可以在选择“钢笔工具”时，按住【Alt】键单击，或直接使用“转换方向点工具”拖动尖角锚点，如图3.71所示。释放鼠标左键后即可将其转换为曲线锚点，如图3.72所示。图3.73所示是将其他锚点也转换后的效果。

图3.71　按住【Alt】键拖动

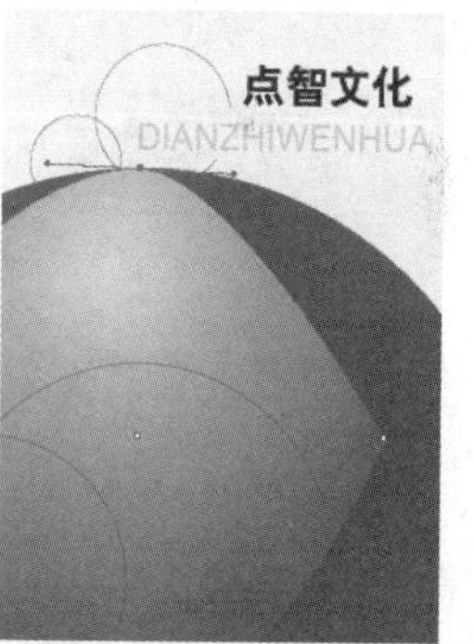

图3.72　转换后的锚点

图3.73　转换其他锚点后的效果

另外，用户也可以选中要转换的锚点，然后在“路径查找器”面板中单击“角点”按钮、“平滑”按钮或“对称”按钮，以将其转换为不同类型的曲线锚点。

3.7 复合路径

简单来说，复合路径功能与“路径查找器”中的排除重叠运算方式相近，都是将两条或两条以上的多条路径创建出镂空效果，相当于将多个路径复合起来，可以同时进行选择和编辑操作。二者的区别就在于，复合路径功能制作的镂空效果，可以释放复合路径，从而恢复原始的路径内容，而使用排除重叠运算方式，则无法进行恢复。

下面来讲解复合路径的操作方法。

3.7.1 创建复合路径

制作复合路径，首先选择需要包含在复合路径中的所有对象，然后执行“对象”|“路径”|“建立复合路径”命令，或按【Ctrl+8】快捷键即可。选中对象的重叠之处，将出现镂空状态，如图3.74所示。

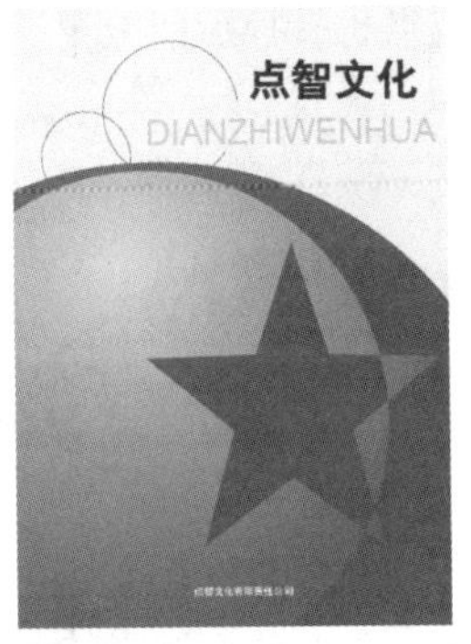

图3.74 创建复合路径前后对比效果

提示

创建复合路径时，所有最初选中的路径将成为复合路径的子路径，且复合路径的描边和填充会使用排列顺序中最下层对象的描边和填充色。

3.7.2 释放复合路径

释放复合路径非常简单，可以通过执行“对象”|“路径”|“释放复合路径”命令，或按【Ctrl+Shift+Alt+8】快捷组合键即可。

提示

释放复合路径后，各路径不会再重新应用原来的路径。

3.8 设计实战

3.8.1 《自我成长——大学生心理健康指导》封面设计

在本例中，将主要使用“矩形工具”，并配合图形运算工具，设计封面中的主体图形，其操作步骤如下所述。

01 打开随书所附光盘中的文件“第3章\《自我成长——大学生心理健康指导》封面设计\素材.indd”，如图3.75所示。

图3.75 素材文档

02 选择“矩形工具”，在封面文字的下方绘制一个矩形，设置其描边色为无，然后双击工具箱底部的填充色块，设置弹出的对话框，如图3.76所示，得到如图3.77所示的效果。

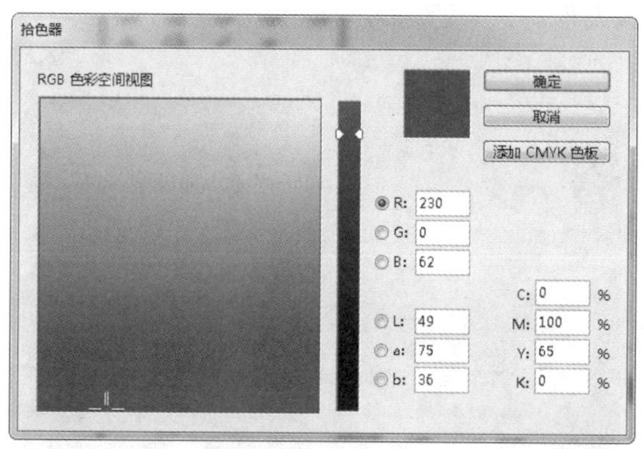

图3.76 设置图形颜色

图3.77 绘制的矩形块

03 使用“选择工具”同时按住【Alt+Shift】快捷键向右侧拖动，以创建得到其副本对象，然后向左侧拖动其右侧中间的控制句柄，从而将其缩小。再按照上一步的方法，设置其填充色，如图3.78所示，得到图3.79所示的效果。

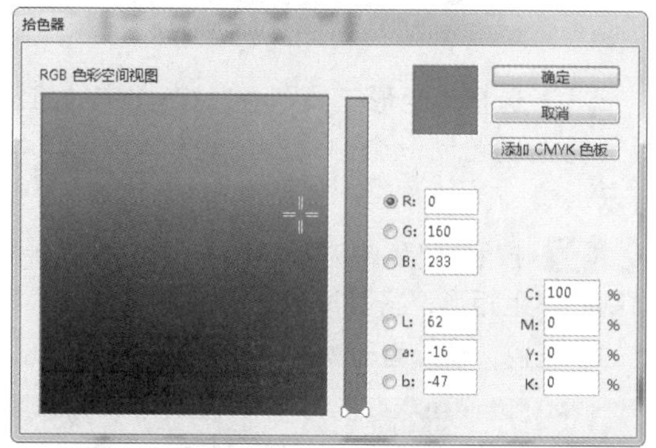

图3.78 设置图形颜色

图3.79 绘制得到的另一个矩形

04 按照第3步的方法，继续向右侧复制图形，并修改其颜色，直至得到类似图3.80所示的效果。

图3.80 复制得到其他图形

05 在“图层”面板中显示“图层5”，从而显示出文字“修订版”，如图3.81所示。

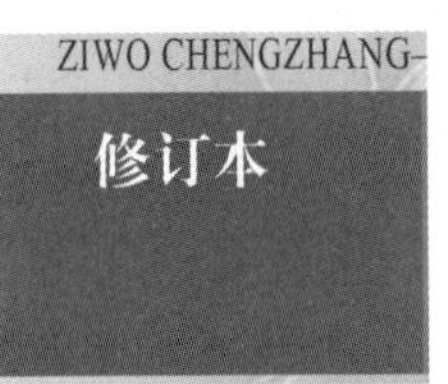

图3.81 显示出的文字

06 选择"矩形工具"，在文字"修订版"的左侧绘制一个小的白色矩形，如图3.82所示。

07 按照第3步的方法，向右侧复制上一步绘制的白色矩形，将其适当缩小，并设置一个其他的填充色，使二者有所区别，如图3.83所示。

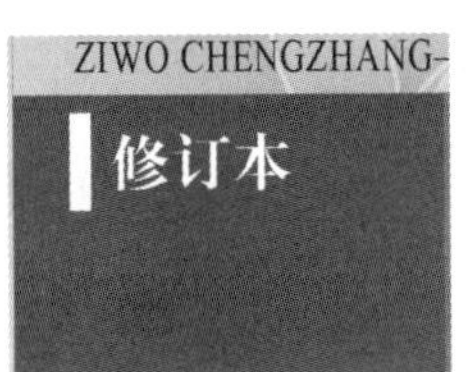

图3.82 绘制小矩形

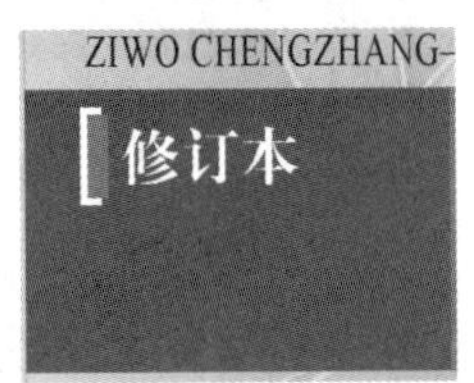

图3.83 复制得到的另一个矩形

08 使用"选择工具"，同时按住【Shift】键选中第6~7步绘制的矩形，然后在"路径查找器"面板中单击图3.84所示的按钮，得到图3.85所示的效果。

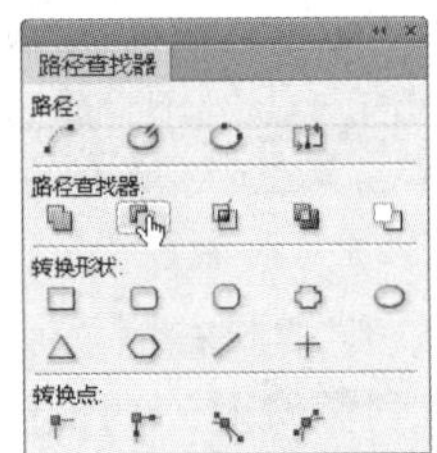

图3.84 "路径查找器"面板

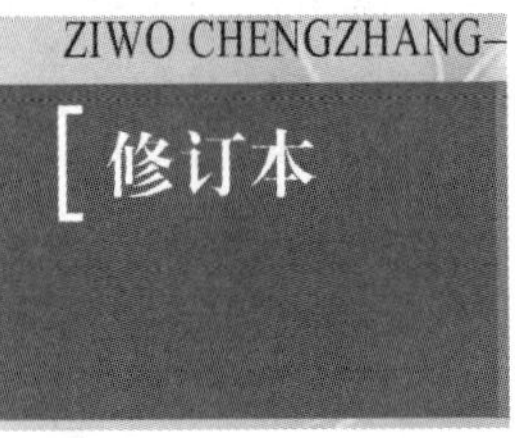

图3.85 运算得到的图形

09 使用"选择工具"，同时按住【Alt+Shift】快捷键向右侧拖动上一步编辑后的图形，以创建得到其副本对象，如图3.86所示。

图3.86 复制得到另一个图形

10 保持上一步图形的选中状态，然后在"控制"面板中单击"水平翻转"按钮，并使用"选择工具"适当调整其位置，得到图3.87所示的效果，此时封面的整体效果图3.88所示。

图3.87 调整图形后的效果

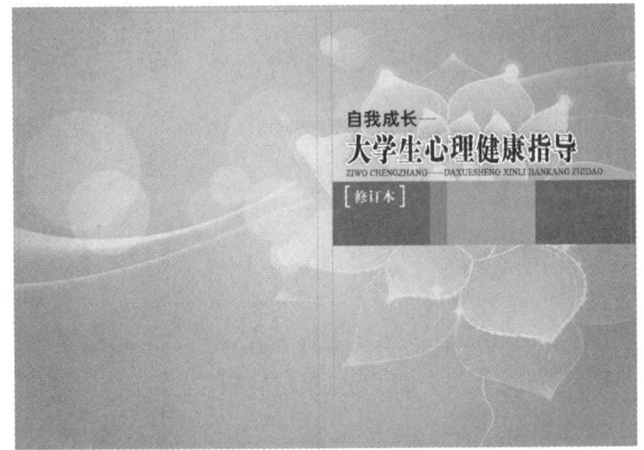

图3.88 封面的整体效果

11 继续使用"矩形工具"，在封底右下角的位置，绘制一个白色的矩形块，用于摆放条形码，如图3.89所示。

图3.89 绘制摆放条形码的白色矩形

12 最后，显示出"图层3"，以显示封面中的其他元素，得到图3.90所示的最终效果。

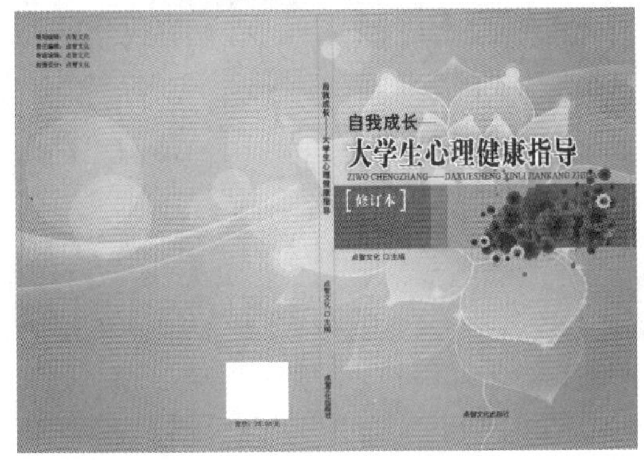

图3.90 最终效果

3.8.2 光盘盘面设计

在本例中，将主要使用“椭圆工具”与“钢笔工具”，绘制光盘盘面中的图形元素，其操作步骤如下。

01 打开随书所附光盘中的文件“第3章\光盘盘面设计\盘面设计.indd”，按【Ctrl+N】快捷键新建一个文档，设置弹出的对话框，如图3.91所示。单击“边距和分栏”按钮，设置弹出的对话框，如图3.92所示，单击“确定”按钮退出对话框以完成创建文件。

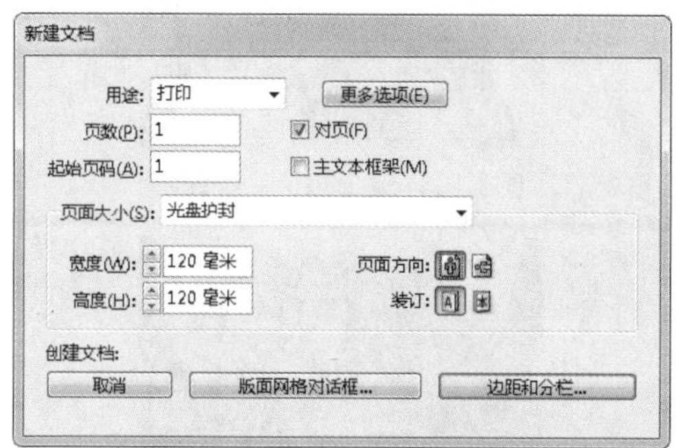

图3.91 “新建文档”对话框

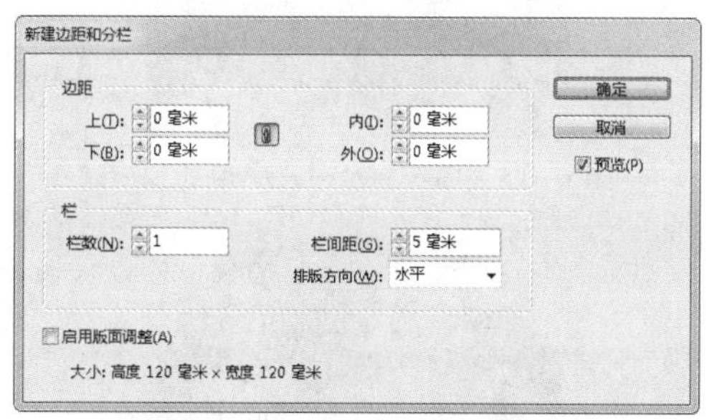

图3.92 “新建边距和分栏”对话框

02 选择“椭圆工具”，在页面的空白处单击鼠标，设置弹出的对话框，如图3.93所示。单击“确定”按钮创建得到一个正圆圆形。

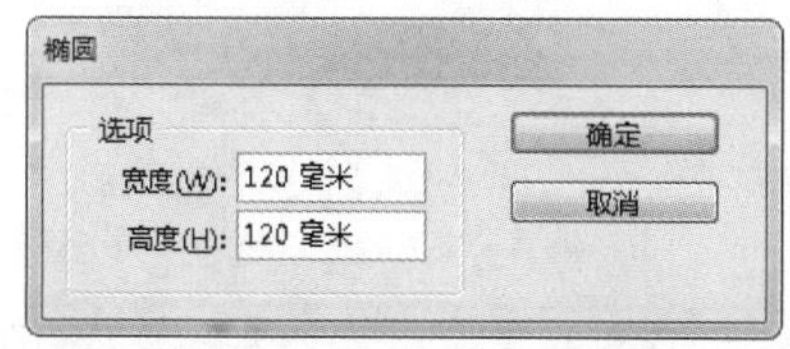

图3.93 “椭圆”对话框

03 保持正圆的选中状态，在工具箱底部选择描边色色块，并按“/”键将其设置为无。再选择填充色色块，按【F6】键显示“颜色”面板，并按照图3.94所示进行参数设置。

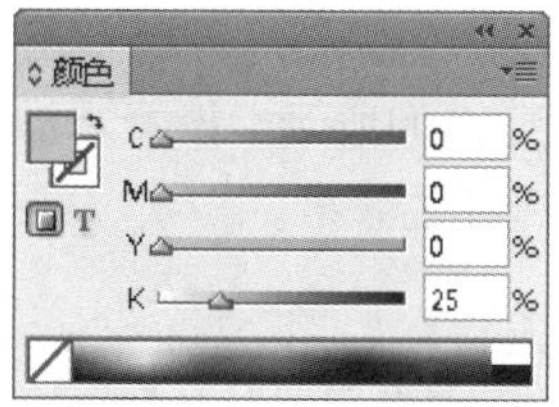

图3.94 “颜色”面板

04 保持正圆的选中状态，在“控制”面板上设置x与y的位置，如图3.95所示，使正圆刚好位于文档的正中间，如图3.96所示。

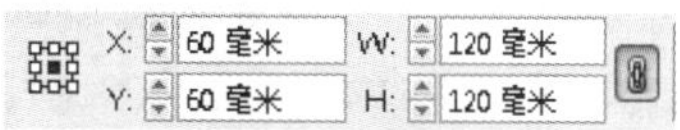

图3.95 设置圆形的位置

图3.96 绘制的圆形效果

05 按照第2-4步的方法，创建一个117mm的正圆，并在“颜色”面板中设置其填充色，如图3.97所示，得到图3.98所示的效果。

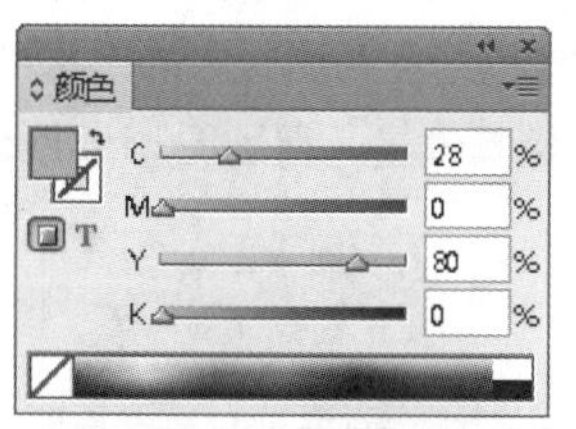

图3.97 “颜色”面板

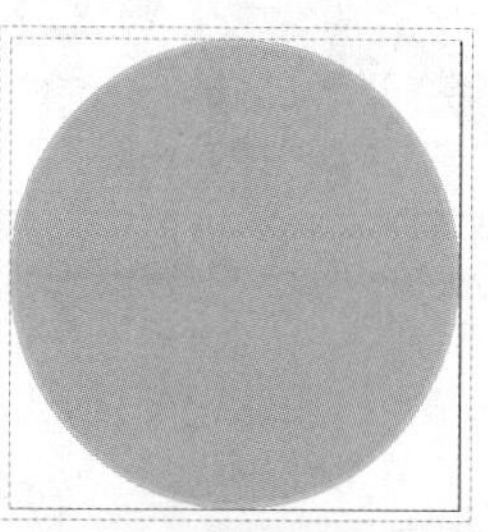
图3.98 设置颜色后的效果

06 按照上一步的方法，再分别创建大小为38mm、34mm和18mm的正圆，得到图3.99所示的效果。

07 选择“钢笔工具”，在页面的空白处绘制曲线图形，并在“颜色”面板中设置其填充色，如图3.100所示，设置其描边色为无，得到图3.101所示的效果。

图3.99 绘制其他正圆后的效果

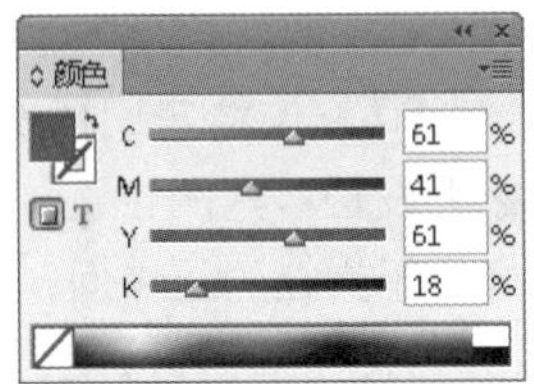

图3.100 “颜色”面板

08 使用“选择工具”将其拖至光盘的左下方，如图3.102所示。

图3.101 绘制的曲线图形

图3.102 摆放曲线图形的位置

09 使用“选择工具”，同时按住【Alt】键向右侧拖动曲线图形，以创建得到其副本对象，单击“控制”面板中的“水平翻转”按钮，然后调整其位置，得到图3.103所示的效果。

图3.103 复制并调整图形位置

10 按照第9步的方法，结合“旋转工具”调整图形的角度，并适当改变其他图形的颜色，直至得到类似图3.104所示的效果。图3.105所示是添加了相关的元素及说明文字后的效果。在最终印刷时，灰色圆圈以外的内容不会显示出来，如图3.106所示。

图3.104 复制多个其他图形

图3.105 添加文字及相关元素后的效果

图3.106 最终效果

第4章

格式化图形

4.1 设置单色填充属性

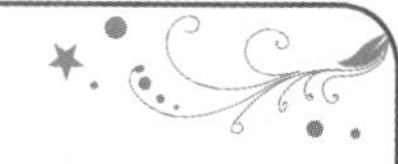

4.1.1 在工具箱中设置颜色

在InDesign中，用户可在工具箱的颜色控制区中快速设置颜色，如图4.1所示。

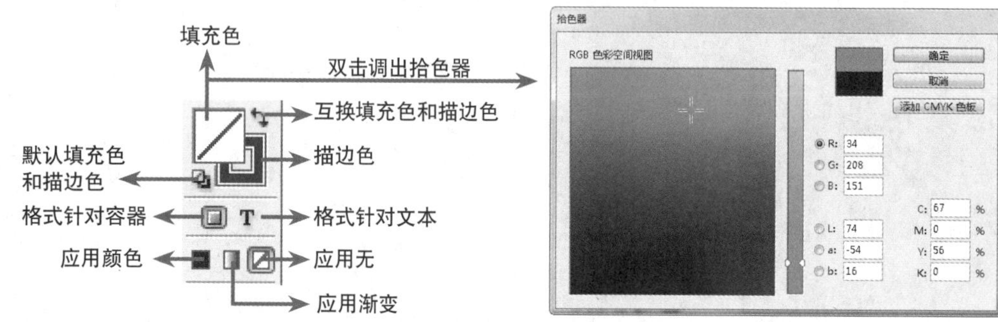

图4.1 工具箱底的颜色控制区

颜色控制区的各部分功能解释如下。

- 填充色：单击此按钮或按【X】键可将其置前显示；双击此按钮，在弹出的对话框中可以设置填充色。
- 描边色：单击此按钮或按【X】键可将其置前显示；双击此按钮，在弹出的对话框中可以设置描边色。
- 互换填充色和描边色：单击此按钮或按【Shift+X】快捷键，可以交换填充色与描边色的内容。
- 默认填充色和描边色：单击此按钮或按【D】键，可以恢复至默认的填充色与描边色，即填充色为无，描边色为黑色。
- 格式针对容器：单击此按钮或按【J】键，颜色的设置只针对容器，如图形、图像、文本块等都属于容器的一种。
- 格式针对文本：单击此按钮或按【J】键，颜色的设置只针对文本，仅当选中文本对象时才可用。例如图4.2所示是选中3个文本块后，在默认情况下为其设置填充颜色后的效果，可以看到，由于默认选择的是"格式针对容器"按钮，因此所设置填充色被应用于整个文本块，图4.3所示则是选中"针对文本"按钮后，再设置相同的填充色得到的效果。可以看出，只有文本的颜色发生了变化。

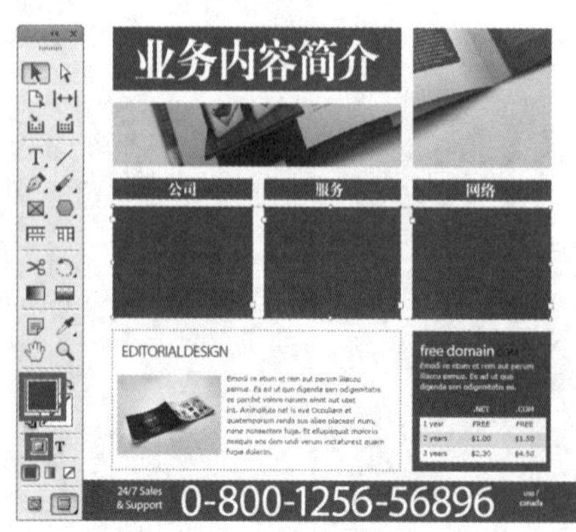

图4.2 设置文本块的填充色

图4.3 设置文本的填充色

- 应用颜色■：单击此按钮或按主键盘上的【,】键，可以为填充或描边应用最近设置的或默认的单色。
- 应用渐变▣：单击此按钮或按主键盘上的【.】键，可以为填充或描边应用最近设置的或默认的渐变色。
- 无☑：单击此按钮或按主键盘、小键盘上的【/】键，可以为填充或描边应用“无”色，即去除填充或描边色。

提示

在设置颜色时，若未选中对象，则设置的颜色作为下次绘制对象时的默认色。另外，在上述颜色控制区中，是将工具箱设置为双栏后的状态，当变为单栏或横栏时，应用“颜色”按钮■、应用“渐变”按钮▣和“无”按钮☑会折叠成为一个按钮，用户需要在其上单击鼠标右键，在弹出的工具箱中选择要应用单色、渐变或无色，如图4.4所示。

图4.4 横栏时的颜色控制区

4.1.2 使用颜色面板设置颜色

“颜色”面板是InDsign中最重要的颜色设置面板，使用它可以根据不同的颜色模式，精确设置得到所需要的颜色。执行“窗口”|“颜色”|“颜色”命令，调出“颜色”面板，如图4.5所示。

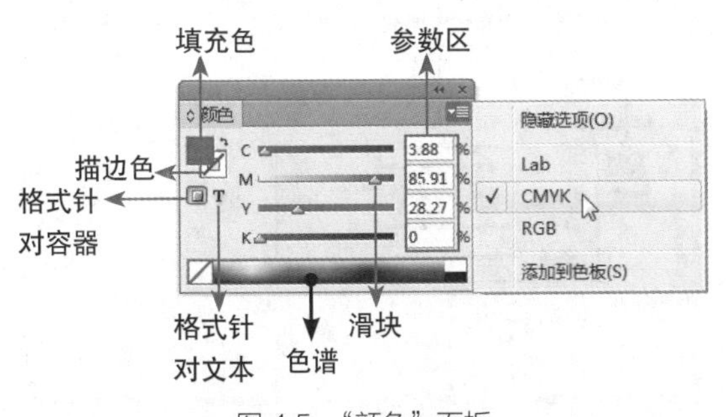

图 4.5 “颜色”面板

在“颜色”面板中各选项的含义解释如下，其中与工具箱底部相同的功能在此不再讲解。

- 参数区：在此文本框中输入参数可对颜色进行设置。
- 颜色模式：在面板菜单中，可对颜色模式进行切换。在设计彩色印刷品时，应使用CMYK模式；在设计黑白印刷品时，也可以使用CMYK模式，并在设置颜色时，将CMY数值均设置为0，然后只设置K（黑色）数值。
- 添加到色板：选择该命令，可快速将设置好的颜色添加到“色板”面板中。
- 色谱：当鼠标在该色谱上移动时，光标会变成✐状态，表示可以在此读取颜色，在该状态下单击鼠标左键即可读取颜色。
- 滑块：移动该滑块，可对颜色进行设置。

4.1.3 使用色板面板设置颜色

“色板”面板是最常用的颜色设置功能之一，在正规、严谨的设计中，推荐使用“色板”面板创建与应用颜色，因为它不仅可以一目了然地查看颜色（单色与渐变色）是否可用于印刷及其颜色属性，而且在需要修改时，我们只要修改颜色块的颜色属性，那么应用了该颜色块的对象就会自动进行更新，非常方便、快捷。

1. 了解“色板”面板

在InDesign中，所有关于色板的操作，都可以在“色板”面板中完成，如新建色板、删除色板、修改色板、保存及载入色板等。

选择“窗口”|“颜色”|“色板”命令，即可调出“色板”面板，如图4.6所示。

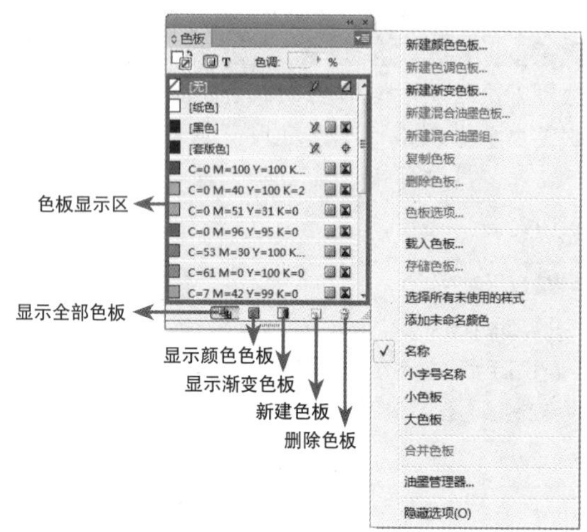

图 4.6 “色板”面板

“色板”面板中各部分的功能讲解如下，其中前面已经讲解过的内容在此将不再重述。

- 色调：在此文本框中输入数值，或单击其右边的三角按钮，在弹出的滑块中进行拖移，可以对色调进行改变。
- 显示全部色板按钮：单击此按钮，将显示全部的色板。
- 显示颜色色板按钮：单击此按钮，仅显示颜色色板。
- 显示渐变色色板按钮：单击此按钮，仅显示渐变色色板。
- 新建色板按钮：单击此按钮，可以新建色板，新建的色板为所选色板的副本。
- 删除色板按钮：单击此按钮，可以将选中的色板删除。

2. 创建色板

要创建色板，可以按照以下方法操作。

- 工具箱底部或“颜色”面板中，将要保存的填充色、描边色置前，然后在“色板”面板中单击“新建色板”按钮。
- 工具箱底部或“颜色”面板中，将要保存的填充色、描边色置前，然后单击“色板”面板右上角的“面板”按钮，在弹出的菜单中选择“新建颜色色板”命令，即可创建以当前选择的对象的颜色为基础的新色板。
- 拖动工具箱底部、“颜色”面板或“色板”面板中的填充色、描边色至“色板”面板的色板显示区中，如图4.7所示，释放鼠标即可创建得到新的颜色，如图4.8所示。

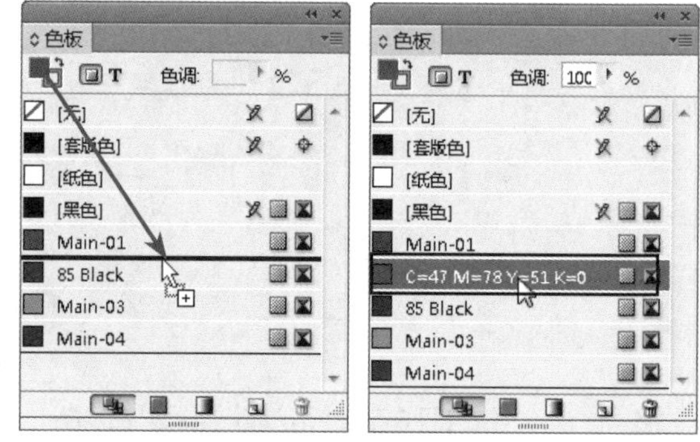

图 4.7 拖动中的状态　　图 4.8 新建色板完成

在上面的操作中，若是使用“色彩”面板菜单中的“新建色板”命令，或按住【Alt】键单击新建色板按钮，会弹出图4.9所示的对话框。

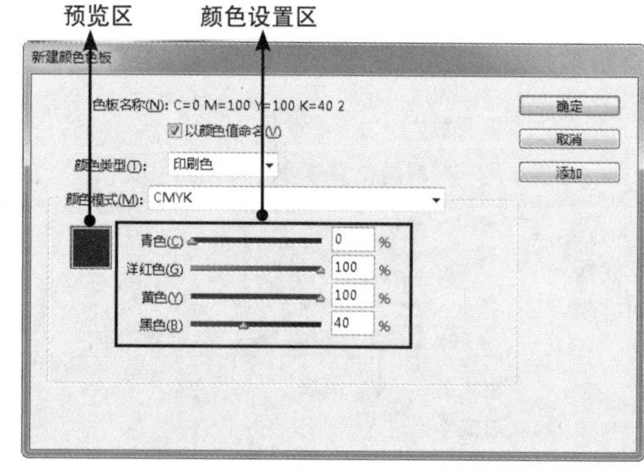

图 4.9 “新建颜色色板”对话框

在“新建颜色色板”对话框中，各选项的含义解释如下。

- 色板名称：如果在“颜色类型”下拉列表中选择了“印刷色”，且勾选“以颜色值命名”复选项时，色板名称会自动命名为参数值；在未勾选“以颜色值命名”复选项时，用户则可以自己创建色板名称；如果在“颜色类型”下拉列表中选择了“专色”，则可以直接在“色板名称”文本框中输入当前颜色的名称。

- 颜色类型：选择此下拉列表中的选项，用于指定颜色的类型为印刷色或专色。当选择“印刷色”选项时，将在色板后面显示▣图标；若选择“专色”选项，则显示为▣图标。
- 颜色模式：在此下拉列表中，可选择CMYK、Lab、RGB等颜色模式。当选择CMYK模式时，色板后面将显示为▣图标；当选择Lab模式时，色板后面将显示为▣图标；当选择RGB模式时，色板后面将显示为▣图标。
- 预览区：在颜色设置区所编辑的颜色可在该区域显示。
- 颜色设置区：在该区域移动小三角滑块或在文本框中输入参数，均可以对颜色进行更改与编辑。
- 添加：单击此按钮，可以将新建好的色板直接添加到色板中，从而可以继续进行新建色板。

3. 复制色板

当需要以某个色板为基础创建类似颜色的色板时，可以通过复制色板操作来完成，其操作方法如下。

- 在“色板”面板中选择需要复制的色板，按住左键不放并拖动鼠标，此时光标状态为。按住鼠标不放移至“新建色板”按钮上，手形光标会在右下角显示一个小田字标记，如图4.10所示。释放鼠标，即可得到该色板的副本，如图4.11所示。

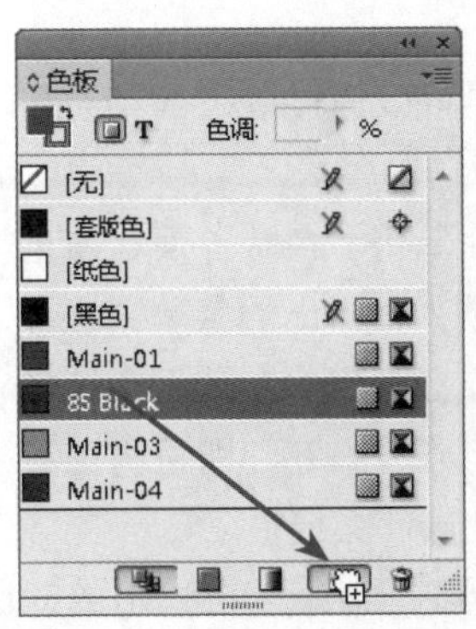

图4.10　选择需要复制的色板

图4.11　完成复制色板操作

- 选择需要复制的色板，单击鼠标右键，在弹出的菜单中选择“复制色板”命令即可。
- 选择需要复制的色板，单击“色板”面板右上角的“面板”按钮，在弹出的菜单中选择“复制色板”命令，完成复制色板的操作。
- 选择“色板”面板中的任意色板，单击“色板”面板底部的“新建色板”按钮，即可创建所选色板的副本。

4. 修改色板

如前所述，使用色板最大的好处就是可以通过修改色板，而一次性调整所有应用了该色板的对象的颜色。要修改色板的属性，可以执行以下操作。

- 双击要修改的色板。
- 在要编辑的色板上单击鼠标右键，在弹出的菜单中选择“色板选项”命令。

执行上述操作后，将弹出“色板选项”对话框，如图4.12所示。

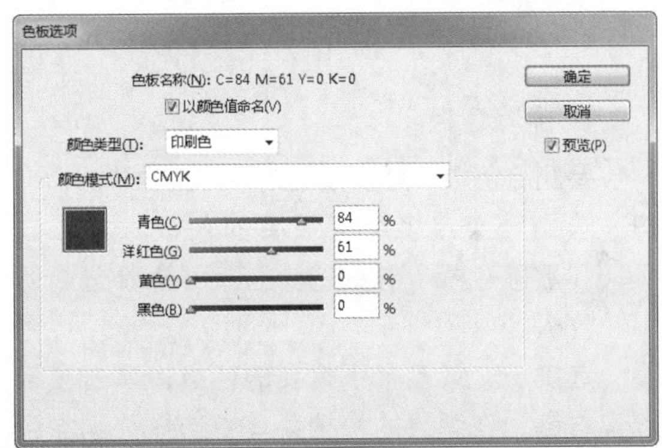

图4.12　“色板选项”对话框

提示

在“色板”面板中，色板右侧如果有图标，表示此色板不可被编辑。默认情况下，“色板”面板中的“无”、“黑色”和“套版色”显示为不可编辑状态。

设置完成后，单击“确定”按钮退出对话框，所有应用了该颜色块的对象就会自动进行更新，以图4.13所示的文档为例，图4.14所示是修改了背景块所用的色板后的效果。

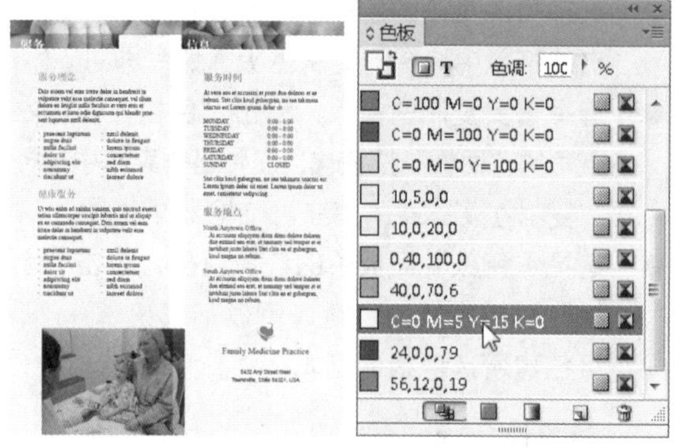

图4.13　素材文档

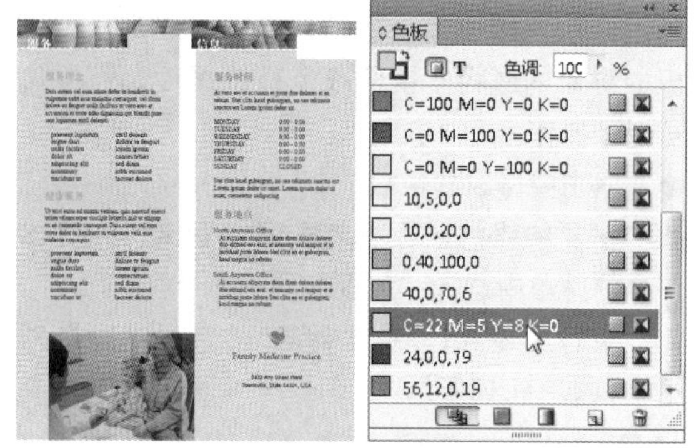

图4.14　修改色板后的效果

5. 删除色板

要删除色板，可以按照以下方法操作：

- 选中一个或多个不需要的色板，拖移到“删除色板”按钮上即可删除选中的色板。
- 选中一个或多个不需要的色板，单击鼠标右键，在弹出的快捷菜单中选择“删除色板”命令将其删除。
- 选择要删除的色板，单击“色板”面板右上角的“面板”按钮，在弹出的菜单中选择“删除色板”命令即可将选中的色板删除。

提示

当删除的色板在文档中使用时，会弹出“删除色板”对话框，如图4.15所示。在该对话框中可以设置需要替换的颜色，以达到删除该色板的目的。以上面使用的素材为例，图4.16所示是将背景块所用的色板删除并替换为浅绿色后的效果。

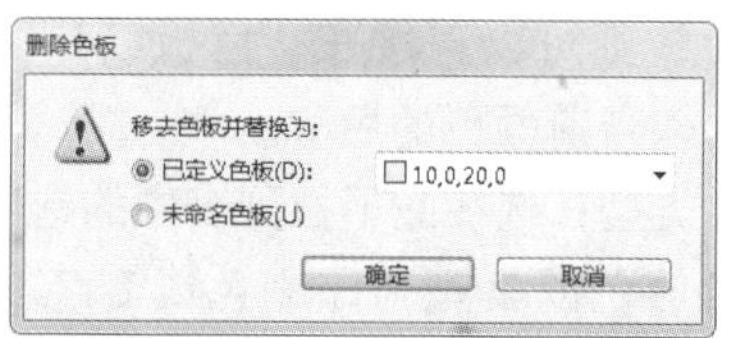

图 4.15　“删除色板”对话框

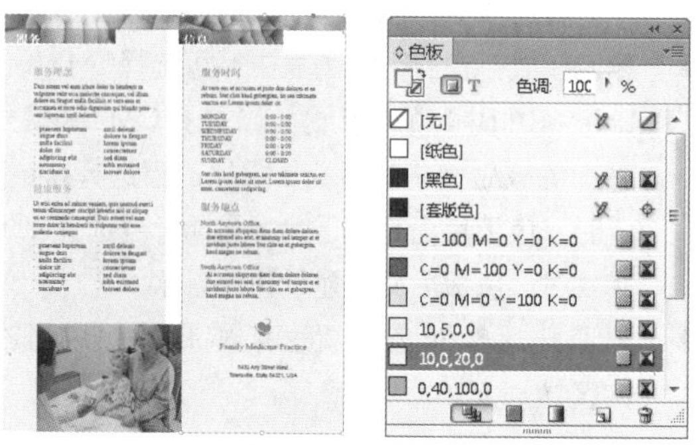

图4.16　删除色板并应用其他颜色后的效果

- 单击“色板”面板右上角的“面板”按钮，在弹出的菜单中选择“选择所有未使用的样式”命令，然后单击面板底部的“删除色板”按钮，可将多余的颜色删除。

6. 存储色板

若希望将色板保存成为独立的文件以便于以后调用，可以将其保存起来。

用户可以按住【Ctrl】键单击，选择多个不连续的色板，或按【Shift】键单击，选择多个连续的色板，然后单击“色板”面板右上角的“面板”按钮，在弹出的菜单中选择“存储色板”命令，在弹出的对话框中指定名称及位置，单击“保存”按钮退出对话框，从而将其保存为扩展名为.ase的文件。

7. 载入色板

在InDesign中，主要可以通过以下两种方法载入色板。

- 载入文档中的色板：单击“色板”面板右上角的“面板”按钮，在弹出的菜单中选择“载入色板”命令，在弹出的对话框中选择目标文件，单击“打开”按钮，即可将该目标文件的色板载入到当前文档中。
- 选择“文件”|“打开”命令，在弹出的对话框中选择扩展名为.ase色板文件，然后单击“打开”按钮即可。

8. 设置色板显示方式

根据工作需要，用户可以设置不同的色板显示方式。单击“色板”面板按钮，在弹出的菜单中选择“名称”、“小字号名称”、“小色板”、“大色板”等命令，即可改变其显示方式，如图4.17所示。

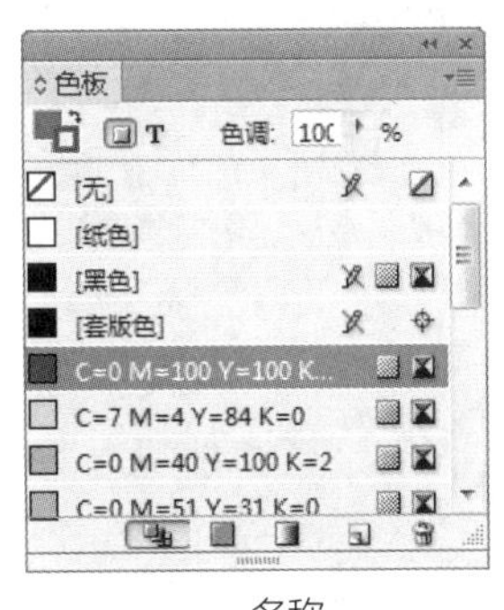

名称

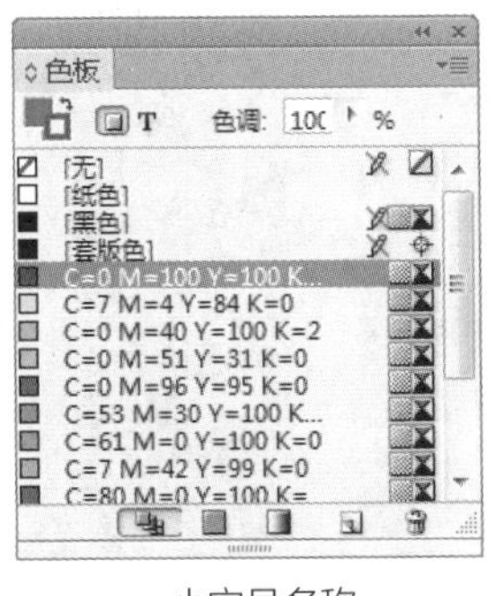

小字号名称

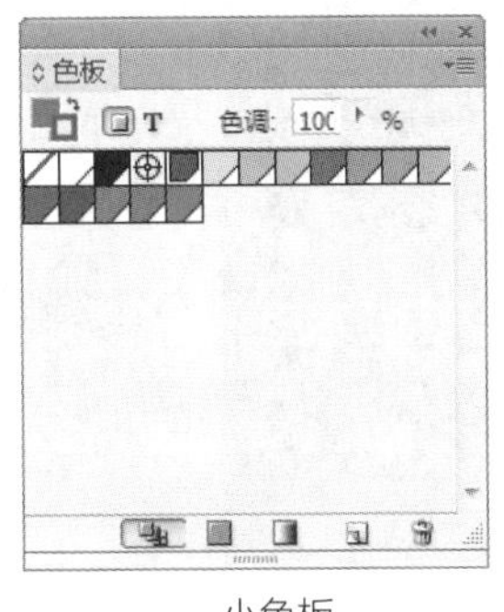

小色板

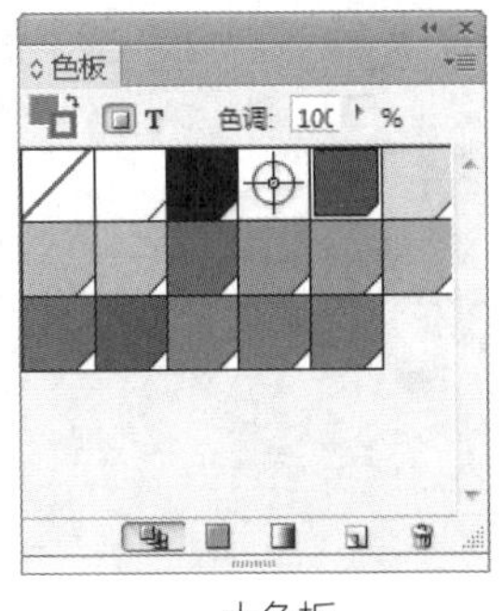

大色板

图 4.17　色板不同的显示方式

4.2 设置渐变填充属性

渐变，是指两个或更多个颜色之间的过滤。在InDesign中，可以使用“渐变”面板或“渐变色板工具”来设置、绘制及编辑渐变，并应用于对象上。在本节中，就来讲解与渐变相关的功能。

4.2.1 创建渐变

在InDesign中，主要可以通过“渐变”面板和“色板”面板来创建渐变，下面就来讲解其具体 的操作方法。

1. 在“渐变”面板中创建渐变

在“渐变”面板中设置渐变是最常用的方法，用户可以选择“窗口”|“颜色”|“渐变”命令，或双击工具箱中的“渐变色板工具”，弹出“渐变”面板，如图4.18所示。

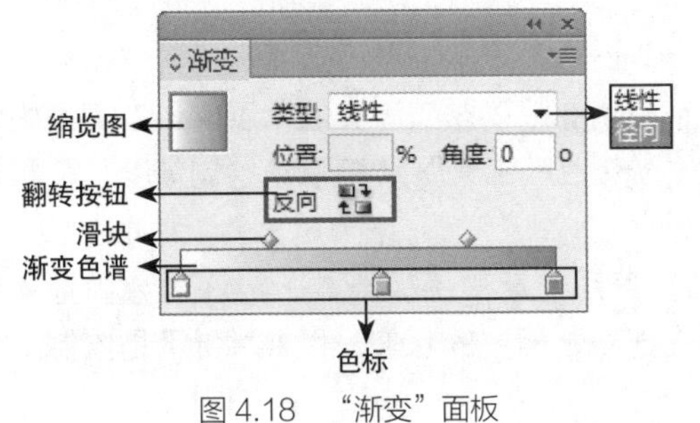

图 4.18　“渐变”面板

在“渐变”面板中，各选项的含义解释如下。

- 缩览图：在此可以查看到当前渐变的状态，它将随着渐变及渐变类型的变化而变化。
- 类型：在此下拉列表中可以选择线性和径向两种渐变类型。
- 位置：当选中一个滑块时，该文本框将被激活，拖曳滑块或在文本框中输入数值，即可调整当前色标的位置。
- 角度：在此文本框中输入数值可以设置渐变的绘制角度。
- 反向：单击此按钮，可以将渐变进行反复的水平翻转。
- 渐变色谱：此处可以显示出当前渐变的过渡效果。
- 滑块：表示起始颜色所占渐变面积的百分率，可调整当前色标的位置。
- 色标：用于控制渐变颜色的组件。其中位于最左侧的色标称为起始色标；位于最右侧的色标称为结束色标。在色标左右的空白处单击即可添加色标；若要删除色标，可按住鼠标左键向下拖动色标，直至色标消失即可。

以图4.19所示的文档为例，按照图4.20所示设置其渐变，渐变颜色为C0M23Y80K0和C0M56Y92K9，得到图4.21所示的效果。

图4.19　素材文档

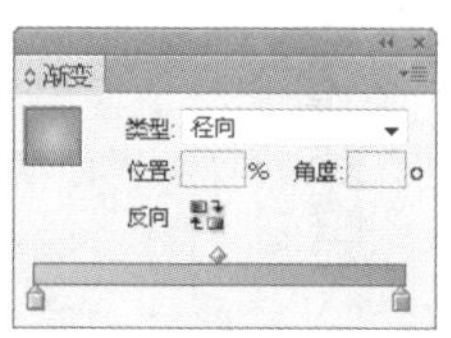

图4.20　“渐变”面板

图4.21　应用渐变后的效果

2. 在“色板”面板中创建渐变

“色板”面板除了可以保存单色外，也可以保存渐变。用户可以像创建颜色色板那样创建一个渐变色板，然后对其进行编辑处理，或在创建渐变色板时，按住【Alt】键并单击“新建色板”按钮，在弹出的对话框中设置渐变，如图4.22所示。

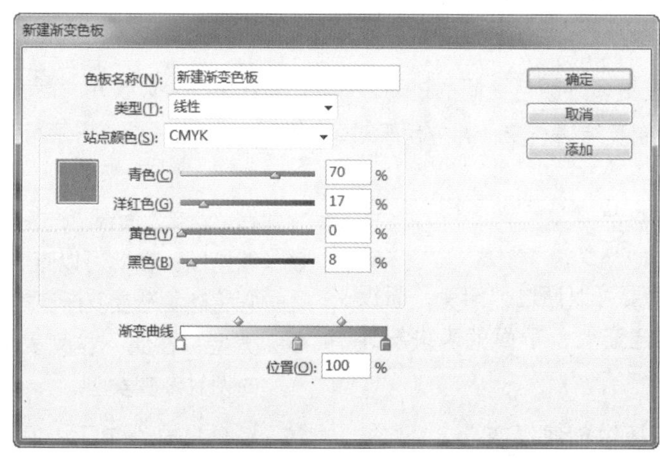

图4.22　“新建渐变色板”对话框

在“新建渐变色板”对话框中，用户也可以像在“渐变”面板中一样，设置渐变的颜色等属性，设置完成后单击“确定”按钮退出对话框即可。

4.2.2　使用渐变色板工具绘制渐变

虽然使用“渐变”和“色板”面板，可以通过调整多个参数以改变渐变的角度、形态等属性，但实际使用时，仍然显得不够方便，此时就可以使用“渐变色板工具”随意地绘制渐变，使得渐变的填充效果更为多样化。

用户在设置了一个渐变，并选中要应用的对象后，使用“渐变色板工具”在对象内拖动即可。以前面为封面背景添加的渐变为例，图4.23所示是拖动过程中的状态，图4.24所示是绘制渐变后的效果。

图4.23　绘制渐变

图4.24　绘制渐变后的效果

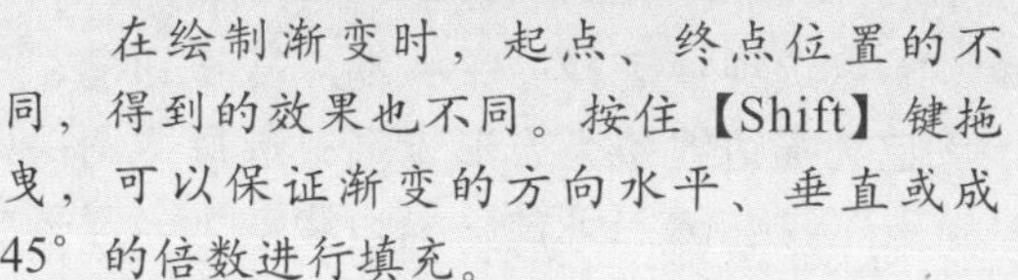

提示

在绘制渐变时，起点、终点位置的不同，得到的效果也不同。按住【Shift】键拖曳，可以保证渐变的方向水平、垂直或成45°的倍数进行填充。

另外，在使用“渐变”或“色板”面板对多个对象应用渐变时，会分别对各个对象应用当前的渐变，以前面示例中的书名及其拼音周围的线条对象为例，此时在“渐变”面板中为其设置前面所用的渐变，并修改为“线性”，将得到图4.25所示的效果。

图4.25　设置“线性”渐变后的效果

若要使上面线条对象共用一个渐变，此时就需要在选中它们的情况下，使用“渐变色板工具”绘制渐变，图4.26所示是绘制渐变后的效果。

图4.26　线条对象共用一个渐变后的效果

提示

用户也可以利用复合路径功能，将多个图形对象复合在一起，那么在绘制渐变时，就将其视为一个对象，从而使多个对象共用一个渐变。

4.3 设置描边属性

在前面的内容中，主要是讲解了设置对象填充色的方法。在本节中，将开始讲解在InDesign中设置描边色及描边属性的相关知识。

4.3.1　设置描边颜色

在InDesign中，设置描边色的方法与设置填充色基本相同，用户只需要在将描边色块置前，然后选择一个单色或渐变即可，例如图4.27和图4.28所示就是为菜谱封面中的图形分别设置单色和渐变色描边后的效果。

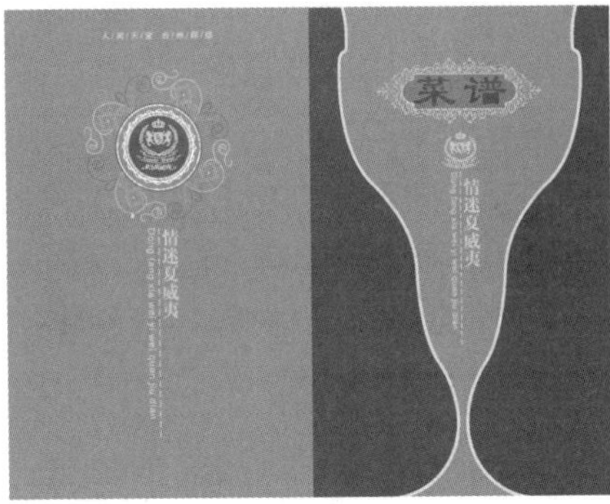

图4.27　设置单色描边

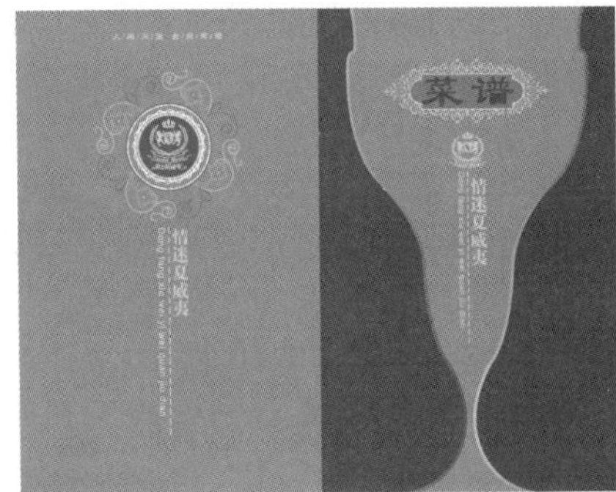

图4.28　设置渐变描边

4.3.2　了解描边面板

在学习更多描边属性的设置之前，首先要了解一下“描边”面板。按【F10】键或选择“窗口”|“描边”命令，即可调出“描边”面板，如图4.29所示。

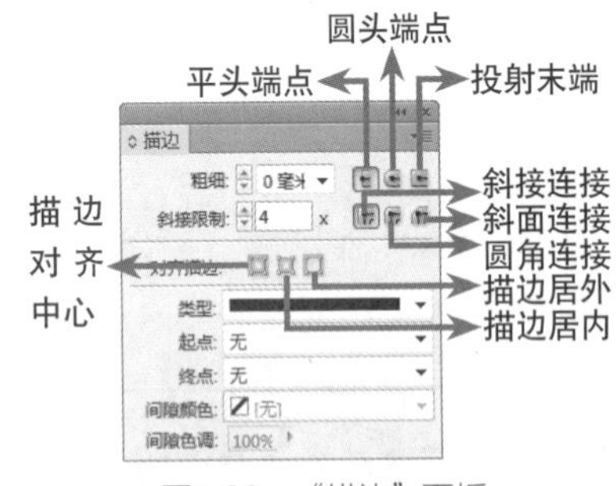

图4.29　“描边”面板

在“描边”面板中，各选项的功能解释如下。

- 粗细：在此文本框中输入数值可以指定笔画的粗细程度，用户也可以在弹出的下拉列表框中选择一个值以定义笔画的粗细。数值越大，线条越粗；数值越小，线条越细；当数值为0时，即没有描边效果。图4.30所示为设置不同描边粗细时的效果。

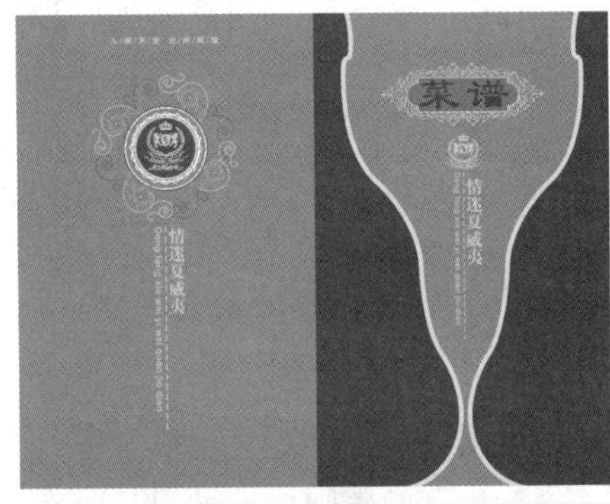

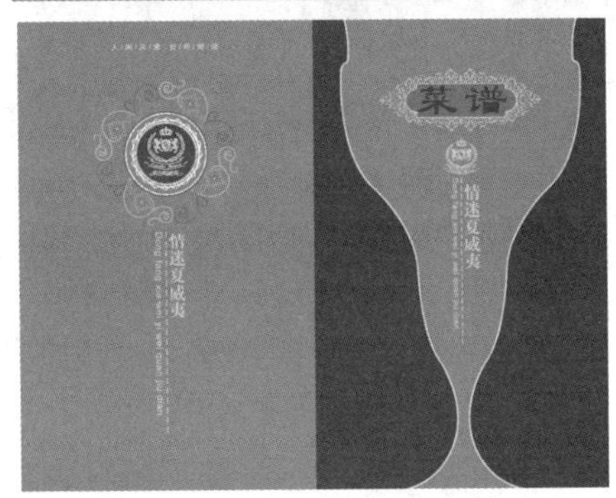

图4.30　设置不同描边粗细时的效果

- 端点选项：选择“平头端点”按钮，可定义描边线条为方形末端；选择“圆头端点”按钮，可定义描边线条为半圆形末端；选择“投射末端”按钮可定义描边线条为方形末端，同时在线条末端外扩展线宽的一半作为线条的延续。图4.31所示为3种不同的端点状态。

图4.31　不同的端点状态

- 斜接限制：在此用户可以输入1到500之间的一个数值以控制什么时候程序由斜角合并转成平角。默认的斜角限量是4，意味着线条斜角的长度达到线条粗细4倍时，程序将斜角转成平角。
- 斜接选项：选择“斜接连接”按钮，可以将图形的转角变为尖角；选择“圆角连接”按钮，可以将图形的转角变为圆角；选择“斜面连接”按钮，可以将图形的转角变为平角。图4.32所示为3种不同的转角连接状态。

图4.32　3种不同的转角连接状态

- 对齐选项：选择“描边对齐中心”按钮，则描边线条会以图形的边缘为中心在内、外两侧进行绘制；选择“描边居内”按钮，则描边线条会以图形的边缘为中心向内进行绘制；选择“描边居外”按钮，则描边线条会以图形的边缘为中心向外进行绘制。图4.33 所示为3种不同的描边对齐状态。

图4.33　3种不同的描边对齐状态

- 类型：在该下拉列表框中可以选择描边线条的类型，如图4.34所示。图4.35所示是设置“圆点”和“垂直线”描边类型后的效果。

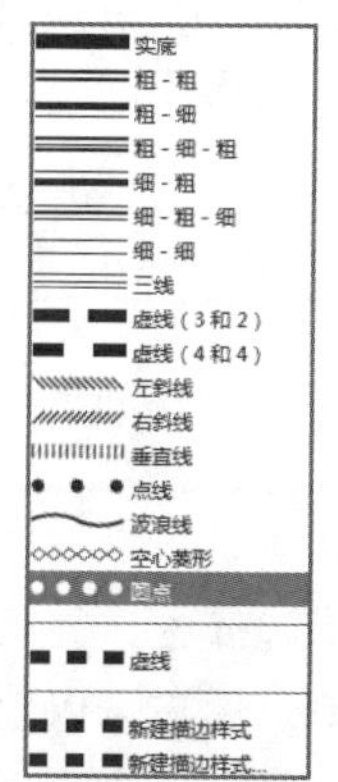

图4.34　“类型”下拉列表框

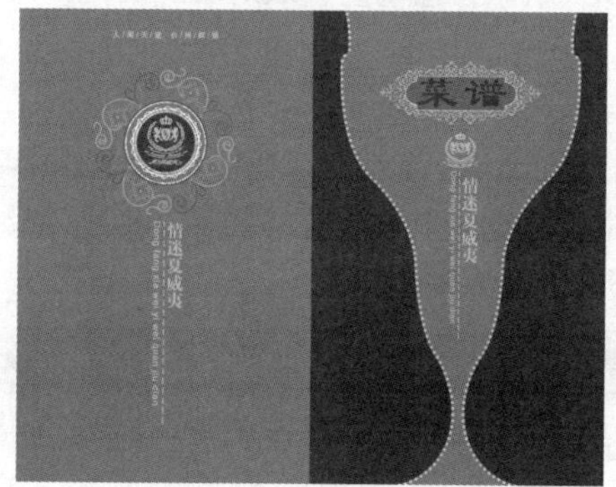

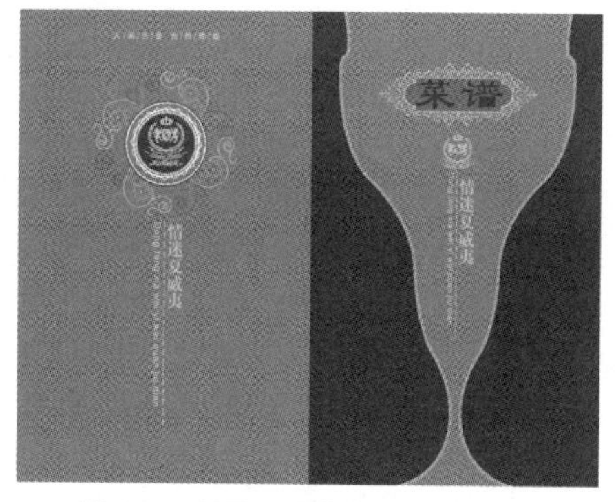

图4.35　设置不同描边类型后的效果

- 起点：在该下拉列表框中可以选择描边开始时的形状。
- 终点：在该下拉列表框中可以选择描边结束时的形状。图4.36所示为线条起点和终点的下拉列表框。

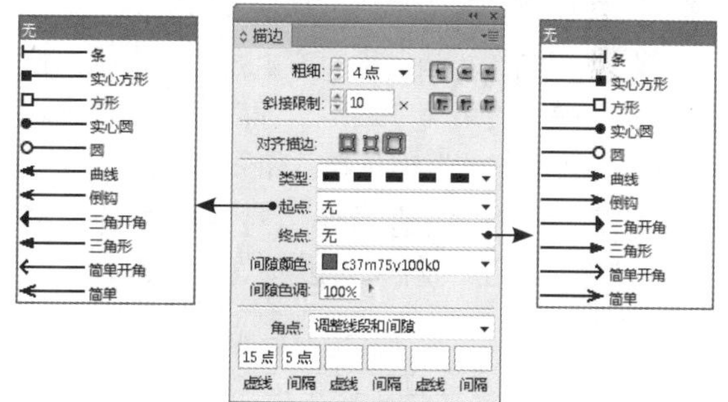

图4.36　起点和终点下拉列表框

- 间隙颜色：该颜色是用于指定虚线、点线和其他描边图案间隙处的颜色。该下拉列表框只有在类型下拉列表框中选择了一种描边类型后才会被激活。
- 间隙色调：在设置了一个间隙颜色后，该输入框才会被激活，输入不大于100的数值即可设置间隙颜色的淡色。图4.37所示为创建间隙颜色和间隙色调后的效果。

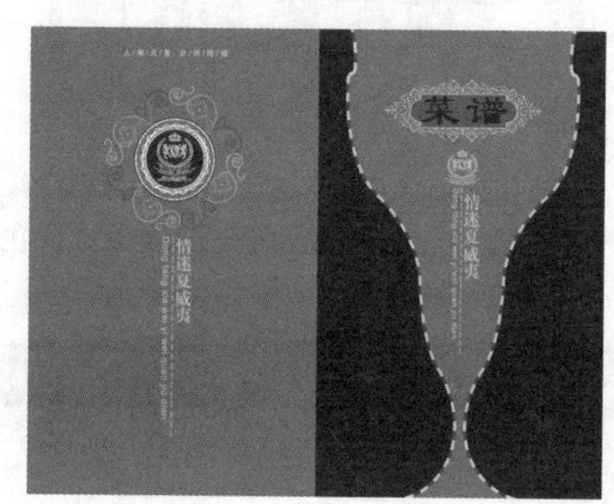

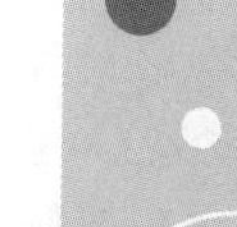

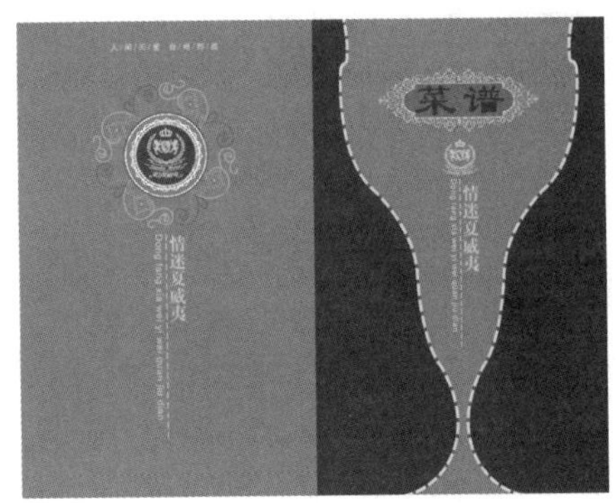

图4.37 设置不同间隙颜色及间隙数值后的效果

4.3.3 自定义描边线条

在InDesign中，若预设的描边样式无法满足需求，也可以根据个人的需要，进行自定义设置，下面就来讲解其具体的操作方法。

01 单击“描边”面板右上角的“面板”按钮，在弹出的菜单中选择“描边样式”命令，将弹出“描边样式”对话框，如图4.38所示。

02 单击“描边样式”对话框中的“新建”按钮，弹出“新建描边样式”对话框，如图4.39所示。

03 在该对话框中对描边线条进行设置，单击“确定”按钮退出，即可完成自定义描边线条操作。

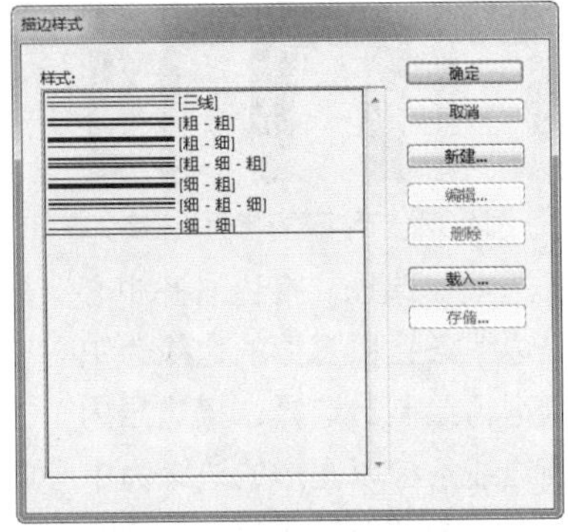

图4.38 “描边样式”对话框

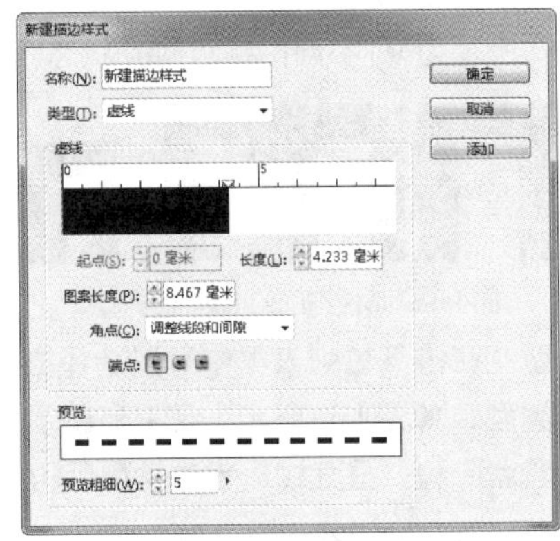

图4.39 “新建描边样式”对话框

4.4 使用吸管工具复制属性

在 InDesign中，使用“吸管工具”可以复制对象中的填充及描边属性，并将其应用于其他对象中，以便于我们为多个对象应用相同的属性。其使用方法较为简单，用户可以使用以下两种方法进行复制。

- 使用“吸管工具”在源对象上单击。此时光标变成状态，证明已读取对象的属性，然后单击目标对象即可。
- 使用“选择工具”选中目标对象，然后使用“吸管工具”在源对象上单击即可。
- 若源对象为非InDesign创建的对象，如置入的位图图像、矢量图形等，则使用“吸管工具”在其上单击时，仅吸取单击位置的颜色。例如图4.40所示是选中矢量的文字后，使用“吸管工具”单击右上方的图像，从而得到图4.41所示的橙色文字效果。

提示

“吸管工具”读取颜色后，按住【Alt】键在光标变成状态时则可以重新进行读取。

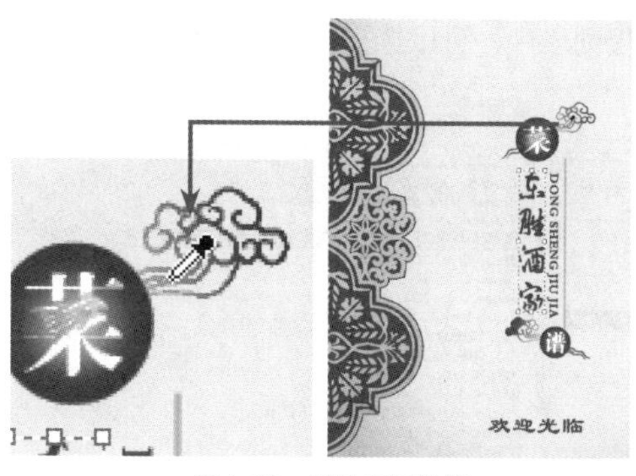

图4.40　摆放光标位置

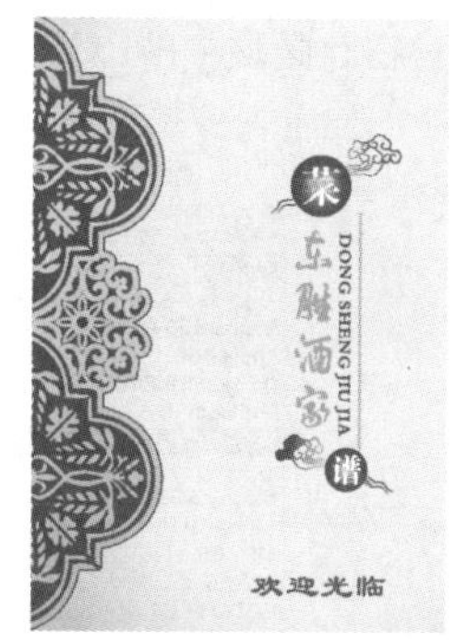

图4.41　改变文字颜色后的效果

4.5 在InDesing中设置色彩管理

如果显示器中的画面与打印画面的颜色不一致，达不到预期效果，最大的原因是屏幕颜色与印刷颜色不统一。为了防止出现该情况，解决方法是在InDesing中设置色彩管理，对双方的色彩要求统一起来。

执行“编辑”|“颜色设置”命令，弹出“颜色设置”对话框，如图4.42所示。

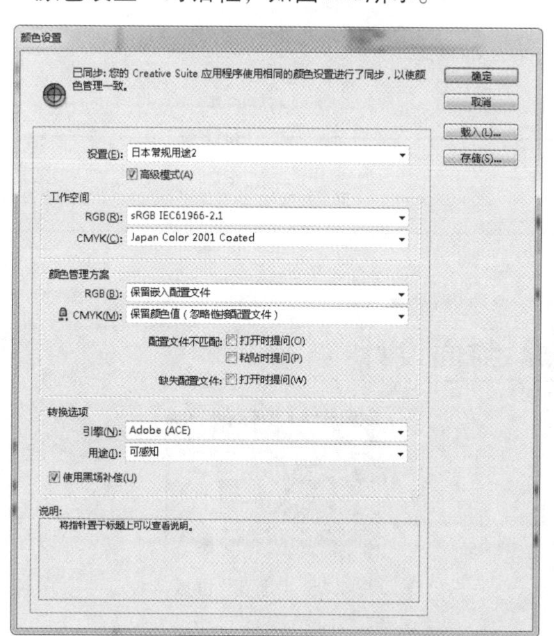

图 4.42　“颜色设置”对话框

在“颜色设置”对话框中各选项的含义解释如下。

- “载入”按钮：单击此按钮，在弹出的“载入颜色设置”对话框中选择要载入的颜色配置文件，然后单击“打开”按钮，即可将所需要的颜色配置文件载入到InDesign中。

提示

颜色配置文件的载入可以是Photoshop、Illustrator等软件定义扩展名为.csf的文件。

- 设置：此下拉列表中的选项为InDesign提供了让出版物的颜色与预期效果一致的预设颜色管理配置文件，如图4.43所示。

日本常规用途2
模拟 Adobe InDesign 2.0 颜色管理系统关闭
自定
日本 Web/Internet
日本印前2
日本常规用途2
日本报纸颜色
日本杂志广告颜色
显示器颜色
Japan Color 印前
Photoshop 5 默认色彩空间
Web 图形默认设置
北美 Web/Internet
北美印前2
北美常规用途2
北美常规用途默认设置
北美报纸
日本常规用途默认设置
模拟 Acrobat 4
模拟 Photoshop 4
欧洲 Web/Internet
欧洲 Web/Internet 2
欧洲印前 3
欧洲印前2
欧洲印前默认设置
欧洲常规用途 3
欧洲常规用途2
欧洲常规用途默认设置
美国印前默认设置
色彩管理关闭

图 4.43　“设置”下拉列表

- 工作空间：在此区域中的RGB及CMYK下拉列表中，可以选择工作空间配置文件，如图4.44所示。

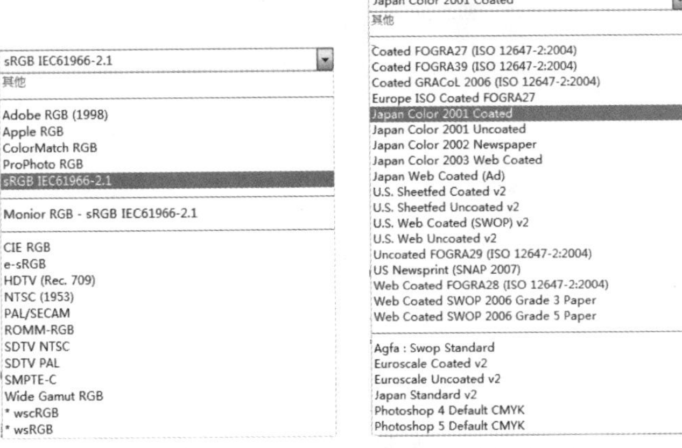

RGB下拉列表　　CMYK下拉列表

图 4.44　“工作空间”区域的下拉列表

- 颜色管理方案：在此区域中的RGB及CMYK下拉列表中的选项为色彩的全部管理方案，如图4.45所示。

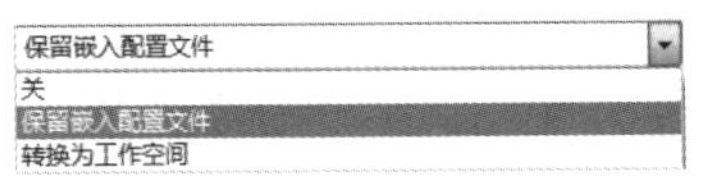

RGB下拉列表　　CMYK下拉列表

图 4.45　颜色管理方案的文件列表

4.6 设计实战

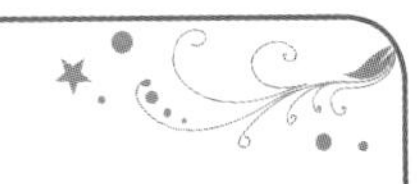

4.6.1 《企业财务会计项目化教程》封面设计

在本例中，我们将利用InDesign中的绘制与格式化图形功能来设计一款封面，其操作步骤如下。

01 打开随书所附光盘中的文件“第4章\《企业财务会计项目化教程》封面设计\素材.indd”。

02 选择“矩形工具”，沿文档的出血线绘制矩形，然后设置其描边色为无，在“渐变”面板中设置其渐变填充属性，如图4.46所示。使用“渐变工具”，从正封的上方中间处进行拖动以绘制渐变，直至得到类似图4.47所示的效果。

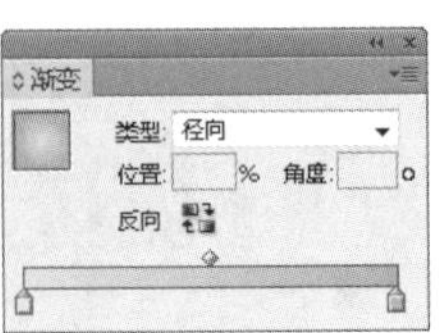

图4.46 “渐变”面板

图4.47 封面整体的渐变效果

03 为了便于操作，可以在“图层”面板中锁定“图层1”，然后再创建一个图层得到“图层2”。

04 继续使用“矩形工具”，在正封的上方中间处绘制一个黑色矩形，如图4.48所示。

图4.48 绘制的矩形

05 使用“钢笔工具”，通过在左上方和右下方添加锚点并编辑的方式，编辑得到图4.49所示的效果。

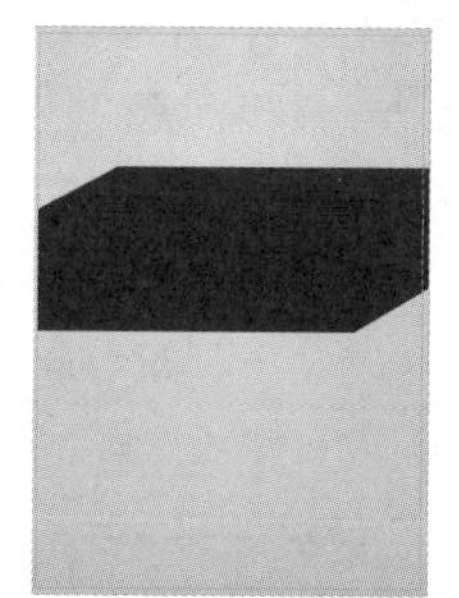

图4.49 编辑后的图形效果

06 保持图形的选中状态，在“渐变”面板中设置其渐变填充色，如图4.50所示，得到图4.51所示的效果。

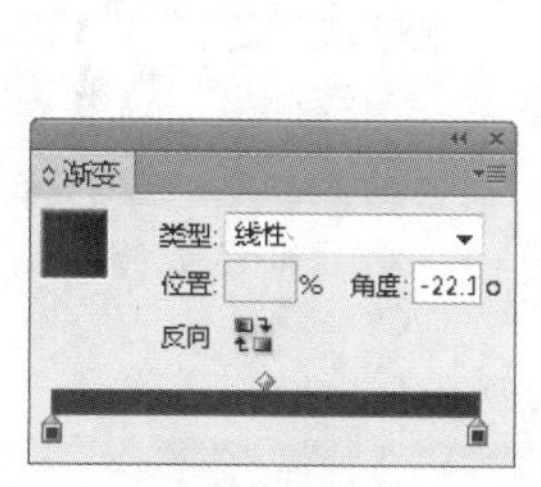

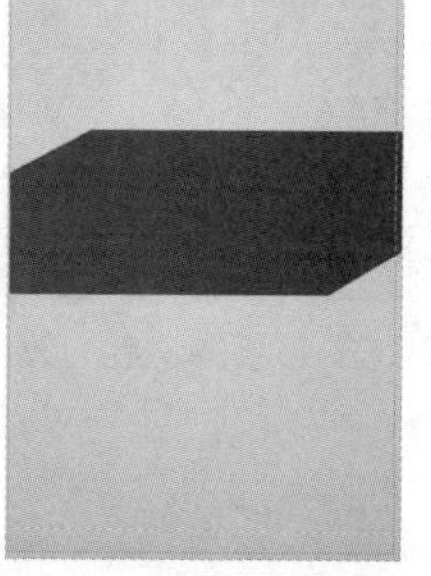

图4.50 “渐变”面板 图4.51 设置渐变后的效果

07 继续使用“矩形工具”，在上面设置的图形内部下方绘制一个矩形条，并在“渐变”面板中设置其填充色，图4.52所示，得到如图4.53所示的效果。

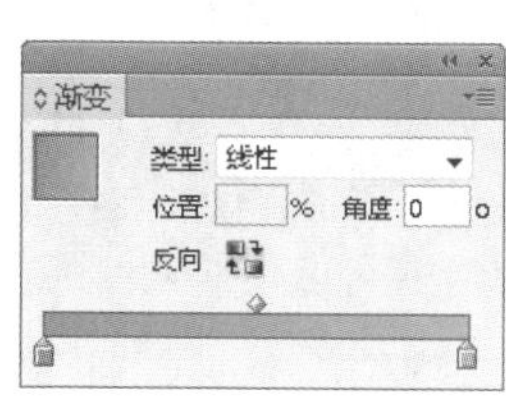

图4.52 “渐变”面板 图4.53 设置渐变后的效果

08 使用“选择工具”按住【Alt】键向左上方复制上一步格式化以后的矩形，并缩小其宽度，然后置于左上方的位置，如图4.54所示。

09 保持上一步缩小后的图形的选中状态，按【Ctrl+Shift+[】快捷组合键将其调整至底部，得到图4.55所示的效果。

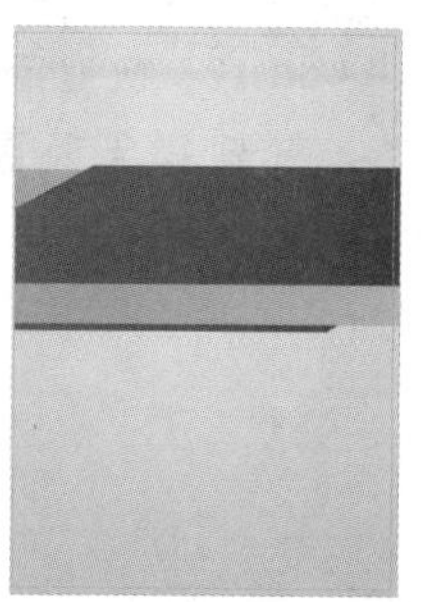

图4.54 调整图形大小 图4.55 调整图形至底部

10 在“图层”面板中显示“素材”图层，得到图4.56所示的最终效果。

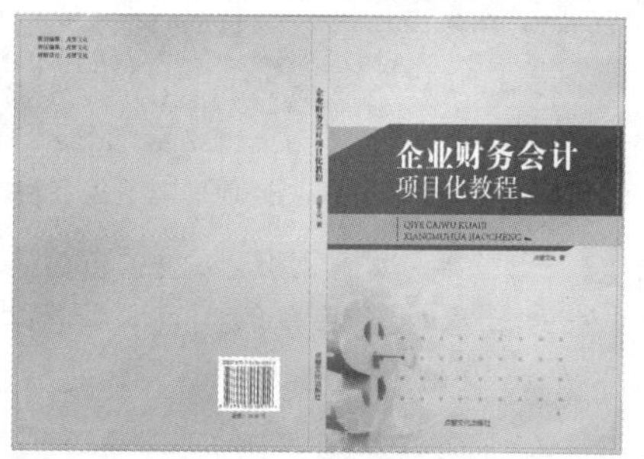

图4.56 最终效果

4.6.2 房地产宣传单页设计

在本例中，将利用InDesign中的绘制与格式化图形功能，设计一款房地产宣传单页，其操作步骤如下。

01 打开随书所附光盘中的文件“第4章\房地产宣传单页设计\素材.indd”。

02 使用“矩形工具”在页面的底部绘制一个矩形，并设置其描边色为无，然后在“颜色”面板中设置其填充色，如图4.57所示，得到图4.58所示的效果。

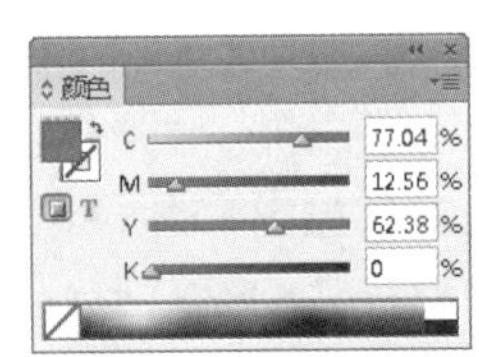

图4.57 设置填充色

图4.58 绘制的矩形

03 使用“选择工具”同时按住【Alt+Shift】快捷键向上拖动上一步绘制的矩形，以创建得到其副本对象，然后缩小其高度，并在“颜色”面板中设置其填充色，如图4.59所示，得到图4.60所示的效果。

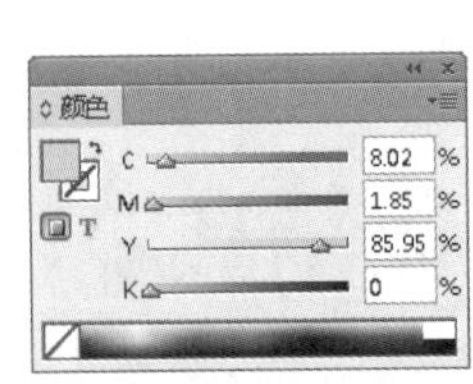

图4.59 修改对象的填充色 图4.60 设置颜色后的效果

04 按照第3步的方法，继续向上复制矩形，并修改其高度及填充色，直至得到类似图4.61所示的效果。

05 结合“钢笔工具”与“椭圆工具”，在文档的左上方位置绘制图4.62所示的图形。

图4.61 绘制并修改其他图形后的效果

图4.62 绘制图形

06 保持上一步绘制的图形为选中状态，在“描边”面板中设置其描边属性，如图4.63所示，然后在“颜色”面板中设置其描边色，如图4.64所示，得到图4.65所示的效果。

图4.63 “描边”面板

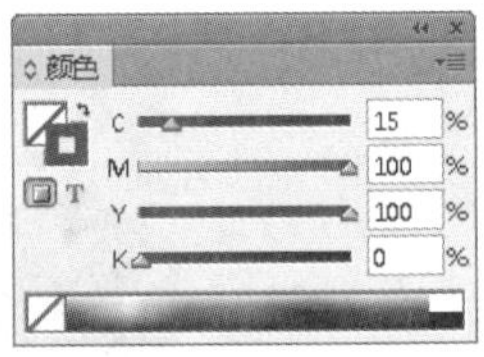

图4.64 “颜色”面板

07 在“图层”面板中显示“素材”图层，得到图4.66所示的最终效果。

图4.65 设置属性后的效果

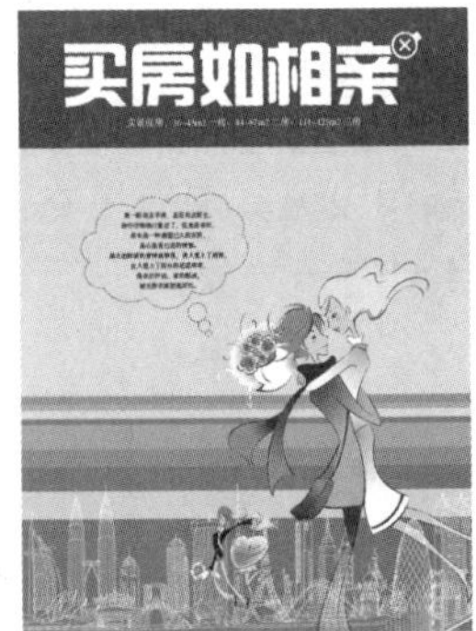

图4.66 最终效果

第5章 编辑与组织对象

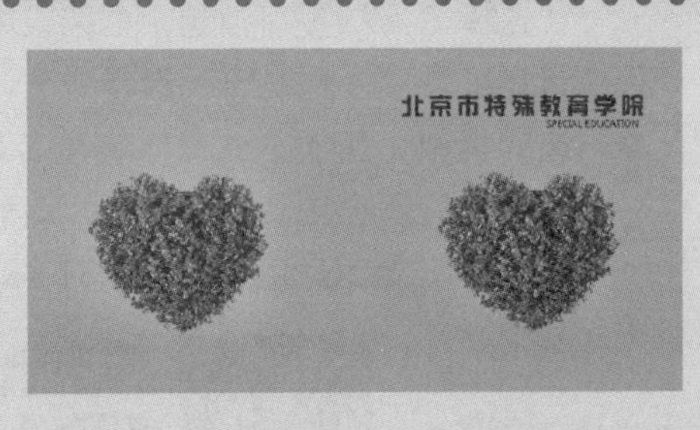

5.1 选择对象

在InDesign中，快速、准确地选择对象，可以帮助我们更高效地完成各种编辑工作。在本节中，就来详细讲解其相关操作。

5.1.1 了解对象的组成

在学习选择与编辑对象操作之前，首先我们要对对象的组成有一个了解。

在InDesign中，根据其组成，可分为框架和内容两部分，框架的作用就是限制内容的显示范围，用户也可以根据需要，为框架指定填充和描边色等属性，也可以改变框架的形态（其编辑方法与编辑路径相似），以制作异形的框架；根据其内容的不同，可以分为图形、图像和文本3大类，默认情况下，它们都是位于一个框架中。

- 图形框架：使用各种图形工具绘制得到的图形，都将自动成为一个框架，此时其内容为空，用户可以根据需要，向其中置入文本、图像（包括各种位图及矢量图格式的文件）作为内容。
- 图像框架：所有置入到InDesign中的位图及矢量图格式文件，都会自动生成一个相应的框架，其内容就是用户置入的图像文件。
- 文本框架：在InDesign中，通常情况下文本是位于文本框架（简称文本框）中，用户除了可以使用它改变文本显示的多少外，也可以在多个文本框架之间进行串联，其内容就是文字。

在操作过程中，若是选中框架进行编辑，内容也会随之发生变化；若是选中内容进行编辑，则框架不会发生变化。

5.1.2 使用选择工具进行选择

“选择工具”可以选中框架或内容整体，以便于对其进行整体性的编辑，下面来介绍一下使用“选择工具”时的常用选择方法。

- 选择框架（整体）：将“选择工具”光标移至对象之上，在中心圆环之外单击鼠标，即可选中该对象的框架（包含框架及其内容），此时对象外围显示其控制框，以图5.1所示的素材为例，图5.2所示是选中图像时的状态。

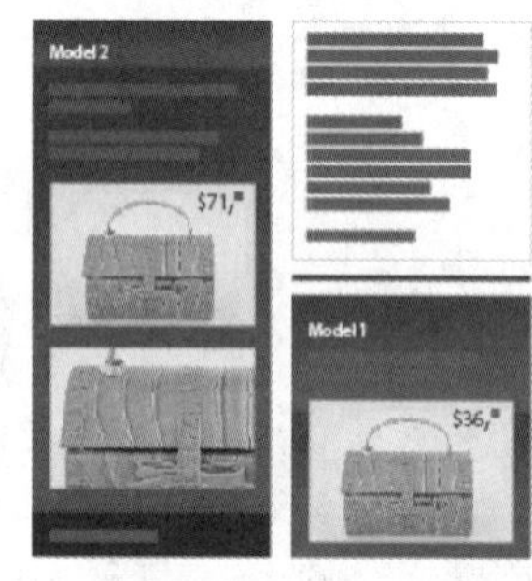

图5.1 素材文档

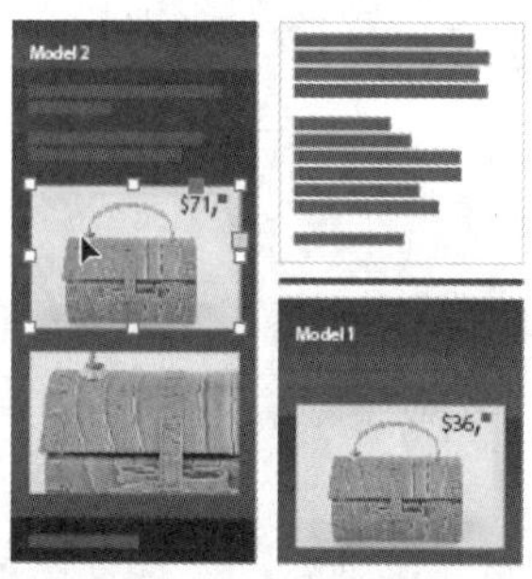

图5.2 正常状态下的选择

- 选择内容：将“选择工具”的光标移至对象上时，对象中心将显示一个圆环，如图5.3所示。单击该圆环即可选中其内容，如图5.4所示。此时按住鼠标左键拖动圆环，即可调整内容的位置，如图5.5所示。

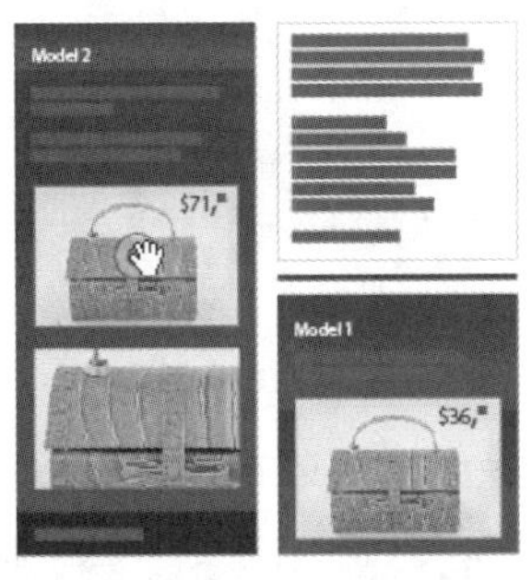

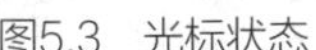

图5.3　光标状态

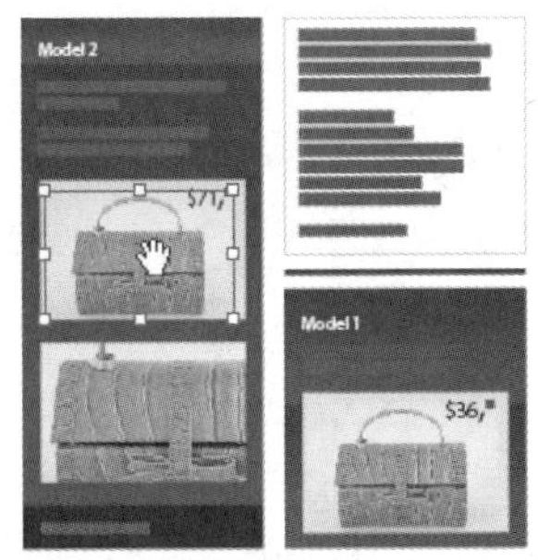

图5.4　选中内容

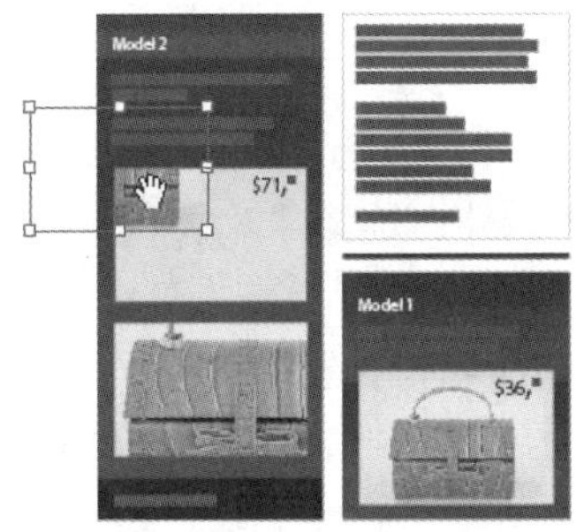

图5.5　移动内容后的状态

- 如果需要同时选中的多个对象，可以按住【Shift】键的同时单击要选择的对象，图5.6所示就是选中中间图像后，再按住【Shift】键单击文本块，从而将二者选中后的状态；若按住【Shift】键单击处于选中状态的对象，则会取消对该对象的选择。
- 使用“选择工具”在对象附近的空白位置按住鼠标左键不放，拖曳出一个矩形框，如图5.7所示，所有矩形框接触到的对象都将被选中，如图5.8所示。

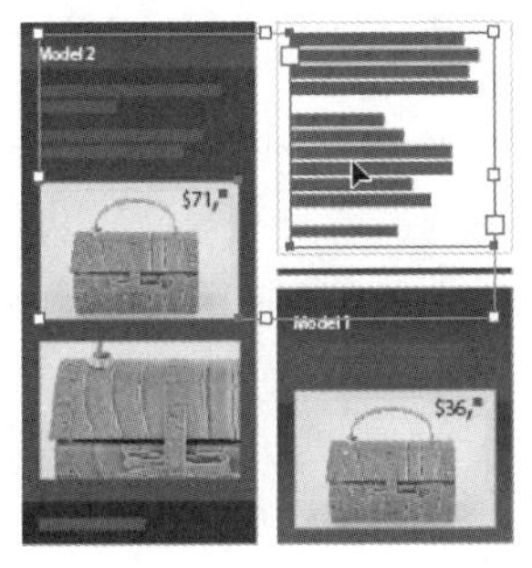

图5.6　选中两个对象

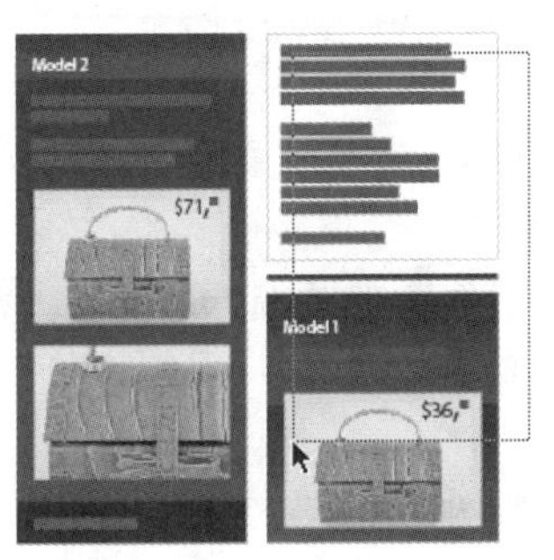

图5.7　拖曳出一个矩形框

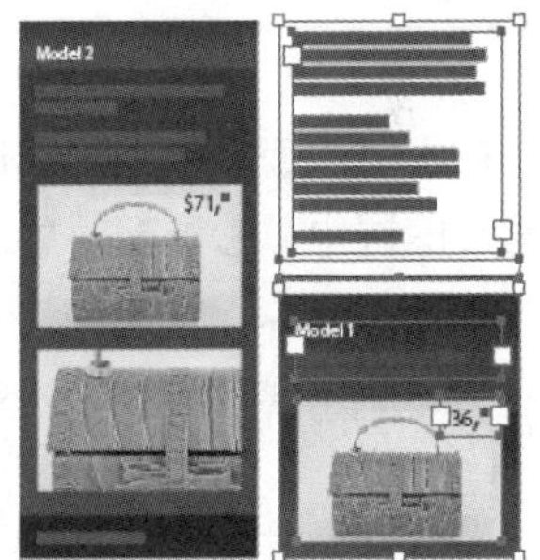

图5.8　选中框选的对象

5.1.3　使用直接选择工具进行选择

“直接选择工具”主要是用于选择对象的局部，如单独选中框架、内容或内容与框架的锚点等，其具体使用方法与“选择工具”基本相同，如单击选中局部，按住【Shift】键加选或减选，以及通过拖动的方式进行选择等。

图5.9所示是将光标置于图像框架边缘时的状态，单击即可将其选中；图5.10所示是单击选中其左上角锚点时的状态，图5.11所示是按住【Shift】键再单击左下角的锚点以将其选中时的状态。

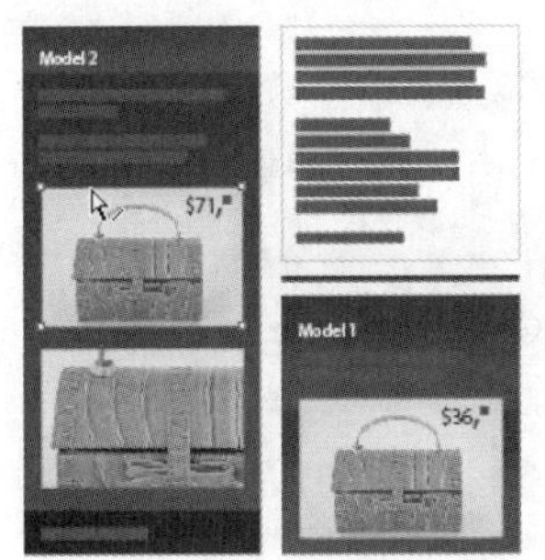

图5.9　摆放光标

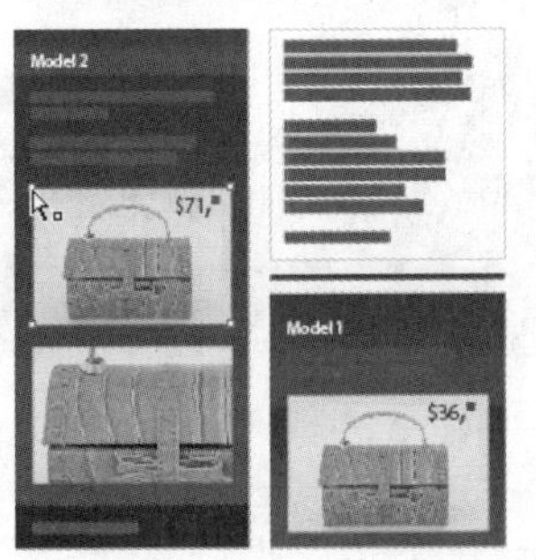

图5.10　选中左上角的锚点

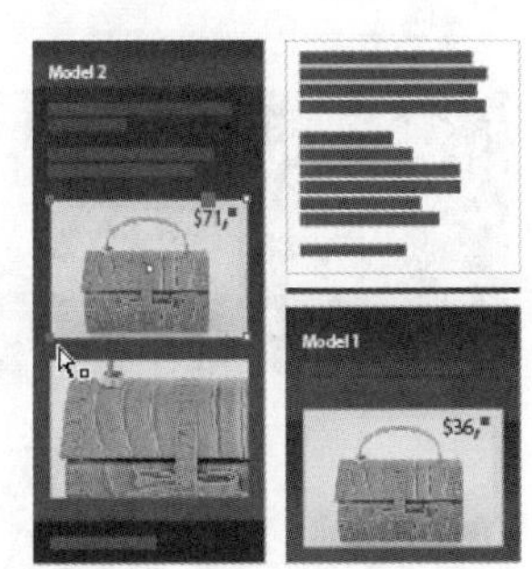

图5.11　同时选中左下角的锚点

5.1.4 使用命令选择对象

如果要选择页面中的全部对象，可以执行“编辑”|“全选”命令，或按【Ctrl+A】快捷键。

另外，选择“对象”|“选择”命令，如图5.12所示，或在选中的对象上单击鼠标右键，在弹出的菜单中选择“选择”子菜单中的命令，也可完成各种对象的选择操作。

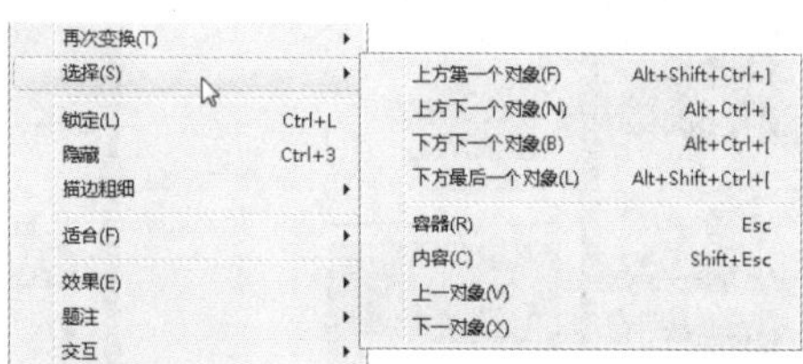

图5.12 “选择”命令的子菜单

提示

根据所选对象的不同，“选择”子菜单中的命令也不尽相同，例如所选框架中没有内容时，则“内容”命令就不会出现在子菜单中。

5.2 调整对象顺序

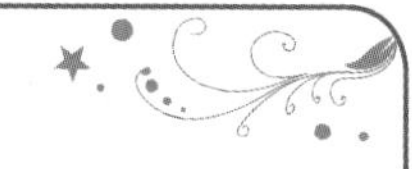

在本书前面讲解图层功能时，讲解了调整图层顺序对对象遮盖关系的影响。此时，用户也可以在同一图层中单独调整对象之间的顺序。

选择“对象”|“排列”命令，或在要调整顺序的对象上单击鼠标右键，在弹出的菜单中选择“排列”子菜单中的命令，如图5.13所示。

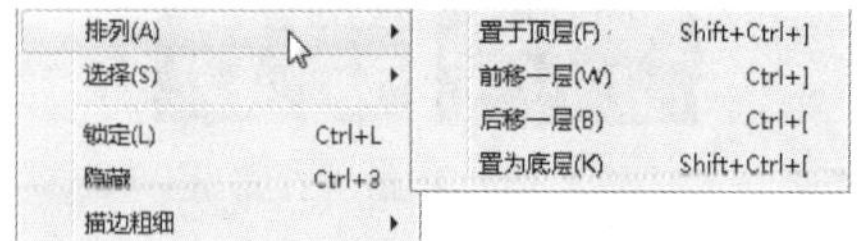

图5.13 “排列”命令子菜单

- 置于顶层：选择此命令或按【Shift+Ctrl+]】快捷组合键，可将已选中的对象置于所有对象的顶层。
- 前移一层：选择此命令或按【Ctrl+]】快捷键，可将已选中的对象在叠放顺序中上移一层。
- 后移一层：选择此命令或按【Ctrl+[】快捷键，可将已选中的对象在叠放顺序中下移一层。
- 置于底层：选择此命令或按【Shift+Ctrl+[】快捷组合键，可将已选中的对象置于所有对象的底层。

例如对于图5.14所示的素材，图5.15是选中了图像后，按【Ctrl+[】快捷键，将其调整至横条下方后的效果。

图5.14 素材文档

图5.15 调整顺序后的效果

5.3 变换对象

在InDesign中，能够进行移动、缩放、旋转、切变、翻转等多种变换操作，用户可以根据实际情况，选择使用工具进行较为粗略的变换处理，也可以使用“变换”面板、“控制”面板及相应的变换命令等进行精确的变换处理。本节就来详细讲解这些变换功能的使用方法及技巧。

5.3.1 了解变换与控制面板

在InDesign中，“变换”、“控制”面板及相应的菜单命令，都可以执行各种精确的变换操作，其中“变换”和“控制”面板的参数较为相近，如图5.16所示。

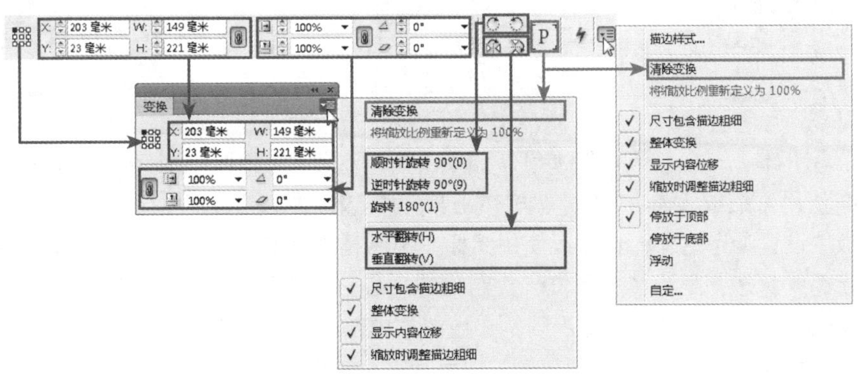

图5.16　“控制”面板与“变换”面板的参数对比

通过上图不难看出，对比两个面板的参数，可以说二者的功能是基本相同的，但就使用而言，“控制”面板更为方便一些，它将旋转、翻转、清除变换等功能显示为按钮，更便于操作，因此建议日常工作过程中，以“控制”面板为主进行参数设置。图5.17所示是其中各参数的功能标注。

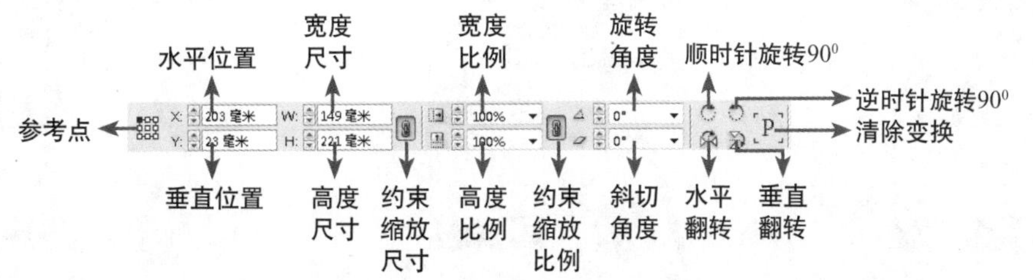

图5.17　“控制”面板中变换参数的标注

5.3.2 设置参考点

当我们选中一个对象时，其周围会出现一个控制框，并显示出9个控制句柄，如图5.18所示（不包括右上方的实心控制句柄），连同其中心的控制中心点，共10个控制点，它们与“控制”面板中的参考点都是一一对应的。

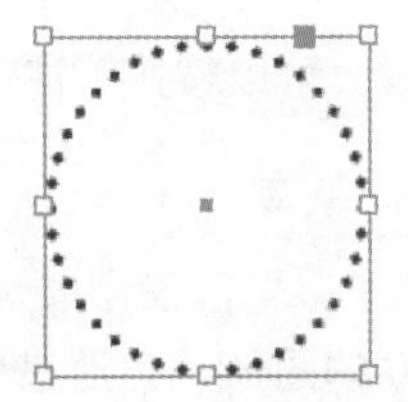

图5.18　选中对象时显示的控制框及其控制句柄

当用户在“控制”面板中选中某个参考点时，则在“控制”面板或“变换”面板中，以输入参数或选择命令的方式变换对象时，将以该参考点的位置进行变换。以图5.19所示的图像为例，选中其右下方的红酒瓶后，图5.20所示是选择右下角的参考点，然后将其放大150%后的效果，图5.21所示则是选择右侧中间的参考点，同样放大150%后的效果，可以看出，二者的变换比例相同，但由于所选的参考点不同，因此得到的变换结果也各不相同。

图5.19　素材文档

图5.20　选择右下角参考点的变换结果

图5.21　选择右侧中间参考点的变换结果

另外，在使用“缩放工具”、“旋转工具”及“切变工具”时，除了在“变换”或“控制”面板中设置参考点外，也可以使用光标在控制框周围的任意位置单击以改变参考点，此时的参考点显示为✧状态，默认情况下位于控制框的中心，如图5.22所示。图5.23所示是在左下角的控制句柄处单击后的状态，图5.24所示则是在控制框内部左下方单击后的状态，可以看出，此时的参考点是可以随意定位的。

图5.22　位于中心的参考点

图5.23　位于左下角的参考点

图5.24 位于左下方的参考点

5.3.3　移动对象

要移动对象，可以按照下述方法进行操作。

1. 直接移动对象

在InDesign中，可以使用“选择工具”、“直接选择工具”和“自由变换工具”，使用它们选中要移动的图形，然后按住鼠标左键不放并拖动到目标位置，释放鼠标即可完成移动操作。图5.25所示为将两个红酒瓶移至右下角前后的效果对比。

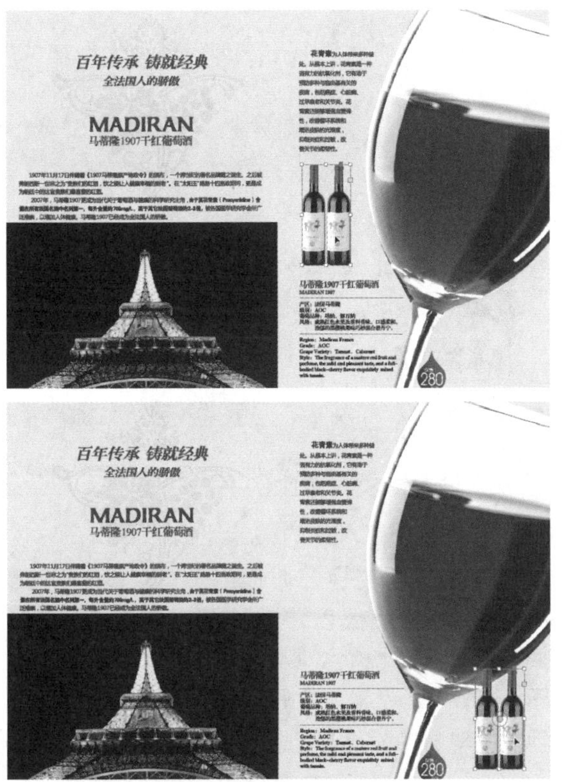

图5.25　移动图形前后对比效果

2. 精确移动对象

要精确调整对象的位置，可以在“控制”面板或“变换”面板中设置水平位置和垂直位置的数值，或选择“对象”|“变换”|“移动”命令，弹出“移动”对话框，如图5.26所示。

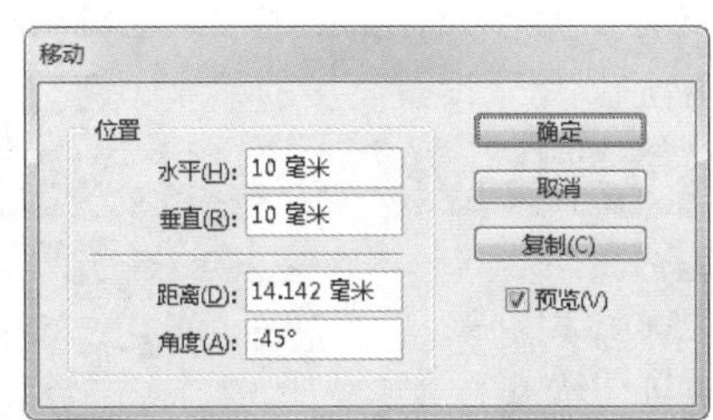

图5.26　“移动”对话框

在“移动”对话框中，各选项的功能解释如下。

- 水平：在此文本框中输入数值，以控制水平移动的位置。
- 垂直：在此文本框中输入数值，以控制垂直移动的位置。
- 距离：在此文本框中输入数值以控制输入对象的参考点在移动前后的差值。

提示

在设置参数时，用户可以在文本框中进行简单的数值运算。例如当前对象的水平位置为185mm，现要将其向右移动6mm，则可以在水平位置文本框中输入185+6，确认后即可将对象的水平位置调整为191mm。同理，用户在进行缩放、旋转、切变等变换操作时，也可以使用此方法进行精确设置。

- 角度：在此文本框中输入数值以控制移动的角度。
- “复制”按钮：单击此按钮，可以复制多个移动的对象。图5.27所示就是选择酒瓶图像，并设置适当的“水平”数值后，多次单击“复制”按钮后得到的效果。

图5.27 复制多个对象

提示

在“控制”面板或“变换”面板中设置水平位置和垂直位置的数值时，若按下【Alt+Enter】快捷键，也可以在调整对象位置的同时，创建其副本。后面讲解的缩放、斜切等变换操作，也支持此方法，读者可自行尝试操作。

3. 微移对象

在要小幅度调整对象的位置时，使用工具拖动不够精确，使用面板或命令又有些麻烦，此时可以使用键盘中的【→】、【←】、【↑】、【↓】方向键进行细微的调整，实现对图形进行向右、向左、向上、向下的移动操作。每单击一次方向键，图形就会向相应的方向移动一个特定的距离。

> **提示**
>
> 在按方向键的同时，按住【Shift】键，可以按特定距离的10倍进行移动；如果要持续移动图形，则可以按住方向键直到图形移至所需要的位置，然后释放鼠标即可。

5.3.4 缩放对象

缩放是指改变对象的大小，如宽度、高度或同时修改宽度与高度等。要缩放对象，可以按照下述方法进行操作。

1. 直接缩放对象

在InDesign中，可以使用“选择工具”、“自由变换工具”或“缩放工具”进行缩放处理，在使用前两个工具时，选中对象后，将光标置于对象周围的控制句柄上，按住鼠标左键拖动即可调整对象的大小；在使用“缩放工具”时，将光标置于对象周围，按住鼠标左键，当光标成▶状时，拖动即可调整对象的大小。

> **提示**
>
> 在变换时，若按住【Shift】键，可以等比例进行缩放处理；按住【Alt】键可以以中心点为依据进行缩放；若按住【Alt+Shift】快捷键，则可以以中心点为依据进行等比例缩放。

以图5.28所示的素材为例，图5.29所示是将右侧大图缩小并调整位置后的效果，图5.30所示是处理另一幅图像后的效果。

图5.28　素材文档

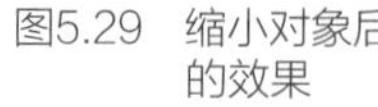

图5.29　缩小对象后的效果

图5.30　缩小另一图像后的效果

2. 精确缩放对象比例

要精确调整对象的缩放比例，可以在“控制”面板或“变换”面板中设置宽度比例和高度比例数值，或选择“对象”|“变换”|“缩放”命令，弹出“缩放”对话框，如图5.31所示。设置参数后可以实现按照比例精确地控制对象的缩放。

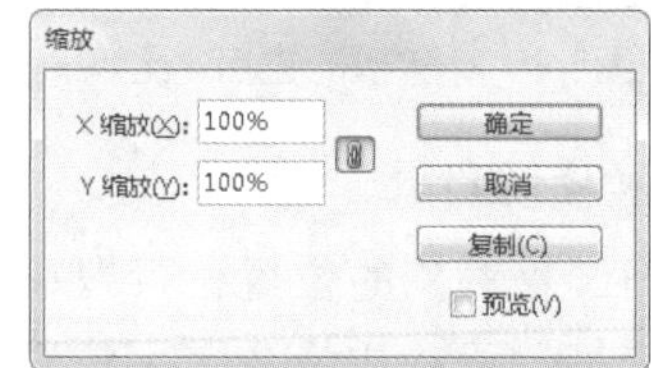

图5.31　“缩放”对话框

“缩放”对话框中各选项的功能解释如下。

- X 缩放：用于设置宽度的缩放比例。
- Y 缩放：用于设置高度的缩放比例。

> **提示**
>
> 在设置“X 缩放”和“Y 缩放”参数时，如果输入的数值为负数，则图形将出现水平或垂直的翻转状态。

- “约束缩放比例”按钮：如果要保持对象的宽高比例，可以单击此按钮，使其处于被按下的状态。

3. 精确缩放对象尺寸

除了按比例进行缩放外，用户也可以在“控制”或“变换”面板中的W（宽度）和H（高度）文本框中输入数值，从而以具体的尺寸对其进行缩放。

要注意的是，如果要等比例精确调整宽度与高度尺寸，则只能够在“控制”面板中选中“约束缩放尺寸”按钮，然后再设置W与H数值。“变换”控制面板中无此按钮，因此无法进行等比例的尺寸缩放。

4. 用快捷键进行微量缩放

选中要缩放的对象，按【Ctrl+>】快捷键，可以将对象放大1%；按【Ctrl+<】快捷键，可以将对象缩小1%；按住快捷键不放，则可以将对象进行连续缩放。

5.3.5　旋转对象

旋转是指改变对象的角度。要旋转对象，可以按照下述方法进行操作。

1. 直接旋转对象

在InDesign中，可使用“选择工具”、“自由变换工具”或“旋转工具”进行旋转处理，其中，在使用前两种工具时，可以在选中要旋转的对象后，将光标置于变换框的任意一个控制点附近，以置于右上角为例，此时光标将变为状态，按住鼠标拖动即可将对象旋转一定的角度。在旋转过程中，将在光标附近显示当前所旋转的角度，如图5.32所示，图5.33所示旋转后的整体效果。

图5.32 旋转过程中的状态

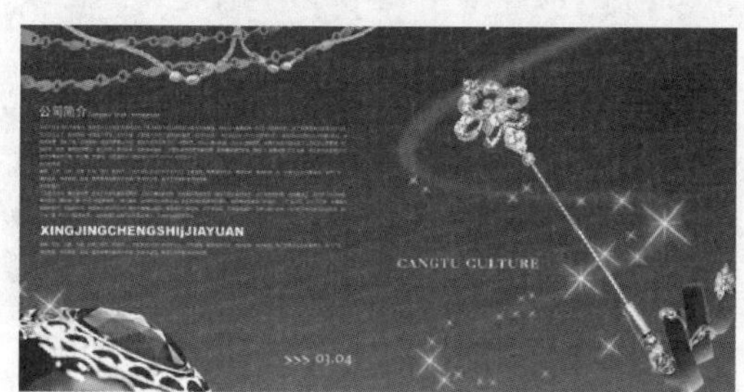

图5.33 旋转后的效果

提示

按【Shift】键旋转图形，可以将对象以45度的倍数进行旋转。

如果是使用“旋转工具”进行旋转处理，可将光标置于要旋转的对象附近，当光标成状时，按住鼠标拖动即可旋转对象。

2. 精确旋转对象

要精确调整对象的旋转角度，可以在“控制”面板或“变换”面板中设置旋转角度数值，或选择“对象”|“变换”|“旋转”命令，弹出“旋转”对话框，如图5.34所示。设置其中的“角度”参数，即可精确设置旋转的角度，若单击“复制”按钮，还可以在旋转的同时复制对象。

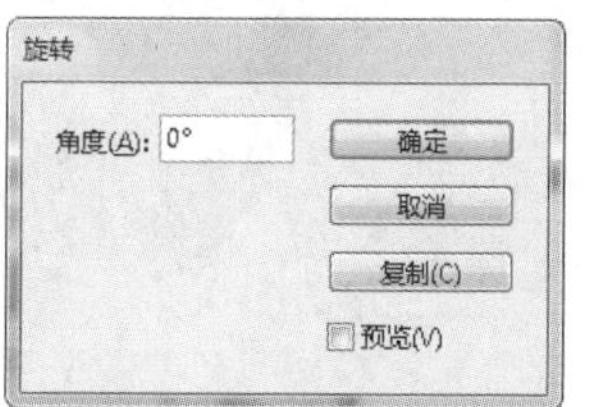

图5.34 “旋转”对话框

另外，单击“控制”面板中的“顺时针旋转90°”按钮，或在“变换”面板的面板菜单中选择“顺时针旋转90°”命令，即可将对象顺时针旋转90°；单击“逆时针旋转90°”按钮或在“变换”面板的面板菜单中选择“逆时针旋转90°”命令，即可将图形逆时针旋转90°；在“变换”面板的面板菜单中选择“旋转180°”命令，可将对象旋转180度。

提示

当对象发生角度的变化时，右侧的P图标也将随之旋转。

5.3.6　切变对象

切变是指使所选择的对象按指定的方向倾斜，一般用来模拟图形的透视效果或图形投影。要切变对象，可以按照下述方法进行操作。

1. 直接切变对象

选中要切变的图形，在工具箱中选择“切变工具” ，此时图形状态如图5.35所示。拖动鼠标即可使图形切变，如图5.36所示。

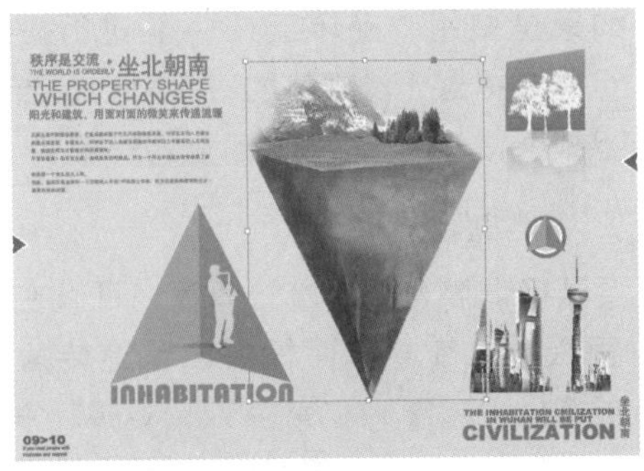
图5.35 切变前的状态

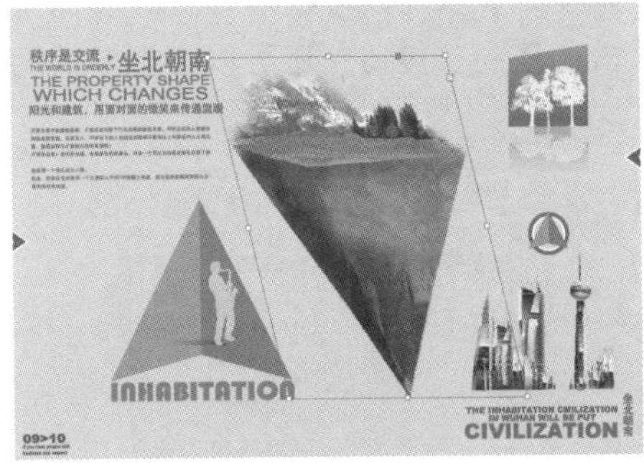
图5.36 切变后的状态

> **提示**
>
> 在使用“切变工具” 切变时按住【Shift】键，可以约束图形沿45°角倾斜；如果在切变时按住【Alt】键，将可创建图形倾斜后的复制品。

2. 精确切变对象

要精确切变对象，可以在“控制”面板或“变换”面板中设置切变数值，或双击“切变工具” 、按【Alt】键单击切变中心点、选择“对象”|“变换”|“切变”命令，调出“切变”对话框，如图5.37所示。

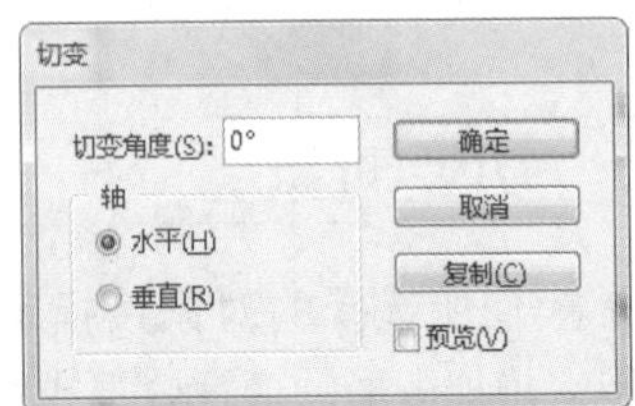

图5.37 “切变”对话框

“切变”对话框中的各选项功能解释如下。

- 切变角度：在此文本框中输入数值，以精确设置倾斜的角度。
- 水平：选中此复选项，可使图形沿水平轴进行倾斜。
- 垂直：选中此复选项，可使图形沿垂直轴进行倾斜。
- 复制：在确定倾斜角度后，将在原图形的基础上创建一个倾斜后的副本对象。

5.3.7 再次变换对象

对于刚刚执行过的变换操作，可以选择“对象”|“再次变换”子菜单中的命令，以重复对对象变换，常用于大量有规律的变换操作。

- 再次变换：选择此命令，可以将最后一次执行的变换操作应用所选对象。当选中多个对象时，会将其视为一个对象执行再次变换操作。
- 逐个再次变换：选择此命令，可以将最后一次执行的变换操作应用所选对象，且当选中多个对象时，会分别对选中的各个对象执行再次变换。以图5.38所示的素材为例，图5.39所示是对左上角的图像进行斜切处理后的效果，图5.40所示是选中其他的矩形块，选择“再次变换”命令后的效果，可见所有选中的对象都被视为一个对象进行了斜切处理；图5.41所示则是选择“逐个再次变换”命令后的效果，可见每个矩形块都单独进行了斜切处理。

图5.38 素材文档

图.5.39 变换单个对象

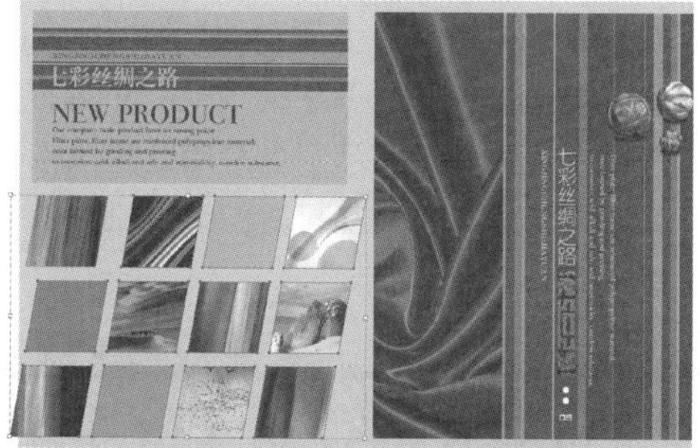
图5.40 再次变换后的效果

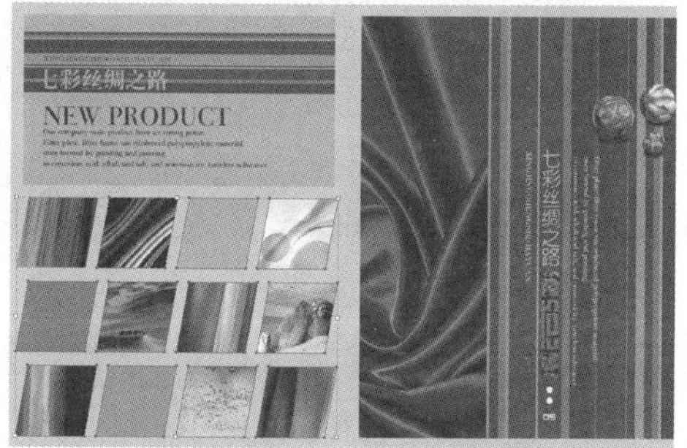
图5.41 逐个再次变换后的效果

- 再次变换序列：变换序列是指最近执行的一系列变换操作。选择此命令后，即可将变换序列应用于选中的对象。当选中多个对象时，会将其视为一个对象执行再次变换序列操作。
- 逐个再次变换序列：选择此命令，可以将最后一次执行的变换序列应用所选对象，且当选中多个对象时，会分别对选中的各个对象执行再次变换序列。图5.42所示是对左上角的对象进行缩小、旋转及斜切后的效果，图5.43所示是对其他对象应用“再次变换序列”命令后的效果，图5.44所示则是应用“逐个再次变换序列”命令后的效果，通过对比不难看出两个命令的区别。

图5.42 变换单个对象

图5.43 再次变换序列后的效果

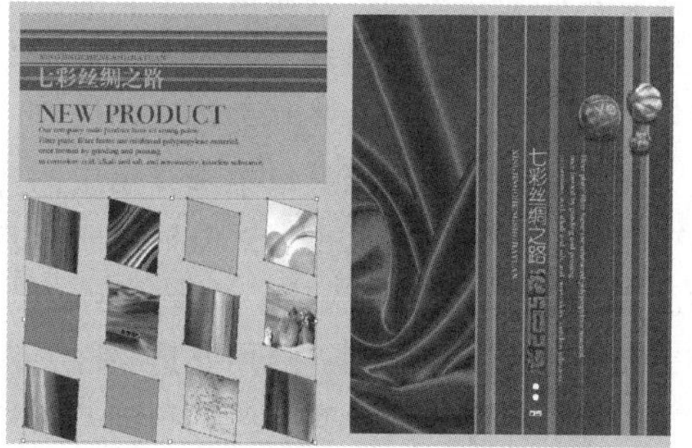
图5.44 逐个再次变换序列后的效果

5.3.8 翻转对象

在InDesign中，可以对对象进行水平和垂直两种翻转处理。在选中要翻转的对象后，可以执行以下操作之一。

- 在“控制”面板中单击“水平翻转”按钮或“垂直翻转”按钮。
- 在工具箱中选择“选择工具”、“自由变换工具”或者“旋转工具”，选中要镜像的图形，按住鼠标左键将控制点拖至相对的位置，释放鼠标即可产生镜像效果。
- 选择“对象”|“变换”|“水平翻转”或“垂直翻转”命令。

- 在“变换”面板的面板菜单中选择“水平翻转”或“垂直翻转”命令。

5.3.9 复位变换

复位变换是指清除对象所有的变换信息，从而将其恢复到变换前的状态。要复位变换，可以执行以下操作之一。

- 在“控制”面板中的复位变换图标上单击鼠标右键，在弹出的快捷菜单中选择“清除变换”命令。
- 在“变换”面板的“面板”菜单中，选择“清除变换”命令。
- 选择“对象”|“变换”|“清除变换”命令。

5.3.10 设置变换选项

在InDesign中，根据不同的变换需要，可以定义一些变换选项，从而得到满意的变换效果。用户可以单击“控制”面板的“设置”按钮，在弹出的菜单中选择变换选项命令，或在“变换”面板的面板菜单中选择相应的变换选项命令，当命令前面出现对号时，表示启用该选项，反之则禁用该选项，具体介绍如下。

- 尺寸包含描边粗细：启用此选项时，对象的大小信息将包含其描边的粗细，例如对于一个宽度为50mm的矩形来说，若将其描边设置为2mm，则选中该矩形时，其宽度大小为52mm；反之，禁用此选项时，则对象的尺寸不包括描边的粗细。
- 整体变换：启用此选项时，在变换对象后，则框架和内容同时记录下变换信息的；反之，则分别记录框架与内容的变换信息。例如当对一个图像旋转了15度后，在启用此选项时，框架与内容均显示旋转了15度，若禁用此选项，则框架显示旋转了15度，而内容则仍然为0度。
- 显示内容位移：启用此选项时，将单独记录框架与内容的位置信息；反之，则为框架与内容记录相同的位置信息。由于位置信息与所设置的参考点位置有关，因此假设参考点在左上角时，框架的水平位置为200mm，此时若启用此选项，则框架的水平位置显示为200mm，而内容的水平位置则显示为0mm，反之，若禁用此选项，则框架与内容的水平位置均显示为200mm。
- 缩放时调整描边粗细：启用此选项时，在缩放对象的同时会以相同的比例缩放描边粗细；反之，禁用此选项时，则无论对象是放大还是缩小，其描边粗细均不变。以图5.45所示的素材为例，图5.46所示是选中此选项时，缩小50%后的效果，可见描边也变细了。图5.47所示则是禁用此选项后，再缩小50%后的效果，可见描边粗细没有任何的变化。

图5.45　设置了描边的对象

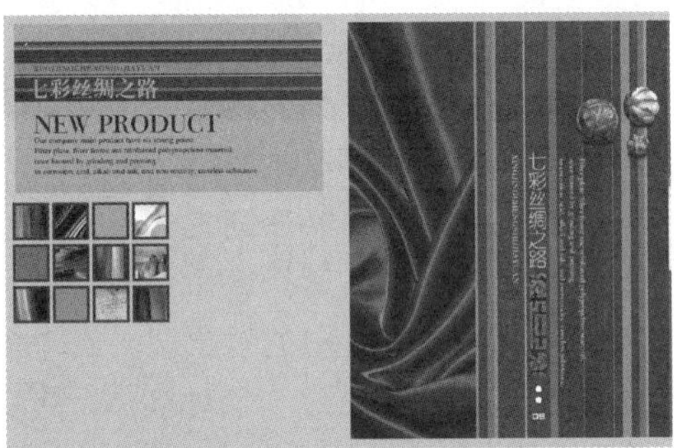

图5.46　启用绽放时调整描边粗细选项时的缩放效果

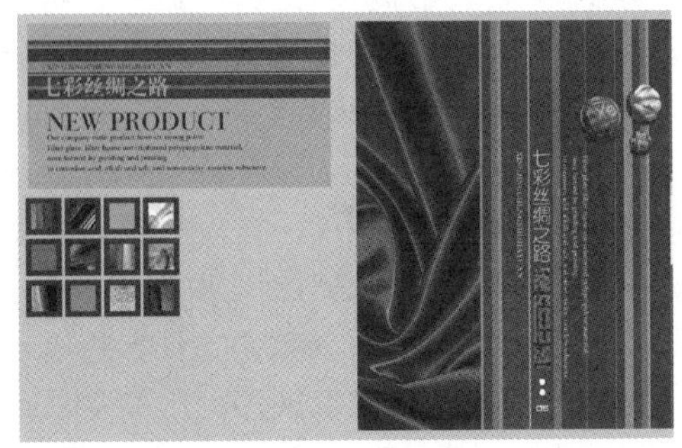

图5.47　禁用绽放时调整描边粗细选项时的缩放效果

5.4 复制与粘贴对象

在InDesign中，复制与移动对象都是非常常用的操作，用户还可以根据实际情况选择不同的复制与粘贴方式。本节就来详细讲解它们的作用及操作方法。

5.4.1 复制与粘贴基础操作

要复制对象，要将对象选中后，可以执行以下操作之一。

- 选择“编辑”|“复制”命令对对象进行复制。
- 按【Ctrl+C】快捷键。
- 在选中的对象上单击鼠标右键，在弹出的快捷菜单中选择“复制”命令。

要粘贴对象，可以执行以下操作之一。

- 选择“编辑”|“粘贴”命令对对象进行复制。
- 按【Ctrl+V】快捷键。
- 在页面空白处单击鼠标右键，在弹出的快捷菜单中选择“粘贴”命令。

5.4.2 原位粘贴

顾名思义，“原位粘贴”是指将粘贴得到的副本对象置于与源对象相同的位置，用户可以执行以下操作之一。

- 选择“编辑”|“原位粘贴”命令
- 在画布的空白位置单击鼠标右键，在弹出的菜单中选择“原位粘贴”命令。

> **提示**
>
> 由于执行“编辑”|“原位粘贴”命令后，在页面上无法识别是否操作成功，在必要的情况下可以选择并移动被操作对象，以识别是否操作成功。

5.4.3 拖动复制

拖动复制是最常用、最简单的复制操作，在使用“选择工具”或“直接选择工具”时，按住【Alt】键置于对象上，此时光标将变为状态，如图5.48所示，拖至目标位置并释放鼠标，即可得到其副本，如图5.49所示。

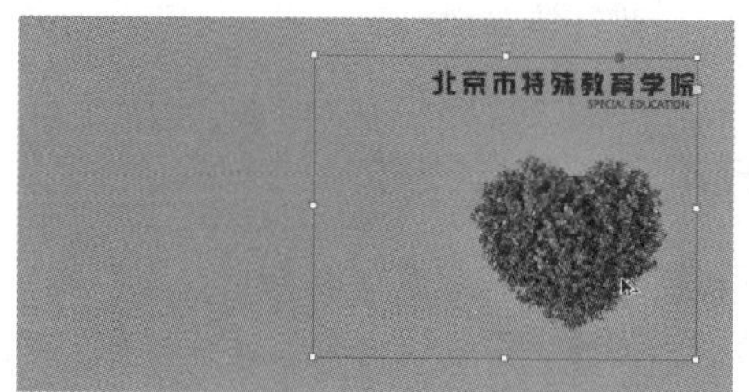

图5.48 光标状态

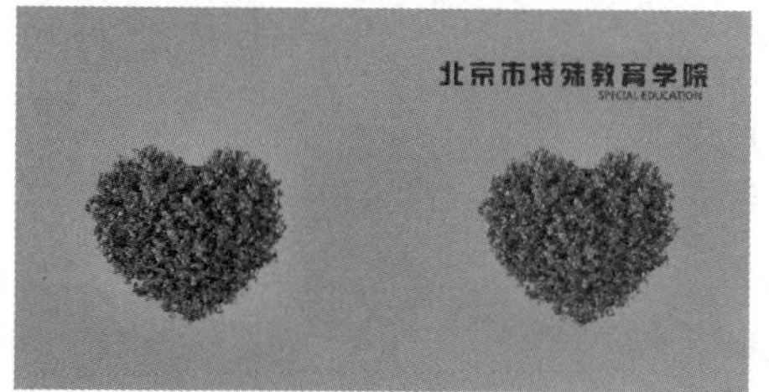

图5.49 复制得到的对象

> **提示**
>
> 在复制对象时，按【Shift】键可以沿水平、垂直或成45度倍数的方向复制对象。

5.4.4 直接复制

按【Ctrl+Shift+Alt+D】快捷组合键或选择“编辑”|“直接复制”命令，可以直接复制选定的对象，此时将以上一次对对象执行拖动复制操作时移动的位置作为依据，来确定直接复制后，得到的副本对象的位置。

以图5.50中选中的圆角矩形为例，图5.51所示是使用“选择工具”同时按住【Alt+Shift】键向下拖动复制后的效果，图5.52所示则是连续按【Ctrl+Shift+Alt+D】快捷组合键两次，进行直接复制后的效果。

图5.50　选中的图形

图5.51　向下复制一次

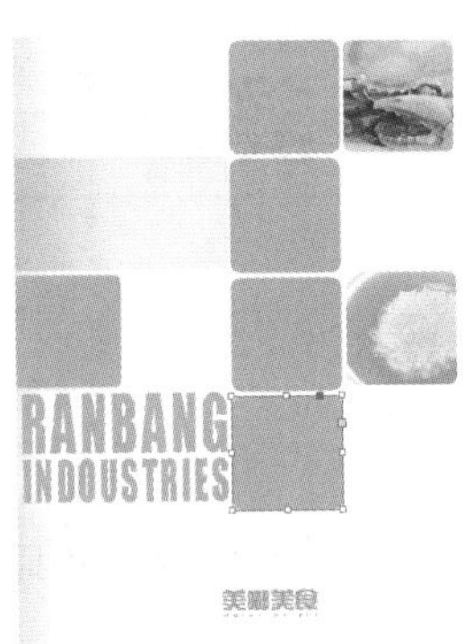

图5.52　直接复制两次后的效果

5.4.5　多重复制

执行“编辑”|“多重复制”命令，弹出的“多重复制”对话框，如图5.53所示。在此对话框中进行参数设置，可直接将所要复制的对象创建为成行或成列的副本。

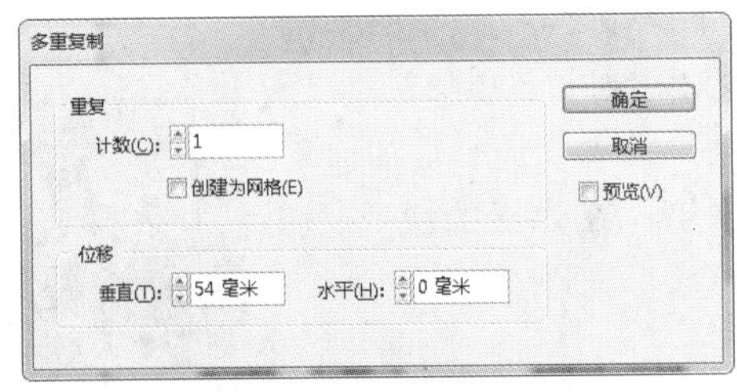

图5.53　“多重复制”对话框

“多重复制”对话框中各选项的含义解释如下。

- 计数：在此文本框中输入参数，可以控制生成副本的数量（不包括原稿）。
- 创建为网格：选择此复选项，在水平与垂直的输入框中进行参数设置，对象副本将以网格的模式进行复制。
- 水平：在此文本框中输入参数，可以控制在x轴上的每个新副本位置与原副本的偏移量。
- 垂直：在此文本框中输入参数，可以控制在y轴上的每个新副本位置与原副本的偏移量。

5.4.6　在图层之间复制与移动对象

在图层中选择了对象后，图层名称后面的灰色方块将会显示为当前图层设置的颜色，如图5.54所示，即代表当前选中了该图层中的对象，此时可以拖动该方块至其他图层上，如图5.55所示，从而实现在不同图层间移动对象的操作，如图5.56所示。

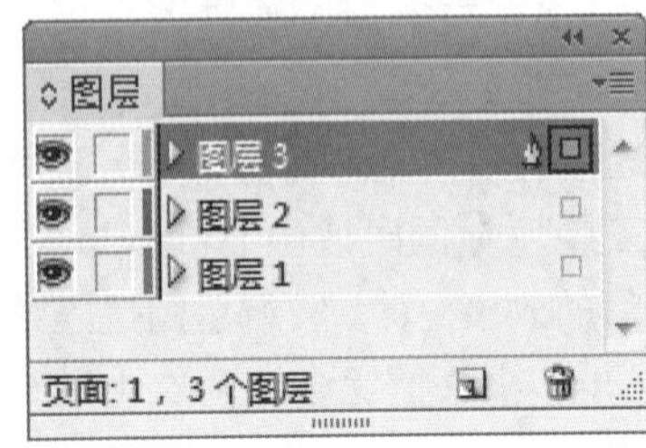

图5.54　彩色方块显示状态

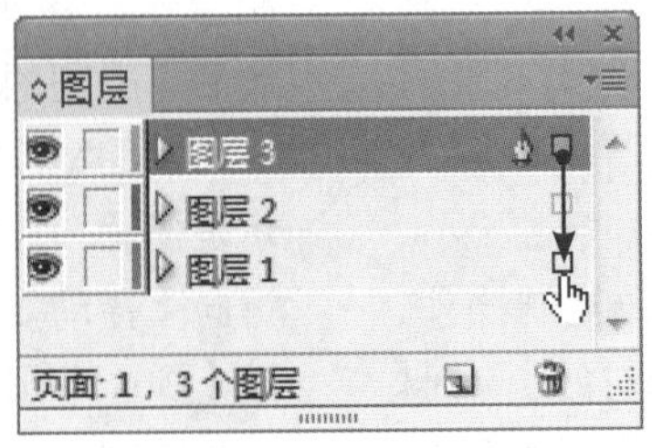

图5.55　拖动时的状态

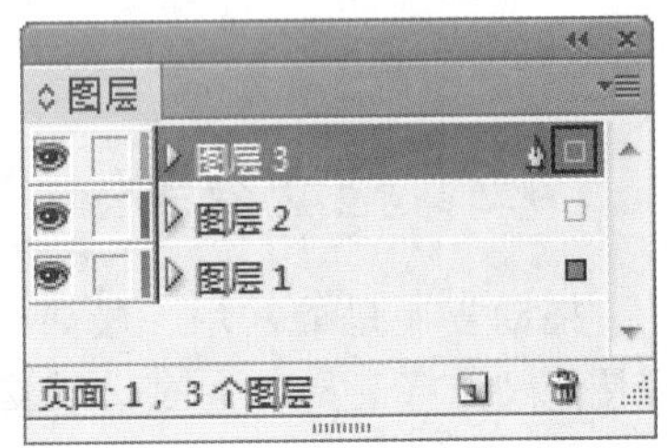

图5.56　移动后的源图层状态

在上述拖动过程中，若按住【Alt】键，即可将对象复制到目标图层中。

提示

需要注意的是，使用拖动法移动对象时，目标图层不能为锁定状态。如果一定要用此方法，需要按【Ctrl】键拖动，从而强制解除目标图层的锁定状态。

5.5 编组与解组

编组是指将选中的两个或更多个对象组合在一起，从而在选择、变换、设置属性等方面，将编组的对象视为一个整体，以便于用户管理和编辑。下面就来讲解编组与解组的方法。

5.5.1 编组

选择要组合的对象后，按【Ctrl+G】快捷键或选择“对象”|“编组”命令，即可将选择的对象进行编组，如图5.57所示。

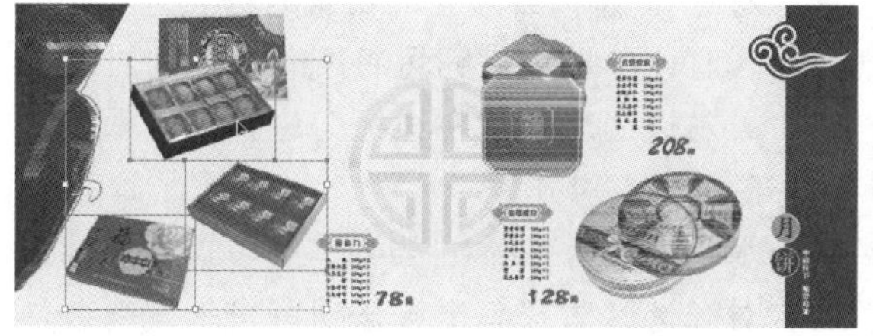

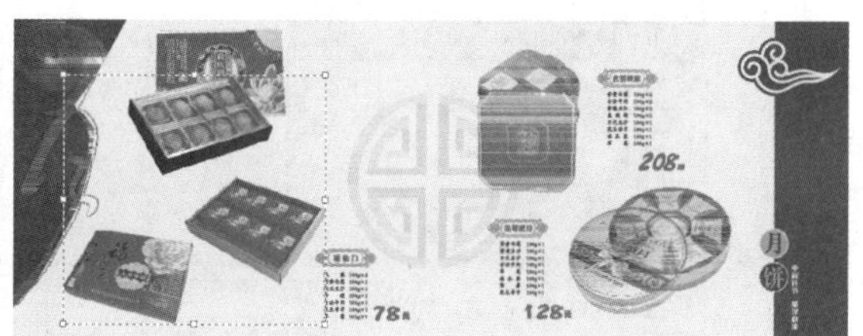

图5.57 编组前后对比效果

多个对象组合之后，使用“选择工具”选定组中的任何一个对象，都将选定整个群组。如果要选择群组中的单个对象，可以使用“直接选择工具”进行选择。

5.5.2 解组

选择要解组的对象，按【Shift+Ctrl+G】快捷组合键或选择“对象”|“取消编组”命令，即可将组合的对象进行取消编组。

要注意的是，若是对群组设置了不透明度、混合模式等属性（参见本书第10章的内容），在解组后，将被恢复为编组前各对象的原始属性。

5.6 锁定与解除锁定

在设计过程中，为了避免误操作，可以将不想编辑的对象锁定。若需要编辑时，可以将其重新解锁。在本节中，就来讲解锁定与解锁的相关操作。

5.6.1 锁定

选择要锁定的对象，然后按【Ctrl+L】快捷键或选择“对象”|“锁定”命令即可将其锁定。处于锁定状态的对象可以被选中，但不可以被移动、旋转、缩放或删除。

若是移动了锁定的对象，将出现一个锁形图标，表示该对象被锁定，不能移动。

若是不希望锁定的对象被选中，可以将其移至一个图层中，然后将图层锁定，或选择“编辑”|“首选项”|“常规”命令，在弹出的对话框中选中“阻止选取锁定的对象”选项。

5.6.2 解除锁定

选择要解除锁定的对象，按【Ctrl+Alt+L】快捷组合键，或选择“对象”|“解锁跨页上的所有内容”命令即可。

5.7 对齐与分布

在很多时候，版面的设计都需要有一定的规整性，因此对齐或分布类的操作是必不可少的。此时就可以使用“对齐”面板中的功能进行调整。按【Shift+F7】快捷键或选择“窗口”|“对象与版面”|“对齐”命令，即可调出图5.58所示的“对齐”面板。

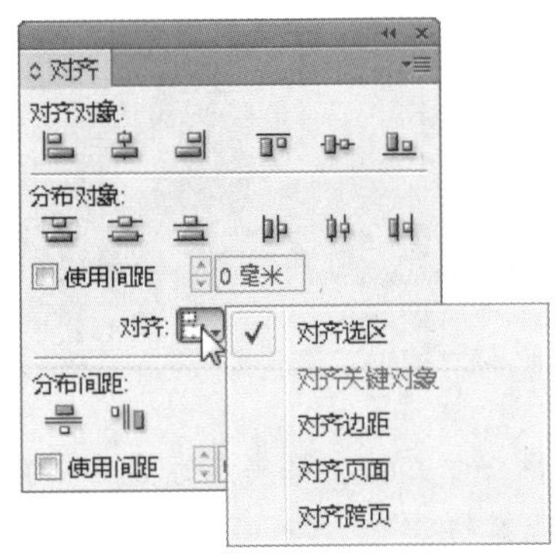

图5.58 “对齐”面板

5.7.1 对齐选中的对象

在“对齐”面板中，共有6种方式可对选中的两个或两个以上的对象进行对齐操作，分别是左对齐、水平居中对齐、右对齐、顶对齐、垂直居中对齐和底对齐，如图5.59所示。各按钮的含义解释如下。

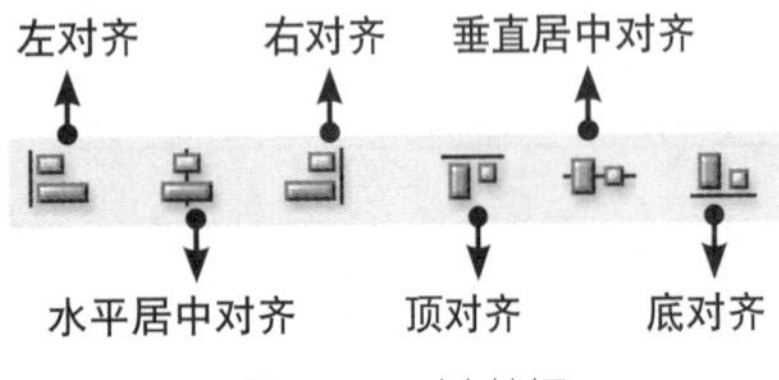

图5.59 对齐按钮

- 左对齐：当对齐的位置的基准为对齐选区时，单击该按钮可将所有选择的对象以最左边的对象的左边缘为边界进行垂直方向的靠左对齐。
- 水平居中对齐：当对齐的位置的基准为对齐选区时，单击该按钮可将所有被选择的对象以各自的中心点进行垂直方向的水平居中对齐。
- 右对齐：当对齐的位置的基准为对齐选区时，单击该按钮可将所有选择的对象以最右边的对象的右边缘为边界进行垂直方向的靠右对齐。

如图5.60所示为选中右侧3个图像时的状态，图5.61所示是右对齐后的效果。

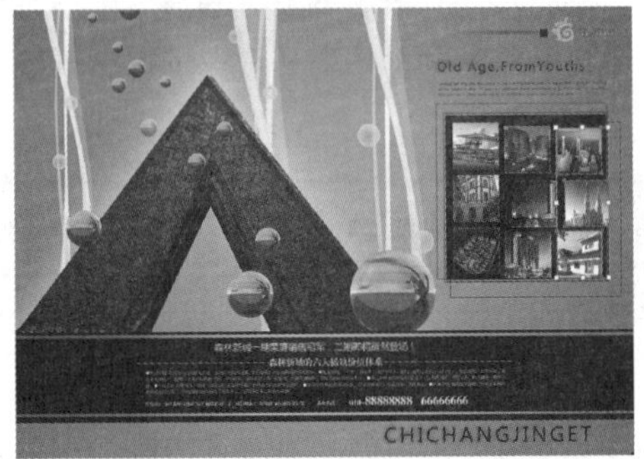

图5.60 选中右侧3个图像时的状态

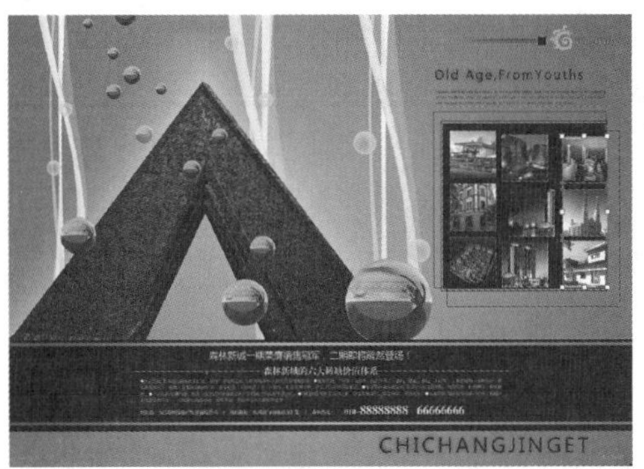

图5.61　右对齐后的效果

- 顶对齐：当对齐的位置的基准为对齐选区时，单击该按钮可将所有选择的对象以最上边的对象的上边缘为边界进行水平方向的顶点对齐，图5.62所示是将3行图像分别执行顶对齐的效果。

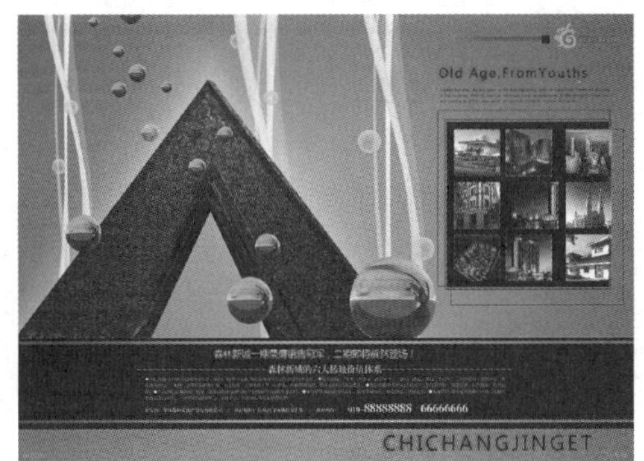

图5.62　顶对齐

- 垂直居中对齐：当对齐的位置的基准为对齐选区时，单击该按钮可将所有被选择的对象以各自的中心点进行水平方向的垂直居中对齐。
- 底对齐：当对齐的位置的基准为对齐选区时，单击该按钮可将所有选择的对象以最底下的对象的下边缘为边界进行水平方向的底部对齐。

5.7.2　分布选中的对象

在“对齐”面板中，可快速地对对象进行6种方式的均匀分布：按顶分布、垂直居中分布、按底分布、按左分布、水平居中分布和按右分布，如图5.63所示。

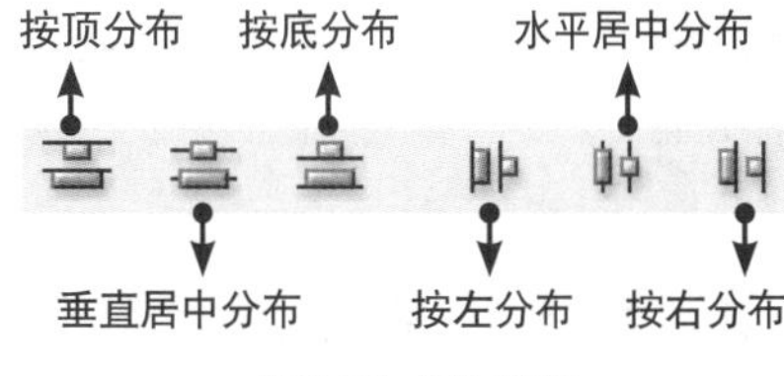

图5.63 分布按钮

- 按顶分布：单击该按钮时，可对已选择的对象在垂直方向上以相邻对象的顶点为基准进行所选对象之间保持相等距离的按顶分布。
- 垂直居中分布：单击该按钮时，可对已选择的对象在垂直方向上以相邻对象的中心点为基准进行所选对象之间保持相等距离的垂直居中分布，图5.64所示是继续上面对齐后的结果，然后为3行分别进行垂直居中分布后的结果。

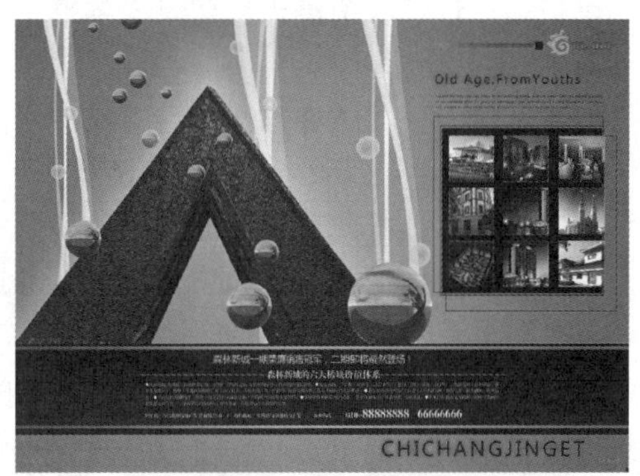

图5.64 分布后的效果

- 按底分布：单击该按钮时，可对已选择的对象在垂直方向上以相邻对象的最底点为基准进行所选对象之间保持相等距离的按底分布。
- 按左分布：单击该按钮时，可对已选择的对象在水平方向上以相邻对象的左边距为基准进行所选对象之间保持相等距离的按左分布。
- 水平居中分布：单击该按钮时，可对已选择的对象在水平方向上以相邻对象的中心点为基准进行所选对象之间保持相等距离的水平居中分布。
- 按右分布：单击该按钮时，可对已选择的对象在水平方向上以相邻对象的右边距为基准进行所选对象之间保持相等距离的按右分布。

5.7.3 对齐位置

对齐的位置可根据“对齐”面板下拉列表中给出的5个对齐选项进行对齐位置的定位，如图5.65所示。

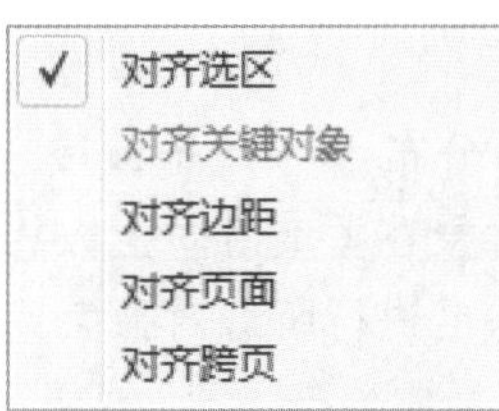

图5.65 对齐选项

- 对齐选区：选择此选项，所选择的对象将会以所选区域的边缘为位置对齐基准进行对齐分布。
- 对齐关键对象：选择该选项后，所选择的对象中将对关键对象增加粗边框显示。
- 对齐边距：选择此选项，所选择的对象将会以所在页面的页边距为位置对齐基准进行相对于页边距的对齐分布。
- 对齐页面：选择此选项，所选择的对象将会以所在页面的页面为位置对齐基准进行相对于页面的对齐分布。
- 对齐跨页：选择此选项，所选择的对象将会以所在页面的跨页为位置对齐基准进行相对于跨页的对齐分布。

5.7.4 分布间距

在“对齐”面板中，提供了两种精确指定对象间的距离的方式，即垂直分布间距和水平分布间距，如图5.66所示。

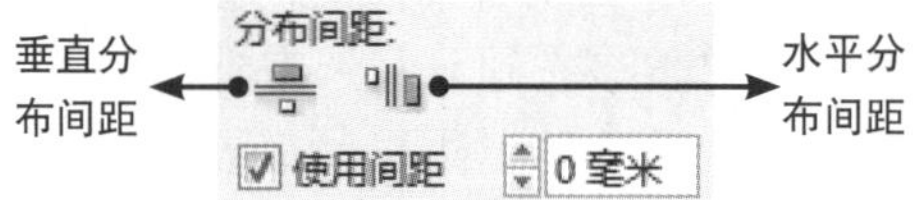

图5.66 分布间距按钮

- 垂直分布间距：选中“分布间距”区域中的“使用间距”选项，并在其右侧的文本框中输入数值，然后单击此按钮，可将所有选中的对象从最上面的对象开始自上而下分布选定对象的间距。
- 水平分布间距：选中“分布间距”区域中的“使用间距”选项，并在其右侧的文本框中输入数值，然后单击此按钮，可将所有选中的对象从最左边的对象开始自左而右分布选定对象的间距。

5.8 设计实战

5.8.1 星湖VIP卡设计

在本例中，将使用本章学习的对象编辑与管理功能，设计星湖地产的VIP卡片，其操作步骤如下。

01 打开随书所附光盘中的文件“第4章\星湖VIP卡设计\素材1.indd”，如图5.67所示。

02 按【Ctrl+D】快捷键，在弹出的对话框中打开随书所附光盘中的文件“第4章\星湖VIP卡设计\素材2.psd”，然后从文档的左上角的出血处开始，按住鼠标左键进行拖动至右侧的出血线，如图5.68所示。

图5.67 素材状态

图5.68 置入图像

03 使用“选择工具” 同时按住【Alt+Shift】快捷键向下拖动，以创建得到其副本对象，如图5.69所示。

04 选择上一步复制得到的对象，单击“控制”面板中的“垂直翻转”按钮 并向下拖动，直至得图5.70所示的效果。

图5.69 向下复制图像 图5.70 翻转并调整图像位置

05 按照第2步的方法，置入随书所附光盘中的文件“第4章\星湖VIP卡设计\素材3.psd”，并将其置于卡片的左侧位置，如图5.71所示。

06 按照第3步的方法，向右侧拖动并复制，直至得到类似图5.72所示的效果。

07 按照第2步的方法，置入随书所附光盘中的文件“第4章\星湖VIP卡设计\素材4.psd”，并将其置于卡片的中间位置，如图5.73所示。

08 显示“图层”面板中的“素材”图层，得到图5.74所示的最终效果。

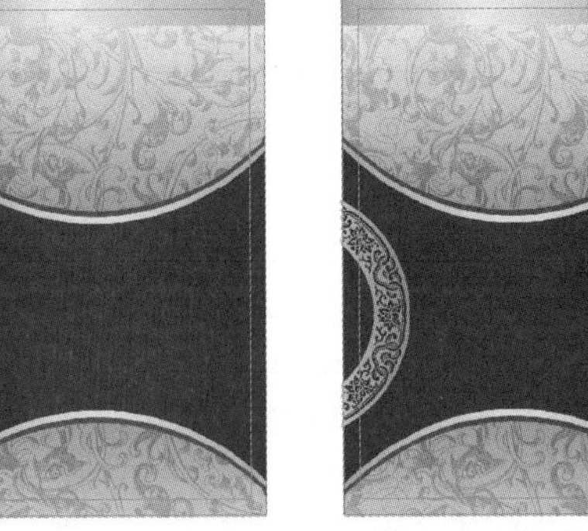

图5.71 置入图像 图5.72 向右侧复制图像

图5.73 在中间置入图像后的效果 图5.74 最终效果

5.8.2 购物广场宣传页设计

在本例中，将使用本章学习的对象编辑与管理功能，设计宣传册的内页，其操作步骤如下。

01 打开随书所附光盘中的文件“第4章\购物广场宣传页设计\素材.indd”。

02 选择“矩形工具” ，在左侧页面中绘制一个与页面相同大小的矩形，并设置其描边色为无，然后在“颜色”面板中设置其填充色，如图5.75所示，得到图5.76所示的效果。

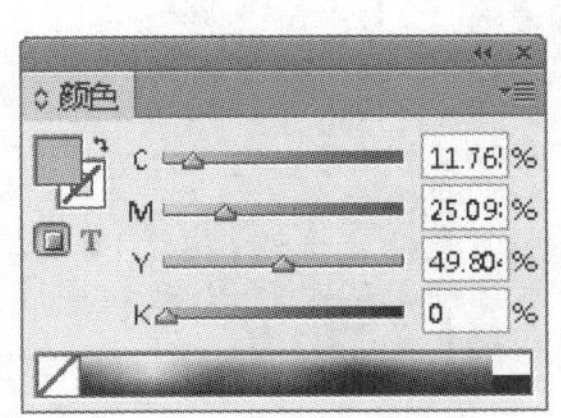

图5.75 设置图形的填充色

图5.76 绘制矩形

03 使用“选择工具”同时按住【Alt+Shift】快捷键向右侧拖动以复制到右侧页面中，然后在“色板”面板中单击“新建色板”按钮，设置弹出的对话框，如图5.77所示，单击“确定”按钮以将其保存起来，然后将复制得到的图形的填充色，设置为刚刚保存的色板，得到图5.78所示的效果。

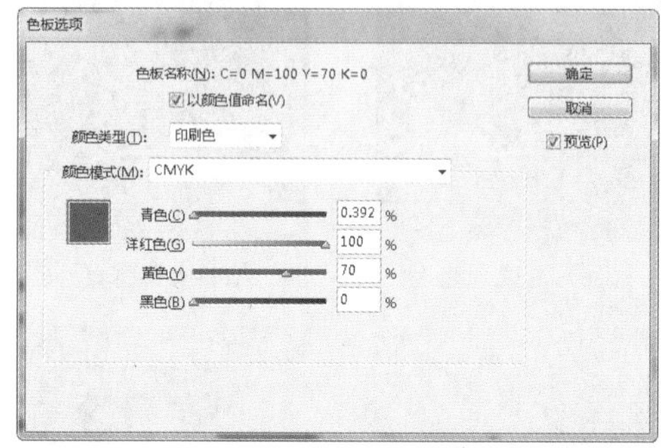

图5.77 创建新的色板

图5.78 另外一页面中的矩形

04 选择“椭圆工具”，按住【Shift】键在左侧页面的左上角位置绘制一小正圆，设置其填充色为上一步保存的颜色，设置其描边色为无，得到图5.79所示的效果。

图5.79 绘制圆形

05 使用“选择工具”同时按住【Alt+Shift】快捷键向右侧拖动以创建得到其副本，如图5.80所示。

06 连续按【Ctrl+Alt+Shift+D】快捷组合键多次，以复制得到多个圆形，得到图5.81所示的效果。

图5.80 向右侧复制圆形　　图5.81 向右复制多个圆形

07 使用“选择工具”选中一行圆形，按照第5-6步的方法，向下进行多次复制，得到图5.82所示效果。

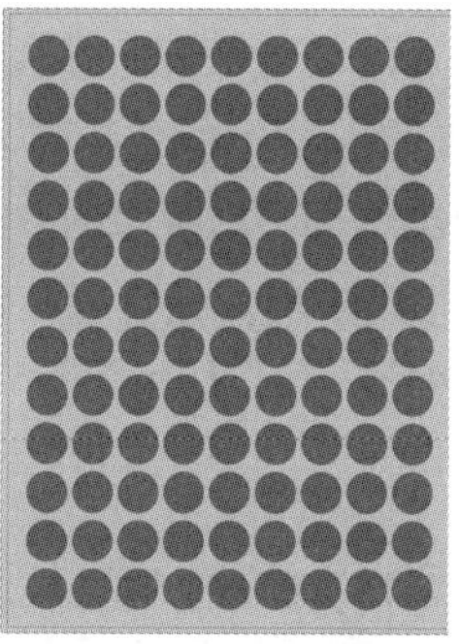

图5.82 向下复制圆形

08 使用“选择工具”，按住【Shift】键选中中间偏上方的部分圆形，然后按【Delete】键将其删除，得到如图5.83所示的效果。至此，我们已经完成了左侧页面的基本设计，下面来设计右侧页面。

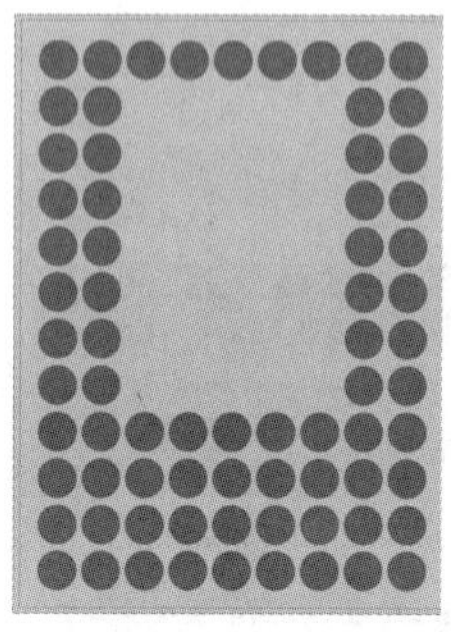

图5.83 删除部分图形后的效果

09 选择“钢笔工具”，在右侧页面中间位置绘制一个如图5.84所示的图形，并设置其填充色为白色，描边色为无。

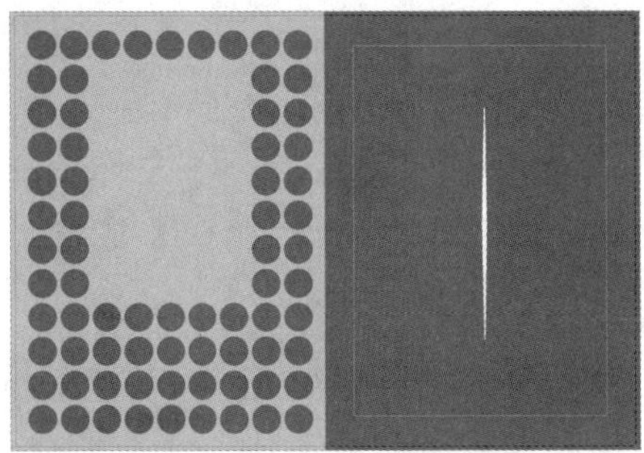

图5.84 绘制白色图形

10 使用“选择工具”将上一步绘制的图形置于底部中间处，如图5.85所示。

11 按【Ctrl+R】快捷键显示标尺，在右侧页面的水平和垂直的中间处添加参考线，如图5.86所示。

图5.85 调整图形的位置

图5.86 添加参考线

12 在选中白色图形后，选择“旋转工具”，并在辅助相交的位置单击鼠标以确定旋转中心点，如图5.87所示。

13 使用“旋转工具”向右侧进行拖动，在拖动的过程中按下【Alt】键进行复制，并将图形旋转5度，如图5.88所示。

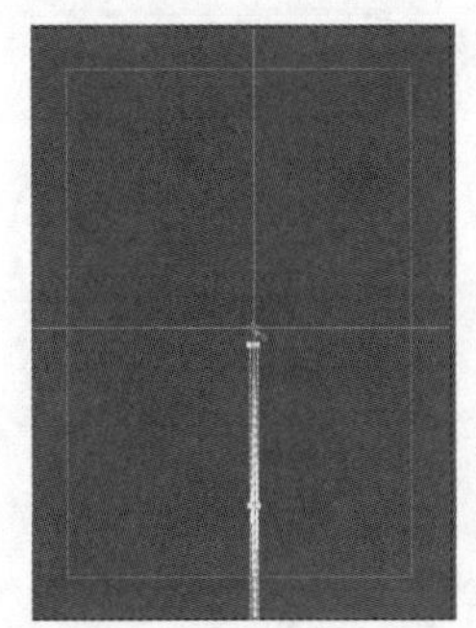

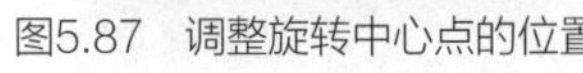

图5.87 调整旋转中心点的位置

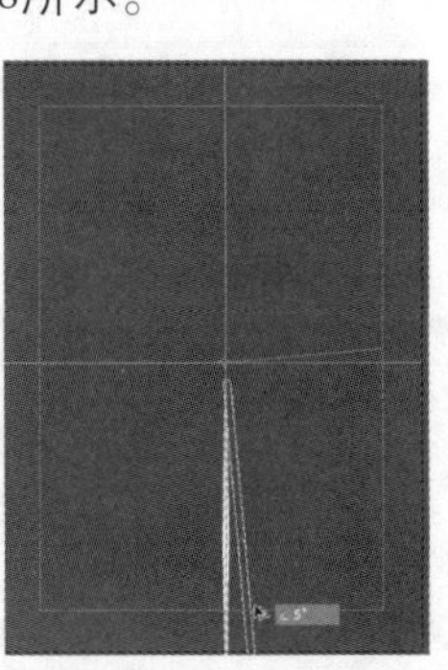

图5.88 旋转图形

14 释放鼠标后，可创建得到对象的副本，然后选择“对象”|“再次变换”|“再次变换”命令多次，以复制得到图5.89所示的放射状线条效果。

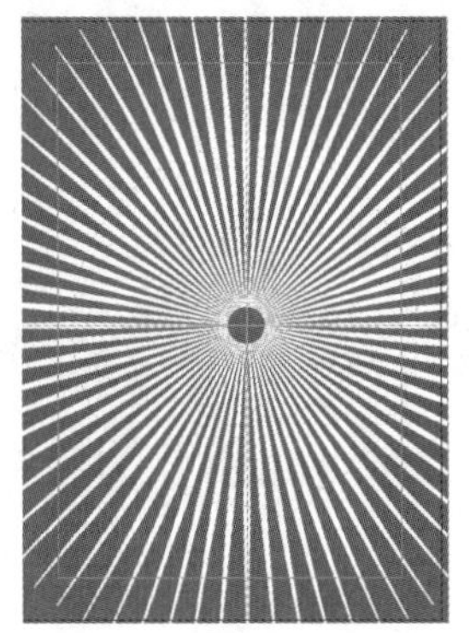

图5.89 复制得到放射状的图形效果

提示

用户可根据个人习惯，为“再次变换”命令指定一个快捷键，以便于多次快速执行此命令。

15 选中上面制作的放射状图形，在“颜色”面板中为其设置填充色，如图5.90所示，得到图5.91所示的效果。

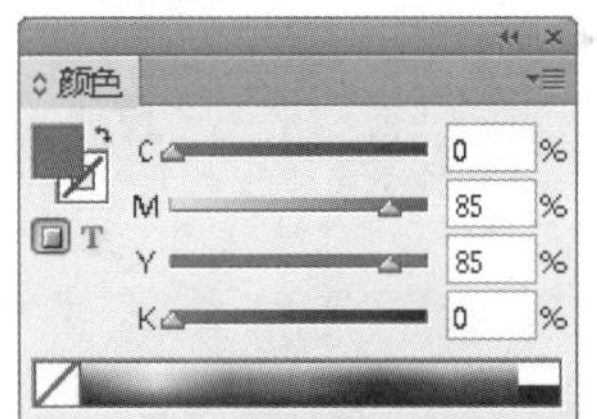

图5.90 设置图形的颜色

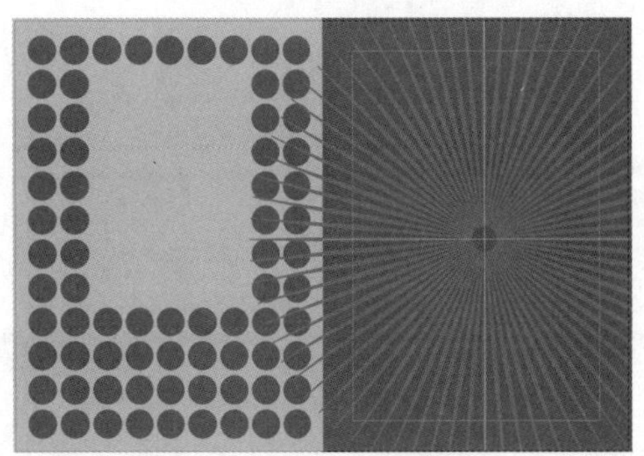

图5.91 设置颜色后的效果

16 使用“选择工具”选中放射状图形以及右侧底部的紫红色图形，按

【Ctrl+Shift+[】快捷组合键将其置于底部，得到图5.92所示的效果。

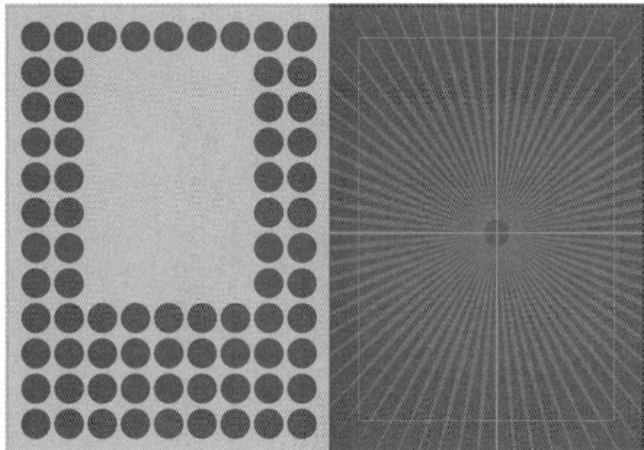

图5.92　调整对象层次后的效果

17 在“图层”面板中，显示“素材”图层，得到图5.93所示的最终效果。

图5.93　最终效果

第6章 输入与格式化文本

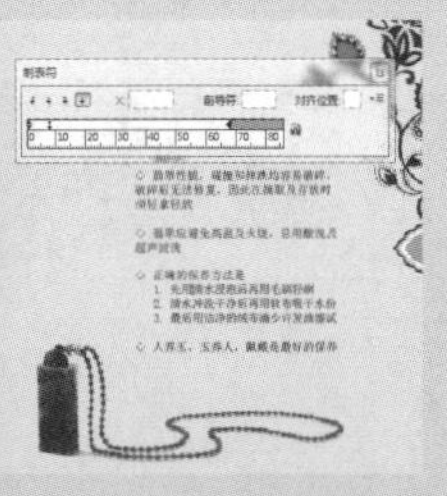

6.1 获取文本

作为专业的排版软件，InDesign提供了非常丰富的获取文本的方法，除直接输入或粘贴文本外，用户还可以导入Word、Excel或记事本等文件的内容。本节就来讲解其相关操作。

6.1.1 直接输入文本

在InDesign中，文本全部位于文本框（架）内，因此要输入文本，首先要创建一个文本框。选择“文字工具”T或者“直排文字”工具IT后，光标变为⌶状态，在页面中像绘制矩形一样绘制一个文本框，如图6.1所示。此时文本框中就会出现相应的光标，然后输入需要的文本即可，如图6.2所示。

图6.1 绘制文本框

图6.2 输入文本

文本框架有两种类型：即框架网格和纯文本框架。框架网格是亚洲语言排版特有的文本框架类型，其中字符的全角字框和间距都显示为网格；纯文本框架是不显示任何网格的空文本框架的。

提示

在拖动鼠标时按住【Shift】键，可以创建正方形文本框架；按住【Alt】键拖动，可以从中心创建文本框架；按住【Shift+Alt】快捷键拖动，可以从中心创建正方形文本框架。

如果在页面中存在文本框，要添加文字时，可以使用“选择工具”在现有文本框架内的目标位置双击鼠标或者选择“文字工具”T在要插入文本的位置单击鼠标，以插入文字光标，然后输入文本即可。

6.1.2 获取外部文本

对于已有的外部文本资料，如Word、记事本、网页等，用户可以根据需要，将其粘贴或导入到InDesign文档中，下面就来讲解其相关操作。

1. 粘贴文本

在文本数量相对较少，且对排版要求不高的情况下，用户可以直接将文本资料粘贴到文档中。但要注意的是，除了InDesign文本外，其他如Word、记事本等文本，在粘贴到InDesign文档中后，原有的格式都会被清除。

下面来讲解一些常用的粘贴文本的方法。

- 直接粘贴文本：选中需要添加的文本，执行“编辑”|“复制”命令，或者按【Ctrl+C】快捷键，然后在InDesign文档中指定的位置插入文字光标。再执行“编辑”|“粘贴”命令，或者按【Ctrl+V】快捷键即可。

提示

如果将文本粘贴到InDesign中时，插入点不在文本框架内，则会创建新的纯文本框架。

- 粘贴时不包含格式：按【Ctrl+Shift+V】快捷组合键或选择“编辑”|“粘贴时不包含格式”命令，可在粘贴后去除对象本身的文本属性，用于在向文本中复制文本或图形、图像等对象时，为了避免复制对象本身的样式影响粘贴后的效果而使用。
- 粘贴时不包含网格格式：复制文本后，执行“编辑”|“粘贴时不包含网格格式”命令，或者按【Alt+Shift+Ctrl+V】快捷组合键可以在粘贴文本时不保留其源格式属性。通常可以随后通过执行“编辑”|“应用网格格式”命令，以应用网格格式。

以图6.3中记事本所示的文本为例，图6.4所示是在InDesign文本框内插入光标，然后粘贴进去后的效果。

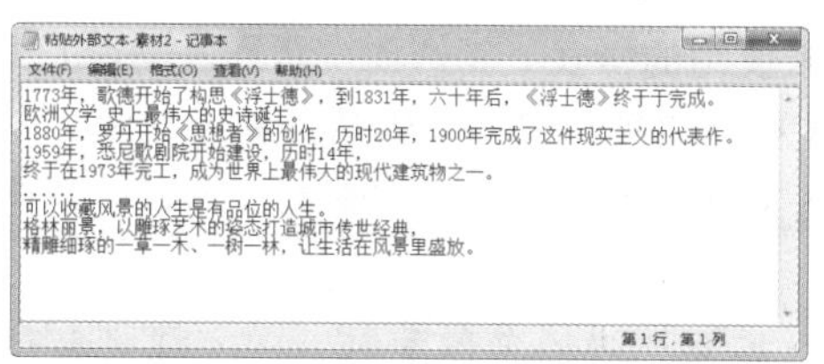

图6.3 记事本

图6.4 粘贴文本后的效果

2. 导入Word文档

要导入Word文档，可以选择“文件”|“置入”命令或按【Ctrl+D】快捷键，在弹出的对话框中选择并打开要导入的Word文档即可。若要设置导入选项，可以在“置入”对话框中选中“显示导入选项”选项，再单击“打开”按钮，此时将弹出图6.5所示的对话框。

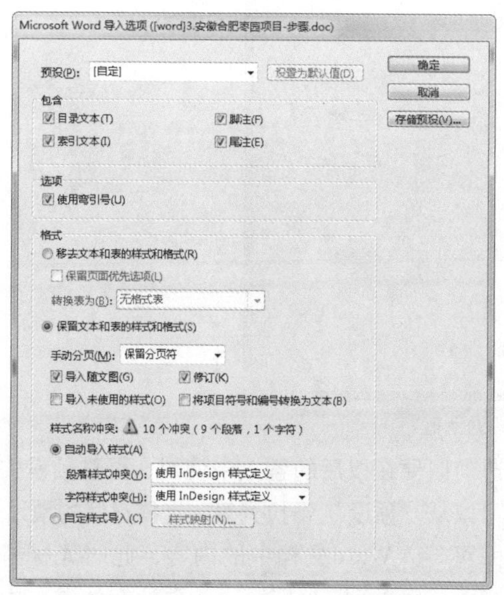

图6.5 “Microsoft Word 导入选项”对话框

“Microsoft Word 导入选项”对话框中各选项的解释如下：

- 预设：在此下拉列表中，可以选择一个已有的预设。若想自行设置可以选择“自定”选项。
- “包含”选项组：用于设置置入所包含的内容。选择“目录文本”复选项，可以将目录作为纯文本置入到文档中；选择“脚注”复选项，可以置入 Word 脚注，但会根据文档的脚注设置重新编号；选择“索引文本”复选项，可以将索引作为纯文本置入到文档中；选择“尾注”复选项，可以将尾注作为文本的一部分置入到文档的末尾。

如果 Word 脚注没有正确置入，可以尝试将Word 文档另存储为 RTF 格式，然后再置入该 RTF 文件。

- 使用弯引号：选择此复选项，可以使置入的文本中包含左右引号(“ ”)和单引号（’），而不包含英文的引号（" "）和单

引号（'）。

- 移去文本和表的样式和格式：选择此复选项，所置入的文本将不带有段落样式和随文图。选择“保留页面优先选项”复选项，可以在选择删除文本和表的样式和格式时，保持应用到段落某部分的字符格式，如粗体和斜体。若取消选择该复选项，可删除所有格式。在选择“移去文本和表的样式和格式”复选项时，选择“转换表为”复选项，可以将表转换为无格式表或无格式的制表符分隔的文本。

提示

如果希望置入无格式的文本和格式表，则需要先置入无格式文本，然后将表从 Word 粘贴到 InDesign。

- 保留文本和表的样式和格式：选择此复选项，所置入的文本将保留 Word 文档的格式。选择“导入随文图”复选项，将置入 Word 文档中的随文图；选择“修订”复选项，会将Word 文档中的修订标记显示在 InDesign 文档中；选择“导入未使用的样式”复选项，将导入 Word 文档的所有样式，即包含全部使用和未使用过的样式；选择“将项目符号和编号转换为文本”复选项，可以将项目符号和编号作为实际字符导入，但如果对其进行修改，不会在更改列表项目时自动更新编号。
- 自动导入样式：选择此选项，在置入Word文档时，如果样式的名称同名，在“样式名称冲突”右侧将出现黄色警告三角形，此时可以从“段落样式冲突”和“字符样式冲突”下拉列表中选择相关的选项进行修改。如果选择“使用InDesign 样式定义”选项，将置入的样式基于 InDesign 样式进行格式设置；如果选择“重新定义 InDesign 样式”选项，将置入的样式基于 Word 样式进行格式设置，并重新定义现有的 InDesign 文本；如果选择“自动重命名”选项，可以对导入的 Word 样式进行重命名。
- 自定样式导入：选择此选项后，可以单击“样式映射”按钮，弹出“样式映射”对话框，如图6.6所示。在此对话框中可以选择导入文档中的每个 Word 样式，应该使用哪个 InDesign 样式（具体的讲解请参见第11章）。

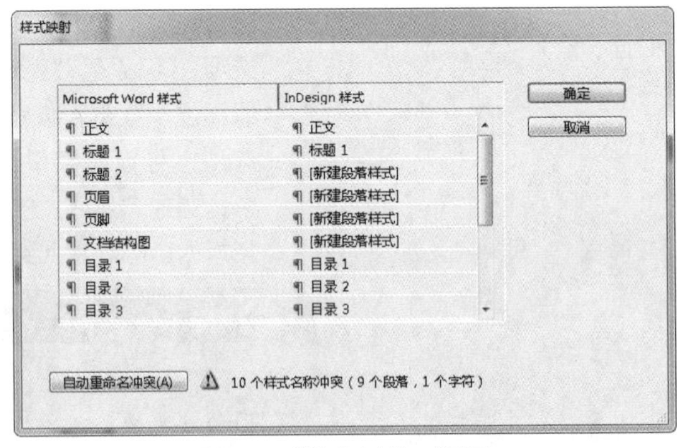

图6.6　“样式映射”对话框

- 存储预设：单击此按钮，将存储当前的 Word 导入选项以便在以后的置入中使用，更改预设的名称，单击“确定”按钮。在下次导入 Word 样式时，可以从“预设” 下拉列表中选择存储的预设。

设置好所有的参数后，单击“确定”按钮退出，即可导入Word文档中的内容，此时光标将变为状态，此时在页面中合适的位置单击，即可将Word文档置入到InDesign中。要注意的是，由于

Word文档的格式比较复杂，因此导入后的结果与Word文档中原本的版式会有较大的差别，需要后期进行较多的调整。以图6.7所示的Word文档为例，图6.8所示是将其导入InDesign后，查找“页面”面板时的状态。可以看出，虽然版面的大致形式基本相同，但出现了不同程度的元素丢失、跑位等问题。

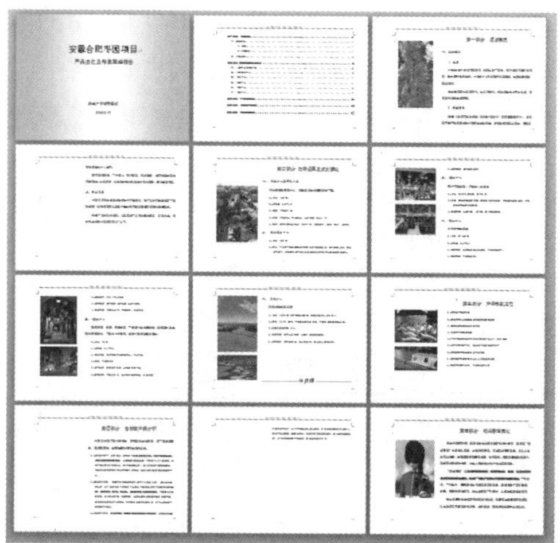

图6.7　置入的Word文档

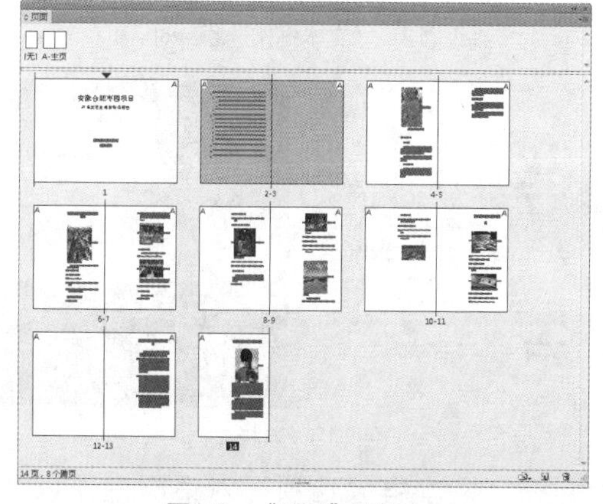

图6.8　“页面”面板

3. 导入记事本

导入记事本的方法与导入 Word相近，选择“文件”|“置入”命令后，选择要导入的记事本文件，若选中了“显示导入选项”选项，将弹出图6.9所示的“文本导入选项”对话框。

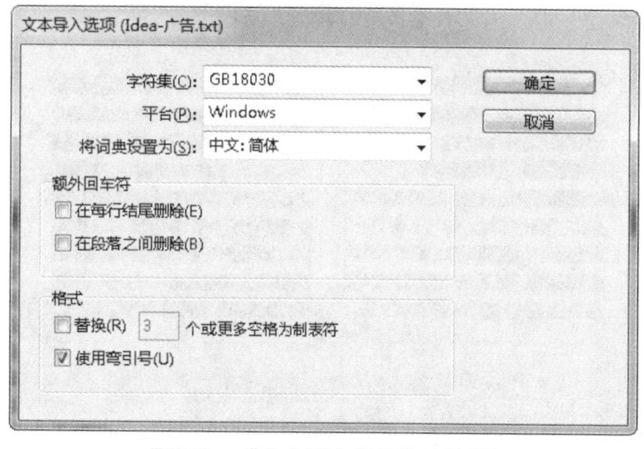

图6.9　“文本导入选项”对话框

“文本导入选项”对话框中各选项的解释如下。

- 字符集：在此下拉列表中可以指定用于创建文本文件时使用的计算机语言字符集。默认选择是与 InDesign 的默认语言和平台相对应的字符集。
- 平台：在此下拉列表中可以指定文件是在 Windows 还是在 Mac OS 中创建文件。
- 将词典设置为：在此下拉列表中可以指定置入文本使用的词典。
- 在每行结尾删除：选择此复选项，可以将额外的回车符在每行结尾删除。
- 在段落之间删除：选择此复选项，可以将额外的回车符在段落之间删除。
- 替换：选择此复选项，可以用制表符替换指定数目的空格。
- 使用弯引号：选择此复选项，可以使置入的文本中包含左右引号(“ ”）和单引号（’），而不包含英文的引号（" "）和单引号（'）。

6.2 编辑文本框

如前所述，在InDesign中，文本都是位于文本框中，用户可以根据需要对其进行编辑处理。在本节中，就来讲解关于文本框的一些相关操作。

6.2.1 了解文本框标识

在文本框的左上和右下位置，会根据当前文本框的状态显示不同的标识，如图6.10所示。

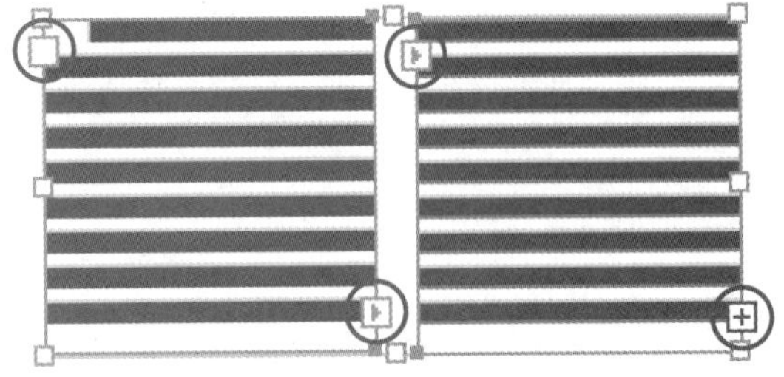

图6.10 文本框的标识

下面来讲解一下文本框标识的具体作用。

- 空白标识□：当此标识出现在文本框的左上角时表示，此文本框中的文本，前面已经没有其他文本内容；若此标识出现在文本框的右下角，则表示此文本框中的文本，后面已经没有其他文本内容。
- 串接标识▶：当文本框的左上角或右下角显示此标识时，表示其中的文本在之前或之后还有其他相关接的文本内容。用户可以选择“视图”|“其他”|“显示文本串接”命令或按【Ctrl+Alt+Y】快捷组合键来显示或隐藏文本块之间的串接关系，图6.11所示就是显示了两个文本块之间的串接关系时的状态，此时，在两个相串接的文本框串接标识▶之间会显示一个线条。

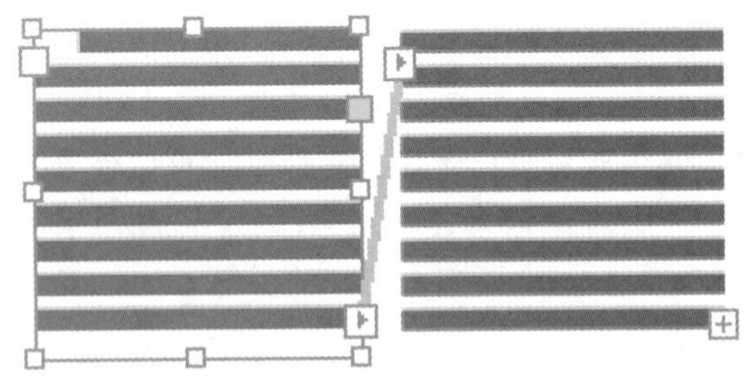

图6.11 串接状态的文本框

- 溢出标识⊞：此标识通常显示在文本框的右下角，此时表示当前文本框还有未显示出来的文本，此时可以单击此标识，然后在空白的位置单击鼠标，即可展开溢出的文本内容，此操作又称为“排文”。关于“排文”操作的详细讲解，请参见下一节的内容。

6.2.2 设置文本框选项

在InDesign中，可以根据需要为文本框设置多种属性，如文本框分栏及其内边距等，下面就来讲解一下其具体的设置与使用方法。

选择“对象”|“文本框选项”命令，按住【Alt】键双击要设置选项的文本框，将调出图6.12所示的对话框。下面将以图6.13所示的素材为例，讲解此对话框中选项的作用。

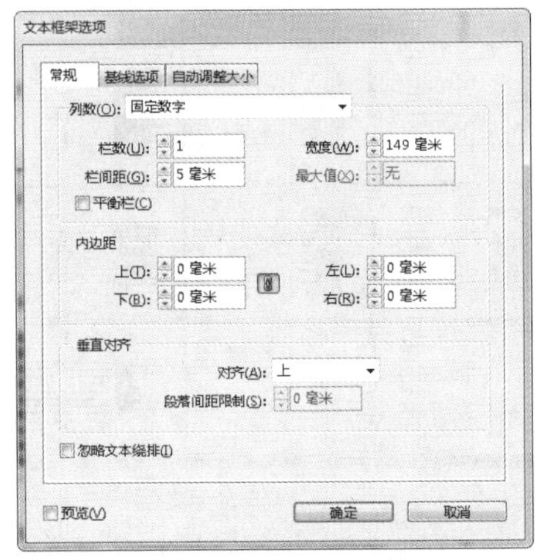

图6.12 “文本框架选项”对话框

图6.13 素材文档

在“文本框架选项”对话框中，以“常规”选项卡中的参数最为常用，其常用参数讲解如下。

- 列数：在此下拉列表中，可以选择列数的编排方式，其中包括“固定数字”、“固定宽度”和“弹性宽度”3个选项。
- 栏数：在此输入数值，可定义文本框的栏数。要注意的是，此处设置的“栏数”仅作用于选中的文本框，而在“版面”|“边距和分栏”对话框中的“栏数”参数，则作用于所有选中页面，读者在设置时要注

意加以区分。图6.14所示是分别设置此数值为2和3时的不同效果。

图6.14　设置栏数为2和3时的不同效果

- 宽度：此处可用于指定文本框在分栏后，每栏的宽度。当“栏数”为1时，则可以设置整个文本框的宽度。
- 栏间距：当“栏数”数值大于1时，在此处设置数值，可定义各栏之间的间距。图6.15所示是设置不同数值时的效果。

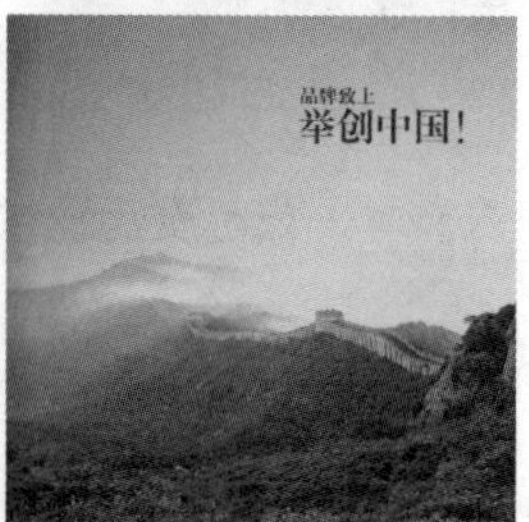

图6.15　设置不同栏间距时的效果

- 平衡栏：选中此复选项后，可由软件自动根据版面的需要，适当调整各栏的间距。
- 最大值：当在“列数”下拉列表中选择“弹性宽度”选项后，此参数将被激活，可用于设置当自动调整栏数时的宽度最大值。例如将此数值设置成为50mm时，若栏宽超出此数值，则自动增加栏数，直至每栏的栏宽小于此处的数值为止。以图6.16所示的素材为例，其每栏的宽度为30mm，在设置其“最大值”参数为40mm后，由于当前每栏的宽度超出了所设置的数值，因此自动增加了1栏，如图6.17所示。

图6.16　素材文档

图6.17　设置最大值后的效果

- 内边距：引处可设置文本框上、下、左、右边缘与文本之间的间距，如图6.18所示。

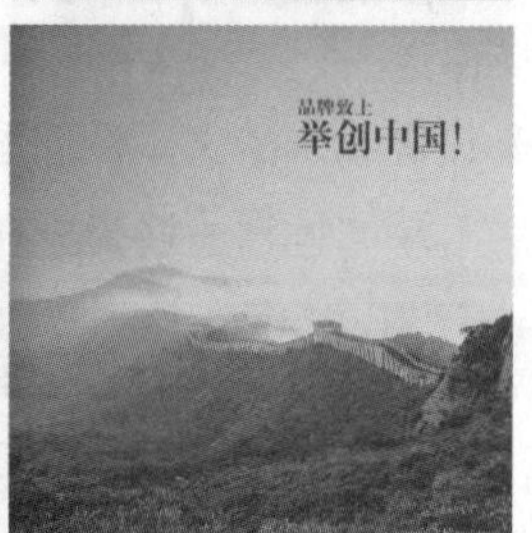

图6.18　设置不同内边距时的效果

- 垂直对齐：在此处的“对齐”下拉列表

中，可以选择垂直对齐方式；当选择“两端对齐”选项时，可在“段落间距限制”文本框中指定段落间距的最大值。

● 忽略文本绕排：选中此复选项后，当前文本框将不受文本绕排设置的影响。

6.3 设置排文方式

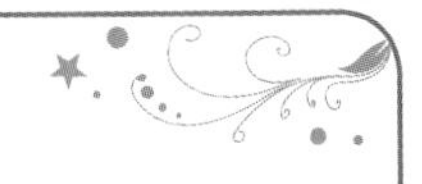

在对大量文本进行操作时，经常会涉及到排文的使用。在本节中，就来讲解排文的概念及其相关操作方法。

6.3.1 了解排文的概念

在InDesign中，最常用到排文操作的情况就是文本框存在溢出文本时，用户可以单击文本框右下角的溢出文本标识⊞，默认情况下，光标将变为载文状态，如图6.19所示，然后将光标置于页面的空白处单击即可将溢出的文本显示出来。

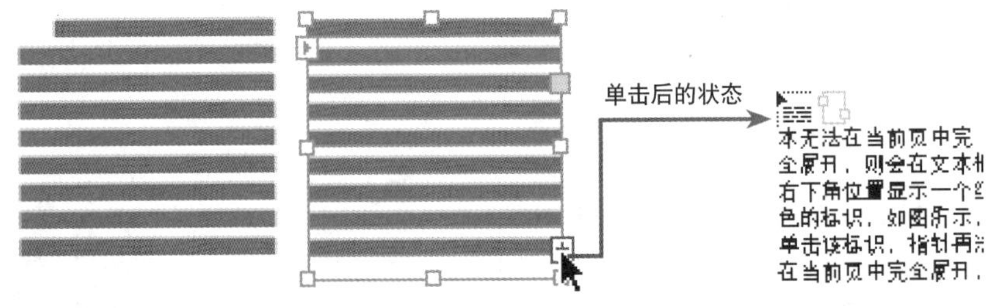

图6.19 载入溢出的文本

当然，用户也可以根据需要单击文本框上的空白标识□或串接标识▷，即可从单击的位置重新进行排文处理。

6.3.2 4种排文方式详解

在InDesign中，提供了手动、半自动、自动和固定页面自动共4种排文方式，用户可以根据需要使用不同的排文方式。下面就来讲解其具体的使用方法。

1. 手动排文

按照上一小节中的方法单击文本框上的标识以载入文本，光标变为载文状态时可以执行以下操作之一。

● 将载入的文本图符置于现有框架或路径内的任何位置并单击鼠标，文本将自动排列到该框架及其他任何与此框架串接的框架中。

提示

文本总是从最左侧的栏的上部开始填充框架，即便单击其他栏时也是如此。

● 将载入的文本图符置于某栏中，以创建一个与该栏的宽度相符的文本框架，则框架的顶部将是单击的地方。

- 拖动载入的文本图符，以自己所定义区域的宽度和高度创建新的文本框架。

以图6.20所示的素材为例，图6.21所示是将左侧文本框中的溢出文本，在右侧以拖动的方式进行排文后的效果。

图6.20　未显示完全的文本框

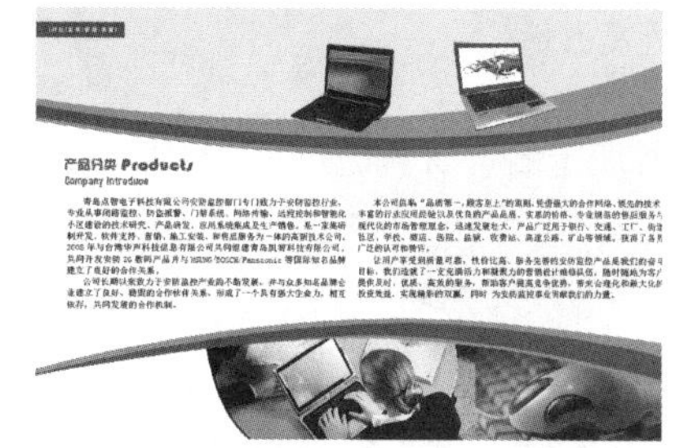
图6.21 排文后的效果

提示

如果将文本置入与其他框架串接的框架中，则不论选择哪种文本排文方法，文本都将自动排文到串接的框架中。

2. 自动排文

相对于手动排文，自动排文方式更适用于将文本填充到当前的页面或栏中。当光标变为载文状态时，按住【Shift】键后在页面或栏中单击可以一次性将所有的文档按页面置入，并且在当前的页面数不够时，会自动添加新的页面，直至所有的内容全部显示。

3. 半自动排文

在学习了手动与自动排文方式后，再了解半自动排文方式就更容易了。

当光标变为载文状态时，按住【Alt】键在页面或栏中单击鼠标，可从单击的位置开始，填满整个页面或栏，之后结束排文操作，并保持光标为载文状态。

4. 固定页面自动排文

固定页面自动排文与自动排文的操作方法与工作方式基本相同，其差异在于，在使用固定页面自动排文方式时，若内容未完全显示，不会自动添加页面，即按照现有的页面展开内容，即使页面不足时，也不会自动添加页面，此时会在文本框右下方显示溢出标识⊞。

6.4 格式化文本

作为专业的排版软件，InDesign提供了极为丰富和专业的文本属性设置，其中主要包括了字符与段落两类。此外，用户还可以像对图形对象设置属性那样，为文本指定填充、描边等属性。在本节中，就来分别讲解它们的使用方法及技巧。

6.4.1 设置文本的填充与描边属性

在InDesign中，用户可以在工具箱、“颜色”面板、“色板”面板以及“渐变”面板中，为文本指定单色或渐变等填充与描边属性。但要注意的是，在为其设置颜色前，一定要先选中“格式针对文本”按钮，否则，在默认情况下，所设置的填充与描边属性将应用于文本框。

提示

当使用“文字工具”T刷黑选中文本时，会自动选中“格式针对文本”按钮T，此时可以为选中的文本单独设置填充与描边属性；在选中文本框的情况下，会为文本框中的所有文本设置填充与描边属性。

以图6.22所示的素材为例，图6.23所示是为其设置不同的填充与描边属性后的效果。

图6.22　素材文档

图6.23　设置不同的填充与描边属性时的效果

6.4.2　字符属性设置详解

要设置字符属性，用户可以按【Ctrl+T】快捷键或选择“窗口”|“文字和表”|“字符”命令，以调出“字符”面板进行设置，如图6.24所示。

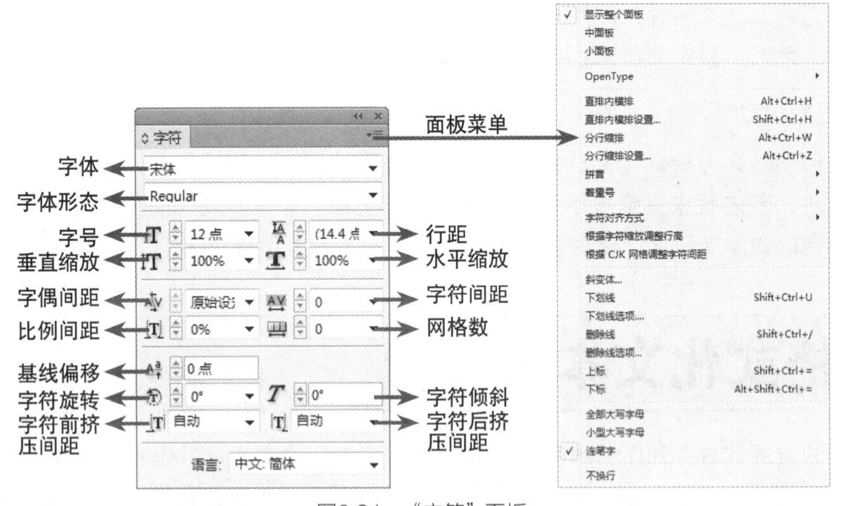

图6.24　“字符”面板

另外，对于一些基本的字符属性，也可以在“控制”面板中完成。在选中文本块或刷黑选中文本时，即可在“控制”面板中进行设置，如图6.25所示。

图6.25　“控制”面板中的字符属性控制

由于“字符”面板与“控制”面板中可控制的参数是相同的，且“字符”面板中可以设置的字符属性更多，因此下面将以“字符”面板为主，以图6.26所示的素材为例，讲解各参数的含义。

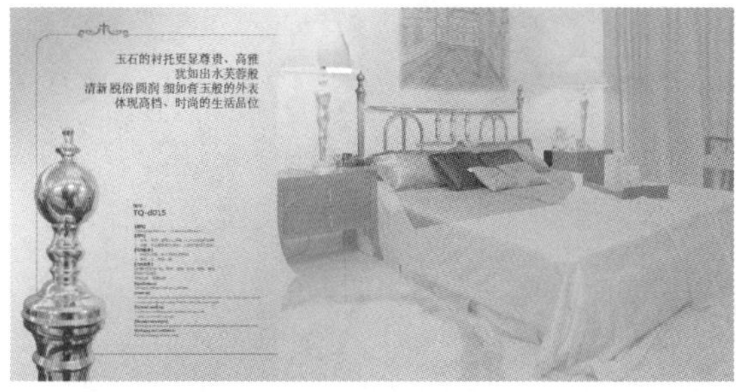

图6.26 素材文档

- 设置字体属性：字体是排版中最基础、最重要的组成部分。使用“字符”面板上方的字体下拉列表中的字体，可以为所选择的文本设置一种新的字体。图6.27所示为不同字体的效果。

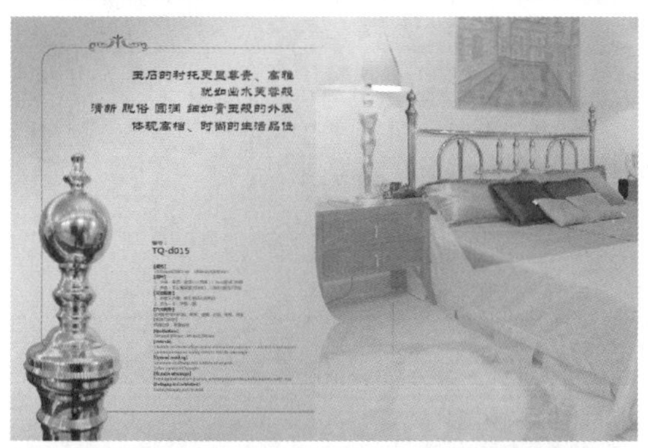

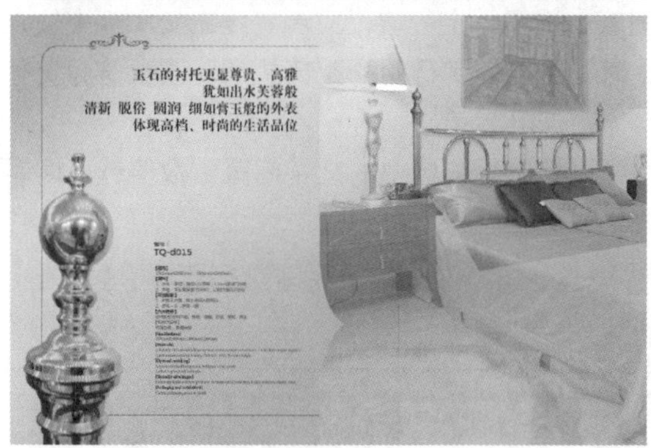

图6.27 设置不同字体时的效果

- 字形：对于“Times New Roman”等标准英文字体，在“字形”下拉列表中还提供了4种设置字体的形状。选择Regular选项，则字体将呈正常显示状态，无特殊字形效果。选择Italic选项，所选择的字体呈倾斜显示状态；选择Bold选项，所选择的字体呈加粗状态；选择Bold Italic选项，所选择的字体呈加粗且倾斜的显示状态。

提示

根据所选字体提供的支持不同，在字形下拉菜单中显示的项目数量也不尽相同。若字体不支持任何字形设置，则此菜单显示为灰色不可用状态。另外，若选择的是复合字体，此菜单也会显示为灰色不可用状态。

- 字号：在“字号”下拉列表中选择一个数值，或者直接在文本框中输入数值，可以控制所选择文本的大小。图6.28所示为不同字号的文本。

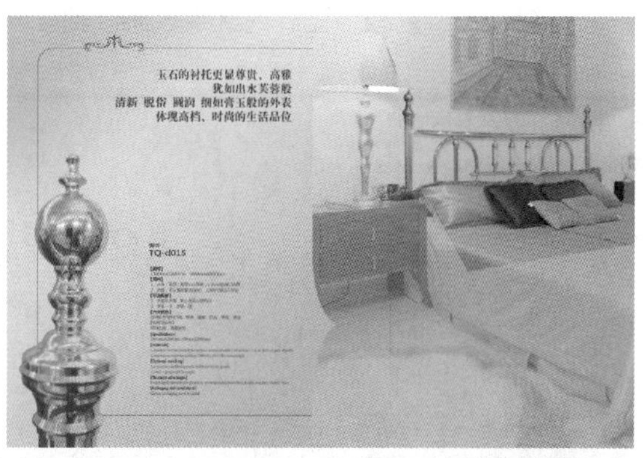

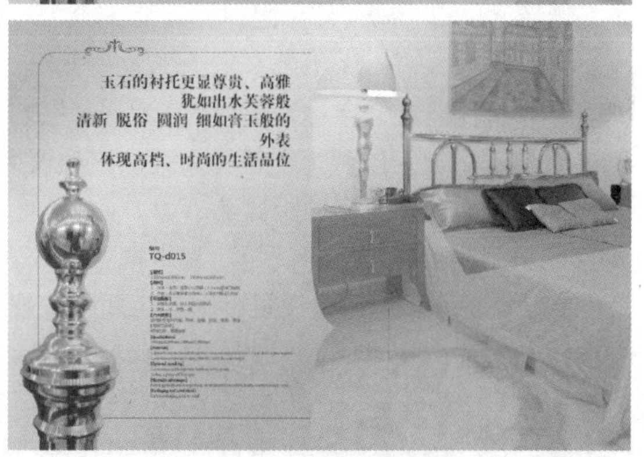

图6.28 设置不同字号时的效果

提示

如果选择的文本包含不同的字号大小，则文本框显示为空白。

- 行距：在“行距”下拉列表中选择一个数值，或者直接在文本框中输入数值，可以设置两行文字之间的距离，数值越大行间

距越大。图6.29所示为同一段文字应用不同行间距后的效果。

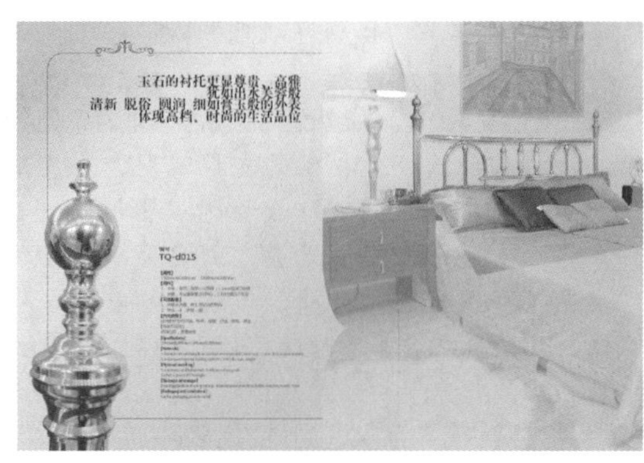

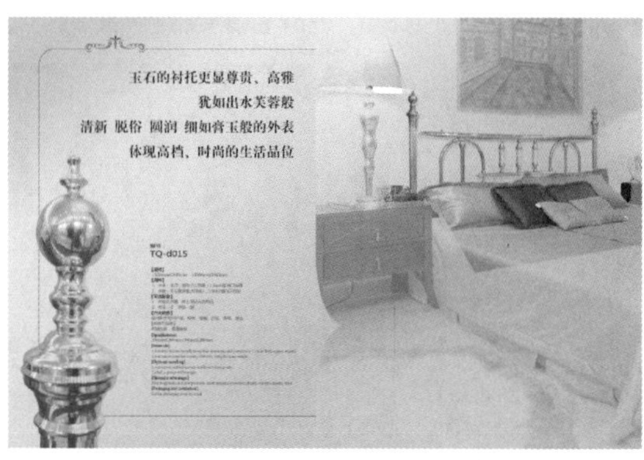

图6.29 设置不同行距时的效果

- 垂直与水平缩放：在“水平缩放”和“垂直缩放”下拉列表中选择一个数值，或者直接在文本框中输入数值（取值范围为1%~1000%），能够改变被选中的文字的垂直及水平缩放比例，得到较“高”或较“宽”的文字效果。图6.30所示为垂直及水平缩放前后的对比效果。

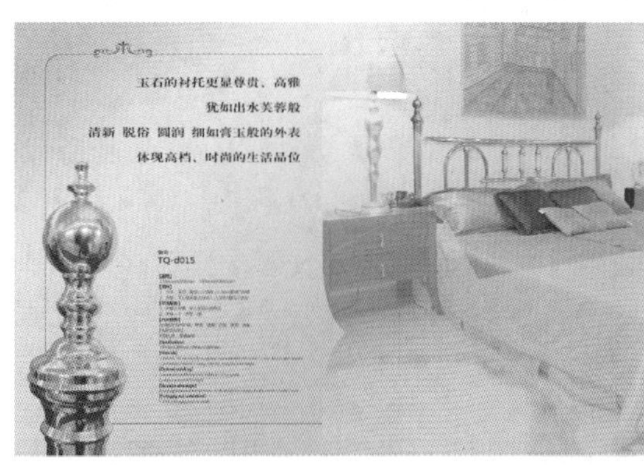

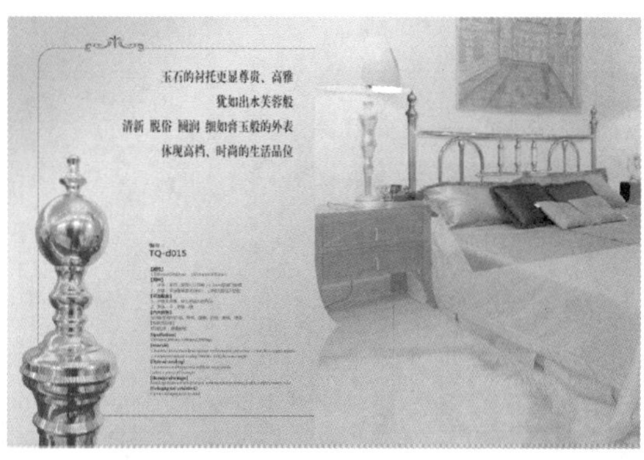

图6.30 垂直及水平缩放前后对比效果

- 字偶间距：在“字体”面板中 的下拉列表中选择一个数值，或者直接在文本框中输入数值，可以控制两个字符的间距。该数值为正数时，可以使字符间的距离扩大；该数值为负数时，可以使字符间的距离缩小。
- 字符间距：在“字符间距”文本框中输入数值，可以控制所有选中的文字间距，数值越大间距越大。图6.31所示是设置不同文字间距的效果。

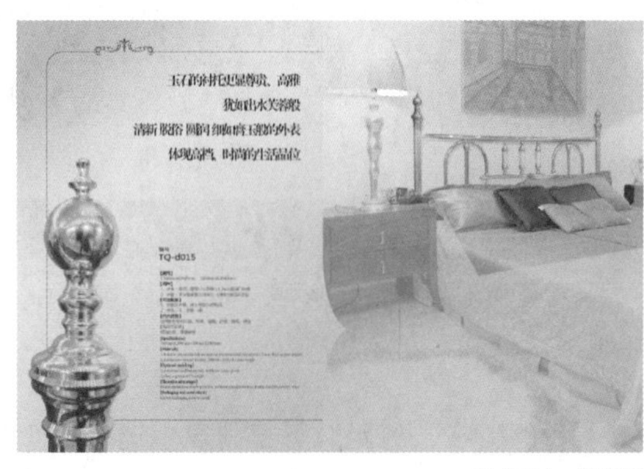

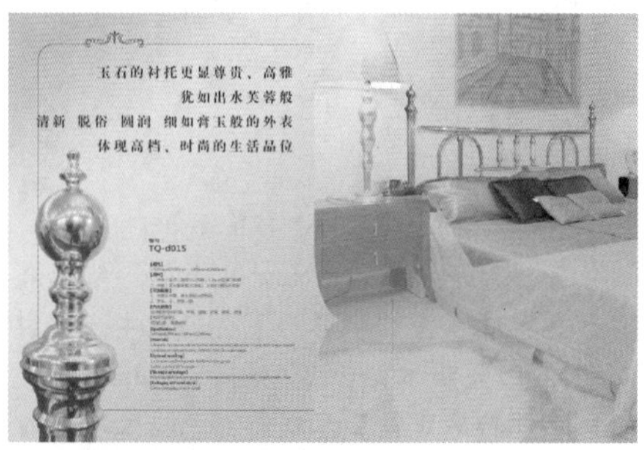

图 6.31 设置不同文字间距的对比

- 比例间距：在“字体”面板中 的下拉列表中选择一个数值，或者直接在文本框中输入

数值，可以使字符周围的空间按比例压缩，但字符的垂直和水平缩放则保持不变。

- 网格数：在“网格数”下拉列表中选择一个数值，或者直接在文本框中输入数值，可以对所选择的网格字符进行文本调整。
- 基线偏移：在“字体”面板中 0点 的文本框中直接输入数值，可以用于设置选中的文字的基线值，正数向上移，负数向下移。图6.32所示为设置基线值前后的对比效果。

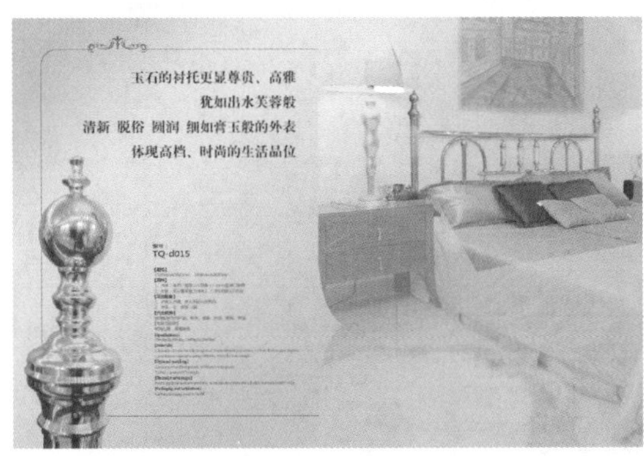

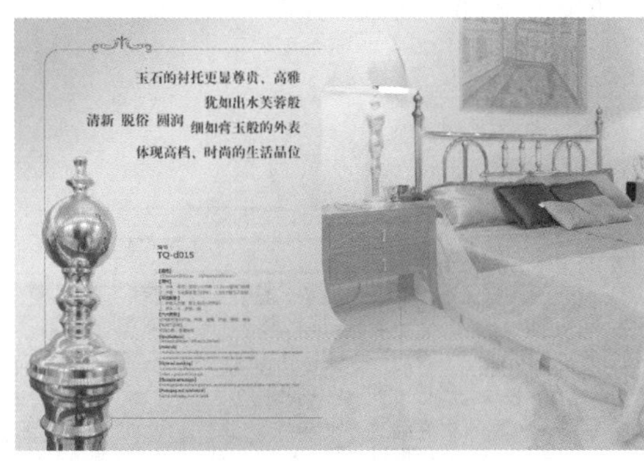

图 6.32　设置基线值前后的对比效果

- 字符旋转：在“字符旋转”下拉列表中选择一个选项，或在其文本框中输入数值（取值范围为-360°～360°），可以对文字进行一定角度的旋转。输入正数，可以使文字向右方倾斜；输入负数，可以使文字向左方倾斜，如图6.33所示。

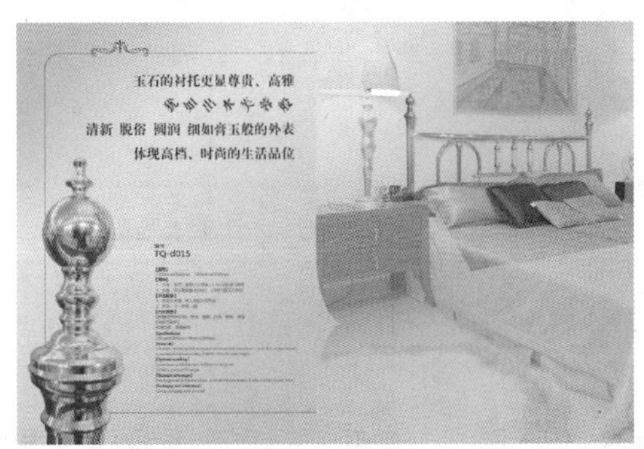

图6.33　设置不同字符旋转的对比

- 字符倾斜：在“字符倾斜”文本框中直接输入数值，可以对文字进行一定角度的倾斜。输入正数，可以使文字向左方倾斜；输入负数，可以使文字向右方倾斜，如图6.34所示。

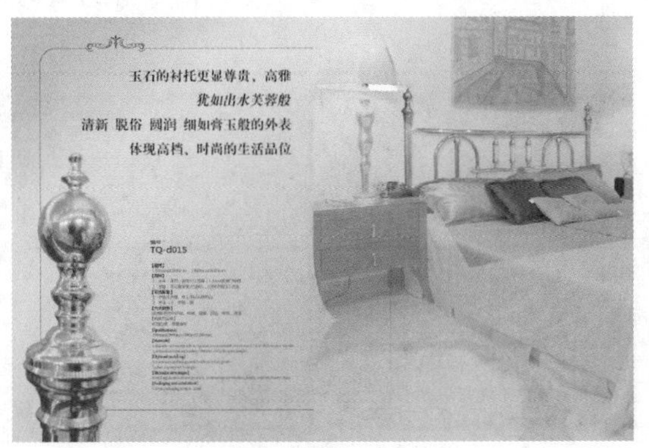

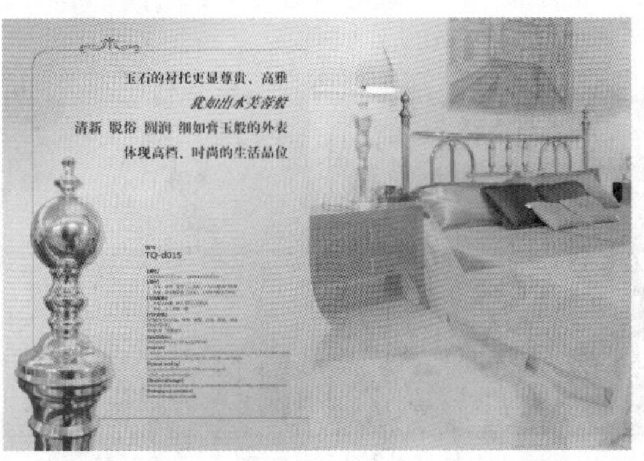

图6.34　设置不同字符倾斜的对比

6.4.3 段落属性设置详解

使用“段落”面板可以精确控制文本段落的对齐方式、缩进、段落间距、连字方式等属性，对出版物中的文章段落进行格式化，以增强出版物的可读性和美观性。

按【Ctrl+M】快捷键、【Ctrl+Alt+T】快捷组合键，或选择“窗口”|“文字和表”|“段落”命令，调出“段落”面板，如图6.35所示。

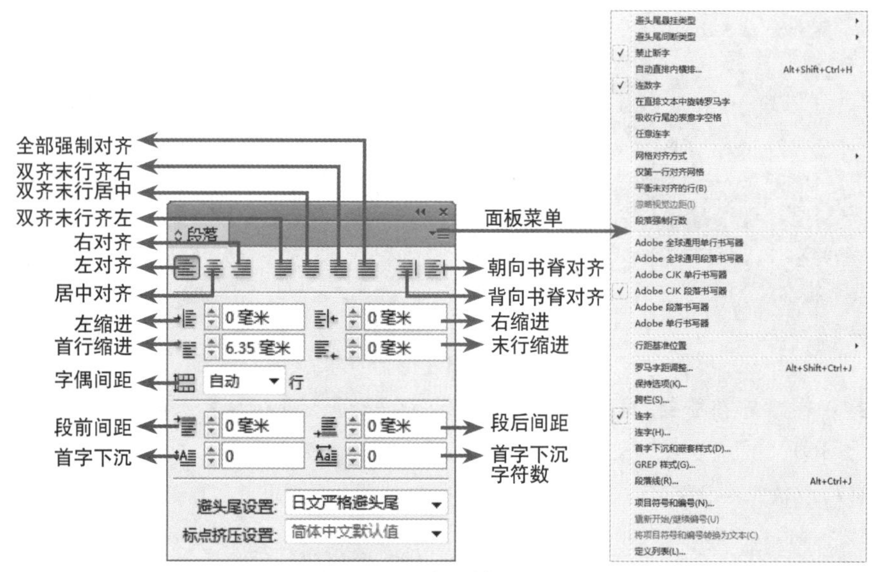

图6.35 “段落”面板

在“控制”面板中，也可以设置段落的对齐方式，如图6.36所示。

图6.36 “控制”面板中的段落属性控制

下面将以“段落”面板为例，讲解各段落属性的作用。

1. 对齐方式

InDesign提供了9种不同的段落对齐方式，以供在不同的需求下使用。下面分别对9种对齐方式进行详细讲解。

- 左对齐、居中对齐、右对齐：分别单击这3个按钮，可以使所选择的段落文字沿文本框左侧、中间或右侧进行对齐。如图6.37、图6.38和图6.39所示为分别设置不同对齐方式时的效果。

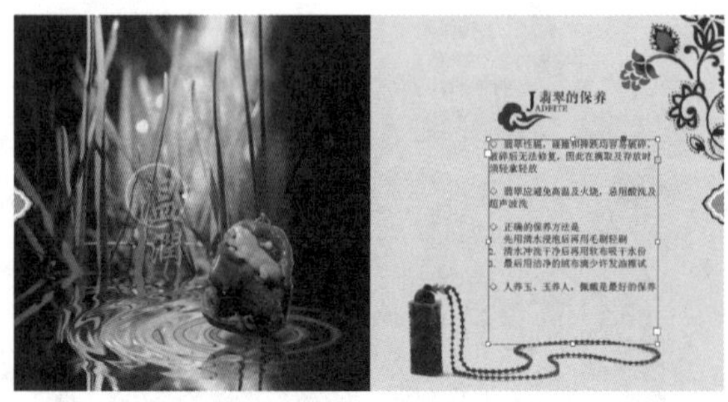

图6.37 左对齐

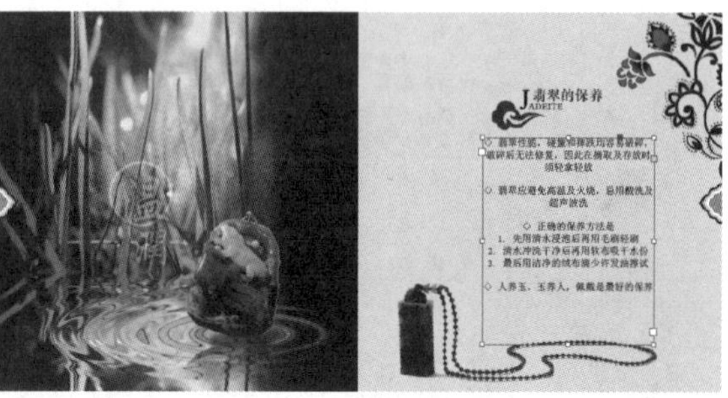

图6.38 居中对齐

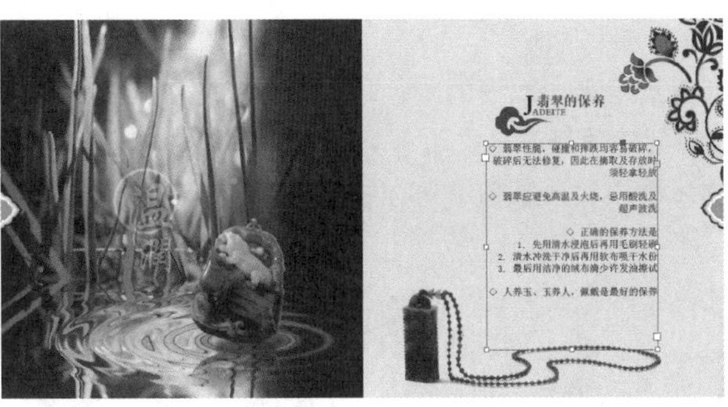

图6.39　右对齐

- 双齐末行齐左、双齐末行居中、双齐末行齐右：这3个按钮的作用仍然是让文本居左、居中和居右对齐，与前面讲解的3个按钮不同的是，这3个按钮可以让除末行文本外的文本对齐到文本框的两侧。如图6.40和图6.41所示选择左对齐与双齐末行齐左时的对比效果。

图6.40　左对齐

图6.41　双齐末行齐左

- 全部强制对齐：单击此按钮，可以使所选择的段落文字沿文本框的两侧对齐，如图6.42所示。

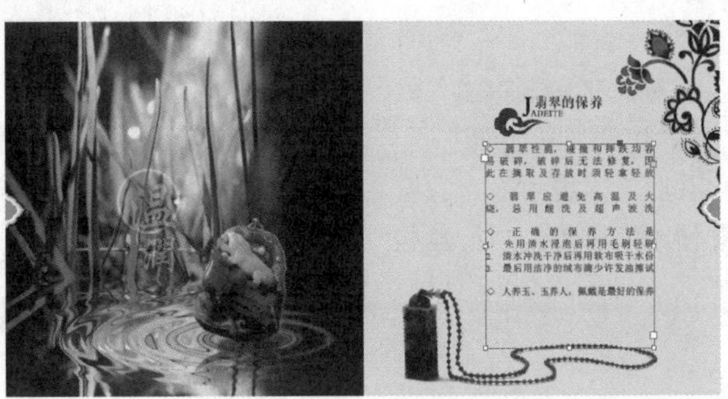

图6.42　全部强制对齐

- 朝向书脊对齐：单击此按钮，可以使所选择的段落文字在书脊那侧对齐。
- 背向书脊对齐：单击此按钮，可以使所选择的段落文字背向书脊那侧对齐。

2. 缩进

简单来说，缩进是指文本距离文本框的路径。在InDesign中，用户可以为首行、末行及段落整体指定缩进数值，还可以在创建项目符号或编号列表时设置缩进。下面对各个缩进进行详细讲解。

- 左缩进/右缩进：在文本框中输入数值，可以控制文字段落的左侧或右侧相对于定界框距离，如图6.43和图6.44所示。

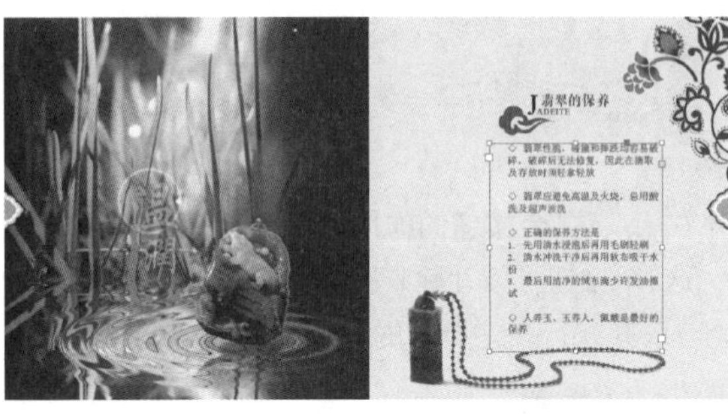

图6.43　左缩进效果

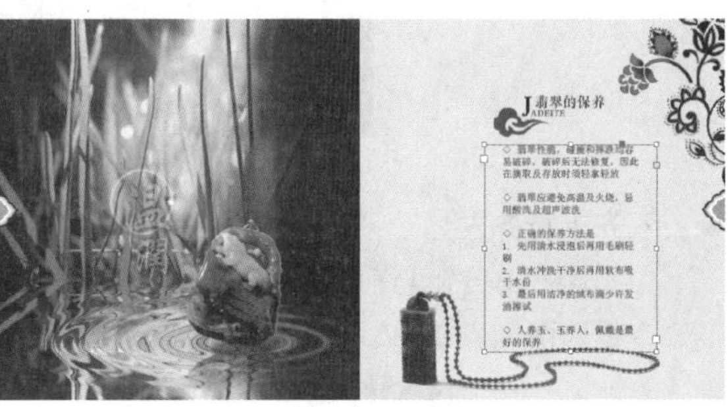

图6.44　右缩进效果

- 首行左缩进 0毫米：在此文本框中输入数值，可以控制选中段落的首行相对其他行的缩进值，如图6.45所示。

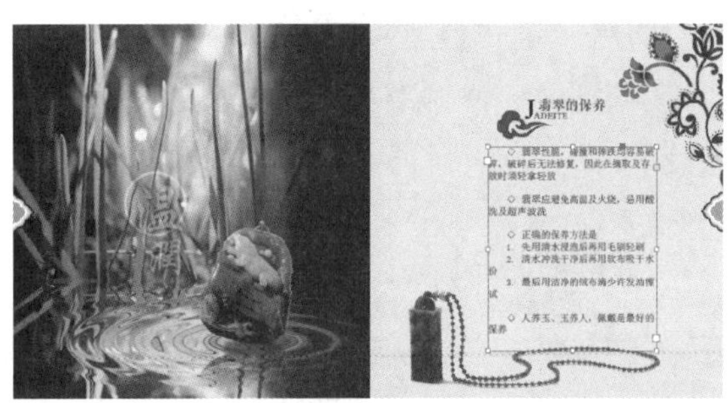

图6.45　首行左缩进效果

提示

如果在首行左缩进文本框中输入一个负数，且此数值不大于段落左缩进的数值，则可以创建首行悬挂缩进的效果。

- 末行右缩进 0毫米：在此文本框中输入数值，可以在段落末行的右边添加悬挂缩进。
- 强制行数 自动 行：在此文本框中输入数值或选择一个选项，会使段落按指定的行数居中对齐。

3. 段落间距

当用户按下回车键时，即可生成一个新的段落，每个段落之间都可以根据需要设置间距，以便于突出重点段落。在InDesign中，用户可以指定段前或段后的间距，图6.46所示就是指定段前距离后的效果。

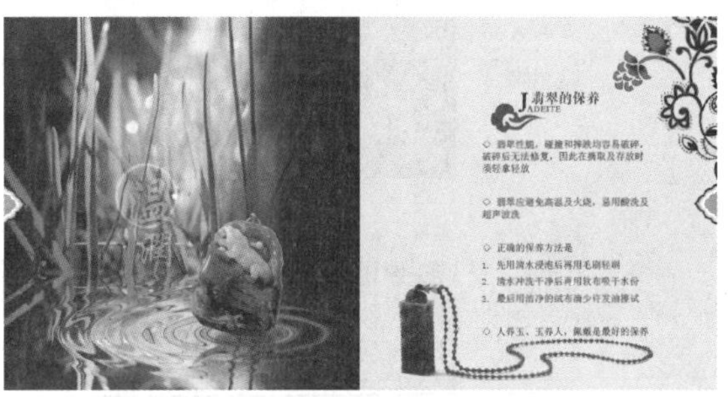

图6.46　设置文本段前间距

- 段前间距 0毫米：在此文本框中输入数值，可以控制当前文字段与上一文字段之间的垂直间距。

提示

在段前间距和段后间距文本框中不可以输入负数，且取值范围在0~3048毫米之间。

4. 首字下沉

通过设置首字下沉，可以使所选择段落的第一个文字或多个文字放大后占用多行文本的位置，起到吸引读者注意力的作用。下面对“段落”面板中的首字下沉行数和首字下沉一个或多个字符进行详细讲解。

- 首字下沉行数：在此文本框中输入数值，可以控制首字下沉的行数。

- 首字下沉一个或多个字符：在此文本框中输入数值，可以控制需要下沉的字符数。

图6.47所示为设置一个字符和多个字符后的效果。

图6.47　设置一个字符和多个字符后的效果

5. 制表符

按【Ctrl+Shift+T】快捷组合键或选择“文字”|“制表符”命令以调出其对话框，如图6.48提示。

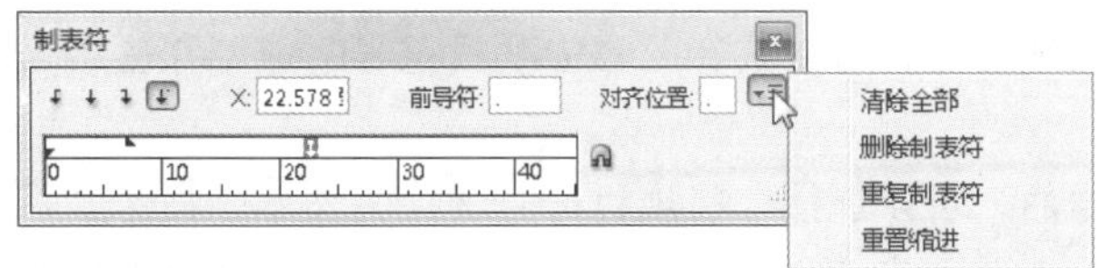

图6.48　“制表符”对话框

在选择“制表符”选项的参数区中，重要的参数解释如下。

- 制表符对齐方式：在此单击不同的图标，可以设置不同的制表符对齐方式，从左至右分别为左对齐、居中对齐、右对齐和小数点对齐。
- X：在此输入数值可以设定制表符的水平位置。
- 前导符：在此可以设置目录条目与页码之间的内容。
- 清除全部：选择此命令可以清除当前设置的所有制表符。
- 删除制表符：选择此命令可以删除当前选中的制表符。
- 重复制表符：在设置一个制表符后，选择此命令可以依据当前的制表符参数复制得到多个制表符。
- 重置缩进：选择此命令后，会将当前所选段落的全部缩进数值重置为0。

图6.49所示是在为带有数字序号的文本前面按【Tab】键后的效果，图6.50所示则是在8mm处设置制表符后的效果。

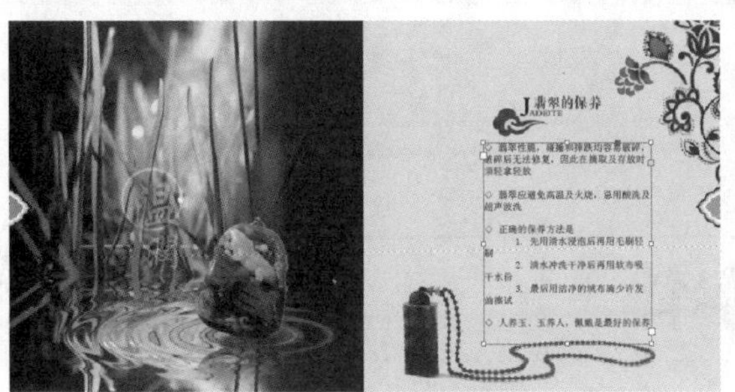

图6.49　按下【Tab】键后的效果

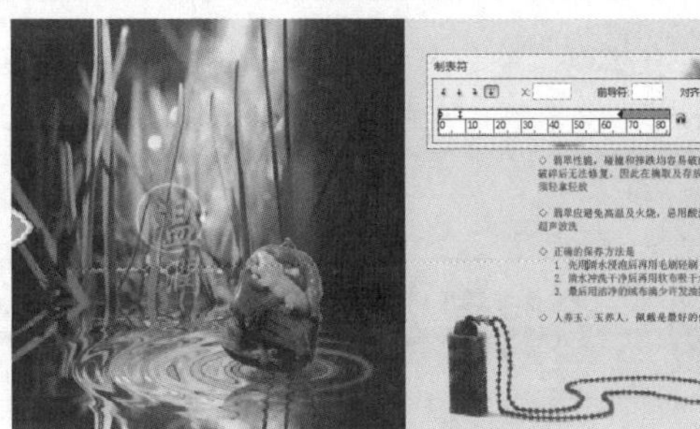

图6.50　增加制表符后的效果

6. 项目符号列表与编号列表

要为段落设置项目符号或编号，可以在选中段落文本后，选择“文字”|“项目符号列表和编号

列表”子菜单中的相应命令。

选择“应用项目符号”或“应用编号”命令后，将以默认的参数为所选段落增加项目符号或编号，如图6.51所示。

图6.51　应用项目符号和编号后的效果

在应用了项目符号或编号后，可以选择“移去项目符号”或“移去编号”命令，从而删除项目符号或编号。

另外，添加项目符号后，可以选择“将项目符号转换为文本”命令，从而可以选中项目符号，并像编辑普通文本那样，为其指定字体、字号、颜色等属性。例如图6.52所示就是将项目符号转换为文本后，设置不同属性或替换内容时得到的效果。

图6.52　转换项目符号为文本并进行格式化处理

提示

在段落样式中，可以设置更多关于项目符号与编号的属性。关于段落样式的讲解，请参见第7章的内容。

6.5 创建与编辑复合字体

复合字体是由用户创建的一种特殊字体，它可以为中文、英文、标点、符号及数字等文本分别指定字体，从而实现多样化的排版，尤其适合中、英文混排的情况。本节就来讲解一下关于复合字体的相关操作。

6.5.1 创建复合字体

创建复合字体的方法非常简单，用户可以选择“ 文字”|“ 复合字体”命令，弹出“复合字体编辑器”对话框，如图6.53所示，在其中单击“新建”按钮，弹出“新建复合字体”对话框，在其中可以输入新的复合字体的名称，如图6.54所示。

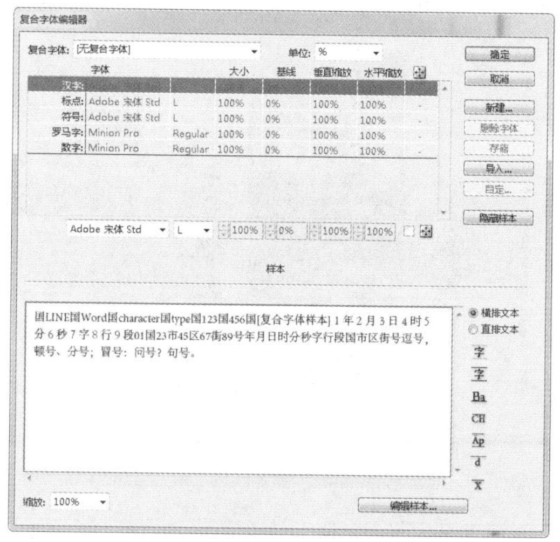

图6.53 “复合字体编辑器”对话框

图6.54 “新建复合字体”对话框

单击“确定”按钮返回到“复合字体编辑器”对话框，然后在列表框下指定字体属性，如图6.55所示。设置完成后，单击“存储”按钮以保存所创建的复合字体的设置，然后单击“确定”按钮退出对话框。创建好的复合字体就显示在字体列表的最前面。

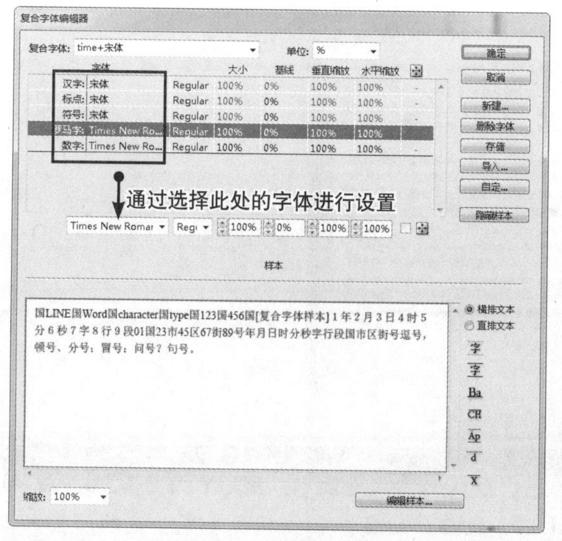

图6.55 设置字体属性

以图6.56所示的素材为例，其中的文本全部应用了“宋体 ”，图6.57所示则是应用了上面创建的“Time+宋体”的复合字体后的效果，可见英文文本已经根据复合字体的设置，应用了Times New Romon字体。

图6.56 素材文档

图6.57 应用复合字体后的效果

6.5.2 导入复合字体

在“复合字体编辑器”对话框中单击“导入”按钮，然后在“打开文件 ”对话框中双击包含要导入的复合字体的 InDesign 文档即可。

6.5.3 删除复合字体

在“复合字体编辑器”对话框中选择要删除的复合字体，单击“删除字体”按钮，然后单击“是”按钮即可。

提示

当打开多个文档时，InDesign中的复合字体可能出现重复的问题，此时会自动在复合字体后面增加类似“-1、-2”的序号。

要注意的是，如果删除的复合字体已经到了文本上，在删除复合字体后，相应的文本将会自动以默认的字体进行显示（并不是真正的替换，只是使用此字体进行预览显示），并以粉色背景显示，表示该文本缺失字体，如图6.58所示。

图6.58　缺失字体的状态

6.6 使用文章编辑器编辑文本内容

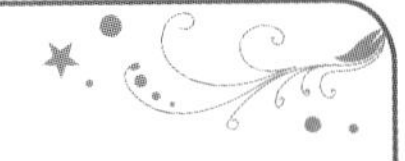

在 InDesign中，可以在页面中或文章编辑器窗口中编辑文本。在文章编辑器窗口中输入和编辑文本时，将按照“首选项”对话框中指定的字体、大小及间距显示整篇文章，而不会受到版面或格式的干扰。并且还可以在文章编辑器中查看对文本所执行的修订。

要使用文章编辑器编辑文本内容，可以在要编辑的文本框内插入光标，或选中该文本框，然后按【Ctrl+Y】快捷键或选择“编辑”|“在文章编辑器中编辑”命令，将打开文章编辑器窗口，所选择的文本框架内的文本（包含溢流文本）也将显示在文章编辑器内，如图6.59所示。

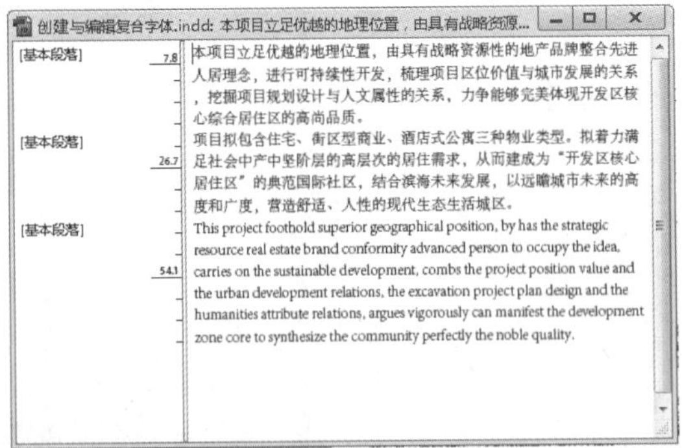

图6.59　打开文章编辑器窗口

提示

在文章编辑器窗口中，垂直深度标尺指示文本填充框架的程度，直线指示文本溢流的位置。

编辑文章时，所做的更改将反映在版面窗口中。“窗口”菜单将会列出打开的文章，但不能在文章编辑器窗口中创建新文章。

6.7 查找与更改

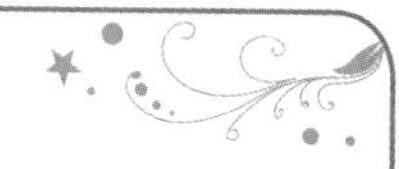

作为专业的排版软件，InDesign提供了非常强大的查找与更改功能，用户可以根据需要查找和替换指定属性的对象，其中包括文本、图形、字形或全角半角转换等。在本节中，主要讲解查找与更改文本的方法。

6.7.1 了解查找/更改对话框

按【Ctrl+F】快捷键或选择“编辑”|“查找/更改”命令，弹出的对话框如图6.60所示。

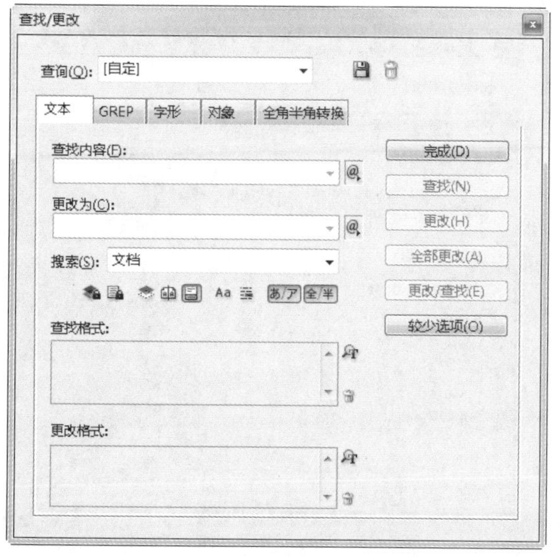

图6.60 “查找/更改”对话框

在“查找/更改”对话框中，基本的参数讲解如下。

- 查询：在此下拉列表中，可以选择查找与更改的预设。用户可以单击后面的“保存”按钮，在弹出的对话框中输入新预设的名称，单击“确定”按钮退出对话框，即可在以后查找/更改同类内容时，直接在此下拉列表中选择之前保存的预设；对于用户自定义的预设，在将其选中后，可以单击“删除”按钮，在弹出的对话框中单击“确定”按钮以将其删除。
- 选项卡：在“查询”下拉列表下面，可以选择不同的选项卡，以定义查找与更改的对象。选择“文本”选项卡，可搜索特殊字符、单词、多组单词或特定格式的文本并进行更改。还可以搜索特殊字符并替换特殊字符，比如符号、标志和空格字符、通配符等；选择“GREP”选项卡，可使用基于模式的高级搜索方法，搜索并替换文本和格式；选择“字形”选项卡，可使用Unicode或GID/CID值搜索并替换字形，特别是对于搜索并替换亚洲语言中的字形非常有用；选择“对象”选项卡，可搜索并替换对象和框架中的格式效果和属性，比如，可以查找具有4点描边的对象然后使用投影替换描边；选择“全角半角转换”选项卡，可以转换亚洲语言文本的字符类型，比如，可以在日文文本中搜索半角片假名，然后用全角片假名替换。
- 完成：单击此按钮，将完成当前的查找与更改，并退出对话框。
- 查找：单击此按钮，可以根据所设置的查找条件，在指定的范围中查找对象。当执行一次查找操作后，此处将变为“查找下一个”按钮。
- 更改：对于找到满足条件的对象，可以单击此按钮，从而将其替换为另一种属性；若“更改为”区域中设置完全为空，则将其替换为无。
- 全部更改：将指定范围中所有找到的对象，替换为指定的对象。
- 更改/查找：单击此按钮，将执行更改操作并跳转至下一个满足搜索条件的位置。

6.7.2 查找/更改文本

要查找/更改文本，首先，用户要选择要搜索一定范围的文本或文章，或将插入点放在文章中，在选中“文本”选项卡的情况下，可以根据需要查找与更改文字的内容及字符、段落等属性。

选择“文本”选项卡时，“查找/更改”对话框中的参数解释如下。

- 所有文档：选择此选项，可以对打开的所有文档进行搜索操作。
- 文档：选择此选项，可以在当前操作的文档内进行搜索操作。
- 文章：选择此选项，可以将当前文本光标所在的整篇文章作为搜索范围。
- 到文章末尾：选择此选项，可以从光标所在的当前位置开始至文章末尾作为查找的范围。
- 选区：当在文档中选中了一定的文本时，此选项会显示出来。选中此选项后，将在选中的文本中执行查找与更改操作。

“搜索”下方一排图标的含义解释如下。

- 包括锁定图层：单击此按钮，可以搜索已使用“图层选项”对话框锁定的图层上的文本，但不能替换锁定图层上的文本。
- 包括锁定文章：单击此按钮，可以搜索InCopy 工作流中已签出的文章中的文本，但不能替换锁定文章中的文本。
- 包括隐藏图层：单击此按钮，可以搜索已使用“图层选项”对话框隐藏的图层上的文本。找到隐藏图层上的文本时，可看到文本所在处被突出显示，但看不到文本。可以替换隐藏图层上的文本。
- 包括主页：单击此按钮，可以搜索主页上的文本。
- 包括脚注：单击此按钮，可以搜索脚注上的文本。
- 区分大小写Aa：单击此按钮，可以在查找字母时只搜索与“查找内容”文本框中字母的大写和小写准确匹配的文本字符串。
- 全字匹配：单击此按钮，可以在查找时只搜索与“查找内容”文本中输入的文本长度相同的单词。如果搜索字符为罗马单词的组成部分，则会忽略。
- 区分假名あ/ア：单击此按钮，在搜索时将区分平假名和片假名。
- 区分全角/半角全/半：单击此按钮，在搜索时将区分半角字符和全角字符。

在“查找内容”文本框中，输入或粘贴要查找的文本，或者单击文本框右侧的“要搜索的特殊字符”按钮@，在弹出的菜单中选择具有代表性的字符，如图6.61所示。

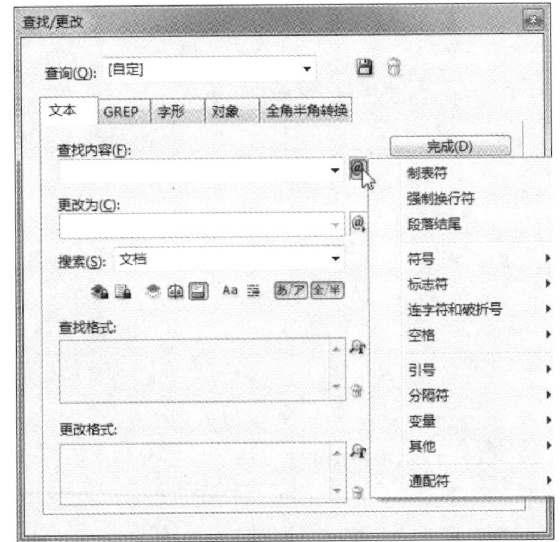

图6.61 选择要搜索的特殊字符

提示

在“查找/更换”对话框中，还可以通过选择“查询”下拉列表中的选项进行查找。

确定要搜索的文本后，然后在“更改为”文本框中，输入或粘贴替换文本，或者单击文本框右侧的“要搜索的特殊字符”按钮@，在弹出的菜单中选择具有代表性的字符。然后单击“查找”按钮。若要继续搜索，可单击“查找下一个”按钮、“更改”按钮（更改当前实例）、“全部更改”按钮（出现一则消息，指示更改的总数）或“查找/更改”按钮（更改当前实例并搜索下一个）。

以图6.62中所示的素材为例，图6.63所示是将其中的“我公司”替换为“点智文化广告公司”后的效果。

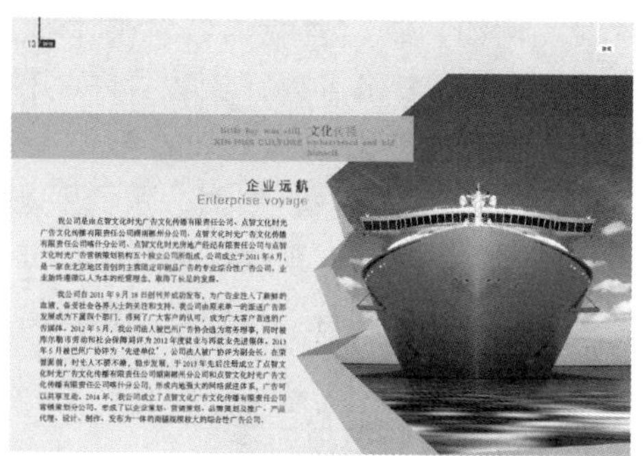

图6.62 素材文档

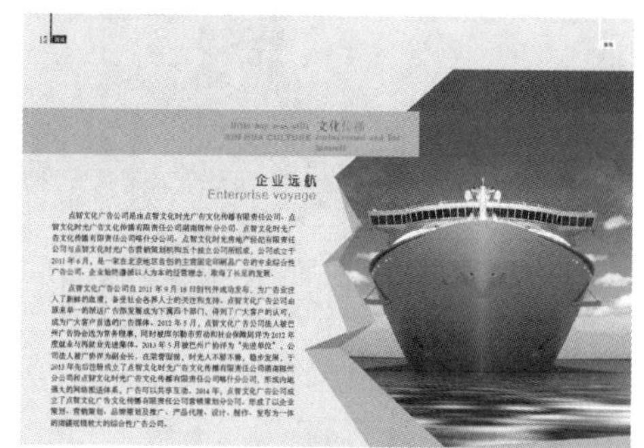

图6.63 替换后的效果

6.7.3 高级查找/更改设置

除了在上一小节中讲解的文本内容查找与替换外，用户还可以根据需要，进行更多的高级查找/更改处理。下面来讲解一些常用的方法。

1. 查找并更改带格式文本

在“查找格式”区域中单击“指定要查找的属性”按钮，或在其下面的框中单击鼠标，可弹出“查找格式设置”对话框，如图6.64所示，在此对话框中可以设置要查找的文字或段落的属性。

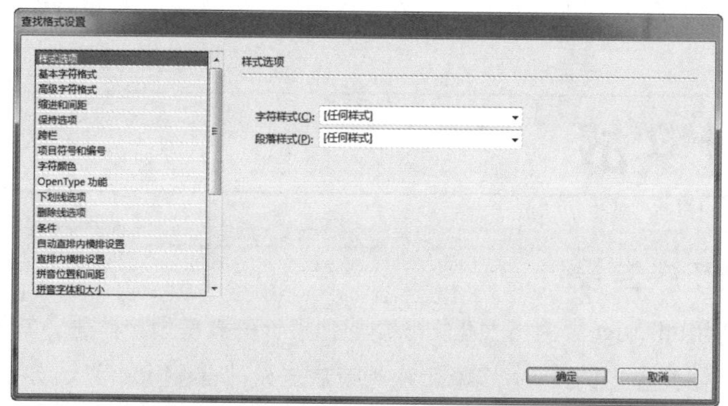

图6.64 “查找格式设置”对话框

若单击“更改格式”框，或者单击框右侧的“指定要更改的属性”按钮，可以在弹出的“更改格式设置”对话框中，设置新的文本属性。

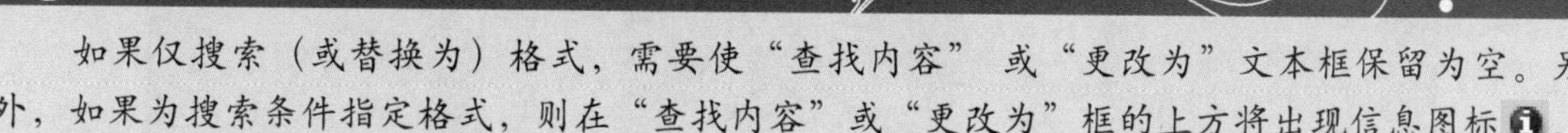

提示

如果仅搜索（或替换为）格式，需要使“查找内容”或“更改为”文本框保留为空。另外，如果为搜索条件指定格式，则在“查找内容”或“更改为”框的上方将出现信息图标。这些图标表明已设置格式属性，查找或更改操作将受到相应的限制。

要快速清除“查找格式设置”或“更改格式设置”区域的所有格式属性，可以单击“清除指定的属性”按钮。

例如图6.65所示就是以上面的查找/更改示例为例，并在替换的同时将“点智文化广告公司”的字体设置为“黑体”、颜色为“暗红色”后的效果，此时所设置的对话框如图6.66所示。

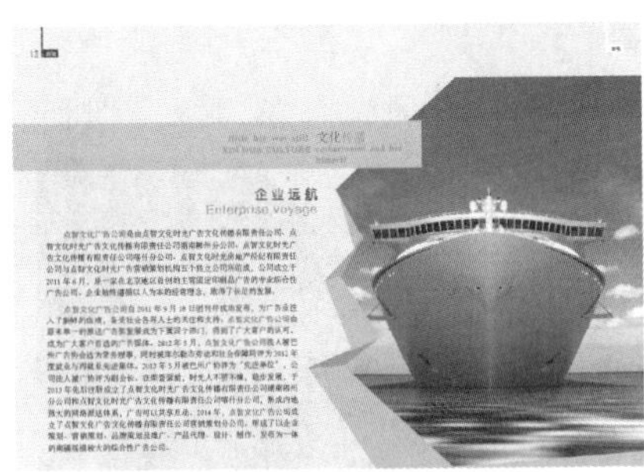
图6.65　替换后的效果

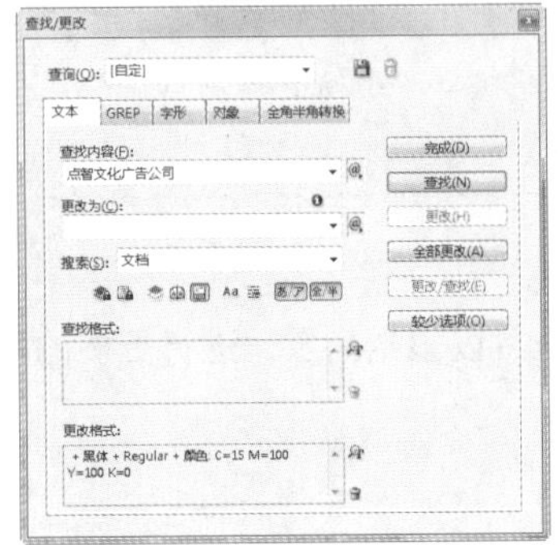

图6.66　“查找/更改”对话框

2. 使用通配符进行搜索

所谓的通配符搜索，就是指定“任意数字”或“任意空格”等通配符，以扩大搜索范围。例如，在“查找内容”文本框中输入“z^?ng”，表示可以搜索以“z”开头且以“ng”结尾的单词，如“zing”、“zang”、“zong”和“zung”。当然，除了可以输入通配符，也可以单击“查找内容”文本框右侧的“要搜索的特殊字符”按钮@，在弹出的下拉列表中选择一个选项。

3. 替换为剪贴板内容

可以使用复制到剪贴板中的带格式内容或无格式内容来替换搜索项目，甚至可以使用复制的图形替换文本。只需复制对应项目，然后在“查找/更改”对话框中，单击“更改为”文本框右侧的“要搜索的特殊字符”按钮@，在弹出的下拉列表中选择一个选项。

4. 通过替换删除文本

要删除不想要的文本，在“查找内容”文本框中定义要删除的文本，然后将“更改为”文本框保留为空（确保在该框中没有设置格式）。

6.8 设计实战

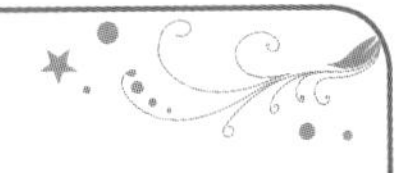

6.8.1　房地产广告设计

在本例中，将利用InDesign中的格式化文本功能，设计一款房地产广告，其操作步骤如下。

01 打开随书所附光盘中的文件“第6章\房地产广告设计\素材.indd”，如图6.67所示。

02 使用“文字工具”T在文档的上部拖动一个文本框，如图6.68所示。

03 在文本框内部输入所需的文本，如图6.69所示。

图6.67　素材效果

图6.68　绘制文本框

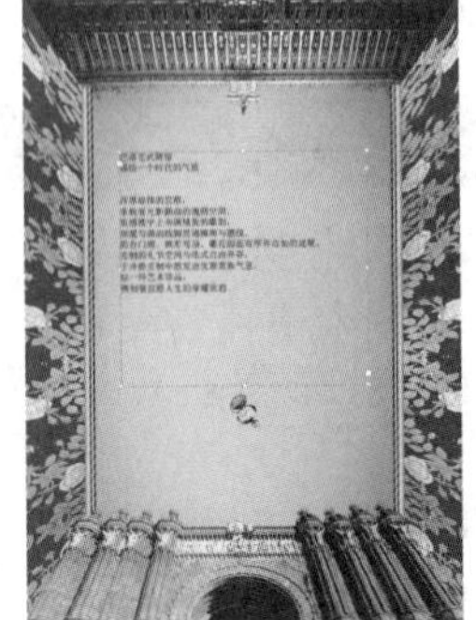
图6.69　输入文本

04 在“段落”面板中设置所有文本的对齐方式为居中，得到图6.70所示的效果。

图6.70　设置段落属性

05 选中最顶部的两行标题文字，然后在“字符”面板中设置其属性，如图6.71所示，得到图6.72所示的效果。

图6.71　“字符”面板　图6.72　设置字符属性后的效果

06 按照上一步的方法选中剩余的正文文字，在“字符”面板中设置其属性，如图6.73所示，得到图6.74所示的效果。

图6.73　“字符”面板　图6.74　设置字符属性后的效果

07 使用“选择工具”选中整个文本框，然后在“颜色”面板中设置文本的填充色，如图6.75所示，得到图6.76所示的效果。

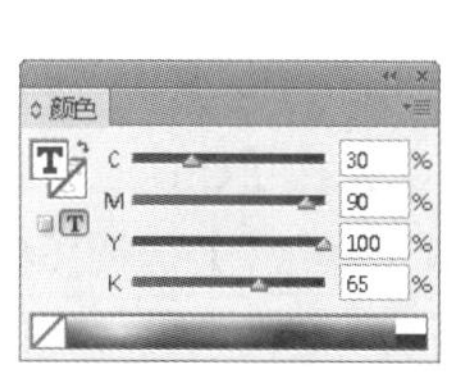

图6.75　“颜色”面板　图6.76　设置颜色后的效果

08 按照前面讲解的方法，在广告的底部再输入其他文本，并适当进行格式化处理，得到图6.77所示的最终效果。

图6.77　最终效果

6.8.2　咖啡酒水单设计

在本例中，将利用InDesign中的格式化文本功能，设计一款咖啡酒水单，其操作步骤如下。

01 打开随书所附光盘中的文件“第6章\咖啡酒水单设计\素材.indd”，如图6.78所示。

02 使用“文字工具”在右侧中间处拖动，绘制一个文本框，并在其中输入相关的文字，如图6.79所示。在输入时要注意，咖啡名称与价格之间应按【Tab】键进行分隔，以便于后面设置制表符。

图6.78 素材效果

图6.79 输入文本

03 在文本框内插入光标，按【Ctrl+A】快捷键选中所有文本，按【Ctrl+Shift+T】快捷组合键或选择“文字”|“制表符”命令，设置弹出的面板，如图6.80所示，得到图6.81所示的效果。

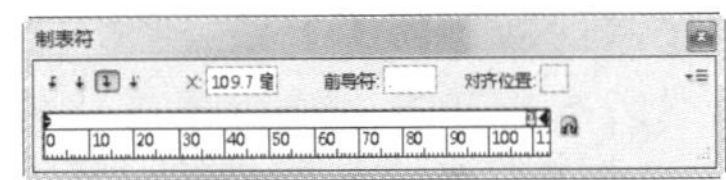

图6.80 “制表符”面板

图6.81 设置制表符后的效果

04 保持文本的选中状态，然后在“字符”面板中设置其属性，如图6.82所示，得到图6.83所示的效果。

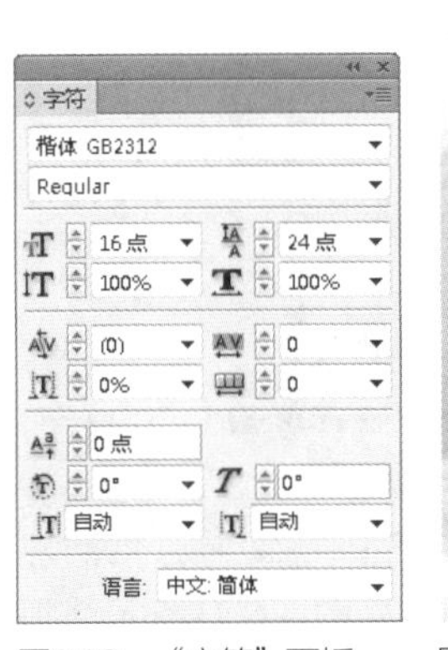

图6.82 “字符”面板　图6.83 设置文本属性后的效果

05 继续保持文本的选中状态，然后在“颜色”面板中设置其填充色，如图6.84所示，得到图6.85所示的最终效果。

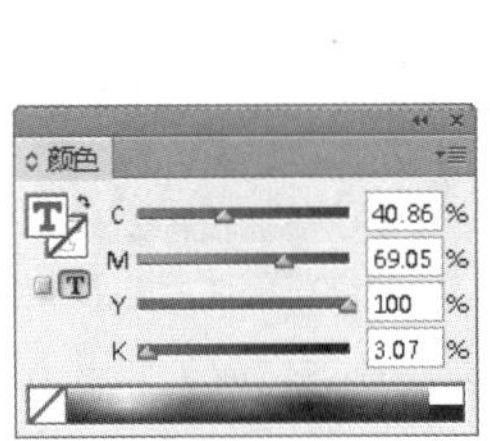

图6.84 “颜色”面板　图6.85 最终效果

ID InDesign

第7章 文字高级属性设置

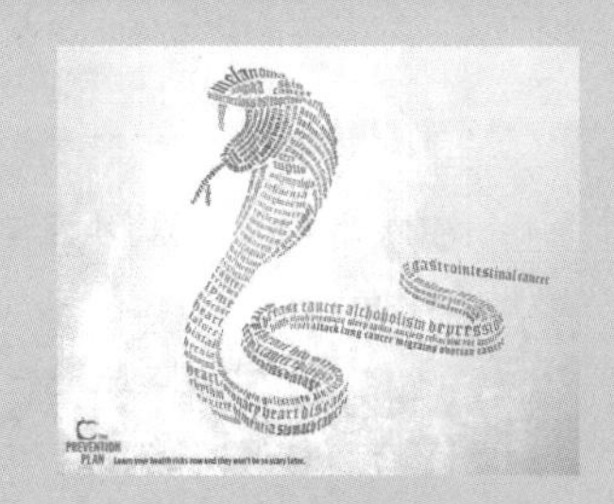

7.1 字符与段落样式

7.1.1 样式的基本概念

简单来说，样式就是一系列属性的组合，当用户针对不同的对象应用样式时，即可快速将样式中所设置的属性应用于所选对象。在InDesign中，根据对象的不同，样式主要可以分为字符样式、段落样式以及对象样式等3种。

要使用和控制样式，可以显示对应的面板。以对象样式为例，在“对象样式”面板就可以控制与对象样式相关的所有功能，

样式是保存在文档中的，当打开相关的文档时，样式都会显示在相对应的面板中，当选择文字或插入光标时，应用于文本的任何样式都将突出显示在相应的样式面板中，除非该样式位于折叠的样式组中。如果选择的是包含多种样式的一系列文本，则样式面板中不突出显示任何样式；如果所选一系列文本应用了多种样式，样式面板将显示为“混合”状态，如图7.1所示。

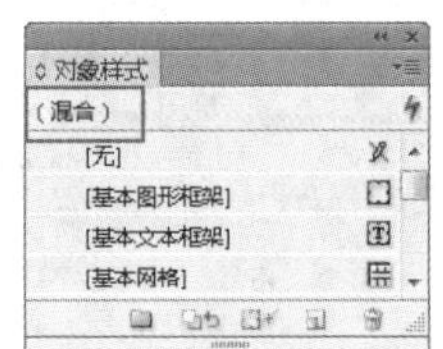

图7.1 显示“混合”的面板

在本章中，主要讲解字符样式和段落样式。

7.1.2 字符样式

1. “字符样式”面板

要控制字符样式，首先要按照以下方法来调出“字符样式”面板。

- 选择“窗口”|“样式”|“字符样式”命令。
- 选择“文字”|“字符样式”命令。
- 按【Shift+F11】快捷键。

执行上述任意一个操作后，都将显示图7.2所示的“字符样式”面板。

“字符样式”面板是文字控制灵活性的集中表现，它可以轻松控制标题、正文文字、小节等频繁出现的相同类别文字的属性。

图7.2 “字符样式”面板

2. 创建字符样式

要创建字符样式，可以执行以下操作之一。

- 单击“字符样式”面板底部的“创建新样式”按钮，即可按照默认的参数创建一个字符样式。
- 按住【Alt】键单击“字符样式”面板底部的“创建新样式”按钮，或在“字符样式”面板中单击右上角的“面板”按钮，在弹出的菜单中选择“新建字符样式”命令，弹出“新建字符样式”对话框，如图7.3所示。

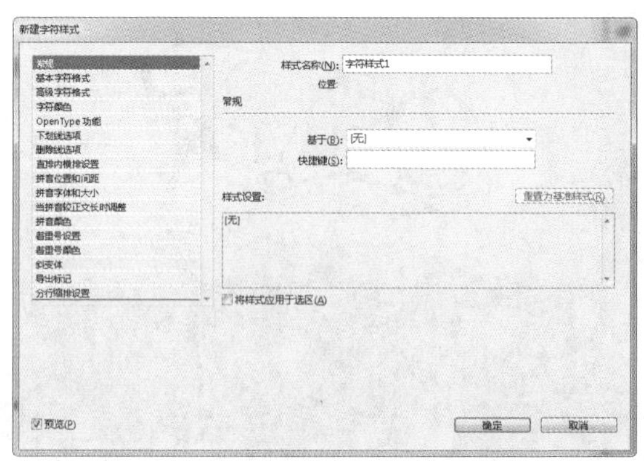

图7.3 “新建字符样式”对话框

“新建字符样式”对话框中各选项的含义解释如下。

- 样式名称：在此文本框中可以输入文本以命名新样式。

- 基于：在此下拉列表中列有当前出版物中所有可用的文字样式名称，可以已有的样式为基础父样式来定义子样式。如果需要建立的文字样式与某一种文字样式的属性相近，则可以将此种样式设置为父样式，新样式将自动具有父样式的所有样式。当父样式发生变化时，所有以此为父样式的子样式的相关属性也将同时发生变化。默认情况下为“无”文字样式选项。
- 快捷键：此文本框中用于输入键盘中的快捷键。按数字小键盘上的【Num Lock】键，使数字小键盘可用。按【Shift】、【Ctrl】、【Alt】键中的任何一个键，并同时按数字小键盘上的某数字键即可。
- 样式设置：在此区域的文本框中详细显示为样式定义的所有属性。
- 将样式应用于选区：勾选此复选项，可以将新样式应用于选定的文本。

对于左侧的其他选项，主要就是各种字符属性，用户根据需要进行设置。设置完成后，单击“确定”按钮退出对话框，即可创建得到相应的字符样式。

提示

选中文字再执行上述创建字符样式操作，将依据选中文字的属性创建新字符样式。

设置字符样式时，其中的常用参数与“字符”面板中的参数基本相同，故不再详细讲解。以图7.4所示的素材为例，图7.5所示是定义了一个字符样式并应用于英文字母后的效果。图7.6所示是所设置的字符样式的参数。

图7.4　素材文档

图7.5　设置并应用字符样式后的效果

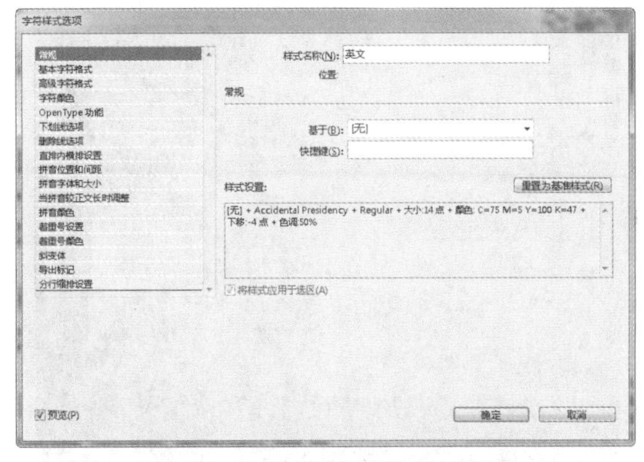

图7.6　所设置的字符样式的参数

7.1.3　段落样式

创建、编辑与应用段落样式的方法与字符样式基本相同，只不过段落样式主要用于控制段落的属性。使用它，用户可以控制缩进、间距、首字下沉、悬挂缩进、段落标尺线甚至文字颜色、高级文字属性等诸多参数。在文档量较大时，尤其是各种书籍、杂志等长文档，更是离不开段落样式的控制。

在创建与编辑段落样式前，首先应显示出“段落样式”面板，其方法如下。

- 选择“窗口”|“样式”|“段落样式”命令。
- 选择“文字”|“段落样式”命令。
- 按【F11】键。

执行上述任意一个操作后，都将显示图7.7所示的“字符样式”面板。

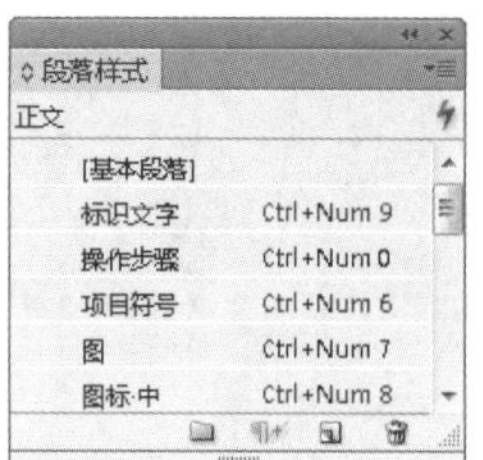

图7.7 “字符样式”面板

创建段落样式的方法与创建字符样式的方法基本相同，其中的主要参数，也在前面讲解段落属性时讲解过，故不再重述。以图7.8所示的素材为例，图7.9所示是创建一个段落样式，并应用于左侧标题下面的正文后的效果。

图7.8 素材文档

图7.9 应用段落样式后的效果

7.1.4 应用样式

由于字符样式与段落样式的应用范围不同，因此应用样式的方法也不尽相同。

在应用字符样式时，需要使用将要应用样式的文本选中，然后在“字符样式”面板中单击要应用的字符样式名称即可；若选中了文本框，则文本框内部的所有文本都会应用该字符样式。

在应用段落样式时，可以将光标插入到要应用样式的段落内，然后在“段落样式”面板中单击要应用的段落样式名称即可；若选中独立的文本框，则文本框内部的所有文本都会应用该段落样式；或选中串联文本框，则无法应用任何段落样式。

7.1.5 嵌套样式

1. 嵌套样式的概念

简单来说，嵌套样式就是指以段落为基础，使之与字符样式进行组合，通过指定应用的范围，使段落文本中的字符拥有特殊属性，使版面效果更为多样化。

在“段落样式选项”对话框中选择“首字下沉和嵌套样式”选项后，其对话框如图7.10所示。

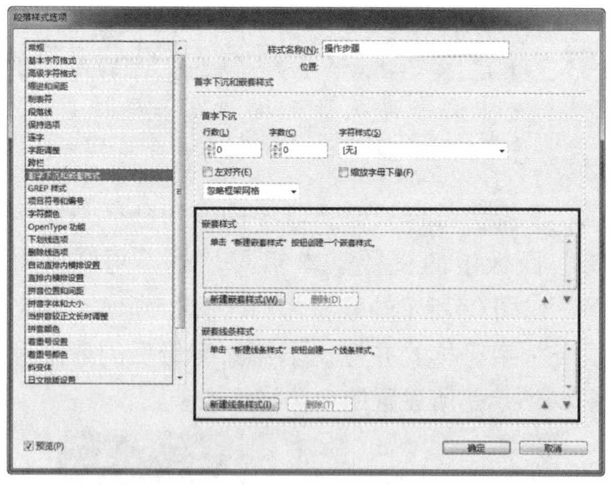

图7.10 “首字下沉和嵌套样式”参数

2. 嵌套字符样式

在段落样式嵌套字符样式，可以控制段落中部分字符的属性。例如，可以对段落的第一个字符直到第一个冒号（：）应用字符样式，区别冒号以后的字符，起到醒目的效果。对于每种嵌套样式，可以定义该样式的结束字符，如制表符或单词的末尾。

若要直接设置嵌套样式而不使用段落样式，可以选中段落文本，然后单击“段落”面板右上角的“面板”按钮，在弹出的菜单中选择“首字下沉和嵌套样式”命令，在弹出的对话框中单击一次或多次“新建嵌套样式”按钮，单击一次后的选项区域将发生变化，如图7.11所示。

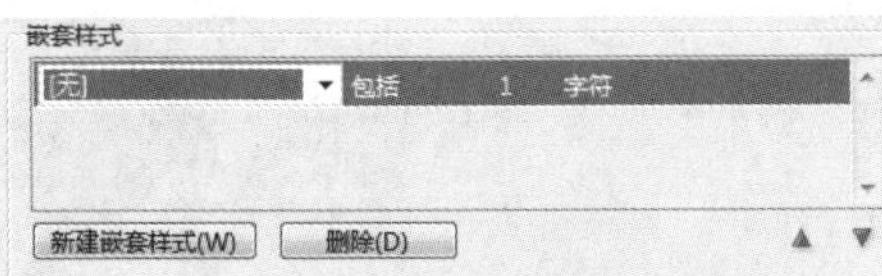

图7.11 单击一次后的“嵌套样式”显示状态

该选项组中各选项的含义解释如下。

- 单击“无”右侧的三角按钮，可以在下拉列表中选择一种字符样式，以决定该部分段落的外观。如果没有创建字符样式，可以选择“新建字符样式”选项，然后设置要使用的格式。
- 如果选择“包括”选项，将包括结束嵌套样式的字符；如果选择“不包括”选项，则只对此字符之前的那些字符设置格式。
- 在数字区域中可以指定需要选定项目（如字符、单词或句子）的实例数。
- 在“字符”区域中可以指定结束字符样式格式的项目。还可以键入字符，如冒号（:）或特定字母或数字，但不能键入单词。
- 当有两种或两种以上的嵌套样式时，可以单击向上按钮▲或向下按钮▼以更改列表中样式的顺序。样式的顺序决定格式的应用顺序，第二种样式定义的格式从第一种样式的格式结束处开始。

提示

如果将字符样式应用于首字下沉，则首字下沉字符样式充当第一种嵌套样式。

以图7.12所示的素材为例，图7.13所示是创建嵌套字符样式后的效果，使每段冒号及冒号前面的文字拥有特殊的字符属性，其参数设置如图7.14所示。

环境优良：高铭开发区从建区以来，以建成园林式、生态型新城为目标，建设了优美舒适的生态环境。开发区较早地通过了ISO14001和ISO9000认证，绿地面积150多万平方米，道路绿化带50多公里。2002年开发区被评为“国家级生态示范区”。

休闲胜地：县内设有文化广场、商业街、美食街、购物中心等休闲场所；图书馆、体育馆、文化中心等文化体育设施齐全。县内建有五星级宾馆一家，四星、三星级宾馆及度假村十多家，另有大量公寓社区及高级别墅区，环境优美，设施完备。

人文历史：高铭有着丰厚的历史文化底蕴和吴风楚韵的人文特色。6300年前的薛城遗址是南京地区最早的新石器时代遗址，高淳老街被誉为“金陵第一古街”，进入“中国历史文化名街”十六强。

生态旅游：高铭拥有高淳老街1个国家AAA级景区，银林山庄等4个国家AA级景区，高陶公司1个国家级工业旅游示范点，迎湖桃园、桠溪生态之旅2个国家级农业旅游示范点；春季油菜花节、夏季荷花节、秋季螃蟹节、春节民俗嘉年华吸引众多游客走进高淳观光游览、投资兴业。

图7.12 素材文档

环境优良：高铭开发区从建区以来，以建成园林式、生态型新城为目标，建设了优美舒适的生态环境。开发区较早地通过了ISO14001和ISO9000认证，绿地面积150多万平方米，道路绿化带50多公里。2002年开发区被评为“国家级生态示范区”。

休闲胜地：县内设有文化广场、商业街、美食街、购物中心等休闲场所；图书馆、体育馆、文化中心等文化体育设施齐全。县内建有五星级宾馆一家，四星、三星级宾馆及度假村十多家，另有大量公寓社区及高级别墅区，环境优美，设施完备。

人文历史：高铭有着丰厚的历史文化底蕴和吴风楚韵的人文特色。6300年前的薛城遗址是南京地区最早的新石器时代遗址，高淳老街被誉为“金陵第一古街”，进入“中国历史文化名街”十六强。

生态旅游：高铭拥有高淳老街1个国家AAA级景区，银林山庄等4个国家AA级景区，高陶公司1个国家级工业旅游示范点，迎湖桃园、桠溪生态之旅2个国家级农业旅游示范点；春季油菜花节、夏季荷花节、秋季螃蟹节、春节民俗嘉年华吸引众多游客走进高淳观光游览、投资兴业。

图7.13 应用嵌套样式后的效果

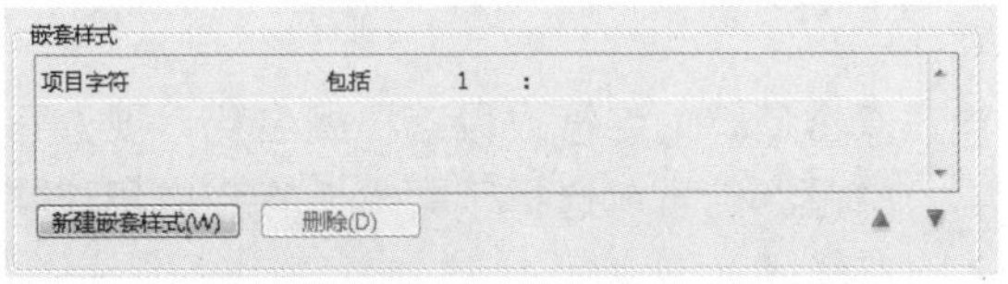

图7.14 参数设置

3. 嵌套线条样式

嵌套线条样式功能与嵌套样式功能是基本相同的，只不过嵌套线条样式专门用于为文字增加线条效果，用户可以创建一个带有下划线或删除线的字符样式，然后指定给字符。

图7.15所示就是添加了不同嵌套线条样式后的效果。

图7.15　点状下划线与删除线效果

7.1.6　编辑与管理样式

1. 编辑样式

若要改变样式的设置，可以先执行以下操作之一。

- 双击创建的字符或段落样式名称。要注意的是，若当前选择了文本，将会应用该字符样式。
- 在要编辑的字符或段落样式上单击鼠标右键，在弹出的菜单中选择“编辑‘***’”命令。其中的***代表当前样式的名称。

执行上述操作后，在弹出的对话框中设置新的参数，然后单击“确定”按钮退出对话框即可。

2. 覆盖样式与更新样式

在应用了字符或段落样式后，或文本的属性发生变化，当选中这些文本时，在相应的样式名称后面会显示一个“+”图标，表示当前文字的属性，与样式中定义的属性有所不同，此时可以对样式执行覆盖或更新操作。

以图7.16所示的素材为例，其左上方的正文被修改为“Adobe 宋体 Std”，此时“段落样式”面板中的“正文”样式后面显示了一个“+”图标，如图7.17所示。

图7.16　缩小字号后的效果

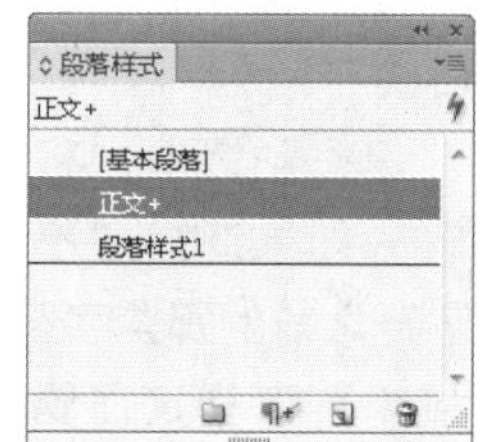

图7.17　带有“+”图标的“正文”样式

此时，在“正文”样式上单击鼠标右键，在弹出的快捷菜单中选择“重新定义样式”命令，则可以依据当前的字符属性重新定义该字符样式，如图7.18所示；若在弹出的菜单中选择“应用‘正文’”命令，则将字符样式中设置的属性应用给选中的文字，如图7.19所示。

图7.18　重新定义样式后的效果

图7.19　应用样式后的效果

7.1.7　导入外部样式

除了自行创建样式外，用户也可以直接将其他文件中的样式导入进来使用。在InDesign中，可以将InDesign文档或Word文档中的样式导入进来在载入的过程中，可以决定载入哪些样式以及在载入与当前文档中某个样式同名的样式时应做何响应。下面就分别来讲解其方法。

1. 导入InDesign文档中的样式

导入InDesign文档样式的具体操作方法如下。

01 单击“段落样式”面板右上角的“面板”按钮，在弹出的菜单中选择“载入段落样式”命令，在弹出的“打开文件”对话框中选择要载入样式的InDesign文件。

02 单击“打开”按钮，弹出“载入样式”对话框，如图7.20所示。

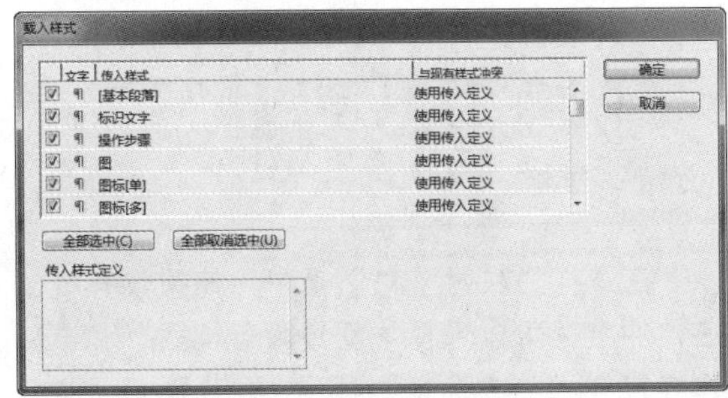

图7.20　“载入样式”对话框

03 在“载入样式”对话框中，指定要导入的样式。如果任何现有样式与其中一种导入的样式名称一样，就需要在“与现有样式冲突”下方选择下列选项之一。

- 使用传入定义：选择此选项，可以用载入的样式优先选择现有样式，并将它的新属性应用于当前文档中使用旧样式的所有文本。传入样式和现有样式的定义都显示在“载入样式”对话框的下方，以便看到它们的区别。
- 自动重命名：选择此选项，用于重命名载入的样式。例如，如果两个文档都具有“注意”样式，则载入的样式在当前文档中会重命名为“注意副本”。

04 单击“确定”按钮退出对话框。图7.21所示为载入段落样式前后的面板状态。

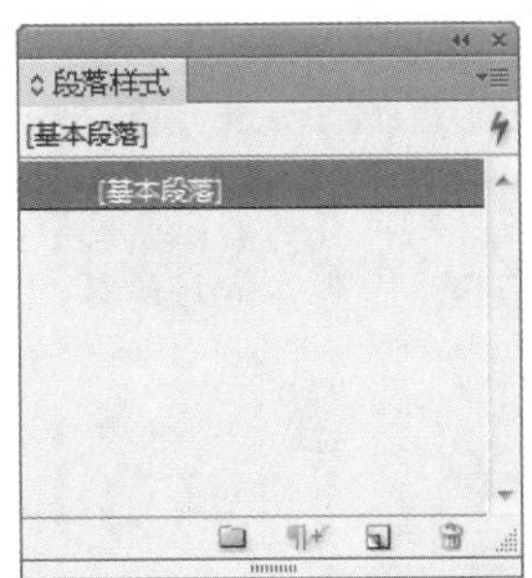

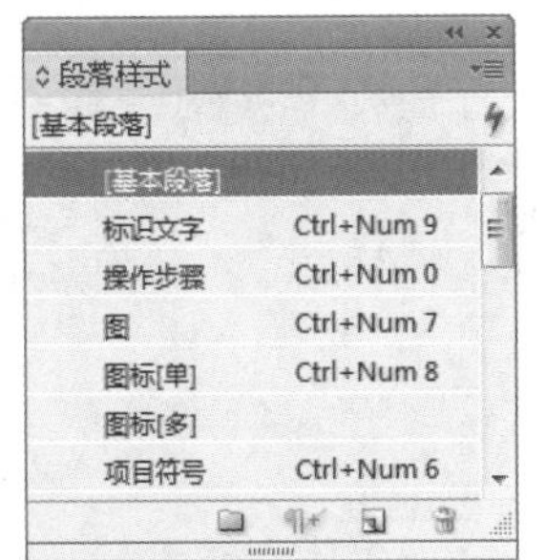

图7.21　载入段落样式前后的面板状态

2. 导入Word文档中的样式

在导入Word 文档的样式时，可以将 Word 中使用的每种样式映射到 InDesign 中的对应样式。这样，就可以指定使用哪些样式来设置导入文本的格式。每个导入的 Word 样式的旁边都会显示一个磁盘图标，在 InDesign中编辑该样式后，此图标将自动消失。

导入Word文档的样式的具体操作方法如下。

01 执行“文件”|“置入”命令，或按【Ctrl+D】快捷键，在弹出的“置入”对话框中将“显示导入选项”复选项勾选，如图7.22所示。

02 在“置入”对话框中选择要导入的Word文件，单击“打开”按钮，将弹出“Microsoft Word 导入选项”对话框，如图7.23所示。在该对话框中设置包含的选项、文本格式以及随文图等。

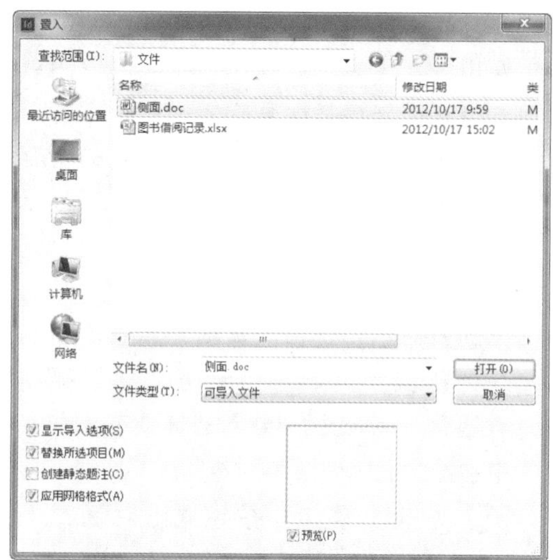

图7.22　“置入”对话框

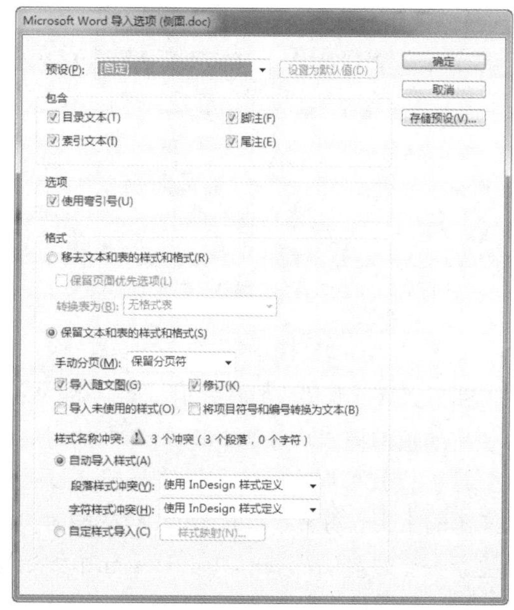

图7.23　“Microsoft Word 导入选项”对话框

03 如果不想使用Word中的样式，则可以选择“自定样式导入”选项，然后单击“样式映射”按钮，将弹出“样式映射”对话框，如图7.24所示。

在“样式映射”对话框中，当有样式名称冲突时，该对话框的底部将显示出相关的提示信息。可以通过以下3种方式来处理这个问题。

- 在“InDesign 样式”下方的对应位置中，单击该名称，在弹出的下拉列表中选择“重新定义 InDesign 样式”选项，如图7.25所示。然后输入新的样式名称即可。

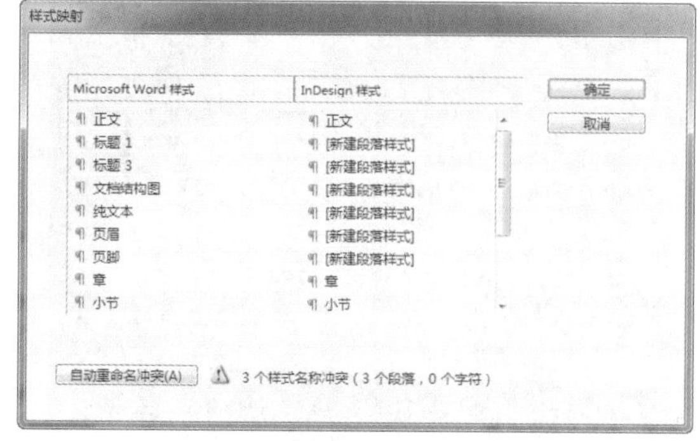

图7.24　“样式映射”对话框

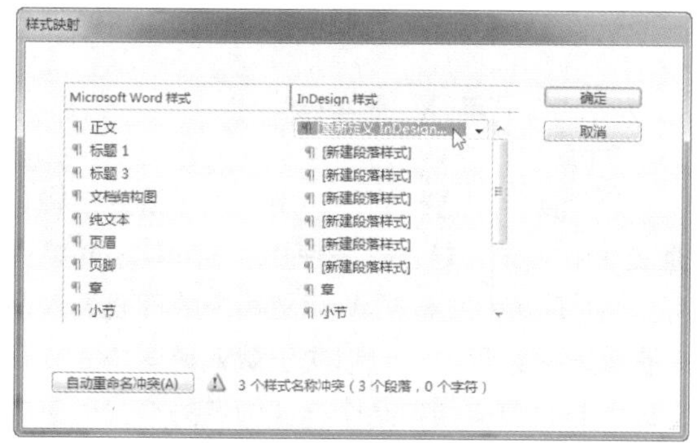

图7.25　选择“重新定义 InDesign 样式”选项

- 在“InDesign 样式”下方的对应位置中单击该名称，在弹出的下拉列表中选择一种现有的 InDesign 样式，以便将该 InDesign 样式设置导入的样式文本的格式。
- 在“InDesign 样式”下方的对应位置中单击该名称，在弹出的下拉列表中选择“自动重命名”以重命名 Word 样式。

提示

如果有多个样式名称发生冲突，可以直接单击对话框下方的“自动重命名冲突”按钮，以将所有发生冲突的样式进行自动重命名。

在“样式映射”对话框中，如果没有样式名称冲突，可以选择“新建段落样式”、“新建字符样式”或选择一种现有的InDesign样式名称。

04 设置好各选项后，单击“确定”按钮退回到“Microsoft Word 导入选项”对话框，单击“确定”按钮，然后在页面中单击或拖动鼠标，即可将Word文本置入到当前的文档中。

7.1.8　自定义样式映射

在InDesign中，在将其他文档以链接的方式置入到当前的文档中后，可以通过自定义样式映射功能将源文档中的样式映射到当前文档中，从而将当前文档中的样式自动应用于链接的内容。下面就来讲解其操作方法。

01 打开素材，选择“窗口”|“链接”命令，调出“链接”面板，然后单击其右上角的“面板”按钮，在弹出的菜单中选择“链接选项”命令。

02 在弹出的“链接选项”对话框中勾选“定义自定样式映射”复选项，如图7.26所示。

03 单击“设置”按钮，弹出“自定样式映射”对话框，如图7.27所示。

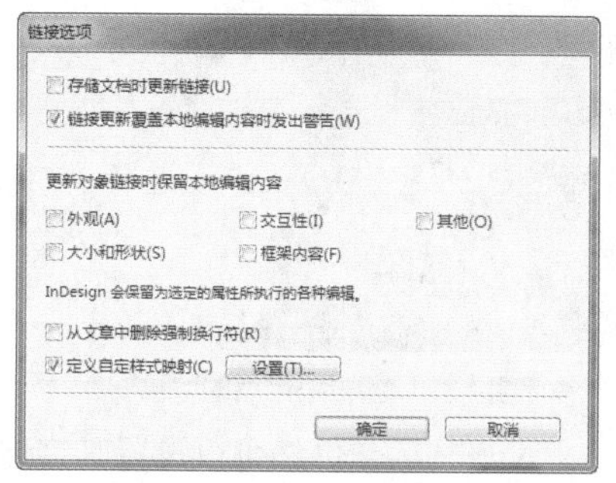

图7.26　“链接选项”对话框

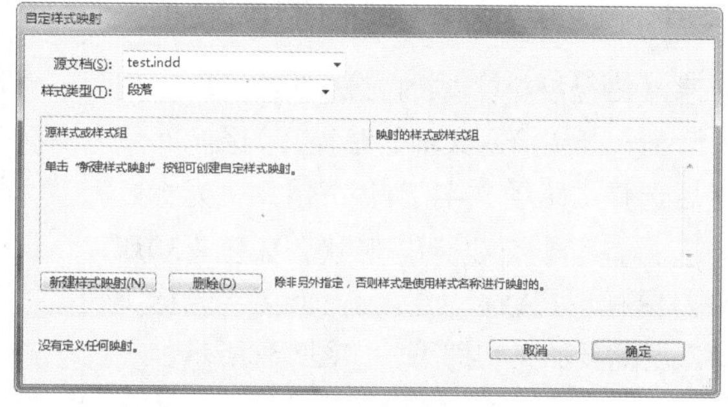

图7.27　“自定样式映射”对话框

“自定样式映射”对话框中重要选项讲解如下。

- 源文档：在此下拉列表中可以选择打开的文档。
- 样式类型：在此下拉列表中可以选择样式类型为段落、字符、表或单元格。
- 新建样式映射：单击此按钮，此时“自定样式映射”对话框如图7.28所示。单击“选择源样式或样式组”后的三角按钮，在弹出的下拉列表中可以选择“源文档”中所选择的文档的样式，然后单击“选择映射的样式或样式组”后的三角按钮，在弹出的下拉列表中选择当前文档中的样式。

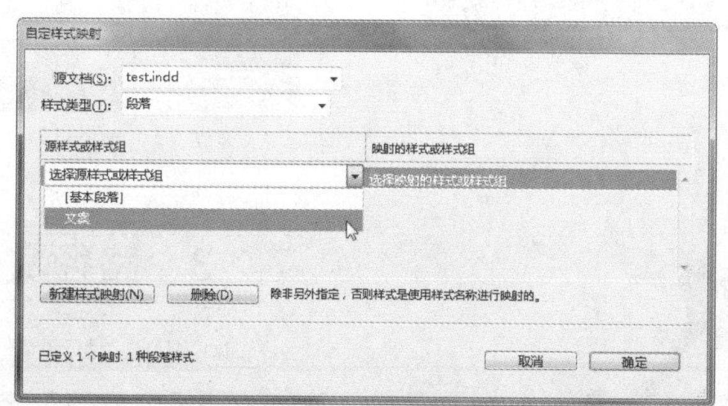

图7.28　“自定样式映射”对话框

04 设置完成后，单击“确定”按钮退出。

7.2　输入沿路径绕排的文本

沿路径绕排文本是指在当前已有的图形上输入文字，从而使文字能够随着图形的形态及变化

排列。

需要注意的是，路径文字只能是一行，任何不能排在路径上的文字都会溢流。另外，不能使用复合路径来创建路径文字。如果绘制的路径是可见的，在向其中添加了文字后，它仍然是可见的。如要隐藏路径，需要使用“选择工具”或“直接选择工具”选中它，然后对填色和描边应用“无”效果。

7.2.1　创建沿路径绕排的文本

创建沿路径绕排文本的方法非常简单，用户首先绘制一条要输入文本的路径，如图7.29所示，然后选择“路径文字工具”并将光标置于路径上，直至光标变为形状，如图7.30所示，单击鼠标以在路径上插入一个文字光标，然后输入所需要的文字即可，如图7.31所示。

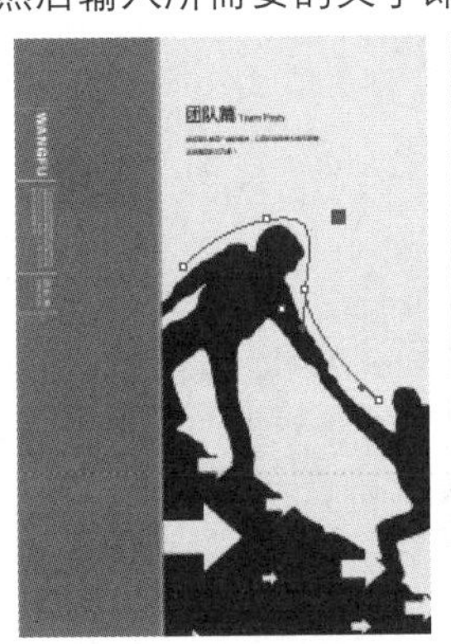

图7.29　绘制路径

图7.30　摆光标的位置

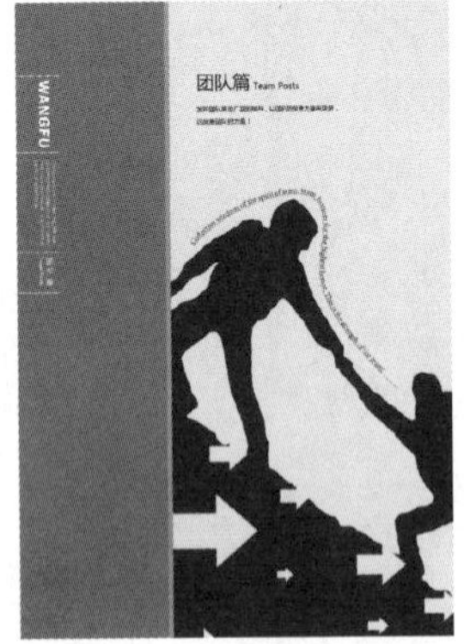

图7.31　创建路径文字

7.2.2　路径文字基本编辑处理

对于已经创建的路径绕排文本，原来的路径与文字是结合在一起的，但二者仍可以单独设置其属性。例如通过修改绕排文字路径的曲率、节点的位置等来修改路径的形状，从而影响文字的绕排效果，如图7.32所示。而对于路径，也可以为其指定描边颜色、描边粗细、描边样式以及填充色等。

图7.32　编辑路径后的效果

另外，对于文字，仍然可以设置其字体、字号、间距、行距、对齐方式等，如图7.33所示。

图7.33　更改字体、字号及颜色后的效果

7.2.3　路径文字特殊效果处理

选中当前的路径文字，然后选择“文字”|“路径文字”|“选项”命令，或双击“路径文字工具”，在弹出的对话框中可以为路径文字设置特殊效果，如图7.34所示。

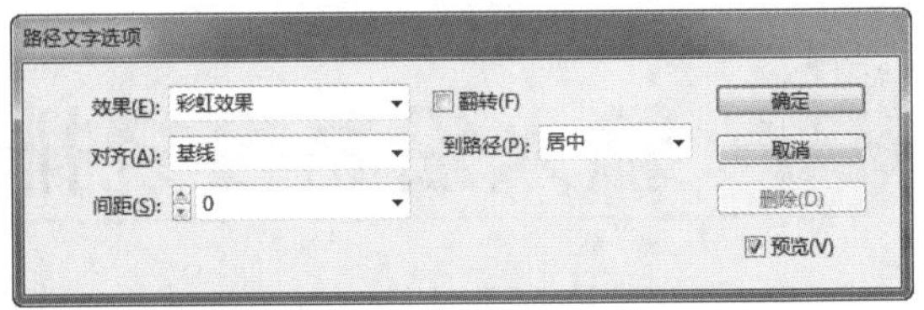

图7.34　“路径文字选项”对话框

在该对话框中，各选项的含义解释如下。

- 效果：此下拉列表中的选项，用于设置文本在路径上的分布方式。包括彩虹效果、倾斜、3D带状效果、阶梯效果和重力效果。图7.35所示为对路径文字应用的不同特殊效果。

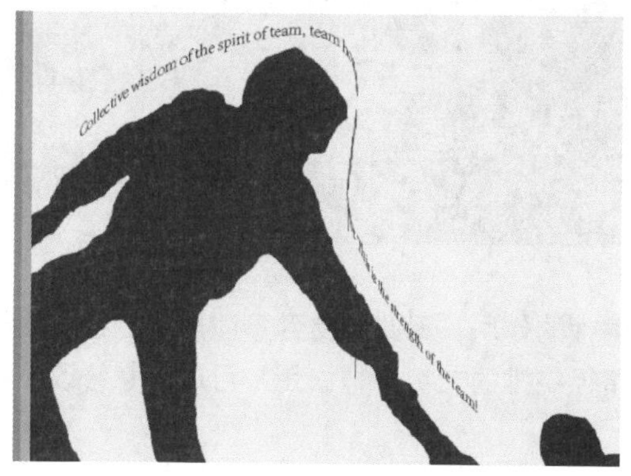

倾斜

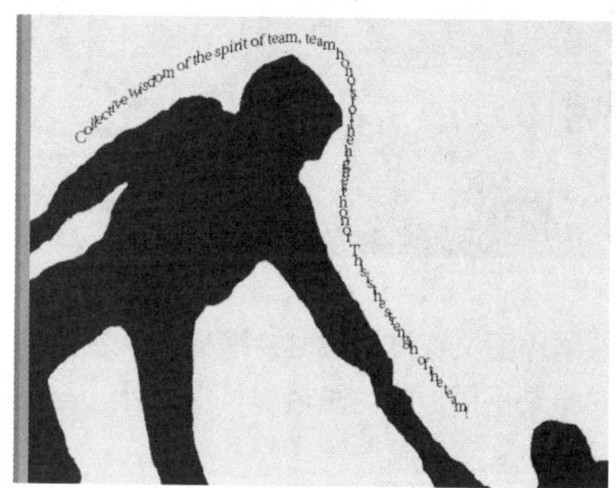

阶梯效果

图7.35　不同特殊效果

- 翻转：选择此复选项，可以用来翻转路径文字。
- 对齐：此下拉列表中的选项，用于选择路径在文字垂直方向的位置。
- 到路径：此下拉列表中的选项，用于指定从左向右绘制时，相对于路径的描边粗细来说，在哪一位置将路径与所有字符对齐方式。
- 间距：在此下拉列表中选择一个或直接输入数值，可控制文字在路径急转弯或锐角处的水平距离。
- 删除：单击此按钮，或在选中路径文字的情况下，选择“文字”|“路径文字”|“删除路径文字”命令，即可删除当前的路径文字效果。

7.3 在图形中输入文字

通过在图形中输入文字，可以让文字的排列限制在图形的范围内，从而获得异形排版效果。要在图形中输入文字，可以先绘制一个用于装载文字的图形，如图7.36所示，然后选择“文字工具”T并将光标置于图形内部，此时光标变为Ⓘ状态，如图7.37所示，单击鼠标以插入光标，并输入或粘贴文本即可，如图7.38所示。

图7.36　绘制图形

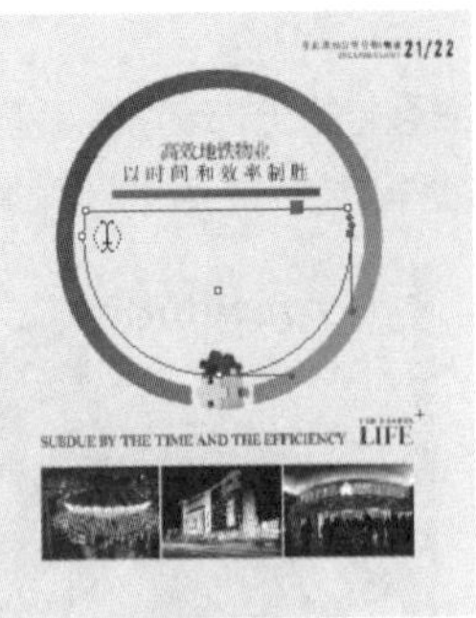

图7.37 摆放光标位置

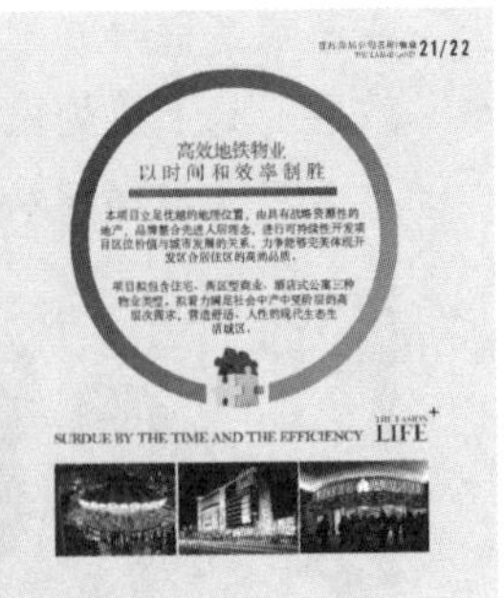

图7.38 输入文本后的效果

在制作图文绕排效果时，路径的形状起到了关键性的作用，因此要得到不同形状的绕排效果，只需要绘制不同形状的路径即可。另外，与输入沿路径绕排的文字一样，用户可以任意修改路径的形状及其中文字的属性。

7.4 文本绕排

顾名思义，文本绕排就是指让文本围绕某个指定的图形进行排列。在InDesign中，用户可以自定义绕排对象的边缘，因而可以得到非常多样化的排版效果。

文本绕排的相关操作，主要集中在“文本绕排”面板中，选择“窗口”|“文本绕排”命令，即可显示此面板，如图7.39所示。

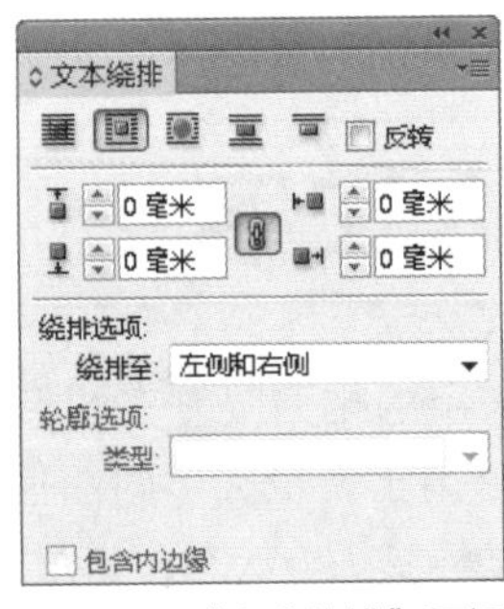

图7.39 “文本绕排”面板

下面就来讲解一下文本绕排的相关操作。

7.4.1 创建文本绕排

要创建文本绕排，可以选中要绕排的对象，然后在“文本绕排”面板中选择一种绕排的方式，具体介绍如下。

- 无绕排按钮：单击此按钮时，将无任何绕排效果。
- 沿定界框绕排按钮：单击此按钮时，将以对象的定界框为准进行绕排处理，此时可以在其下面的4个“位移”文本框中输入各方面上绕排的数量。
- 沿对象形状绕排按钮：单击此按钮时，将以对象的形状为准进行绕排处理，尤其适合在InDesign中绘制的图形，此时可以根据图形的形状进行绕排。在其下面的“位移”文本框中输入数值，可以设置形状边缘与文本之间的距离。

- 上下型绕排按钮：单击此按钮，则只在对象的上、下方显示文本，其左、右两侧为空。
- 下型绕排按钮：单击此按钮，则只在对象的下方显示文本，其上方及左、右两侧为空。

以图7.40所示的素材为例，图7.41所示是选择沿定界框绕排按钮时的效果。

图7.40　素材文档

图7.41　沿定界框绕排时的效果

在单击除“无绕排”按钮以外的其他按钮时，还可以在下方设置不同的选项，其介绍如下。

- 反转：选中此复选项后，将使用与原来相反的范围进行文本绕排处理。
- 位移：在选中一种绕排方式后，此处的文本框会被激活，输入数值可以设置文本与对象之间的距离。根据绕排方式的不同，此处文本框激活的数量也不尽相同。
- 绕排至：在此下拉列表中，可以选择绕排的范围。
- 类型：在此下拉列表中，可以设置用于绕排的对象轮廓。图7.42所示是单击“沿对象形状绕排”按钮时，设置“位移”数值为4mm，并设置“类型”为默认的“定界框”时的效果，图7.43所示则是设置“类型”为“检测边缘”时的效果。

图7.42　选择“定界框”选项时的效果

图7.43　选择“检测边缘”选项时的效果

7.4.2　编辑文本绕排

对于已经创建好的文本绕排，用户也可以根据需要对其绕排的边缘进行调整。要编辑文本绕排，首先要将其选中，用户可以使用“直接选择工具”单击对象以显示出其文本绕排边缘，如图7.44所示。可以看出，对象边缘显示了一条自动生成的路径，用户可以像编辑普通路径一样调整其形态，直至得到满意的效果，例如图7.45所示就是编辑了文本绕排边缘后的效果。

图7.44　选择文本绕排对象

图7.45　编辑绕排后的效果

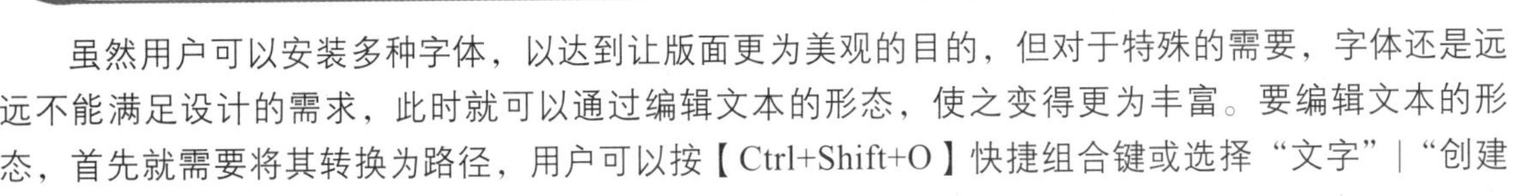

7.5 将文本转换为路径

虽然用户可以安装多种字体，以达到让版面更为美观的目的，但对于特殊的需要，字体还是远远不能满足设计的需求，此时就可以通过编辑文本的形态，使之变得更为丰富。要编辑文本的形态，首先就需要将其转换为路径，用户可以按【Ctrl+Shift+O】快捷组合键或选择“文字”|“创建轮廓”命令。

将文本转换为路径后，可以使其具有路径的所有特性，像编辑和处理任何其他路径那样编辑和处理这些路径，图7.46所示就是一些典型的异形文本的作品。

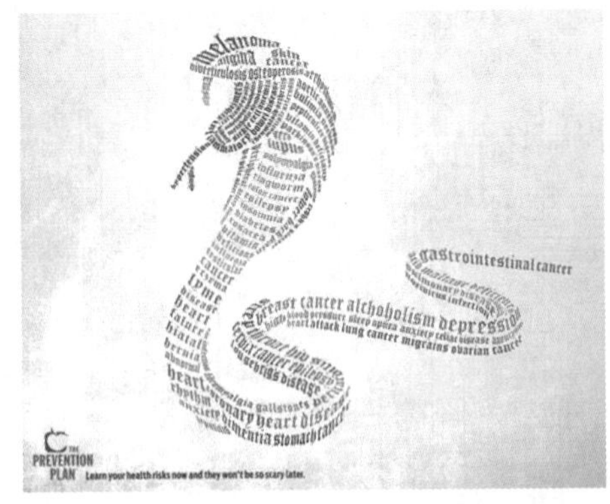

图7.46　将文字变形并进行艺术处理的作品

提示

“创建轮廓”命令一般在为大号显示文字制作效果时使用，很少用于正文文本或其他较小字号的文字。但要注意的是，一旦将文本转换为路径后，就再无法为其设置文本属性了。

7.6 设计实战

7.6.1 《经典民歌》封面设计

在本例中，将利用InDesign中将文字转换为图形的功能，制作带有形态变化的文字效果，其操作步骤如下所述。

01 打开随书所附光盘中的文件“第7章\《经典民歌》封面设计\素材1.indd”，如图7.47所示。为便于讲解和操作，笔者已经在其中输入了文字，并将其转换为曲线。

图7.47 素材效果

02 使用“直接选择工具”拖动出一个虚线框，将“经”字右上方的锚点选中，如图7.48所示。

图7.48 拖动选择框

03 选中锚点后，按【Delete】键将其删除，得到图7.49所示的效果。

图7.49 删除锚点后的效果

04 按照第2~3步的方法，继续删除锚点，直至得到类似图7.50所示的效果。

图7.50 删除锚点后的最终效果

05 打开随书所附光盘中的文件“第7章\《经典民歌》封面设计\素材2.indd”，选中其中的图形，按【Ctrl+C】快捷键进行复制，返回封面文件中，按【Ctrl+V】快捷键进行粘贴。

06 使用“选择工具”选中上一步粘贴进来的素材图形，按住【Shift】快捷键将其缩小，并置于“经”字的右上方，如图7.51所示。

图7.51 摆放图形后的效果

07 按照第2-6步的方法，继续编辑“歌”字，直至得到类似图7.52所示的效果，图7.53所示是封面的整体效果。

图7.52 制作完成的文字效果

图7.53　最终效果

7.6.2　促销广告设计

在本例中，将主要利用将文字转换为曲线并在其内部置入图像的手法来制作促销广告中的特效文字。其操作步骤如下所述。

01 打开随书所附光盘中的文件“第7章\促销广告设计\素材1.indd”，如图7.54所示。

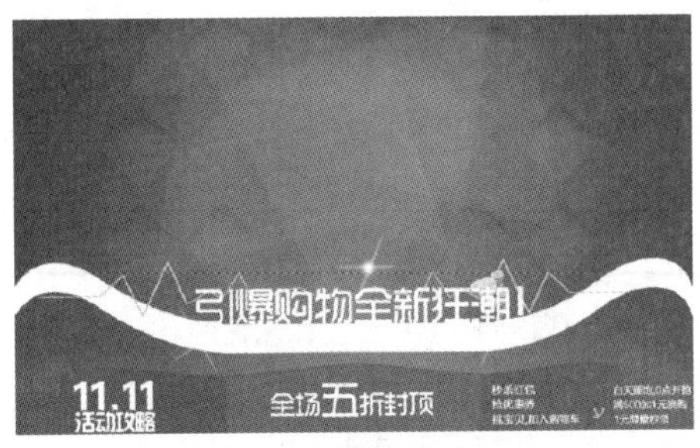

图7.54　素材效果

02 使用“文字工具” 在文档的中间拖动以创建文本框，并分别输入“全场”、“5”和“折”，设置适当的字体、字号等属性，直至得到类似图7.55所示的效果。

图7.55　输入文字

03 使用“选择工具” 选中上一步输入的3个文本块，然后选择“切变工具” ，按住【Shift】键向右侧拖动，如图7.56所示。

图7.56　切变对象

04 释放鼠标后，得到类似图7.57所示的效果。

图7.57　切变后的效果

05 保持文本块的选中状态，按【Ctrl+Shift+O】快捷组合键将文本转换为曲线并保持其选中状态，然后在“路径查找器”面板中单击图7.58所示的按钮，此时所有的文本对象被合并成为一个完整的图形，如图7.59所示。

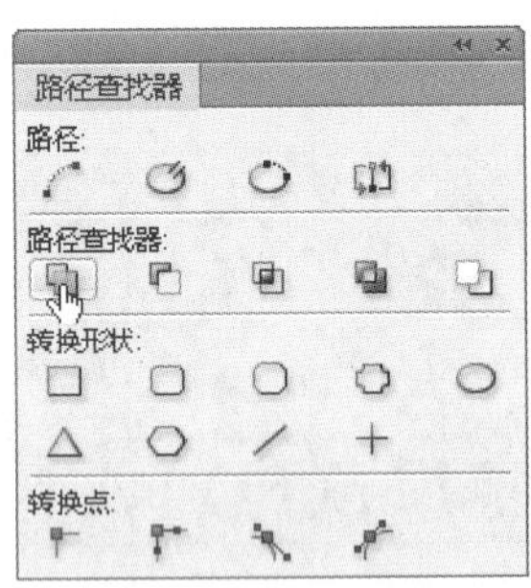

图7.58　“路径查找器”面板

图7.59　合并图形后的效果

06 保持文本图形的选中状态，按【Ctrl+D】快捷键，在弹出的对话框中打开随书所附光盘中的文件“第7章\促销广告设计\素材2.jpg”，如图7.60所示，从而将其置入到选中的文本图形中。默认情况下，图像会随着框架的切变角度进行变换，使用“直接选择工具”可选中图像以查看其状态，如图7.61所示。

图7.60 素材图像

图7.61 置入图像后的效果

07 保持图像的选中状态，在“控制”面板中将其切变数值设置为0，如图7.62所示，然后适当调整图像的大小及位置，直至得到类似图7.63所示的效果。

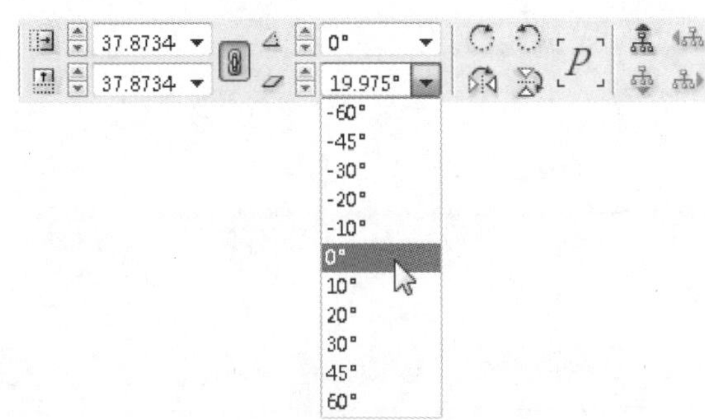

图7.62 设置切变数值

图7.63 调整并编辑图像的位置

08 使用“选择工具”选中文本图形，然后设置其描边色为“纸色”并在“描边”面板中设置其参数，如图7.64所示，得到图7.65所示的效果。

图7.64 “描边”面板

图7.65 设置描边后的效果

09 下面来为文字制作阴影效果。使用“选择工具”选中文本图形，按【Ctrl+C】快捷键进行复制，然后选择“编辑”|“原位粘贴”命令，再使用“直接选择工具”选中文本图形内部的图像，按【Delete】键将其删除，此时文档中的状态如图7.66所示。

图7.66 删除内部图像后的效果

10 使用“选择工具”选中白色的文本图形，然后分别按键盘上的向右和向下光标键各4次，并按【Ctrl+Shift+[】快捷组合键将其调整至底部，得到图7.67所示的效果。

图7.67　调整层次后的效果

11 保持白色文本图形的选中状态，然后在“颜色”面板中设置其填充色，如图7.68所示，得到图7.69所示的效果。

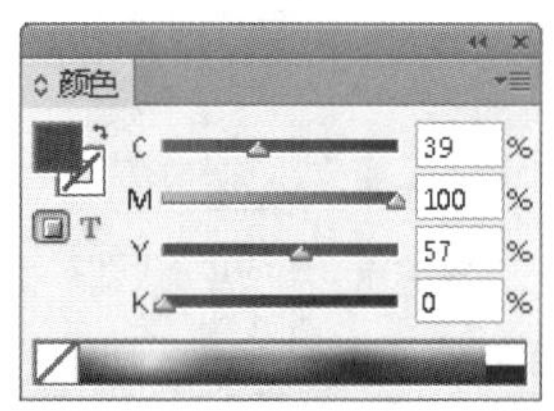

图7.68　“颜色”面板

图7.69　设置颜色后的效果

12 最后，可以在文本图形右下方的空白处，结合前面讲解的切变处理操作，绘制图形并输入文字，得到图7.70所示的最终效果。

图7.69　最终效果

第8章

创建与格式化表格

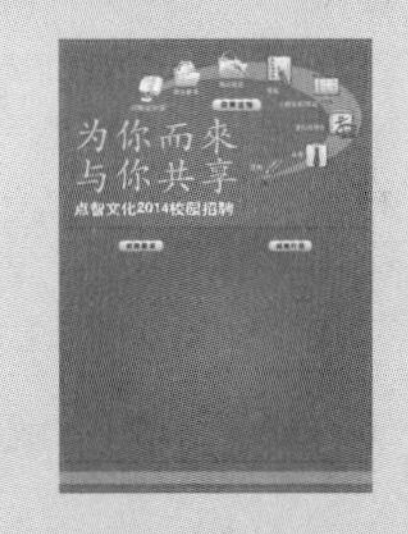

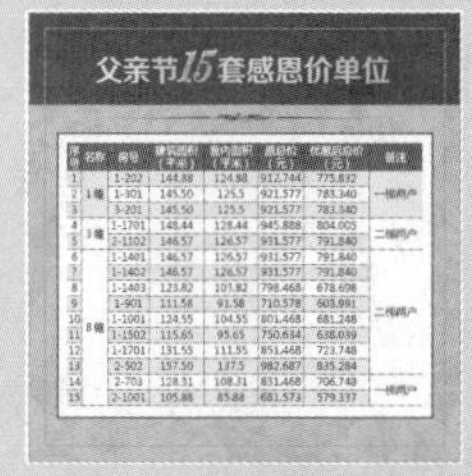

8.1 创建表格

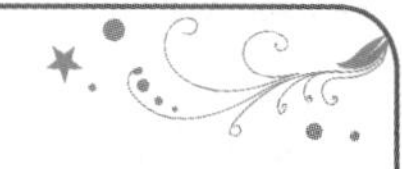

在InDesign中，提供了多种创建表格的方法，如直接在文本框中插入、载入外部表格等，下面就来分别讲解其创建方法。

8.1.1 直接插入表格

在InDesign中，用户可以在插入表格前，按【Ctrl+Alt+Shift+T】快捷组合键或选择“表”|“插入表”命令，在弹出的对话框中设置插入表格的参数，如图8.1所示。

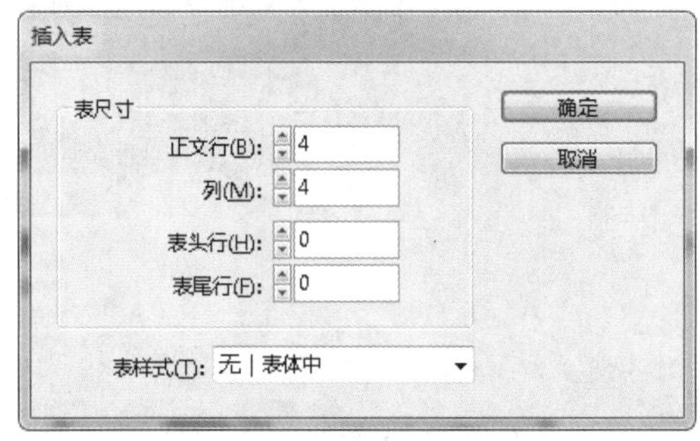

图8.1 “插入表”对话框

提示

插入表格前，首先要创建一个文本框，用以装载表格，也可以在现有的文本框中插入光标，然后在其中插入表格。若是在现有表格中插入光标，再按照上面的方法插入表格，则可以创建嵌套表格，即创建表格中的表格。

在“插入表”对话框中，各选项的含义解释如下。

- 正文行：在此文本框中输入数值，用于控制表格中正文横向所占的行数。
- 列：在此文本框中输入数值，用于控制表格中正文纵向所占的行数。
- 表头行：在此文本框中输入数值，用于控制表格栏目所占的行数。
- 表尾行：在此文本框中输入数值，用于控制汇总性栏目所占的行数。

提示

表格的排版方向基于用来创建该表格的文本框的排版方向。当用于创建表格的文本框的排版方向为直排时，将创建直排表格；当文本框的排版方向改变时，表格的排版方向会相应改变。

在“插入表”对话框中设置好需要的参数后，单击“确定”按钮退出对话框，即可创建一个表格。以图8.2所示的文本框为例，图8.3所示为创建“正文行”为4，“列”为8的表格。图8.4所示是在表格中输入部分数据并对其进行格式化处理后的效果。

图8.2 绘制的文本框

图8.3 创建的表格

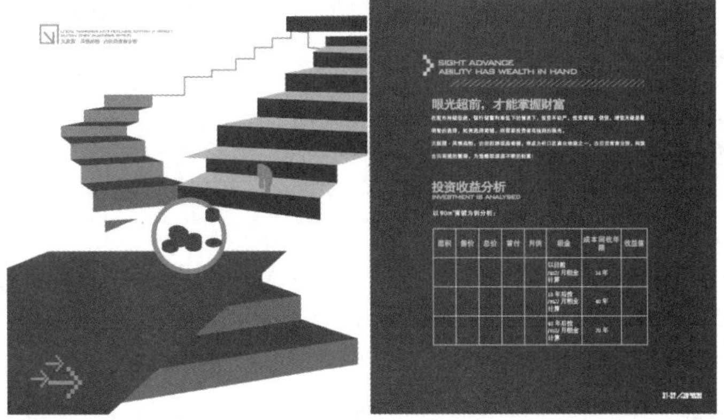

图8.4　格式化后表格及文本

8.1.2　导入Excel表格

要导入Excel表格，可以选择“文件”|“置入”命令，在弹出的对话框中选择要导入的文件，若选中了“显示导入选项”选项，将弹出图8.5所示的“Microsoft Excel导入选项”对话框。

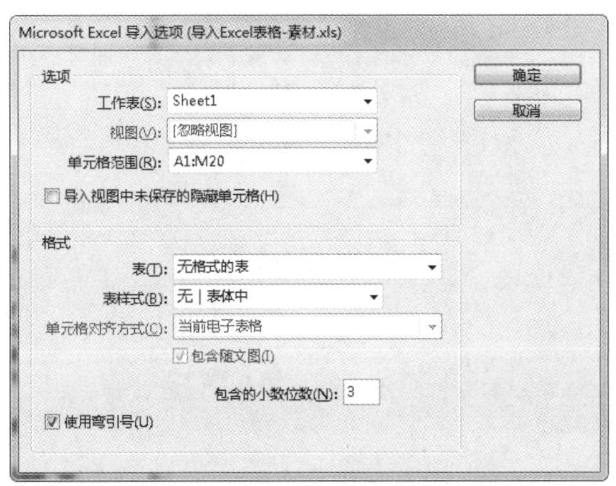

图8.5　“Microsoft Excel 导入选项”对话框

“Microsoft Excel 导入选项”对话框中各选项的解释如下。

- 工作表：在此下拉列表中，可以指定要置入的工作表名称。
- 视图：在此下拉列表中，可以指定置入存储的自定或个人视图，也可以忽略这些视图。
- 单元格范围：在此下拉列表中，可以指定单元格的范围，使用冒号 (:) 来指定范围（如A1:F10）。
- 导入视图中未保存的隐藏单元格：选中此选项，可以置入 Excel 文档中未存储的隐藏单元格。
- 表：在此下拉列表中，可以指定电子表格信息在文档中显示的方式。选择“有格式的表”选项，InDesign 将尝试保留 Excel 中用到的相同格式；选择“无格式的表”选项，则置入的表格不会从电子表格中带有任何格式；选择“无格式制表符分隔文本”选项，则置入的表格不会从电子表格中带有任何格式，并以制表符分隔文本；选择“仅设置一次格式”选项，InDesign 保留初次置入时 Excel 中使用的相同格式。
- 表样式：在此下拉列表中，可以将指定的表样式应用于置入的文档。只有在选中“无格式的表”时该选项才被激活。

- 单元格对齐方式：在此下拉列表中，可以指定置入文档的单元格对齐方式。只有在“表”中选择“有格式的表”选项后，此选项才激活。当“单元格对齐方式”激活后，“包含随文图”复选项才被激活，用于置入时保留Excel文档的随文图。
- 包含的小数位数：在文本框中输入数值，可以指定电子表格中数字的小数位数。
- 使用弯引号：选择此复选项，可以使置入的文本中包含左右引号(“ ”)和单引号（’），而不包含英文的引号（""）和单引号（'）。

设置好所有的参数后，单击“确定”按钮退出。然后在页面中合适的位置单击鼠标，即可将Excel文档置入到InDesign中，以图8.6所示的Excel文件为例，图8.7所示是置入到InDesign文档中后的效果。

图8.6 Excel素材

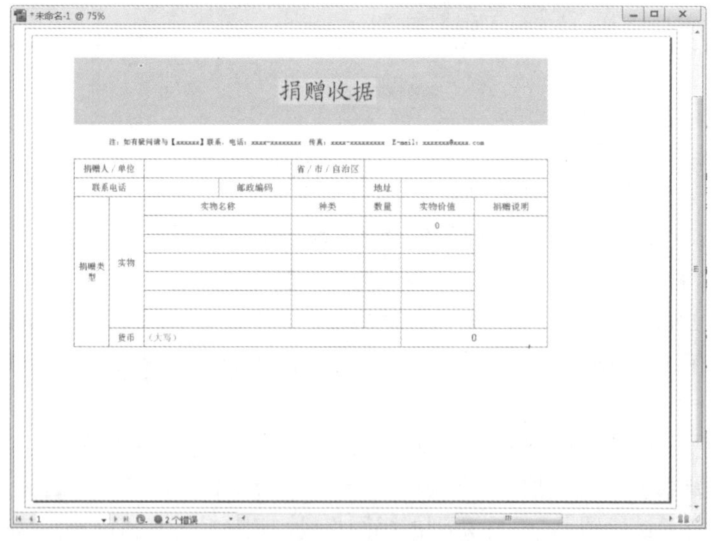

图8.7 置入的Excel文档

提示

要以表格形式导入Excel的数据，需要在Excel中设置其边框属性，这样InDesign才可以以表格的形式识别内容。若以默认的边框属性导入到InDesign中，则只能导入纯文本数据。

8.1.3 导入Word表格

在前面的章节中，已经学习了导入Word文档的方法，若文档中包含有表格，也可以将其一并导入进来。另外，用户可以直接将Word中的表格复制，然后粘贴到InDesign文档中，再将其文本内容转换为表格。

8.2 选择表格

要对表格或表格中的单元格执行操作，通常需要先将其选中，下面就来讲解选择表格的方法。

- 选择整个表格：将光标置于要选择的表格中，按【Ctrl+Alt+A】快捷组合键，或将光标置于表格的左上角，单击鼠标即可选中整个表格，如图8.8所示。

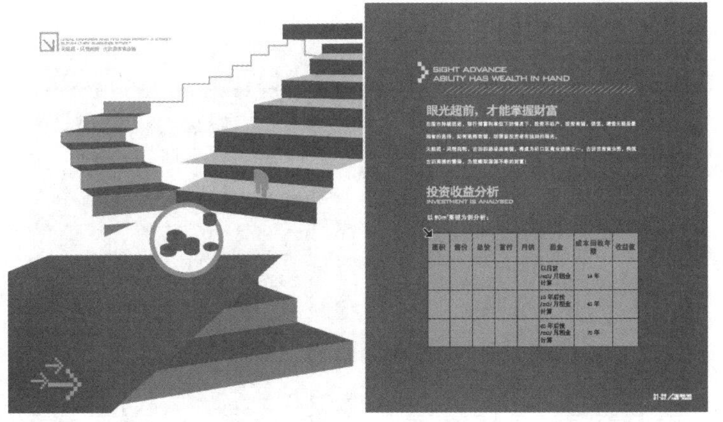

图8.8　选择整个表格

- 选择行：将光标置于要选择的行中按【Ctrl+3】快捷键，或将光标置于要选择的行的左侧，单击鼠标即可选中该行，如图8.9所示。

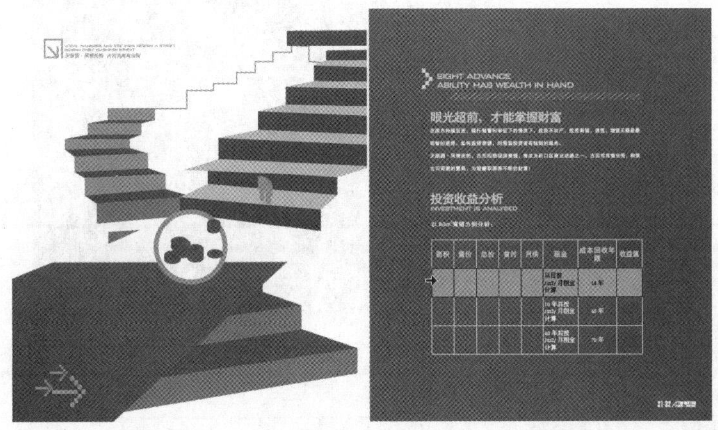

图8.9　选择行

- 选择列：将光标置于要选择的列中，按【Ctrl+Alt+3】快捷组合键，或将光标置于要选择的列的顶部，单击鼠标即可选中该列，如图8.10所示。

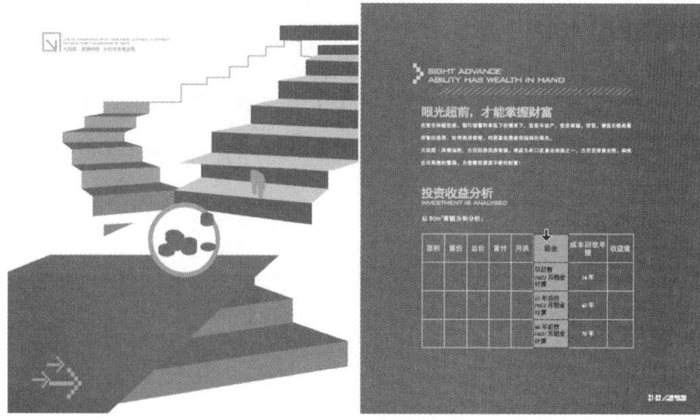

图8.10　选择列

- 选择单个单元格：将光标置于要选择的单元格内，按【Ctrl+/】快捷键，或将光标置于单元格的末尾，然后向右侧拖动即可将其选中，如图8.11所示。若是拖动至其他单元格上，即可选中多个单元格，如图8.12所示。

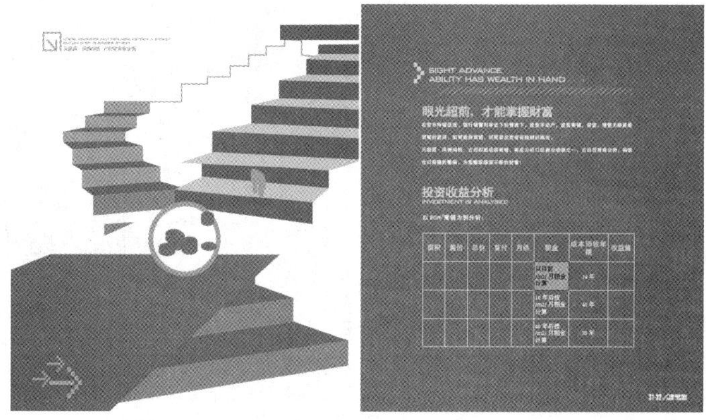

图8.11　选择一个单元格

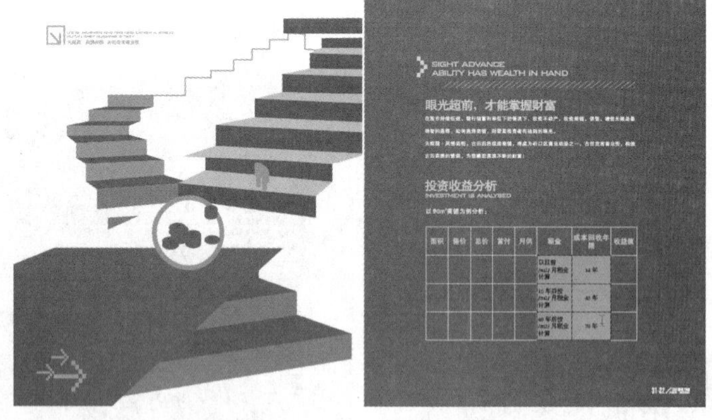

图8.12　选择多个单元格

8.3　设置表格属性

表格属性的设置主要包括设置行与列的宽度、高度、数量，以及表头行、表尾行或表格的外

边框等，用户可以选择“窗口”|“文字和表”|“表”命令显示“表”面板，如图8.13所示或选择“表”|“表选项”子菜单中的命令，在弹出的对话框中设置表格属性，如图8.14所示。

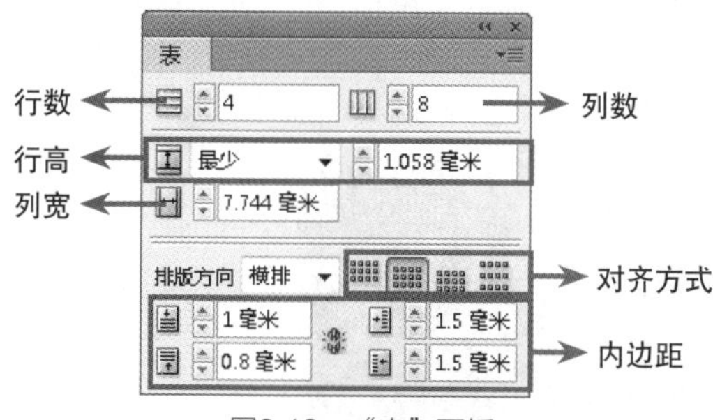

图8.13 “表”面板

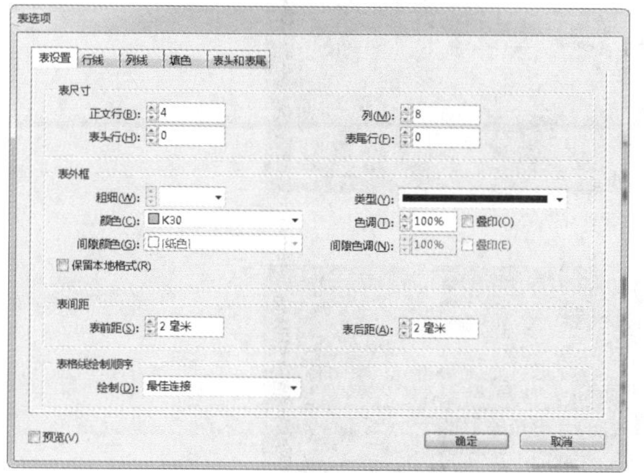
图8.14 “表选项”对话框

下面就来详细讲解一下表格属性的相关设置。

8.3.1 添加与删除行/列

1. 添加行/列

要添加行/列，可以执行以下操作。

- 在“表”面板中设置“行数”或“列数”数值，当设置更大的数值时，系统会自动在下方添加行，或在右侧添加列。
- 将光标插入在要插入的位置，选择“表”|“插入”|“行”、“列”命令。
- 选中插入位置的行或列，然后单击鼠标右键，在弹出的快捷菜单选择“插入”|“行”、“列”命令，弹出“插入行”或“插入列”对话框，如图8.15和图8.16所示。然后在对话框中指定所需的行数或列数和插入的位置，单击“确定”按钮退出对话框。

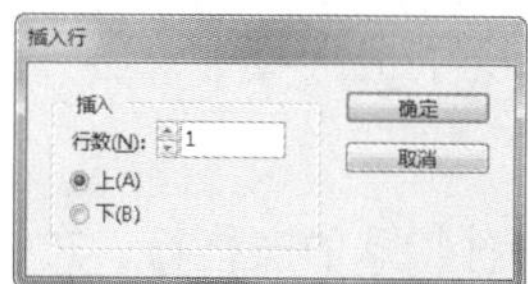
图8.15 “插入行”对话框

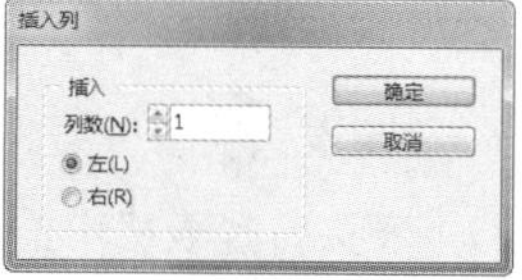
图8.16 “插入列”对话框

- 将插入点放置在希望新行出现的位置的上一行下侧边框上，当光标变为↕时，按【Alt】键向下拖动鼠标到合适的位置（拖动一行的距离，即添加一行，以此类推），释放鼠标即可插入行；将插入点放置在希望新列出现的位置的前一列右侧边框上，当光标变为↔时，按【Alt】键向右拖动鼠标到合适的位置（拖动一列的距离，即添加一列，以此类推），释放鼠标即可插入列。

2. 删除行/列

要删除行/列，可以将光标插入在要插入的位置，然后执行以下操作之一。

- 在“表”面板中，设置更小的数值，即可删除行或列，此时将会弹出图8.17所示的对话框，单击“确定”按钮即可删除最底部的一行，或最右侧的一列。

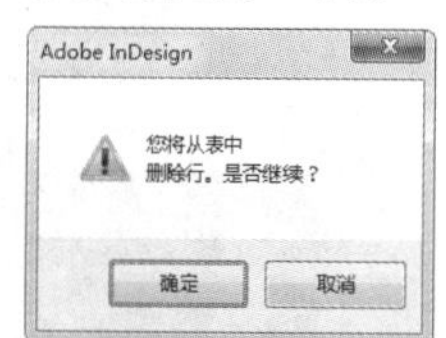

图8.17 提示框

- 选择“表”|“删除”|“行”或“列”命令，或选中删除位置的行或列，然后单击鼠标右键，在弹出的快捷菜单中选择“删除”|“行”、“列”命令即可。若选择其中的“表”命令，则可以删除整个表格。
- 按【Ctrl+Backspace】快捷键，可以快速将选择的行删除；按【Shift+Backspace】快捷键，可以快速将选择的列删除。
- 要应用拖动法删除行或列，可以将光标放置在表格的底部或右侧的边框上，当出现一个双箭头图标（↕或↔）时，然后按【Alt】键向上拖动以删除行，或向左拖动以删除列。

8.3.2 表头行与表尾行

1. 表头行

表头行是表格中的一种特殊的表格行，它位于表格的顶部，即第一行，用户可以将表格的标题文字置于表头行中，从而在表格位于多个文本框时，自动为下一文本框中的表格添加相同的表头内容，以图8.18所示的表格为例，图8.19所示是将该表格分别置于3个文本框中之后的效果。

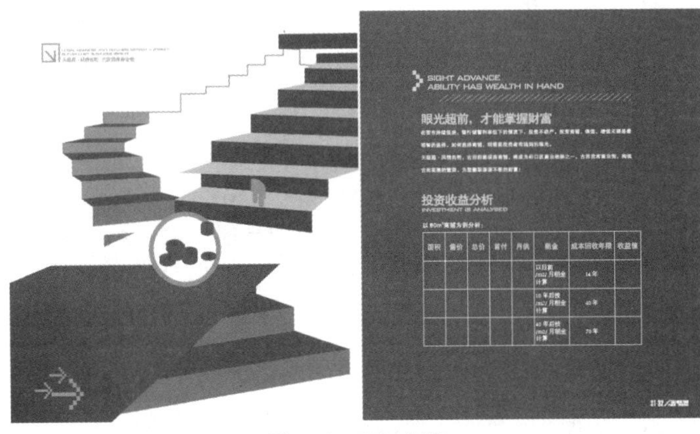

图8.18　素材文档

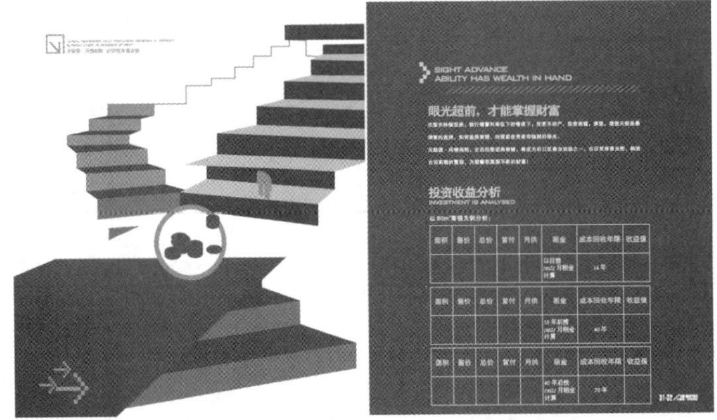

图8.19　将表格分别置于3个文本框

提示

表头行与表尾行无法与普通表格同时选中。

要创建表头行，可以使用以下方法。

- 在使用“表”|“插入表”命令时，在“插入表”对话框中设置“表头行”数值。
- 在“表选项”对话框中选择“表设置”选项卡，然后在其中设置“表头行”数值。
- 在“表选项”对话框中选择“表头和表尾”选项卡，然后在其中设置“表头行”数值。
- 选中表格的第一行或包含第一行的多行单元格，在其上单击鼠标右键，在弹出的快捷菜单中选择“转换为表头行”命令。
- 对于已有表头行的表格，可以将光标置于表头行下面一行的任意一个单元格中，然后选择“表”|“转换行”|“到表头”命令，从而将其也转换为表头行。

要删除表头行，可以使用以下方法。

- 在“表选项”对话框中选择“表设置”选项卡，然后在其中设置“表头行”数值为0。
- 在“表选项”对话框中选择“表头和表尾”选项卡，然后在其中设置“表头行”数值为0。
- 选中表头行，在其上单击鼠标右键，在弹出的快捷菜单中选择“转换为正文行”命令。
- 将光标置于表头行的任意一个单元格中，然后选择“表”|“转换行”|“到正文”命令。

2. 表尾行

表尾行与表头行的功能基本相同，差别在于表尾行是位于表格的末尾。当表格分布于多个文本框中时，系统会自动在表格末尾增加表尾行。

要创建表尾行，可以使用以下方法。

- 在使用“表”|“插入表”命令时，在“插入表”对话框中设置“表尾行”数值。
- 在“表选项”对话框中选择“表设置”选项卡，然后在其中设置“表尾行”数值。
- 选中表格的最后一行或包含最后一行的多行单元格，在其上单击鼠标右键，在弹出的快捷菜单中选择“转换为表尾行”命令。
- 对于已有表尾行的表格，可以将光标置于表尾行上面一行的任意一个单元格中，然后选择“表”|“转换行”|“到表尾”命令，从而将其也转换为表尾行。

要删除表尾行，可以使用以下方法。

- 在“表选项”对话框中选择“表设置”选项卡，然后在其中设置“表尾行”数值为0。
- 在“表选项”对话框中选择“表头和表尾”选项卡，然后在其中设置“表尾行”数值为0。
- 选中表头行，在其上单击鼠标右键，在弹出的快捷菜单中选择“转换为正文行”命令。
- 将光标置于表头行的任意一个单元格中，然后选择“表”|“转换行”|“到正文”命令。

8.3.3 表外框

在“表选项”对话框的“表外框”区域中，可能设置表格外框的线条属性，其参数与“描边”面板中的参数基本相同，故不再详细讲解。

例如图8.20所示是为表外框设置不同属性后的效果。

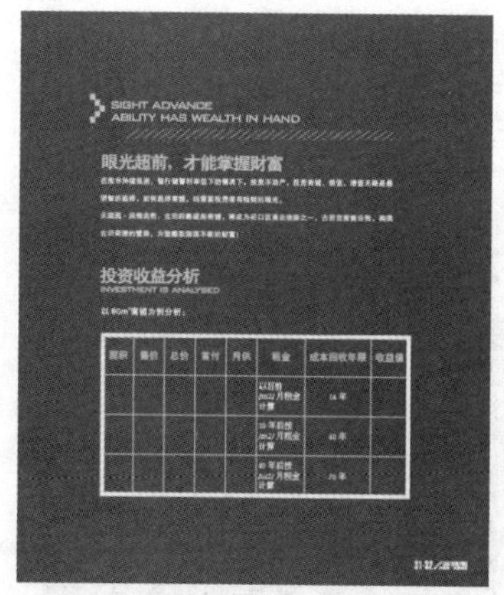

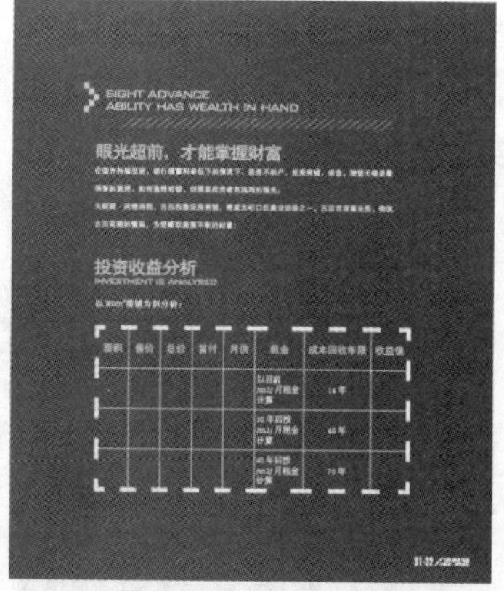

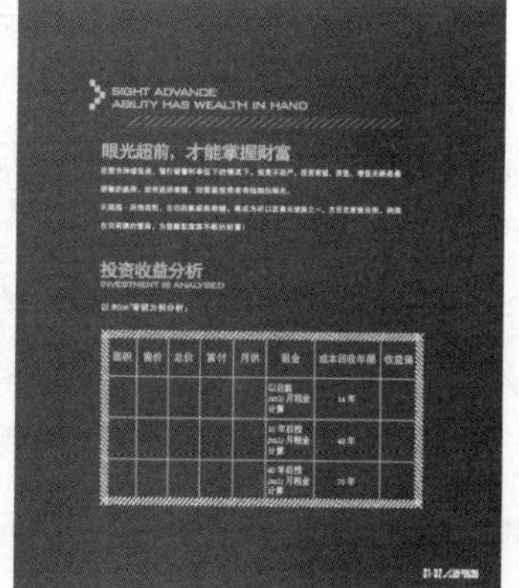

图8.20　设置不同外框时的效果

在“表格线绘制顺序”区域中“绘制”下拉列表中各选项的含义解释如下。

- 最佳连接：选择此选项，则在不同颜色的描边交叉点处，行线将显示在上面。此外，当描边（例如双线）交叉时，描边会连接在一起，并且交叉点也会连接在一起。

- 行线在上：选择此选项，行线会显示在上面。
- 列线在上：选择此选项，列线会显示在上面。
- InDesign 2.0 兼容性：选择此选项，行线会显示在上面。此外，当多条描边（例如双线）交叉时，它们会连接在一起，而仅在多条描边呈 T 形交叉时，多个交叉点才会连接在一起。

8.3.4　行线与列线

在“表选项”对话框中，选择“行线”、“列线”选项卡中的选项，如图8.21所示，可以设置表格中行与列的线条属性，还可以为其设置交替描边效果。

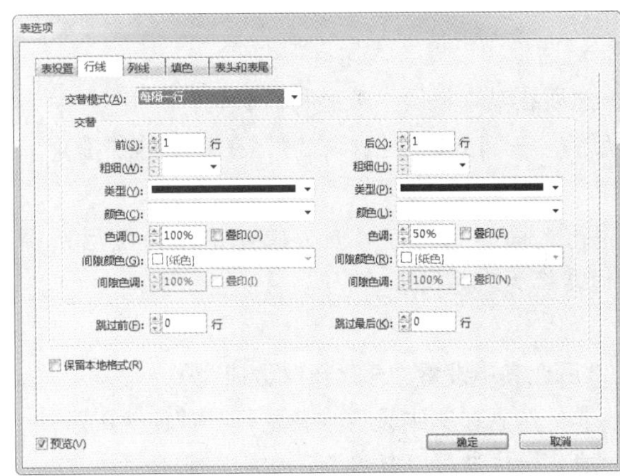

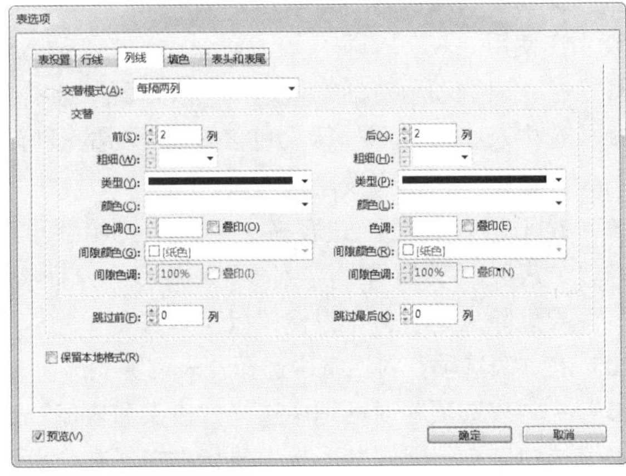

图8.21　选择“行线”与“列线”选项卡时的对话框

由于设置行线与列线的参数基本相同，只是在名称上略有不同，因此下面将以设置“行线”为例进行讲解。

- 前：在此文本框中输入数值，用于设置交替的前几行。例如，当数值为2时，表示从前面隔两行设置属性。
- 后：在此文本框中输入数值，用于设置交替的后几行。例如，当数值为2时，表示从后面隔两行设置属性。
- 跳过前：在此文本框中输入数值，用于设置表的开始位置，在前几行不显示描边属性。
- 跳过最后：在此文本框中输入数值，用于设置表的结束位置，在后几行不显示描边属性。

图8.22所示是设置不同交替行线属性时的效果。

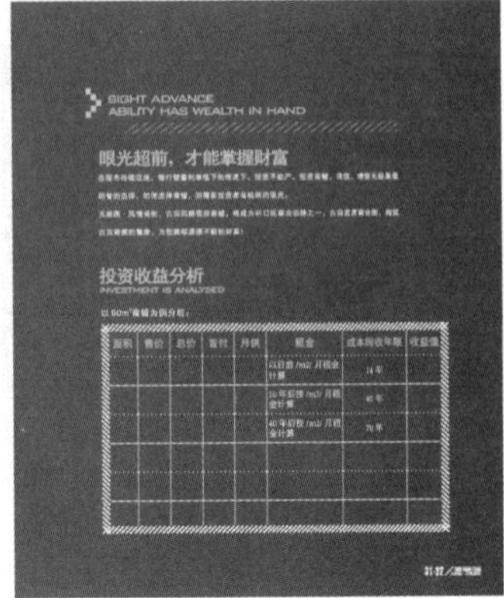

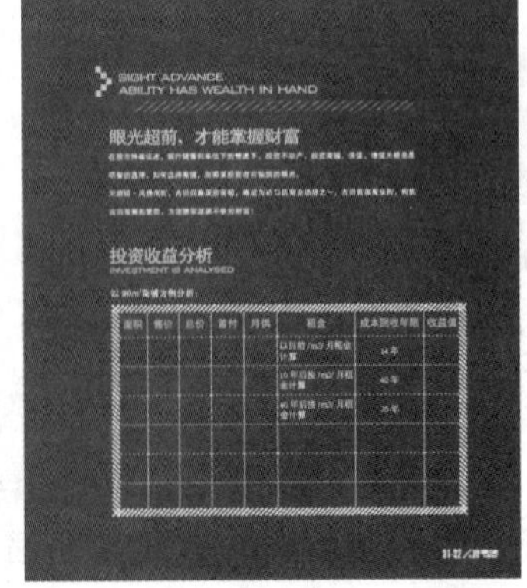

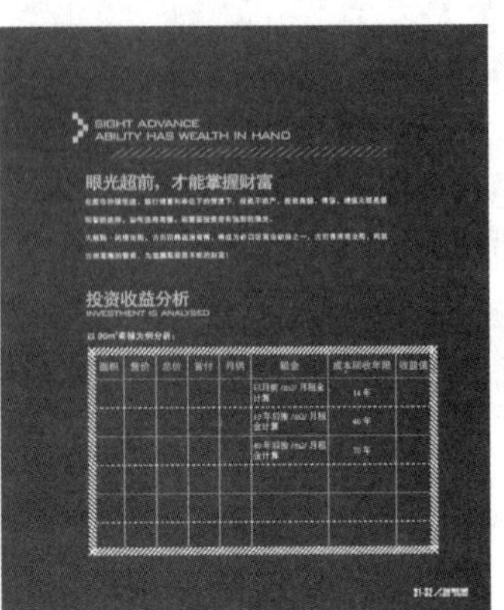

图8.22　设置不同交替描边时的效果

8.3.5 交替填色

在“表选项”对话框中，还可以为表格设置交替填色。其功能与交替表格描边基本相同，其对话框如图8.23所示。

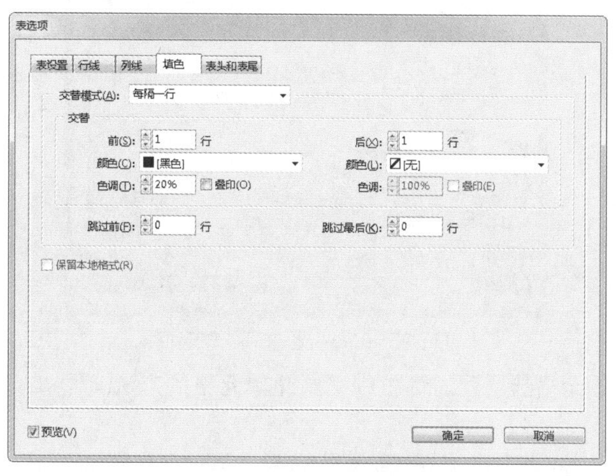

图8.23　选择“填色”选项卡时的对话框

在对话框中的“交替模式”下拉列表中选择要使用的模式类型。如果要指定一种模式（如一个带有灰色阴影的行后面跟有3个带有黄色阴影的行），则需要选择“自定行”或“自定列”选项。在“交替”区域中，为第一种模式和后续模式指定填色选项。例如，如果为“交替模式”选择了“每隔一行”，则可以让第一行填充，第二行为空白，依此交替下去。图8.24所示是设置不同交替填充时的效果。

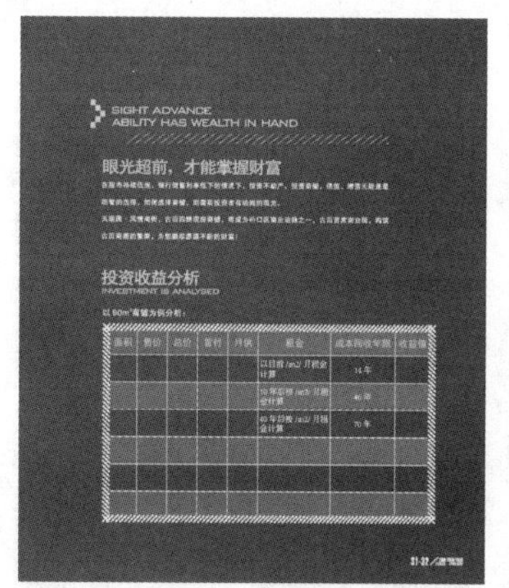

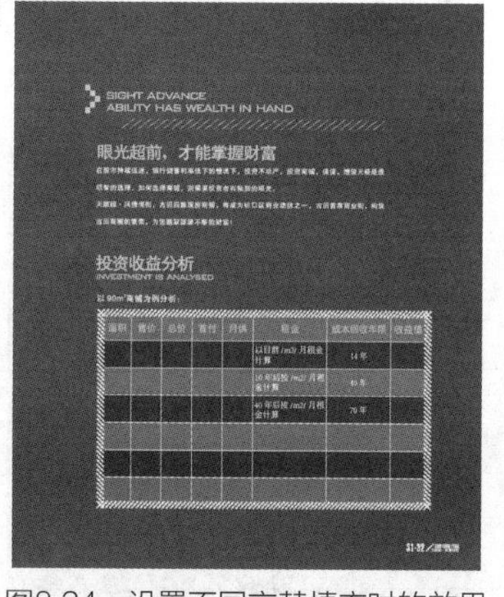

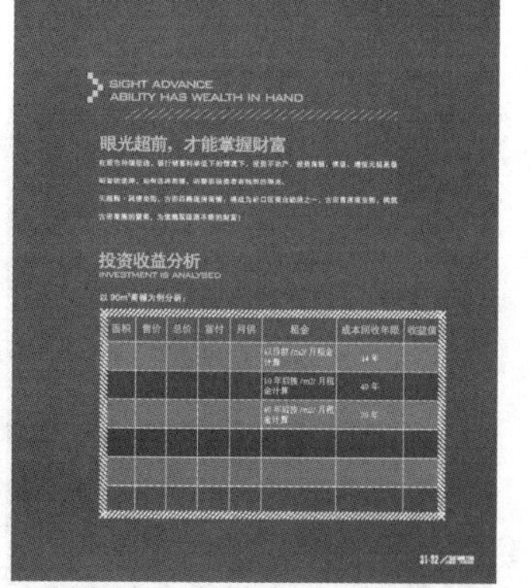

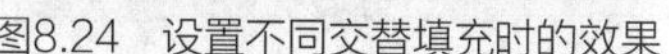

图8.24　设置不同交替填充时的效果

8.4 设置单元格属性

在InDesign中，可以先将要设置的单元格选中，然后选择“表”|“单元格选项”子菜单中的命令，在弹出的对话框中设置单元格文本、描边、填充等属性，图8.25所示是选择“文本”选项卡时的对话框状态。

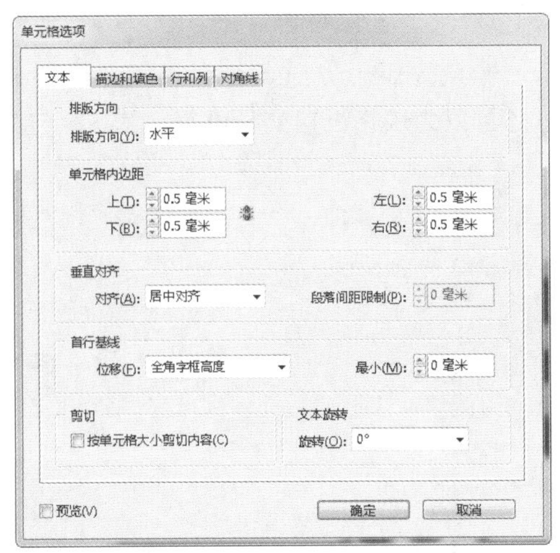

图8.25 “单元格选项”对话框

下面就来讲解在“单元格选项”对话框中格式化单元格的方法。

8.4.1 文本

选择“文本”选项卡时，可以设置文本在单元格中的属性。

- 排版方向：在此下拉列表或“表”面板中，可以选择文本为水平或垂直方向。
- 单元格内边距：在此区域或“表”面板中输入数值，可以设置文字距离单元格边缘的距离。为保持版面的美观，不至于显得拥挤，通常会设置1~2毫米的数值。
- 垂直对齐：在此区域或“表”面板中，可以设置单元格中文本的垂直对齐方式，较常用的是“居中对齐”方式。图8.26所示是设置不同对齐方式时的效果。

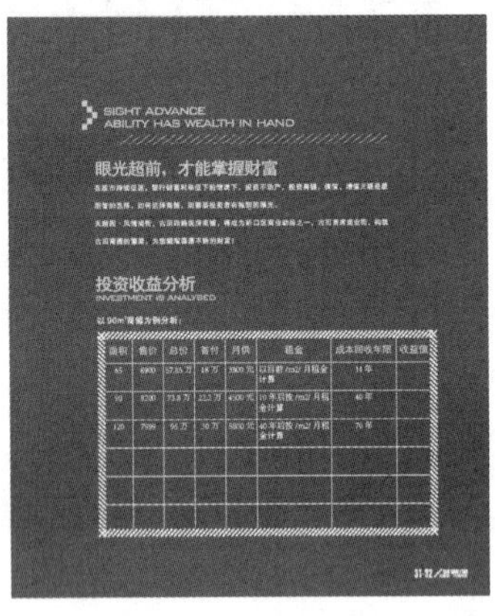

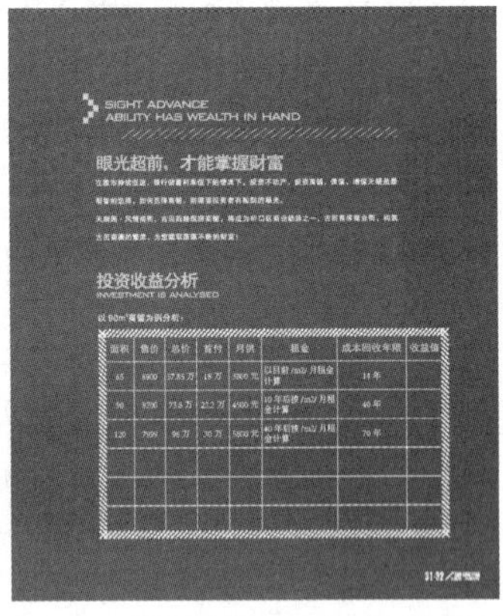

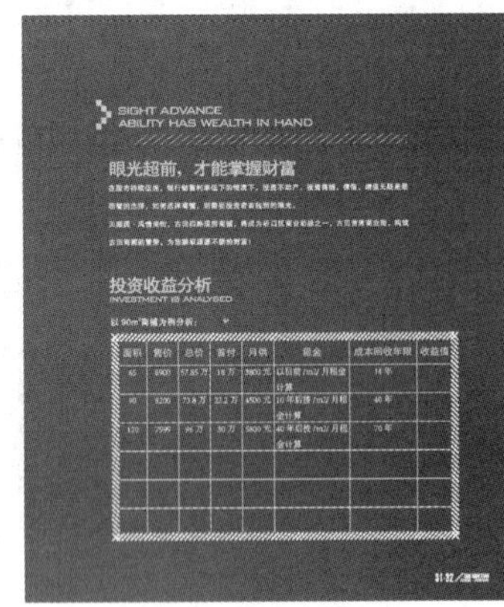

图8.26 设置不同对齐方式时的效果

- 按单元格大小剪切内容：选中此选项后，将保持单元格大小不变。当内容超出单元格的显示范围时，会在其右下角显示一个红点。
- 旋转：在此设置数值，可以控制单元格中文本的角度。

8.4.2 描边和填色

在“单元格选项”对话框中，选择“描边和填色”选项卡后，将显示为图8.27所示的状态。在此对话框中，其参数与“描边”面板中的参数非常相近。另外，当选中单元格时，“描边”面板将变为图8.28所示的状态，用户也可以在其中设置单元格的描边属性。

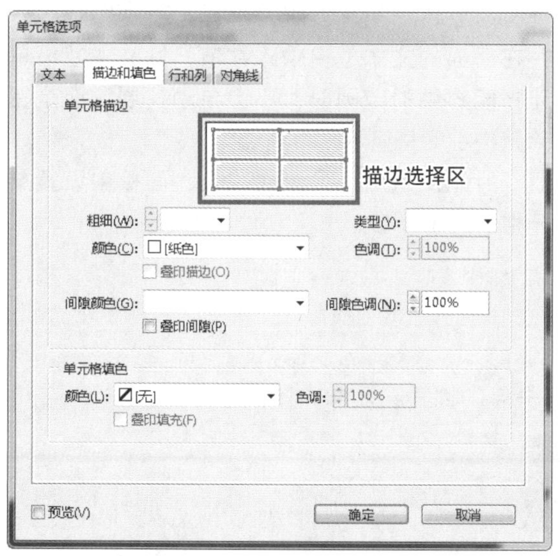

图8.27 “描边和填色”选项卡

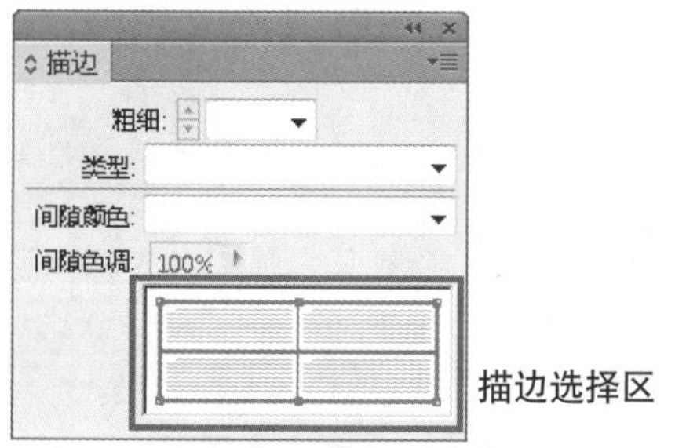

图8.28 “描边”面板

用户可以在“描边选择区”区域中，单击其中的蓝色线条，以确定要设置描边的范围，根据所选单元格的数量不同，此处的显示状态也尽不相同，例如选中单个单元格时，将显示为“口”字型，若选中多个单元格，则显示为“田”字型，其四周代表外部边框，内部“十”字代表内部边框。

在蓝色线条上单击鼠标，蓝色线将变为灰色，表示取消选择的线条，这样在修改描边参数时，就不会对灰色的线条造成影响；双击任意四周或内部的边框，可以选择整个四周矩形线条或整个内部线条；在“描边选择区”任意位置单击鼠标3次，将选择或取消所有线条。

确定描边的范围后，在下面设置描边属性即可为选中的单元格设置填充及描边属性，如图8.29所示。

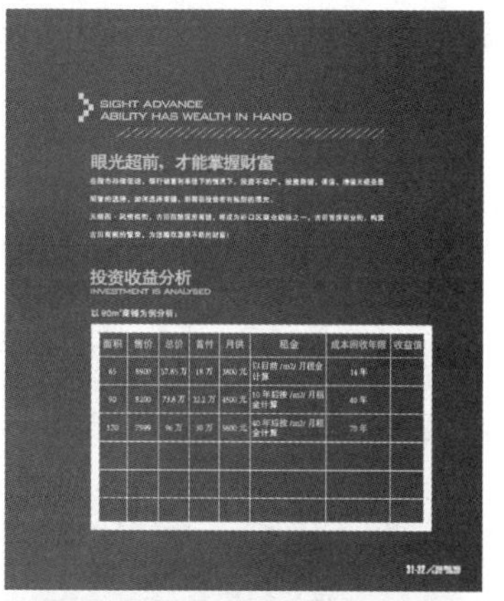

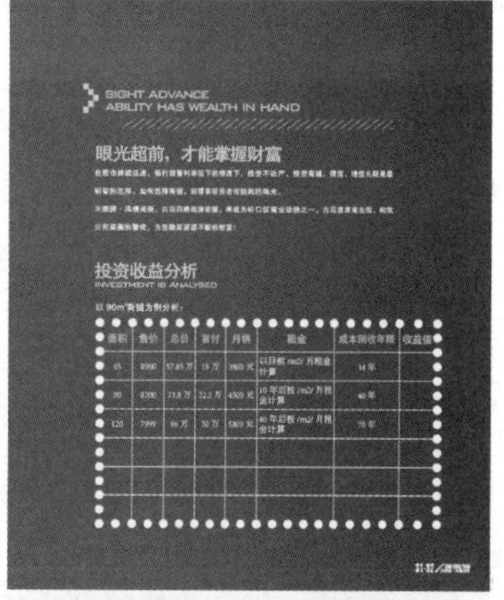

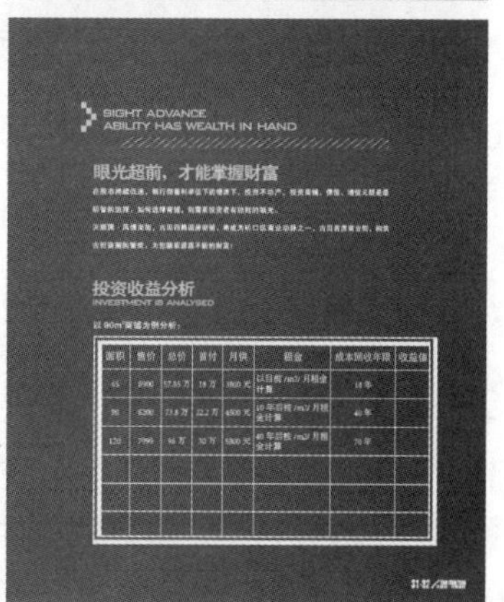

图8.29 设置不同描边时的效果

8.4.3 行和列

在“单元格选项”对话框中，选择“行和列”选项卡后，将显示为图8.30所示的状态。

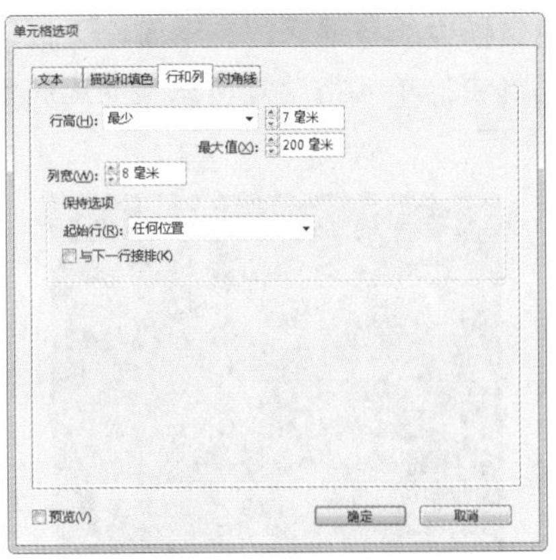

图8.30　选择“行和列”选项卡

在此对话框中，可以指定单元格的行高以及列宽数值。其中在“行高”下拉列表中，若选择“最少”选项，在后面的文本框中输入数值，可以定义单元格的最小高度，若超出此高度时，会自动拓展；若是选择“精确”选项，并在后面的文本框中输入数值，则文本超出单元格能容纳的范围时，不会自动扩展，而是在单元格右下角显示一个红点。

另外，用户也可以在“表”面板中设置单元格的大小参数。

8.4.4　对角线

在“单元格选项”对话框中选择“对角线”选项卡后，将显示为图8.31所示的状态。

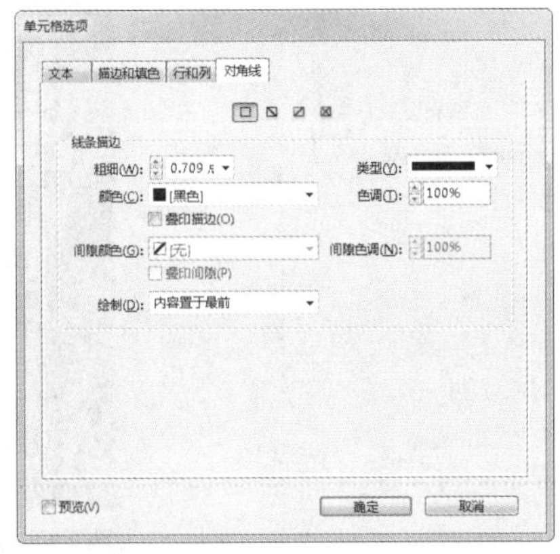

图8.31　选择“对角线”选项卡

在此对话框中，可以设置所选单元格是否带有对角线。在“对角线”选项卡的下方，可以选择对角线的方向，在下面的参数区中可以设置对角线的描边属性。

8.4.5　合并与拆分单元格

1. 合并单元格

要将多个单元格合并为一个单元格，可以先选中要合并的单元格，然后执行下面的操作。

- 选择“表”|“合并单元格”命令。
- 用鼠标右键单击选中的单元格，在弹出的快捷菜单中执行“合并单元格”命令。

2. 拆分单元格

若要将某个单元格拆分为多个单元格，可以选中要拆分的单元格，若是拆分单个单元格，则将光标插入到该单元格中即可，然后执行以下操作之一。

- 选择“表”|“水平拆分单元格”或“垂直拆分单元格”命令。
- 在要拆分的单元格内单击鼠标右键，在弹出的快捷菜单中执行“水平拆分单元格”或“垂直拆分单元格”命令。

8.5 单元格与表格样式

与前面讲解的字符样式、段落样式及对象样式一样，单元格样式与表格样式就是分别应用于单元格以及表格的属性合集。略有不同的是，在表格样式中，可以引用单元格样式，从而使表格样式对表格属性的控制更为多样化，其工作原理类似于在段落样式中嵌套字符样式。

下面将以创建表格样式为例，讲解其操作方法。

01 执行“窗口”|“样式”|“表样式”命令，弹出“表样式”面板，如图8.32所示。

02 单击面板右上角的“面板”按钮，在弹出的菜单中选择“新建表样式”命令，弹出图8.33所示的对话框。

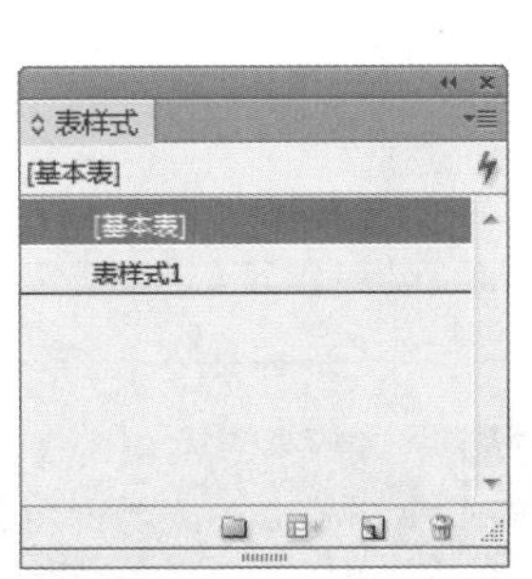

图8.32 “表样式”面板

图8.33 “新建表样式”对话框

03 在“样式名称” 中输入一个表格样式名称。

04 在“基于”下拉列表中选择当前样式所基于的样式。

05 如果要添加键盘快捷键，需要按数字小键盘上的【Num Lock】键，使数字小键盘可用。按【Shift】、【Ctrl】、【Alt】键中的任何一个键，并同时按数字小键盘上的某数字键即可。

06 单击对话框左侧的某个选项来指定需要的属性。

07 单击“确定”按钮退出对话框。

8.6 转换文本与表格

8.6.1 将表格转换为文本

要将表格转换为文本可以先使用“文字工具”T在表格中单击以插入文字光标，然后执行“表”|“将表转换为文本”命令，弹出“将表转换为文本”对话框，如图8.34所示。

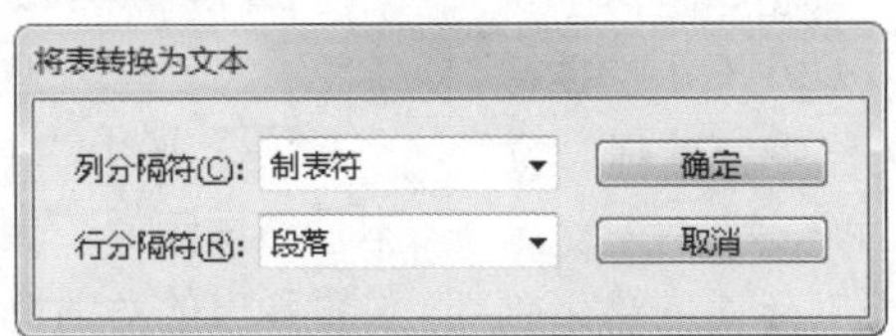

图8.34 “将表转换为文本”对话框

在对话框中的“列分隔符”和“行分隔符”下拉列表中选择或输入所需要的分隔符，单击“确定”按钮退出对话框，即可将表格转换为文本。

8.6.2 将文本转换为表格

相对于将表格转换为文本，将文本转换为表格的操作略为复杂一些。在转换前，需要仔细为文本设置分隔符，例如按【Tab】键、逗号或段落回车键等，以便于让InDesign能够识别并正确将文本转换为表格。

如果为列和行指定了相同的分隔符，还需要指出让表格包括的列数。如果任何行所含的项目少于表中的列数，则多出的部分由空单元格来填补。

8.7 设计实战

8.7.1 招聘宣传单设计

在本例中，将利用InDesign中的表格功能，来设计一款招聘广告中的数据表，其操作步骤如下所述。

01 打开随书所附光盘中的文件“第8章\招聘宣传单设计\素材1.indd”，如图8.35所示。

图8.35 素材文档

02 打开随书所附光盘中的文件“第8章\招聘宣传单设计\素材2.txt”，按【Ctrl+A】快捷键执行“全选”操作，再按【Ctrl+C】快捷键执行“复制”操作，返回到文档中，选择“文字工具”T，在文档的左下方绘制一个文本框，如图8.36所示，按【Ctrl+V】快捷键将刚刚复制的文本粘贴进来，得到图8.37所示的效果。

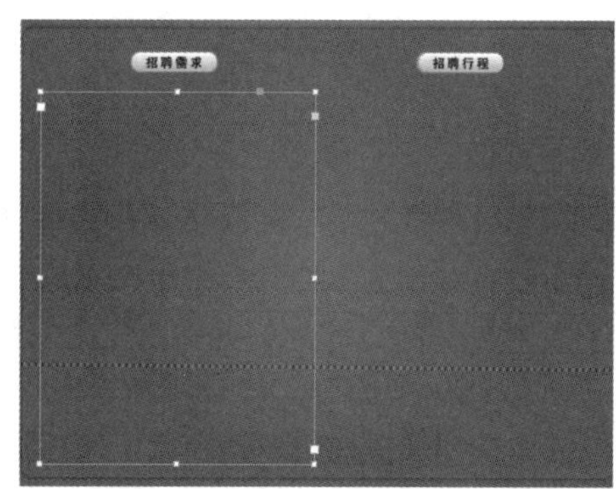

图8.36 绘制文本框

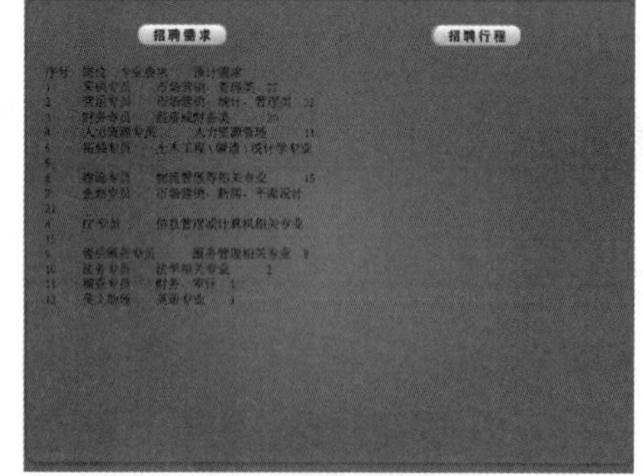

图8.37 粘贴文本

03 按【Ctrl+A】快捷键全选文本框中的文本，然后选择“表”|“将文本转换为表”命令，设置弹出的对话框，如图8.38所示，得到如图8.39所示的效果。

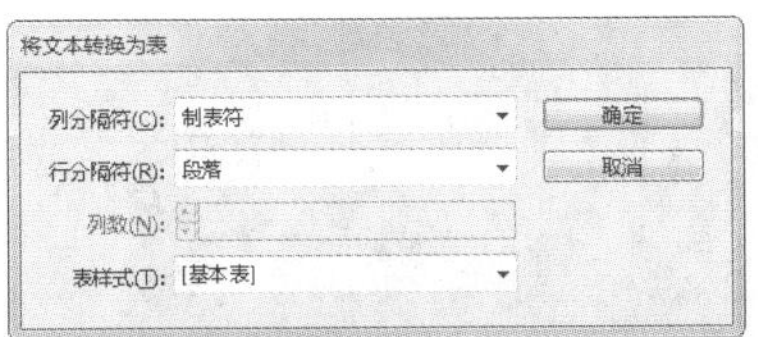

图8.38 “将文本转换为表”对话框

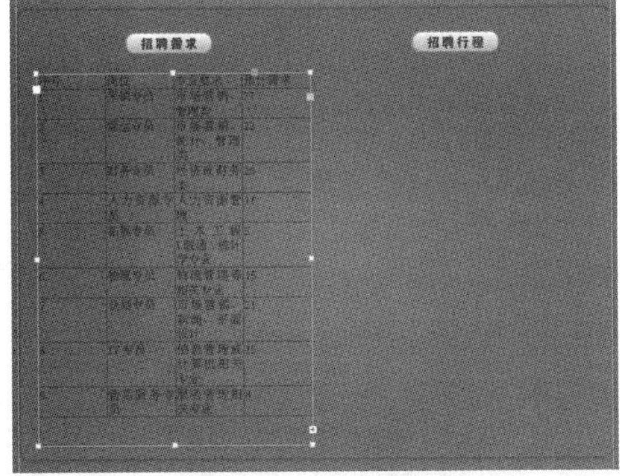

图8.39 转换为表后的数据

04 选中整个表格，设置其中的文本填充色为白色，得到图8.40所示的效果。

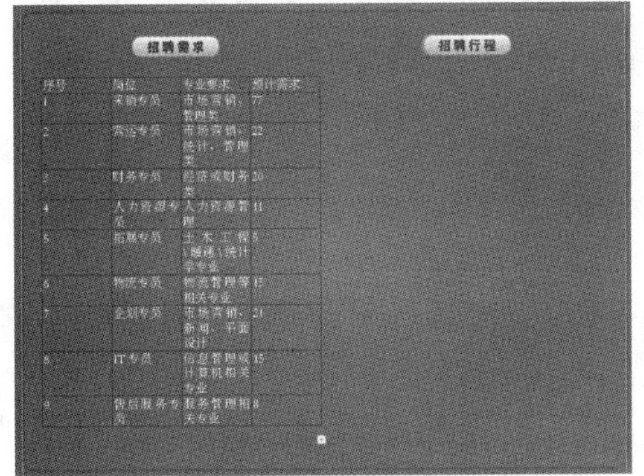

图8.40 设置文本颜色

05 分别在“字符”和“段落”面板中设置文本的属性，如图8.41和图8.42所示，得到图8.43所示的效果。

图8.41 “字符”面板

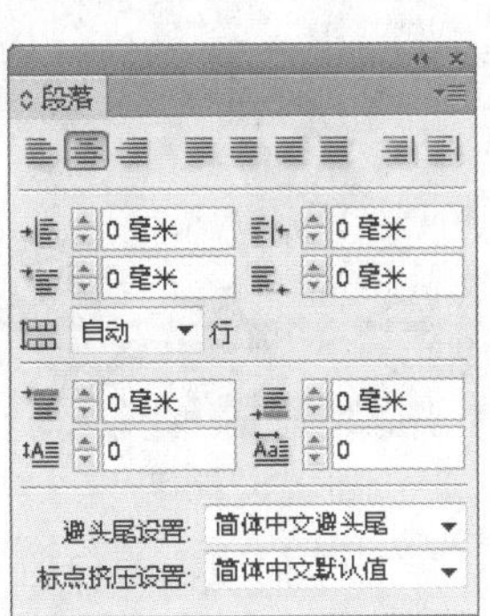

图8.42 “段落”面板

图8.43 设置文本属性后的效果

06 将光标置于第一和第二列表之间的线条上。向左侧拖动，以调整左列单元格的宽度，如图8.44所示。按照同样的方法，分别调整其他各列表格的宽度，直至得到图8.45所示的效果。

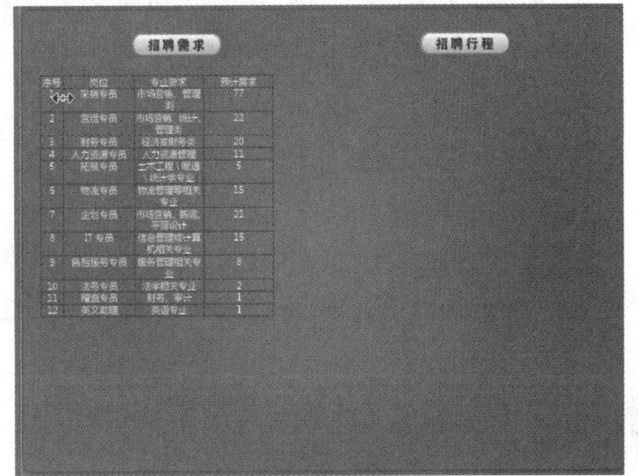

图8.44 调整单元格宽度

图8.45 调整其他单元格宽度后的效果

07 选中整个表格，在“表格”面板中设置其属性，如图8.46所示，得到图8.47所示的效果。

图8.46 “表”面板

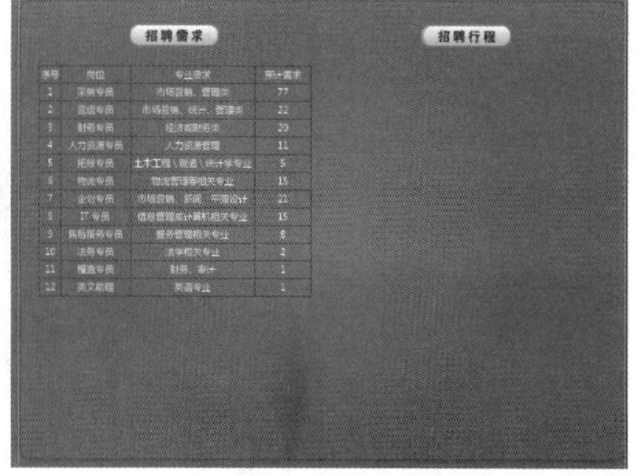

图8.47 设置表属性后的效果

08 将光标置于表格右下角中，按【Tab】键以增加一行，如图8.48所示，然后选中左侧3个单元格，如图8.49所示。

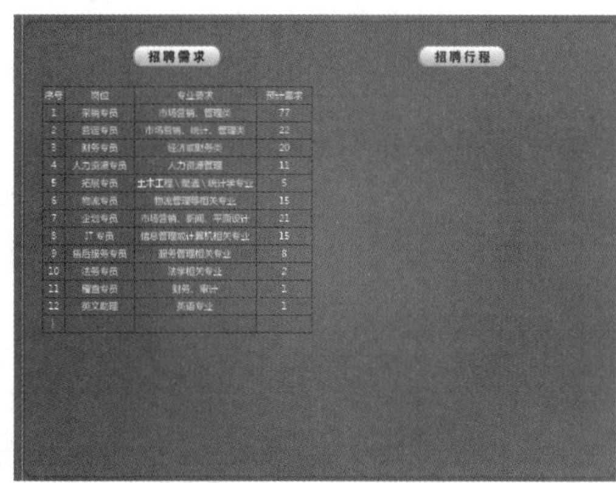

图8.48 增加一行表格

图8.49 选中表格

09 在选中的单元格上单击鼠标右键，在弹出的快捷菜单中选择“合并单元格”命令，然后分别输入数据，得到图8.50所示的效果。

10 按照第8~9步的方法再增加一行，将该行合并为一个单元格，并在其中输入文字内容，得到图8.51所示的效果。

图8.50 合并单元格并输入文本后的状态

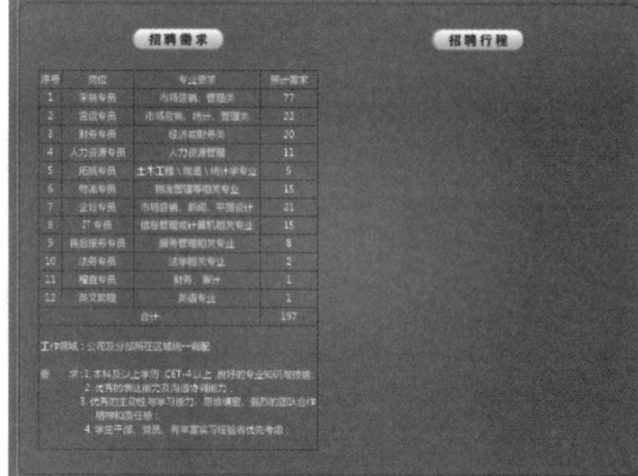

图8.51 制作另一个单元格并输入内容

11 下面来设置表格的边框线。选中整个表格，设置其描边色为白色，然后显示“描边”面板，在其底部将表格线全部选中，然后设置描边参数，如图8.52所示，得到图8.53所示的效果。

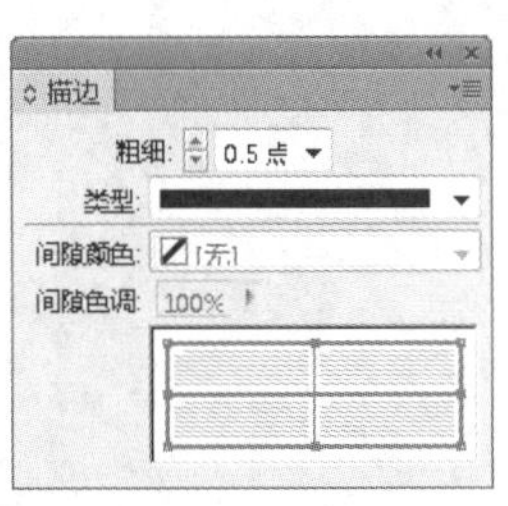

图8.52 “描边”面板

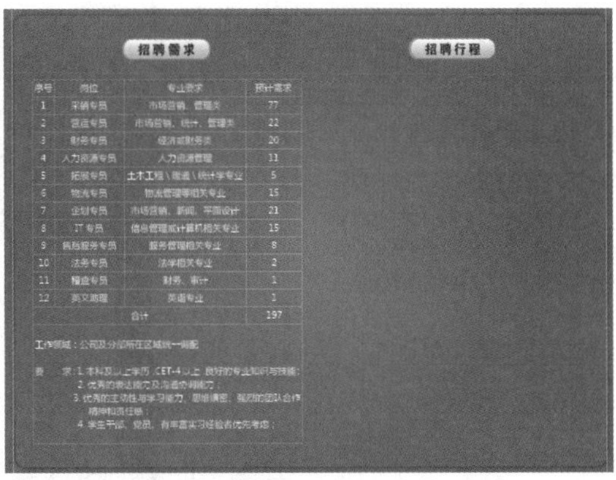

图8.53 设置描边后的效果

12 选中表格的第一行，然后在“颜色”面板中设置其填充色，如图8.54所示，得到图8.55所示的效果。

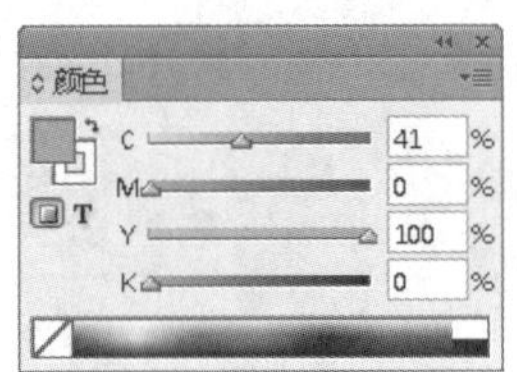

图8.54 “颜色”面板

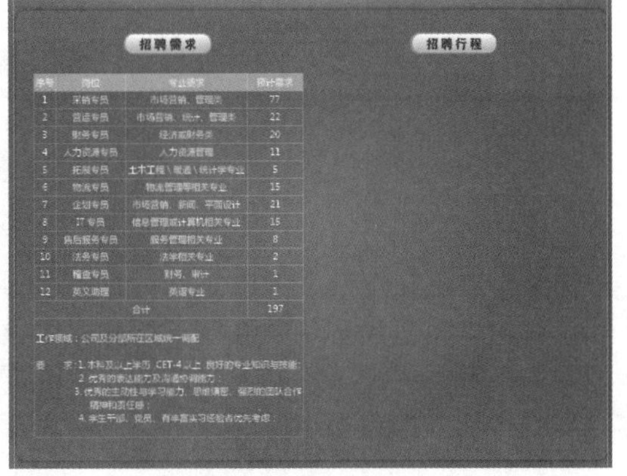

图8.55 设置表格填充色后的效果

13 保持表格第一行的选中状态，在“颜色”面板中设置其中的文本颜色，如图8.56所示，得到图8.57所示的效果。

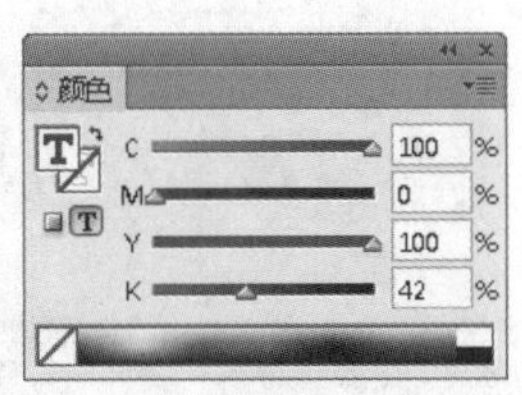

图8.56 “颜色”面板

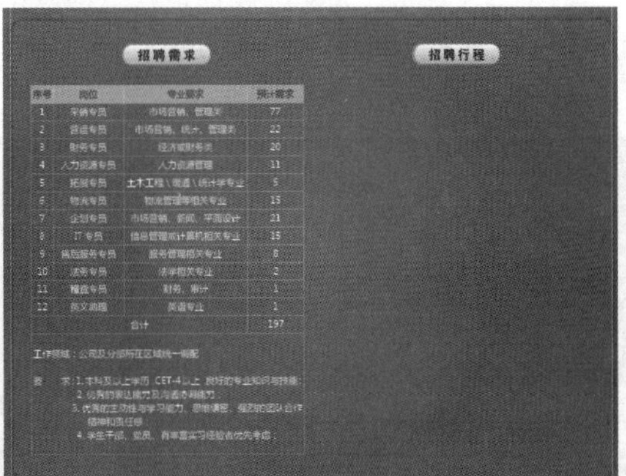

图8.57 设置文本颜色后的效果

14 选中整个表格，在“描边”面板底部选中左、上、右3条表格线，然后将“粗细”设置为0点，如图8.58所示，得到图8.59所示的效果。

图8.58 “描边”面板

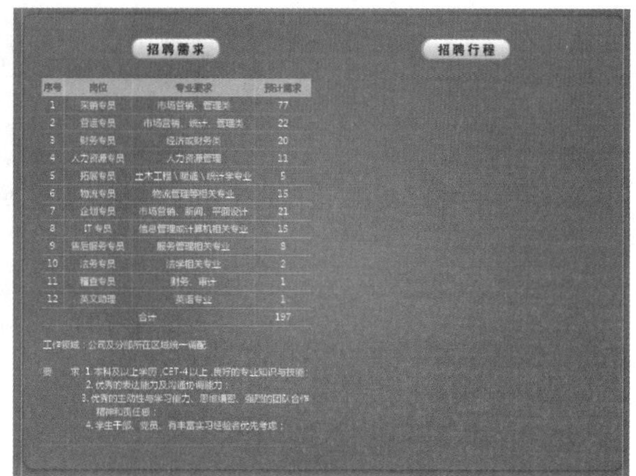

图8.59 设置表格线后的效果

15 保持整个表格的选中状态，然后在“描边”面板底部仅选中最下面一条表格线，然后将“粗细”设置为1点，如图8.60所示，得到图8.61所示的效果。

图8.60 “描边”面板

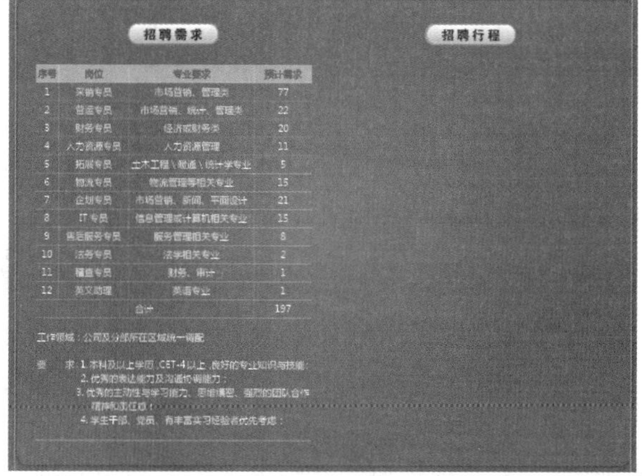

图8.61 设置表格线后的效果

16 至此，我们已经完成了左侧表格的创建与格式化处理，下面打开随书所附光盘中的文件“第8章\促销广告设计\素材3.txt”，按照上述方法再制作另外一侧的数据表，得到图8.62所示的效果，图8.63所示是宣传单的整体效果。

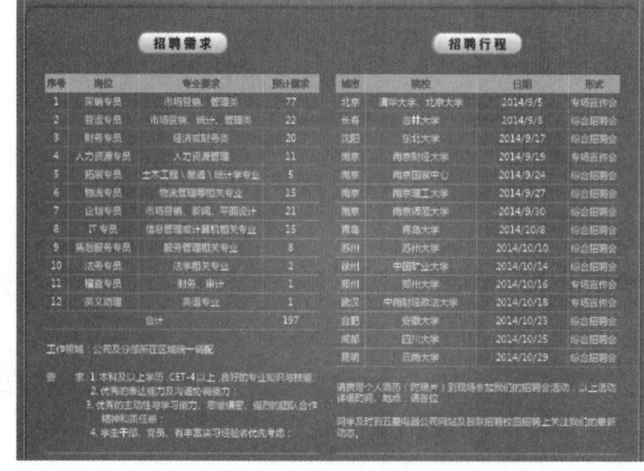

图8.62 制作另一个表格后的效果

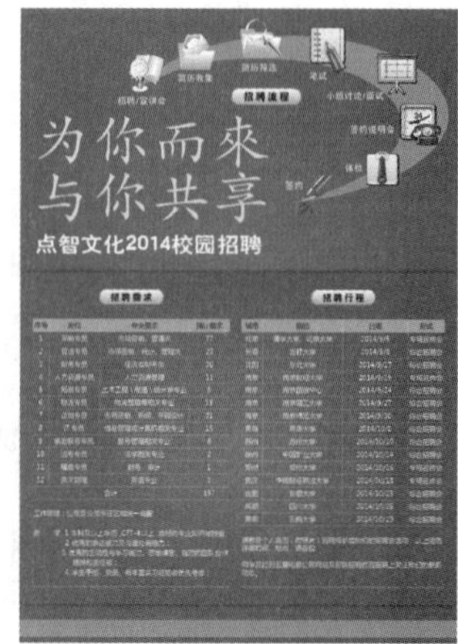

图8.63 最终效果

8.7.2 房地产宣传单设计

在本例中，将使用InDesign中的导入Excel表格并对其进行格式化等功能，制作一个房地产宣传单，其操作步骤如下所述。

01 打开随书所附光盘中的文件“第8章\房地产宣传单设计\素材1.indd”，如图8.64所示。

图8.64　素材文档

02 选择“矩形工具”在文档中绘制一个矩形，然后在“颜色”面板中分别设置其填充色和描边色，如图8.65和图8.66所示，并设置描边的粗细为1点，得到图8.67所示的效果。

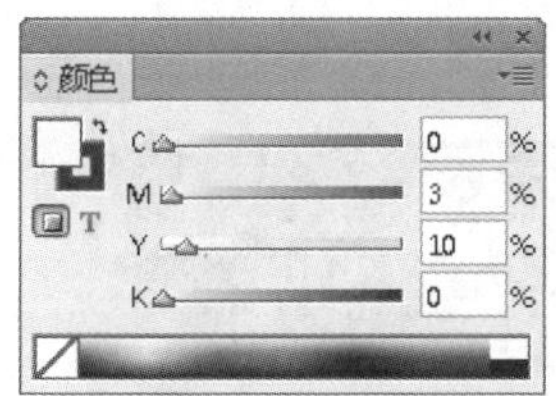

图8.65　设置填充色

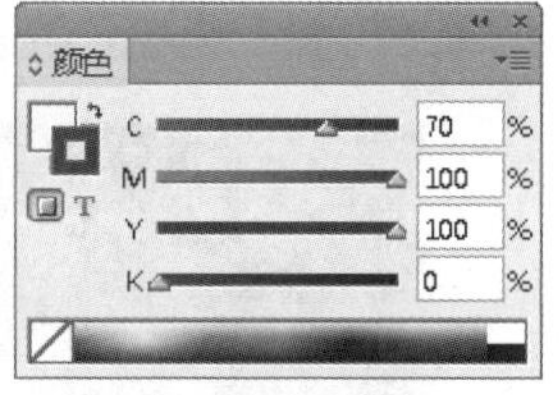

图8.66　设置描边色

图8.67　绘制的矩形

03 按【Ctrl+D】快捷键，在弹出的对话框中打开随书所附光盘中的文件“第8章\房地产宣传单设计\素材2.xls”，其中的数据如图8.68所示，并在对话框中选中“显示导入选项”选项，单击“确定”按钮，设置弹出的对话框，如图8.69所示。

序号	名称	房号	建筑面积（平米	套内面积（平米	原总价（元）	优惠后总价	备注
1	1幢	1-202	144.88	124.88	912.744	775.8324	一梯两户
2		1-301	145.50	125.5	921.577	783.34045	
3		3-201	145.50	125.5	921.577	783.34045	
4	3幢	1-1701	148.44	128.44	945.888	804.0048	二梯两户
5		2-1102	146.57	126.57	931.577	791.84045	
6	8幢	1-1401	146.57	126.57	931.577	791.84045	二梯两户
7		1-1402	146.57	126.57	931.577	791.84045	
8		1-1403	123.82	103.82	798.468	678.6978	
9		1-901	111.58	91.58	710.578	603.9913	
10		1-1001	124.55	104.55	801.468	681.2478	
11		1-1502	115.65	95.65	750.634	638.0389	
12		1-1701	131.55	111.55	851.468	723.7478	
13		2-502	157.50	137.5	982.687	835.28395	
14		2-703	128.31	108.31	831.468	706.7478	一梯两户
15		2-1001	105.88	85.88	681.573	579.33705	

图8.68　素材数据

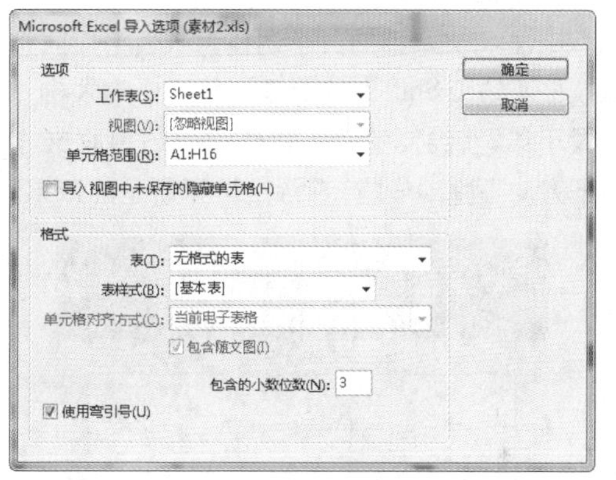

图8.69　设置导入表格的参数

04 单击“确定”按钮导入表格，此时光标将变为图8.70所示的状态，在第2步绘制的矩形内部拖动，得到一个装载表格的文本框，如图8.71所示。

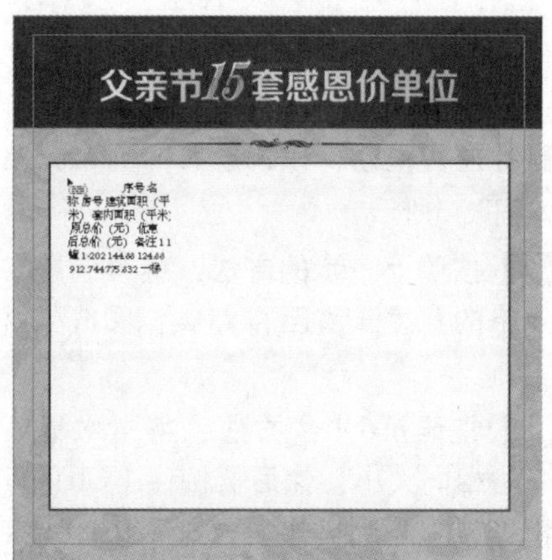

图8.70　光标状态

图8.71　置入的表格

05 保持文本框为选中状态，选择“对象”|“框架类型”|“文本框架”命令，从而将当前文本框转换为文本框架。

06 将文本框的大小调整为与表格相同，然后按住【Ctrl+Shift】快捷键调整表格的大小，将之置于第2步绘制的矩形内部，然后再将文本框的下方向下拖动一些，得到图8.72所示的效果。

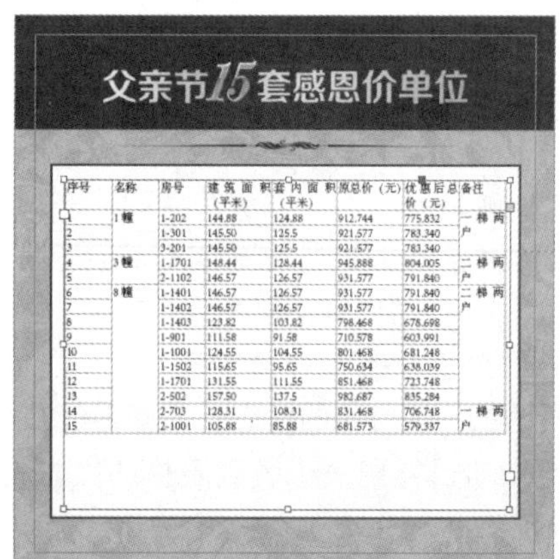

图8.72　调整表格大小后的效果

07 将光标置于第一与第二列之间，并按住鼠标左键拖动，以调整第一列单元格的宽度，如图8.73所示。

08 按照上一步的方法，继续调整其他各列单元格的宽度，直至得到类似图8.74所示的效果。

09 按照第6步的方法，将文本框架调整为与表格相同大小，然后再按住【Ctrl+Shift】快捷键调整表格的大小，直至得到类似图8.75所示的效果。

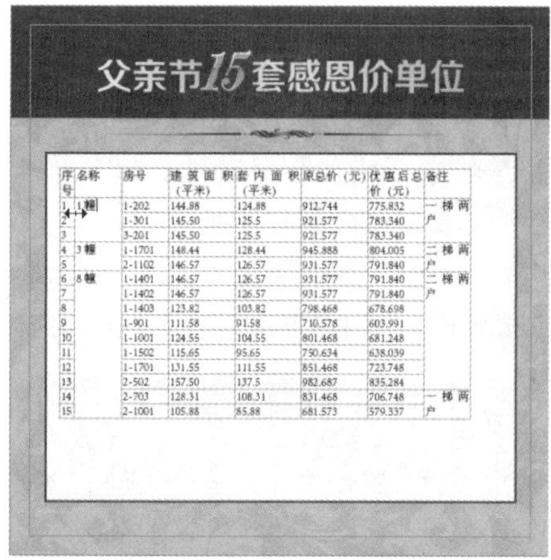

图8.73　调整第一列单元格宽度

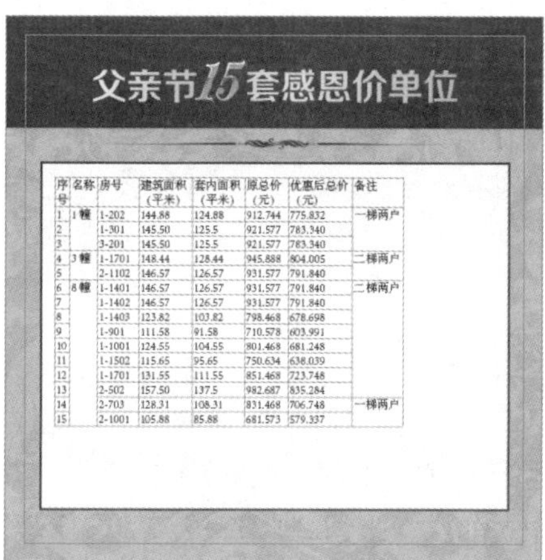

图8.74　调整其他各列宽度后的效果

图8.75　调整表格大小后的效果

10 将光标置于表格的左上角并单击鼠标以选中整个表格，然后分别在“字符”和“段落”面板中设置其属性，如图8.76和图8.77所示，得到图8.78所示的效果。

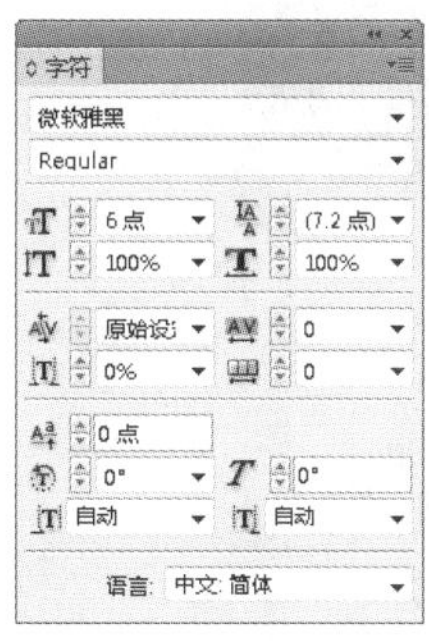

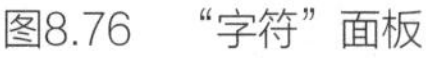

图8.76 “字符”面板

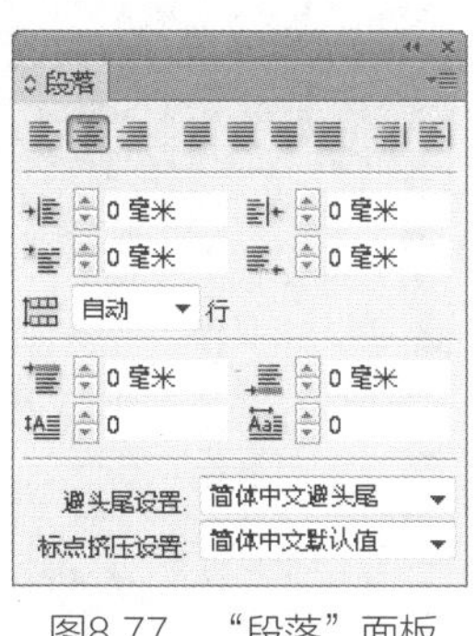

图8.77 “段落”面板

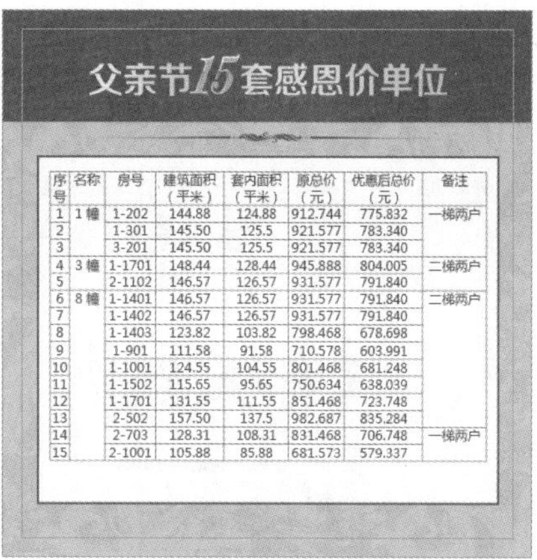

序号	名称	房号	建筑面积（平米）	套内面积（平米）	原总价（元）	优惠后总价（元）	备注
1	1幢	1-202	144.88	124.88	912.744	775.832	一梯两户
2		1-301	145.50	125.5	921.577	783.340	
3		3-201	145.50	125.5	921.577	783.340	
4	3幢	1-1701	148.44	128.44	945.888	804.005	二梯两户
5		2-1102	146.57	126.57	931.577	791.840	
6	8幢	1-1401	146.57	126.57	931.577	791.840	二梯两户
7		1-1402	146.57	126.57	931.577	791.840	
8		1-1403	123.82	103.82	798.468	678.698	
9		1-901	111.58	91.58	710.578	603.991	
10		1-1001	124.55	104.55	801.468	681.248	
11		1-1502	115.65	95.65	750.634	638.039	
12		1-1701	131.55	111.55	851.468	723.748	
13		2-502	157.50	137.5	982.687	835.284	
14		2-703	128.31	108.31	831.468	706.748	一梯两户
15		2-1001	105.88	85.88	681.573	579.337	

图8.78 设置文本属性后的效果

11 将光标置于右侧第2列单元格的顶部并单击鼠标以选中该列单元格，如图8.79所示，然后在“表”面板中设置其高度参数，如图8.80所示，从而控制整个表格的高度属性，得到图8.81所示的效果。

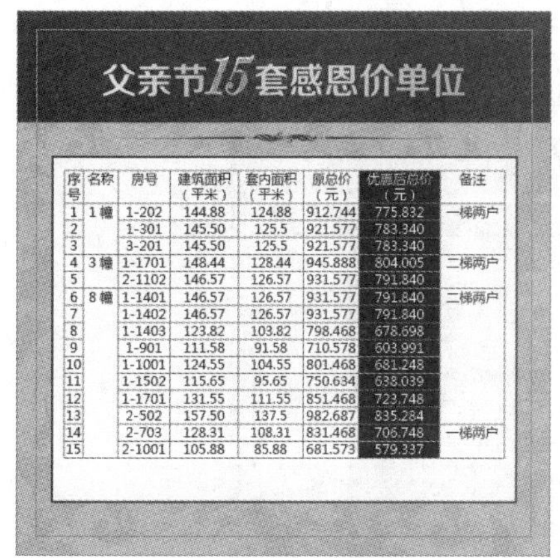

序号	名称	房号	建筑面积（平米）	套内面积（平米）	原总价（元）	优惠后总价（元）	备注
1	1幢	1-202	144.88	124.88	912.744	775.832	一梯两户
2		1-301	145.50	125.5	921.577	783.340	
3		3-201	145.50	125.5	921.577	783.340	
4	3幢	1-1701	148.44	128.44	945.888	804.005	二梯两户
5		2-1102	146.57	126.57	931.577	791.840	
6	8幢	1-1401	146.57	126.57	931.577	791.840	二梯两户
7		1-1402	146.57	126.57	931.577	791.840	
8		1-1403	123.82	103.82	798.468	678.698	
9		1-901	111.58	91.58	710.578	603.991	
10		1-1001	124.55	104.55	801.468	681.248	
11		1-1502	115.65	95.65	750.634	638.039	
12		1-1701	131.55	111.55	851.468	723.748	
13		2-502	157.50	137.5	982.687	835.284	
14		2-703	128.31	108.31	831.468	706.748	一梯两户
15		2-1001	105.88	85.88	681.573	579.337	

图8.79 选中一列单元格

图8.80 “表”面板

序号	名称	房号	建筑面积（平米）	套内面积（平米）	原总价（元）	优惠后总价（元）	备注
1	1幢	1-202	144.88	124.88	912.744	775.832	一梯两户
2		1-301	145.50	125.5	921.577	783.340	
3		3-201	145.50	125.5	921.577	783.340	
4	3幢	1-1701	148.44	128.44	945.888	804.005	二梯两户
5		2-1102	146.57	126.57	931.577	791.840	
6	8幢	1-1401	146.57	126.57	931.577	791.840	二梯两户
7		1-1402	146.57	126.57	931.577	791.840	
8		1-1403	123.82	103.82	798.468	678.698	
9		1-901	111.58	91.58	710.578	603.991	
10		1-1001	124.55	104.55	801.468	681.248	
11		1-1502	115.65	95.65	750.634	638.039	
12		1-1701	131.55	111.55	851.468	723.748	
13		2-502	157.50	137.5	982.687	835.284	
14		2-703	128.31	108.31	831.468	706.748	一梯两户
15		2-1001	105.88	85.88	681.573	579.337	

图8.81 设置表属性后的效果

12 将光标置于表格的左上角并单击鼠标以选中整个表格，然后在“表”面板中单击图8.82所示的按钮以设置文本的对齐属性，得到图8.83所示的效果。

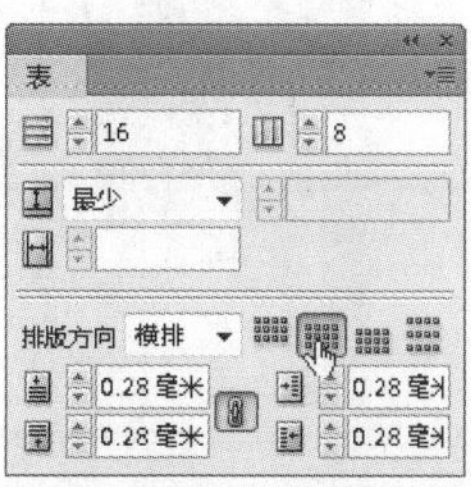

图8.82 设置文本对齐

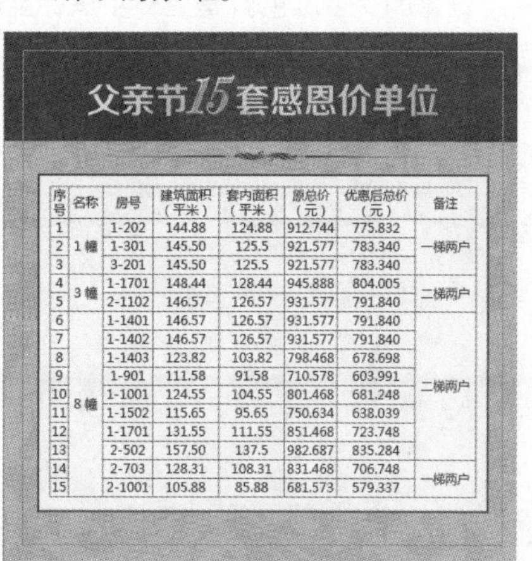

序号	名称	房号	建筑面积（平米）	套内面积（平米）	原总价（元）	优惠后总价（元）	备注
1	1幢	1-202	144.88	124.88	912.744	775.832	一梯两户
2		1-301	145.50	125.5	921.577	783.340	
3		3-201	145.50	125.5	921.577	783.340	
4	3幢	1-1701	148.44	128.44	945.888	804.005	二梯两户
5		2-1102	146.57	126.57	931.577	791.840	
6	8幢	1-1401	146.57	126.57	931.577	791.840	二梯两户
7		1-1402	146.57	126.57	931.577	791.840	
8		1-1403	123.82	103.82	798.468	678.698	
9		1-901	111.58	91.58	710.578	603.991	
10		1-1001	124.55	104.55	801.468	681.248	
11		1-1502	115.65	95.65	750.634	638.039	
12		1-1701	131.55	111.55	851.468	723.748	
13		2-502	157.50	137.5	982.687	835.284	
14		2-703	128.31	108.31	831.468	706.748	一梯两户
15		2-1001	105.88	85.88	681.573	579.337	

图8.83 设置文本对齐后的效果

13 选中整个表格，在“描边”面板中选择左、右两条表格线，并设置其“粗细”数值为0，如图8.84所示，得到图8.85所示的效果。

图8.84　“描边”面板

序号	名称	房号	建筑面积（平米）	套内面积（平米）	原总价（元）	优惠后总价（元）	备注
1	1幢	1-202	144.88	124.88	912.744	775.832	一梯两户
2		1-301	145.50	125.5	921.577	783.340	
3		3-201	145.50	125.5	921.577	783.340	
4	3幢	1-1701	148.44	128.44	945.888	804.005	二梯两户
5		2-1102	146.57	126.57	931.577	791.840	
6	8幢	1-1401	146.57	126.57	931.577	791.840	二梯两户
7		1-1402	146.57	126.57	931.577	791.840	
8		1-1403	123.82	103.82	798.468	678.698	
9		1-901	111.58	91.58	710.578	603.991	
10		1-1001	124.55	104.55	801.468	681.248	
11		1-1502	115.65	95.65	750.634	638.039	
12		1-1701	131.55	111.55	851.468	723.748	
13		2-502	157.50	137.5	982.687	835.284	
14		2-703	128.31	108.31	831.468	706.748	一梯两户
15		2-1001	105.88	85.88	681.573	579.337	

图8.85　设置表格描边后的效果

14 选中表格的第一行，然后在“颜色”面板中设置其填充色，如图8.86所示，并将该颜色保存至“色板”面板中以留在后面备用，再设置其中的文本的填充色为白色，得到图8.87所示的效果。

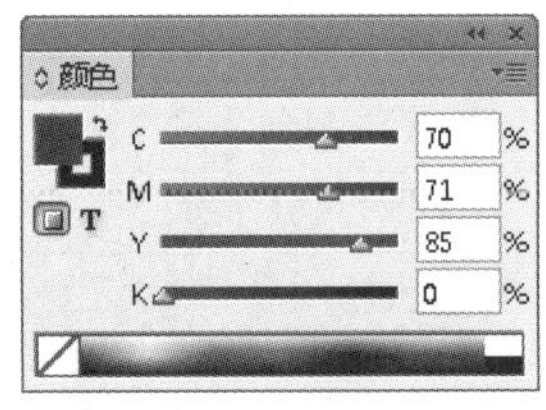

图8.86　“颜色”面板

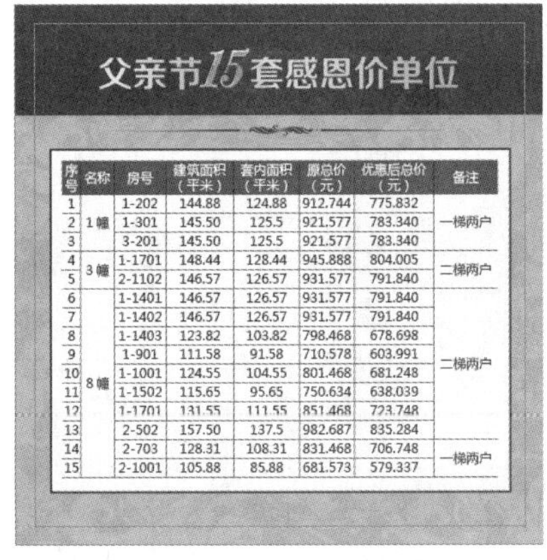

序号	名称	房号	建筑面积（平米）	套内面积（平米）	原总价（元）	优惠后总价（元）	备注
1	1幢	1-202	144.88	124.88	912.744	775.832	一梯两户
2		1-301	145.50	125.5	921.577	783.340	
3		3-201	145.50	125.5	921.577	783.340	
4	3幢	1-1701	148.44	128.44	945.888	804.005	二梯两户
5		2-1102	146.57	126.57	931.577	791.840	
6	8幢	1-1401	146.57	126.57	931.577	791.840	二梯两户
7		1-1402	146.57	126.57	931.577	791.840	
8		1-1403	123.82	103.82	798.468	678.698	
9		1-901	111.58	91.58	710.578	603.991	
10		1-1001	124.55	104.55	801.468	681.248	
11		1-1502	115.65	95.65	750.634	638.039	
12		1-1701	131.55	111.55	851.468	723.748	
13		2-502	157.50	137.5	982.687	835.284	
14		2-703	128.31	108.31	831.468	706.748	一梯两户
15		2-1001	105.88	85.88	681.573	579.337	

图8.87　设置单元格填充色后的效果

15 将光标置于表格内部，然后选择“表”|“表选项”|“交替填色”命令，设置弹出的对话框，如图8.88所示，其中所设置的交替颜色就是上一步保存至色板中的颜色，得到图8.89所示的最终效果。

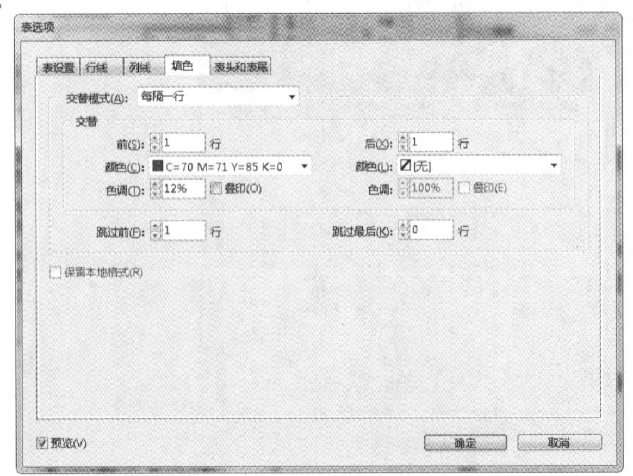

图8.88　“表选项”对话框

序号	名称	房号	建筑面积（平米）	套内面积（平米）	原总价（元）	优惠后总价（元）	备注
1	1幢	1-202	144.88	124.88	912.744	775.832	一梯两户
2		1-301	145.50	125.5	921.577	783.340	
3		3-201	145.50	125.5	921.577	783.340	
4	3幢	1-1701	148.44	128.44	945.888	804.005	二梯两户
5		2-1102	146.57	126.57	931.577	791.840	
6	8幢	1-1401	146.57	126.57	931.577	791.840	二梯两户
7		1-1402	146.57	126.57	931.577	791.840	
8		1-1403	123.82	103.82	798.468	678.698	
9		1-901	111.58	91.58	710.578	603.991	
10		1-1001	124.55	104.55	801.468	681.248	
11		1-1502	115.65	95.65	750.634	638.039	
12		1-1701	131.55	111.55	851.468	723.748	
13		2-502	157.50	137.5	982.687	835.284	
14		2-703	128.31	108.31	831.468	706.748	一梯两户
15		2-1001	105.88	85.88	681.573	579.337	

图8.89　最终效果

第9章

置入与管理图像

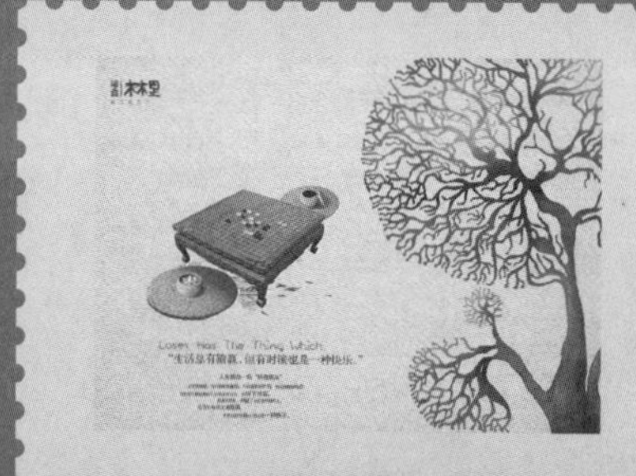

9.1 置入与管理图像

作为专业的排版软件，InDesign支持将多种格式的图像置入到文档中，如jpg、psd、tif、bmp、png、ai、eps、pdf等，尤其对于png及psd等可包含有透明背景的图像，则可以在置入后保留其透明背景。下面就来讲解一下置入图像的方法。

9.1.1 直接置入图像

要置入图像，可以按照以下方法操作。

- 从Windows资源管理器中，直接拖动要置入的图像至页面中，然后释放鼠标即可。
- 按【Ctrl+D】快捷键或选择“文件”|“置入”命令，此时将弹出图9.1所示的对话框。

图9.1 “置入”对话框

“置入”对话框中各选项的功能解释如下。

- 显示导入选项：勾选此复选项后，单击“打开”按钮后，就会弹出图像导入选项对话框。
- 替换所选项目：在应用置入命令之前，如果选择一幅图像，那么勾选此复选项并单击“打开”按钮后，就会替换之前选中的图像。
- 创建静态题注：勾选此复选项后，可以添加基于图像元数据的题注。
- 应用网格格式：勾选此复选项后，导入的文档将带有网格框架。反之，则将导入纯文本框架。
- 预览：勾选该复选项后，可以在上面的方框中观看到当前图像的缩览图。

在打开一幅图形或图像后，光标将显示其缩览图，如图9.2所示。此时，用户可以使用以下两种方式置入该对象。图9.3所示是通过拖动的方式将图像置入以后的效果。

- 在页面中拖动，以绘制一个容器，用于装载置入的对象。
- 在页面中单击鼠标，将按照对象的尺寸将其置入到页面中。

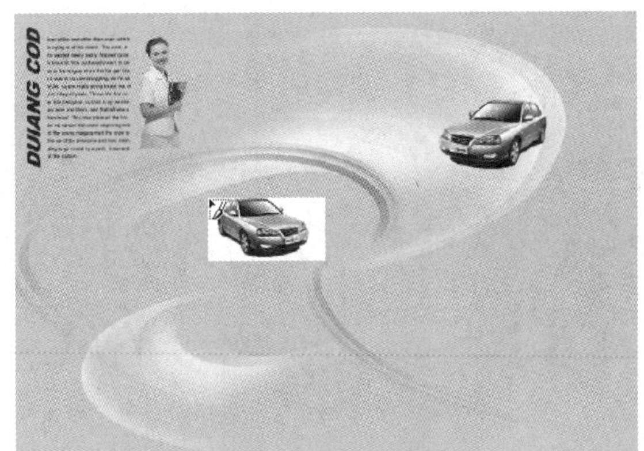

图9.2 光标状态

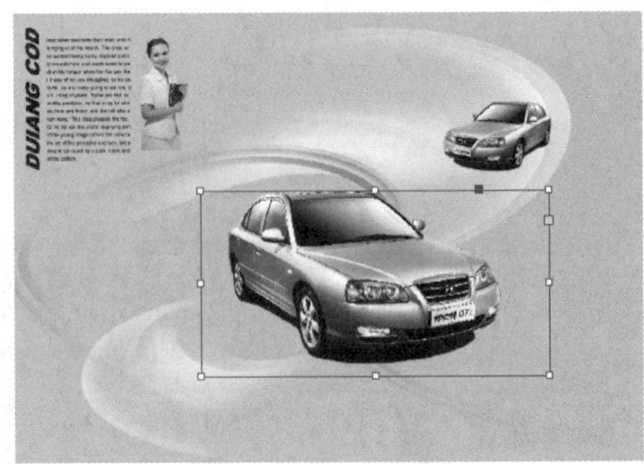

图9.3 置入图像后的效果

如果希望置入的图像替换当前已有的图像，可以使用“选择工具”选中要替换的图像，执行“文件”|“置入”命令，在弹出的对

话框中打开一幅图像即可。另外，用户也可以按照前面讲解的方法，直接拖动图像至当前图像上，如图9.4所示，即可将其替换掉，如图9.5所示。

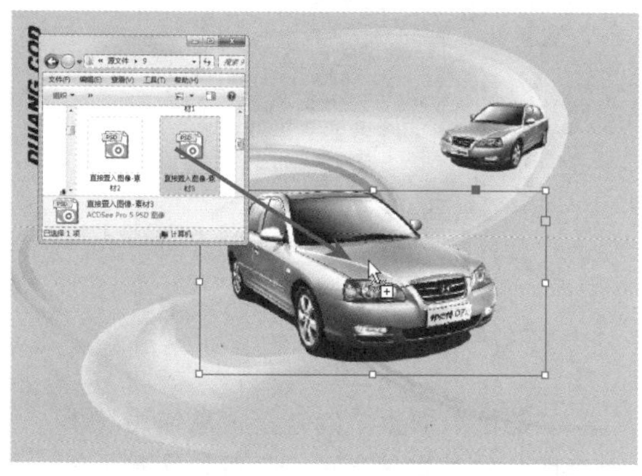

图9.4　置入图像

图9.5　替换后的图像

9.1.2　置入行间图

所谓的行间图，就是指在文本输入状态下置入图片，其特点就是图片会置入到光标所在的位置，并跟随文本一起移动。在制作各种书籍、手册类的出版物时较为常用。以图9.6所示的图书正文为例，图9.7所示是插入行间图并适当缩小后的效果。此时，若上面的文本向下蹿行，则图片也会随之移动，例如图9.8所示就是在图片上方的文本上增加了几个空白段落后的效果。可见，图片随着文本一起向下移动了。

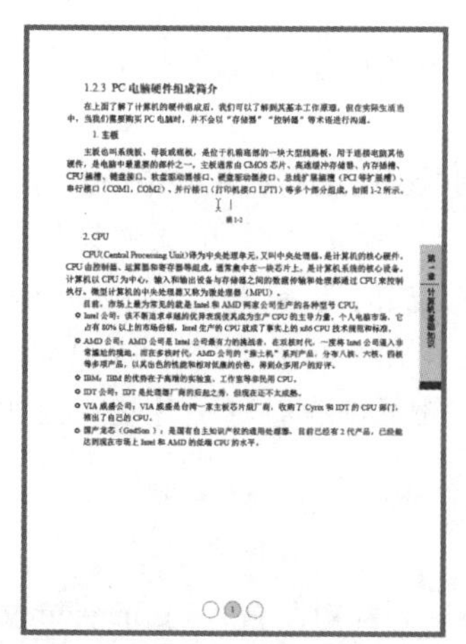

1.2.3 PC电脑硬件组成简介

在上面了解了计算机的硬件组成后，我们可以了解到其基本工作原理，但在实际生活中，当我们需要购买PC电脑时，并不会以“存储器”“控制器”等术语进行沟通。

1. 主板

主板也叫系统板、母板或底板，是位于机箱底部的一块大型线路板，用于连接电脑其他硬件，是电脑中最重要的部件之一，主板通常由CMOS芯片、高速缓冲存储器、内存插槽、CPU插槽、键盘接口、软盘驱动器接口、硬盘驱动器接口、总线扩展插槽（PCI等扩展槽）、串行接口（COM1、COM2）、并行接口（打印机接口LPT1）等多个部分组成，如图1-2所示。

图1-2

2. CPU

CPU(Central Processing Unit)译为中央处理单元，又叫中央处理器，是计算机的核心硬件。CPU由控制器、运算器和寄存器等组成，通常集中在一块芯片上，是计算机系统的核心设备。计算机以CPU为中心，输入和输出设备与存储器之间的数据传输和处理都通过CPU来控制执行。微型计算机的中央处理器又称为微处理器（MPU）。

目前，市场上最为常见的就是Intel和AMD两家公司生产的各种型号CPU。

- Intel公司：该不断追求卓越的优异表现使其成为生产CPU的主导力量，个人电脑市场，它占有80%以上的市场份额，Intel生产的CPU就成了事实上的x86 CPU技术规范和标准。
- AMD公司：AMD公司是Intel公司最有力的挑战者，在双核时代，一度将Intel公司逼入非常尴尬的境地，而在多核时代，AMD公司的“推土机”系列产品，分布八核、六核、四核等多项产品，以其出色的性能和相对低廉的价格，得到众多用户的好评。
- IBM：IBM的优势在于高端的实验室、工作室等非民用CPU。
- IDT公司：IDT是处理器厂商的后起之秀，但现在还不太成熟。
- VIA威盛公司：VIA威盛是台湾一家主板芯片组厂商，收购了Cyrix和IDT的CPU部门，推出了自己的CPU。
- 国产龙芯（GodSon）：是国有自主知识产权的通用处理器，目前已经有2代产品，已经能达到现在市场上Intel和AMD的低端CPU的水平。

第一章　计算机基础知识

图9.6　素材文档

1.2.3 PC电脑硬件组成简介

在上面了解了计算机的硬件组成后，我们可以了解到其基本工作原理，但在实际生活中，当我们需要购买PC电脑时，并不会以“存储器”“控制器”等术语进行沟通。

1. 主板

主板也叫系统板、母板或底板，是位于机箱底部的一块大型线路板，用于连接电脑其他硬件，是电脑中最重要的部件之一，主板通常由CMOS芯片、高速缓冲存储器、内存插槽、CPU插槽、键盘接口、软盘驱动器接口、硬盘驱动器接口、总线扩展插槽（PCI等扩展槽）、串行接口（COM1、COM2）、并行接口（打印机接口LPT1）等多个部分组成，如图1-2所示。

图1-2

2. CPU

CPU(Central Processing Unit)译为中央处理单元，又叫中央处理器，是计算机的核心硬件。CPU由控制器、运算器和寄存器等组成，通常集中在一块芯片上，是计算机系统的核心设备。计算机以CPU为中心，输入和输出设备与存储器之间的数据传输和处理都通过CPU来控制执行。微型计算机的中央处理器又称为微处理器（MPU）。

目前，市场上最为常见的就是Intel和AMD两家公司生产的各种型号CPU。

- Intel公司：该不断追求卓越的优异表现使其成为生产CPU的主导力量，个人电脑市场，它占有80%以上的市场份额，Intel生产的CPU就成了事实上的x86 CPU技术规范和标准。
- AMD公司：AMD公司是Intel公司最有力的挑战者，在双核时代，一度将Intel公司逼入非常尴尬的境地，而在多核时代，AMD公司的“推土机”系列产品，分布八核、六核、四核等多项产品，以其出色的性能和相对低廉的价格，得到众多用户的好评。
- IBM：IBM的优势在于高端的实验室、工作室等非民用CPU。
- IDT公司：IDT是处理器厂商的后起之秀，但现在还不太成熟。
- VIA威盛公司：VIA威盛是台湾一家主板芯片组厂商，收购了Cyrix和IDT的CPU部门，推出了自己的CPU。
- 国产龙芯（GodSon）：是国有自主知识产权的通用处理器，目前已经有2代产品，已经能达到现在市场上Intel和AMD的低端CPU的水平。

第一章　计算机基础知识

图9.7　置入的图片

1.2.3 PC电脑硬件组成简介

在上面了解了计算机的硬件组成后，我们可以了解到其基本工作原理，但在实际生活中，当我们需要购买PC电脑时，并不会以“存储器”“控制器”等术语进行沟通。

1. 主板

主板也叫系统板、母板或底板，是位于机箱底部的一块大型线路板，用于连接电脑其他硬件，是电脑中最重要的部件之一，主板通常由CMOS芯片、高速缓冲存储器、内存插槽、CPU插槽、键盘接口、软盘驱动器接口、硬盘驱动器接口、总线扩展插槽（PCI等扩展槽）、串行接口（COM1、COM2）、并行接口（打印机接口LPT1）等多个部分组成，如图1-2所示。

图1-2

2. CPU

CPU(Central Processing Unit)译为中央处理单元，又叫中央处理器，是计算机的核心硬件。CPU由控制器、运算器和寄存器等组成，通常集中在一块芯片上，是计算机系统的核心设备。计算机以CPU为中心，输入和输出设备与存储器之间的数据传输和处理都通过CPU来控制执行。微型计算机的中央处理器又称为微处理器（MPU）。

目前，市场上最为常见的就是Intel和AMD两家公司生产的各种型号CPU。

- Intel公司：该不断追求卓越的优异表现使其成为生产CPU的主导力量，个人电脑市场，它占有80%以上的市场份额，Intel生产的CPU就成了事实上的x86 CPU技术规范和标准。
- AMD公司：AMD公司是Intel公司最有力的挑战者，在双核时代，一度将Intel公司逼入非常尴尬的境地，而在多核时代，AMD公司的“推土机”系列产品，分布八核、六核、四核等多项产品，以其出色的性能和相对低廉的价格，得到众多用户的好评。
- IBM：IBM的优势在于高端的实验室、工作室等非民用CPU。
- IDT公司：IDT是处理器厂商的后起之秀，但现在还不太成熟。

第一章　计算机基础知识

图9.8　向下移动的图片

9.1.3　管理文件链接

InDesign可以置入多种文件格式，并默认以链接的方式进行保存。用户可以根据需要，对这些链接文件进行编辑和管理，本节就来讲解其相关操作及技巧。

1. 了解“链接”面板

在InDesign中，管理与编辑链接文件的操作都可以在“链接”面板中完成，用户可以按

【Ctrl+Shift+D】快捷组合键或选择“窗口”|“链接”命令，即可显示此面板，如图9.9所示。

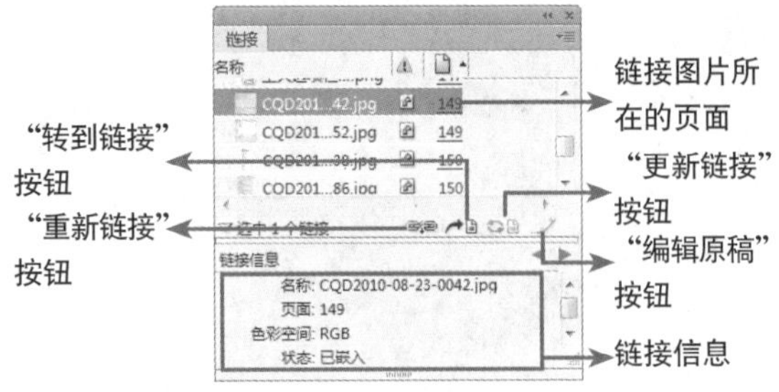

图9.9 “链接”面板

在“链接”面板中各选项的含义解释如下。

- “转到链接”按钮：在选中某个链接的基础上，单击“链接”面板底部的“转到链接”按钮，可以切换到该链接所在页面进行显示。
- “重新链接”按钮：该按钮可以对已有的链接进行替换。在选中某个链接的基础上，单击“链接”面板中的“重新链接”按钮，在弹出的对话框中选择要替换的图片后单击“打开”按钮，完成替换。
- “更新链接”按钮：链接文件被修改过，就会在文件名右侧显示一个叹号图标，单击面板底部的“更新链接”按钮或按下【Alt】键的同时单击鼠标可以更新全部。
- “编辑原稿”按钮：单击此按钮，可以快速转换到编辑图片软件编辑原文件。

提示

单击“链接”面板右上角的“面板”按钮，在弹出的菜单中可以选择与上述按钮功能相同的命令。

2. 查看链接信息

若要查看链接对象的信息，在默认情况下，直接选中一个链接对象即可在“链接”面板底部显示相关的信息；若下方没有显示，则可以双击链接对象，或单击“链接”面板左下角的三角按钮以展开链接信息，如图9.10所示。

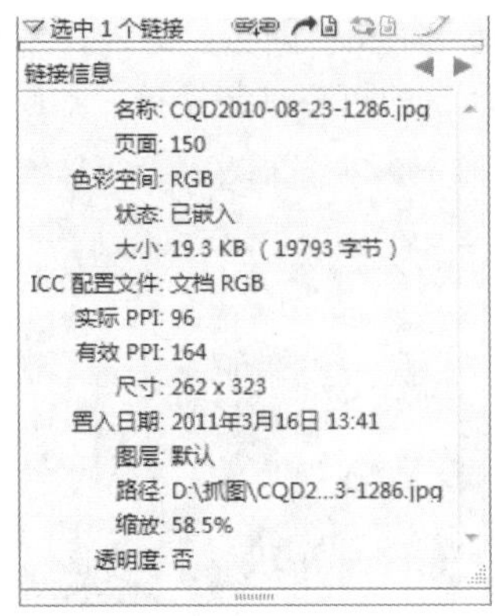

图9.10 链接信息

“链接”面板中的链接信息作用在于，可以对图片的基本信息进行了解。在其中部分参数解释如下：

- 名称：该处显示为图片名称。
- 页面：该处显示的数字为图片在文档中所处的页面位置。
- 状态：该处显示图片的是否为嵌入、是否为缺失状态。
- 大小：该处可快速查看图片大小。
- 实际 PPI：该处可快速查看图片的实际分辨率。
- 有效 PPI：该处可快速查看图片的有效分辨率。
- 尺寸：该处可快速查看图片的原始尺寸。
- 路径：该处显示图片所处的文件夹位置，有利于查找缺失的链接。
- 缩放：该处可快速查看图片的缩放比例。
- 透明度：该处可快速查看图片是否应用透明度效果。

3. 嵌入

默认情况下，外部对象置入到InDesign文档中后，会保持为链接的关系，其好处在于当前的文档与链接的文件是相对独立的，可以分别对它们进行编辑处理。但缺点就是，链接的文件一定要一直存在，若移动了位置或删除，则在文档中会提示链接错误，导致无法正确输出和印刷。

相对较为保险的方法，就是将链接的对象嵌入到当前文档中，虽然这样做会导致增加文档的大小，但由于对象已经嵌入，因此无需担心链接错误等问题。而在有需要时，也可以将嵌入的对象取消嵌入，将其还原为原本的文件。

要嵌入对象，可以在“链接”面板中将其选中，然后执行以下操作之一。

- 在选中的对象上单击鼠标右键，在弹出的快捷菜单中选择“嵌入链接”命令
- 单击“链接”面板右上角的“面板”按钮，从弹出的“面板”菜单中可以选择“嵌入链接”命令。
- 如果所选链接文件含有多个实例，可以在其上单击鼠标右键，单击“链接”面板右上角的面板按钮，在弹出的“面板”菜单中选择“嵌入‘***’的所有实例”命令。***代表当前链接对象的名称。

执行上述操作后，即可将所选的链接文件嵌入到当前出版物中，完成嵌入的链接图片文件名的后面会显示“嵌入”图标，如图9.11所示。

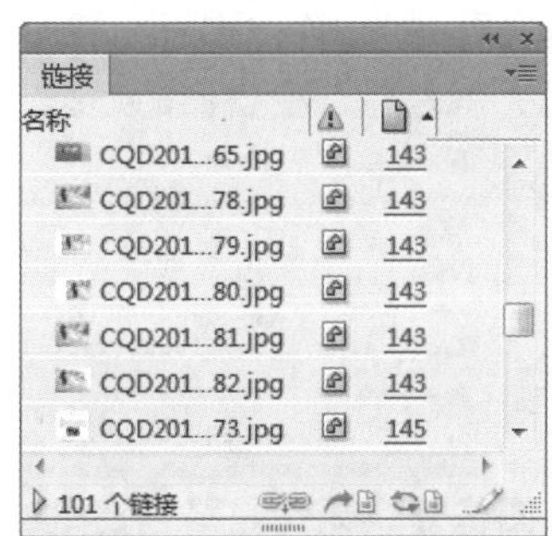

图9.11 嵌入文件

4. 取消嵌入

要取消链接文件的嵌入，可以将选中嵌入了链接的对象，然后执行以下操作。

- 在选中的对象上单击鼠标右键，在弹出的快捷菜单中选择“取消嵌入链接”命令。
- 单击“链接”面板右上角的“面板”按钮，从弹出的“面板”菜单中可以选择“取消嵌入链接”命令。
- 如果所选嵌入文件含有多个实例，可以在其上单击鼠标右键，或单击“链接”面板右上角的“面板”按钮，在弹出的“面板”菜单中选择“取消嵌入‘***’的所有实例”命令。***代表当前链接对象的名称。

执行上面的操作后，会弹出InDesign提示框，提示用户是否要链接至原文件，如图9.12所示。

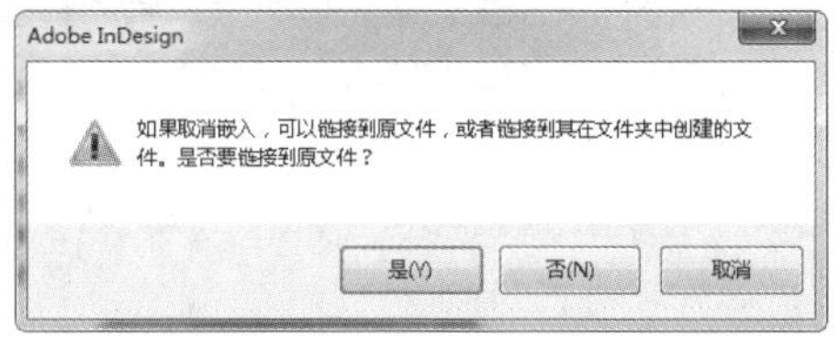

图9.12 InDesign提示框

该提示框中各按钮的含义解释如下。

- “是”按钮：在InDesign提示框中单击此按钮，可以直接取消链接文件的嵌入并链接到至原文件。
- “否”按钮：在InDesign提示框中单击此按钮，将打开“选择文件夹”对话框，选择文件夹将当前的嵌入文件作为链接文件的原文件存放到文件夹中。
- “取消”按钮：在InDesign提示框中单击此按钮，将放弃“取消嵌入链接”命令。

5. 将链接对象复制到新位置

对于未嵌入到文档中的对象，可以将其复制到新的位置。其操作方法很简单，用户可以在“链接”面板中选中要复制到新位置的链接对象，然后在其上单击鼠标右键，或单击“链接”面板右上角的“面板”按钮，从弹出的“面板”菜单中可以选择“将链接复制到”命令，在弹出的对话框中选择一个新的文件夹，并单击“选择”按钮即可。

在完成复制到新位置操作后，也会自动将链接对象更新至此位置中。

6. 跳转至链接对象所在的位置

要跳转至链接对象所在的位置，可以在“链接”面板中选中该对象，然后单击“链接”面板中的“转到链接”按钮，或在该对象上单击鼠标右键，在弹出的快捷菜单中选择“转到链接”命令，即可快速跳转到链接图所在的位置。

7. 重新链接对象

对于没有嵌入的对象，若由于丢失链接（在“链接”面板中出现问号图标）或需要

链接至新的对象时，可以在该链接对象上单击鼠标右键，或单击“链接”面板中的“重新链接”按钮，在弹出的对话框中选择要重新链接的对象，然后单击“打开”按钮即可。

提示

将丢失的图片文件移动回该InDesign正文文件夹中，可恢复丢失的链接。对于链接的替换，也可以利用“重新链接”按钮，在打开的重新链接对话框中选择所要替换的图片。若要避免丢失链接，可将所有链接对象与InDesign文档保存在相同文件夹内，或不随便更改链接图的文件夹。

8. 更新链接

在未嵌入对象时，若链接的对象发生了变化，将在“链接”面板上出现“已修改”图标，此时用户可以选中所有带有此图标的链接对象，然后单击“链接”面板底部的“更新链接”按钮，或单击“链接”面板右上角的“面板”按钮，在弹出的菜单中选择“更新链接”命令，即可完成链接的更新。

若按下【Alt】键的同时单击“更新链接”按钮即可更新全部。

9.2 裁剪图像

本书前面的内容中已经提到，置入到InDesign中的图像包含容器与内容两部分。容器即指用于装载该图像的框架，而内容则是指图像本身。所谓的裁剪图像，就是指改变容器的形态，实现对图像的规则或自由裁剪。

下面就来讲解在InDesign中裁剪图像的方法。

9.2.1 使用现有路径进行裁剪

在InDesign中，可以直接将图像置入到某个路径中。置入图像后，无论是路径还是图形都会被系统转换为框架，并利用该框架限制置入图像的显示范围。在实际操作时，也可以利用这一特性，先绘制一些图形作为占位，在确定版面后，再向其中置入图像。

以图9.13所示的素材为例，图9.14所示是向图形中置入图像并适当调整大小及位置后的效果。

图9.13 素材文档

图9.14 置入图像后的效果

另外，对于已经置入到文档中的图像，用户可以选中图像内容，执行复制或剪切操作，然后再选择路径，按【Ctrl+Alt+V】快捷组合键或选择“编辑”|“贴入内部”命令，使用该路径对图像进行裁剪。

9.2.2 使用直接选择工具进行裁剪

在InDesign中，使用“直接选择工具”可以执行两种裁剪操作，下面来分别对其进行讲解。

1. 编辑内容

使用“直接选择工具”单击图像内容，可以将其选中，然后调整大小、位置等属性，从而在现有框架内显示不同的图像内容。

2. 编辑框架

在InDesign中，容器的本质其实就是路径，因此使用“直接选择工具”可以选中容器，并通过编辑容器的路径或锚点，从而改变容器的形态，最终实现多样化的裁剪效果。读者还可以配合“钢笔工具”、添加“锚点工具”等对容器进行更多的编辑。

图9.15所示就是选中窗口时的状态，图9.16所示是调整锚点位置及曲率后的效果。

图9.15 选中框架

图9.16 编辑锚点后的效果

9.2.3 使用选择工具进行裁剪

与“直接选择工具”类似，“选择工具”也可以通过编辑内容或框架的方式执行裁剪操作。

将“选择工具”光标移至对象之上，在中心圆环之外单击鼠标，即可选中该对象的框架，图像周围都会显示相应的控制句柄。用户可以将光标置于控制句柄上，然后拖动即可进行裁剪。以图9.17所示的素材中的图像为例，图9.18所示就是对图像的上、右和下方进行裁剪后的效果。

图9.17 选中框架

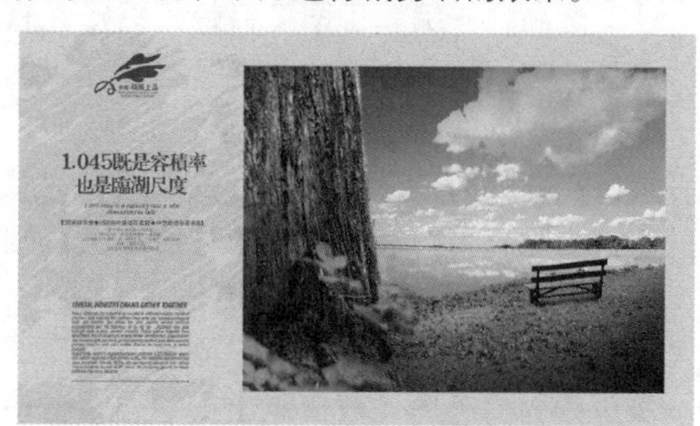

图9.18 裁剪后的效果

若使用“选择工具”单击图像中间的圆环以选中图像内容，此时按住鼠标左键并拖动圆环，即可调整内容的位置，从而实现裁剪操作。

9.2.4 使用“剪切路径”命令进行裁剪

剪切路径功能可以通过检测边缘、使用路径、通道等方式，去除掉图像的背景以隐藏图像中不需要的部分；通过保持剪切路径和图形框架彼此分离，可以使用“直接选择工具”和工具箱中的其他绘制工具自由地修改剪切路径，而不会影响图形框架。

选择“对象”|“剪切路径”|“选项”命令，弹出“剪切路径”对话框，如图9.19所示。

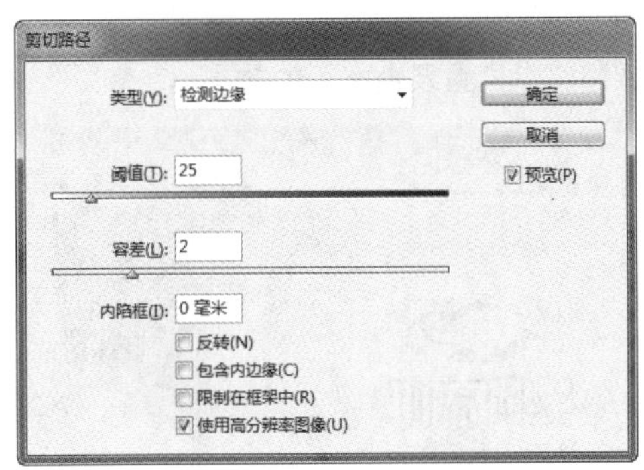

图9.19 “剪切路径”对话框

该对话框中各选项的功能解释如下。

- 类型：在该下拉列表中可以选择创建镂空背景图像的方法。选择“检测边缘”选项，则依靠InDesign的自动检测功能，检测并抠除图像的背景，在要求不高的情况下，可以使用这种方法；选择“Alpha通道”和“Photoshop路径”选项，可以调用文件中包含的Alpha通道或路径，对图像进行剪切设置；若用户选择了“Photoshop路径”选项，并编辑了图像自带的路径，将自动选择“用户修改的路径”选项，以区分选择“Photoshop路径”选项。
- 阈值：此处的数值决定了有多少高亮的颜色被去除，用户在此输入的数值越大，则被去除的颜色从亮到暗依次越多。
- 容差：容差参数控制了用户得到的去底图像边框的精确度，数值越小得到的边框的精确度也越高。因此，在此数值输入框中输入较小的数值有助于得到边缘光滑、精确的边框，并去掉凹凸不平的杂点。
- 内陷框：此参数控制用户得到的去底图像内缩的程度，用户在此处输入的数值越大，则得到的图像内缩程度越大。
- 反转：选中此复选项，得到的去底图像与以正常模式得到的去底图像完全相反，在此选项被选中的情况下，应被去除的部分保存，而本应存在的部分被删除。
- 包含内边缘：在此复选项被选中的情况下，InDesign在路径内部的镂空边缘处也将创建边框并做去底操作。
- 限制在框架中：选择该复选项，可以使剪贴路径停止在图像的可见边缘上，当使用图框来裁切图像时，可以产生一个更为简化的路径。
- 使用高分辨率图像：在此选项未被选中的情况下，InDesign以屏幕显示图像的分辨率计算生成的去底图像效果，在此情况下用户将快速得到去底图像效果，但其结果并不精确。所以，为了得到精确的去底图像及其绕排边框，应选中此复选项。

以图9.20所示的素材中的图像为例，图9.21所示是通过选择“检测边缘”选项，并设置“阈值”及“容差”等参数后得到的抠除效果。

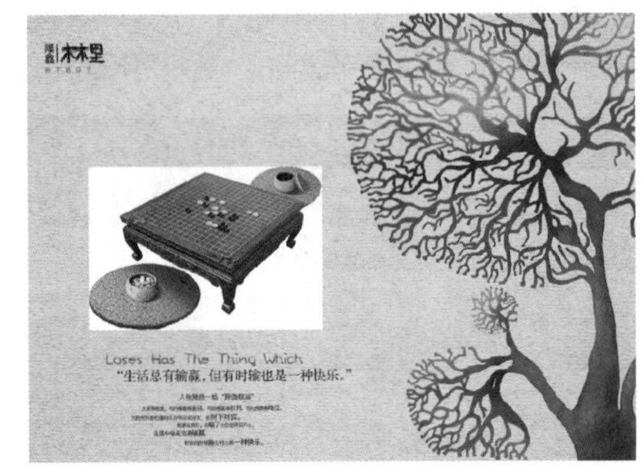

图9.20 素材文档

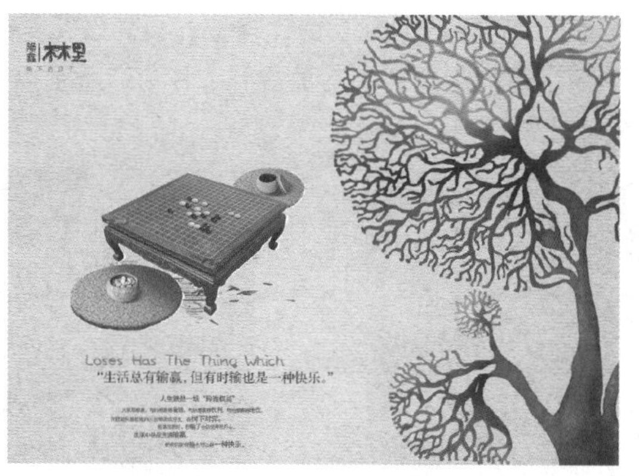

图9.21 裁剪后的效果

9.3 调整内容在框架中的位置

在前面已经提到过，每个置入的图像都包含了容器与内容两部分，而这个容器实际就是图像的框架，当内容与框架不匹配时，用户可以使用“对象”|“适合”子菜单中的命令，调整内容与框架位置的命令的匹配。

另外，在选中图像后，用户也可以在“控制”面板中使用相应的按钮调整内容与框架，如图9.22所示。

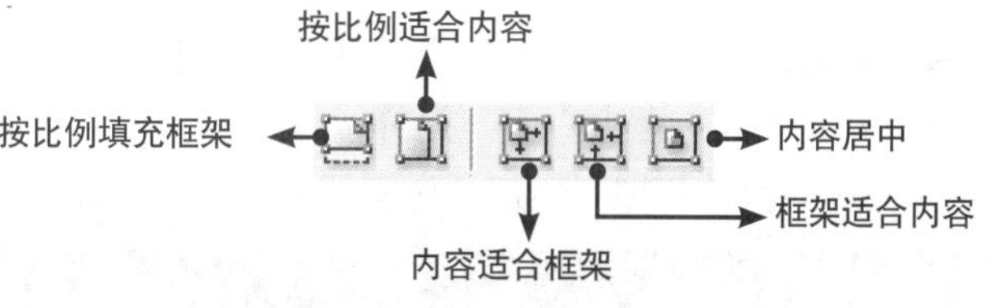

图9.22 控制栏

下面将以图9.23所示的素材中的图像为例，来分别讲解各按钮的功能。

图9.23 素材文档

- 内容适合框架：对内容进行适合框架大小的缩放。该操作下的框架比例不会更改，内容比例则会改变。选择操作对象，在工具选项栏中单击“内容适合框架”按钮，即可对图像进行内容适合框架操作，效果如图9.24所示。
- 框架适合内容：对框架进行调整以适合内容大小。该操作下的内容大小、比例不会更改，框架则会根据内容的大小进行适合内容的调整。选择操作对象，在工具选项栏中单击“框架适合内容”按钮，即可对图像进行框架适合内容的操作，图9.25所示为原图像和进行框架适合内容操作后等比例缩放的效果图像。

图9.24　内容适合框架

图9.25　框架适合内容

- 内容居中：在保持内容和框架比例、尺寸大小不变的状态下，将内容摆放在框架的中心位置。选择操作对象，在工具选项栏中单击“内容居中”按钮，即可对图像进行内容居中的操作，效果如图9.26所示。

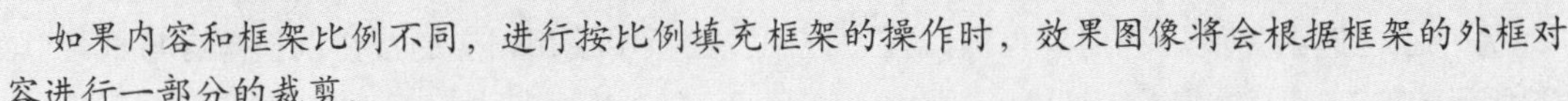

提示

如果内容和框架比例不同，进行按比例填充框架的操作时，效果图像将会根据框架的外框对内容进行一部分的裁剪。

- 按比例适合内容：在保持内容比例与框架尺寸不变的状态下，调整内容大小以适合框架，如果内容和框架的比例不同，将会导致一些空白区。选择操作对象，在工具选项栏中单击“按比例适合内容”按钮，即可对图像进行按比例适合内容的操作，效果如图9.27所示。

提示

如果内容和框架比例不同，在进行按比例适合内容的操作时，将会存在一些空白区。

- 按比例适合框架：在保持内容比例与框架尺寸不变的状态下，将内容填充框架。选择操作对象，在工具选项栏中单击“按比例填充框架”按钮，即可对图像进行按比例填充框架的操作，效果如图9.28所示。

图9.26　内容居中

图9.27　按比例适合内容

图9.28　按比例填充框架

9.4 收集与置入

简单来说，内容收集与置入功能的作用就是用户可以使用“内容收集器工具”与“内容置入器工具”，实现快速的复制与粘贴操作，而且在操作过程中，还有更多的选项可以选择以便于进行编辑处理。下面来分别讲解二者的功能与使用方法。

提示

内容收集与置入，是InDesign CS6中新增的功能，因此仅在CS6或更高版本的软件中可用。

9.4.1 收集内容

选择“内容收集器工具”后，将显示“内容传送装置”面板，如图9.29所示。

图9.29 “内容传送装置”面板

“内容传送装置”面板中的部分选项解释如下。

- 内容置入器工具：在此处单击该按钮，可以切换至内容置入器工具，并将项目置入到指定的位置，同时面板也会激活相关的参数及按钮。
- 收集所有串接框架：勾选此复选项，可以收集文章和所有框架；如果不勾选此复选项，则仅收集单个框架中的文章。
- 载入传送装置：单击此按钮，将弹出“载入传送装置”对话框，如图9.30所示。勾选“选区”复选项，可以载入所有选定项目；勾选“页面”复选项，可以载入指定页面上的所有项目；勾选“全部”复选项，可以载入所有页面和粘贴板上的项目。如果需要将所有项目归入单个组中，则勾选“创建单个集合”复选项。

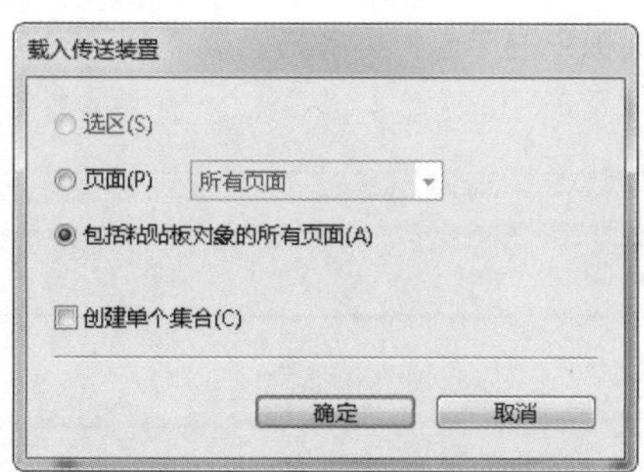

图9.30 “载入传送装置”对话框

要使用“内容收集器工具”收集内容，可以使用它单击页面中的对象，如图形、图像、文本块或页面等，当光标移动至对象上时，将显示边框，单击该对象后即可将其添加到“内容传送装置”面板中，如图9.31所示。

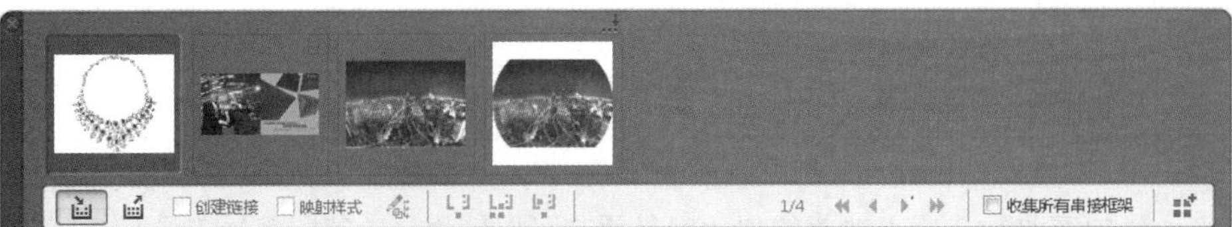

图9.31　添加多个页面及对象后的状态

9.4.2　置入内容

在向"内容传送装置"面板中收集了需要的对象后，即可使用"内容置入器工具"将其置入到页面中，选择此工具后，"内容传送装置"面板也将显示更多的参数，如图9.32所示。

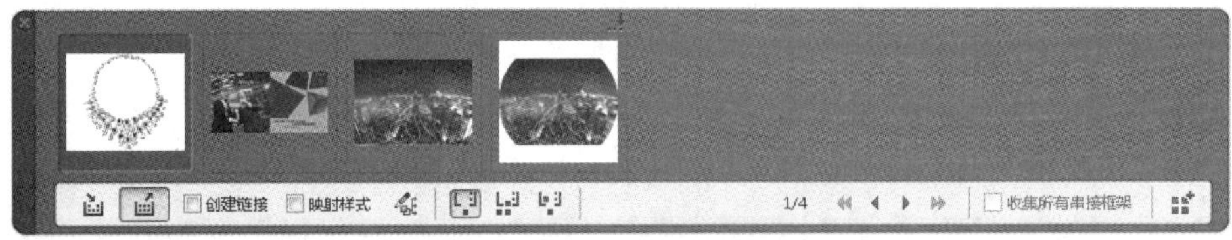

图9.32　"内容传送装置"面板

选择"内容置入器工具"后，"内容传送装置"面板中新激活的参数讲解如下。

- 创建链接：勾选此复选项，可以将置入的项目链接到所收集项目的原始位置。可以通过"链接"面板管理链接。
- 映射样式：勾选此复选项，将在原始项目与置入项目之间映射段落、字符、表格或单元格样式。默认情况下，映射时采用样式名称。
- 编辑自定样式映射：单击此按钮，在弹出的"自定样式映射"对话框中可以定义原始项目和置入项目之间的自定样式映射。映射样式以便在置入项目中自动替换原始样式。
- 置入按钮：单击此按钮，在置入项目之后，可以将该项目从"内容传送装置"面板中删除。
- 置入多个按钮：单击此按钮，可以多次置入当前项目，但该项目仍载入到置入喷枪中。
- 置入并载入按钮：单击此按钮，置入该项目，然后移至下一个项目。但该项目仍保留在"内容传送装置"面板中。
- ：单击相应的三角按钮，可以切换"内容传送装置"面板中要置入的项目。
- 末尾：显示该图标的项目，表示该项目是最后被添加进来"内容传送装置"面板的。

若要置入"内容传送装置"面板中的对象，可以将光标移至需要置入项目的位置并单击鼠标即可。

9.5　设计实战

9.5.1　南京印象宣传单页设计

在本例中，将利用InDesign中的置入与裁剪图像功能设计一款宣传单页，其操作步骤如下所述。

01 打开随书所附光盘中的文件"第9章\南京印象宣传单页设计\素材1.indd"，如图9.33所示。

在此素材中，“图层1”与“图层2”均为本例的素材，而二者之间的“图层3”则是在下面的操作中要置入图像的图层，如图9.34所示。

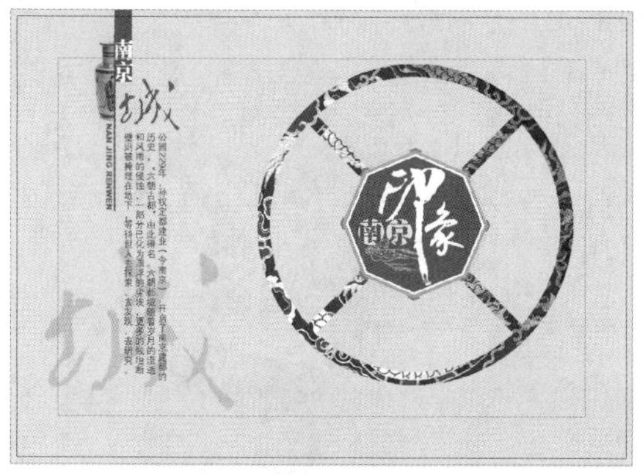

图9.33 素材文档

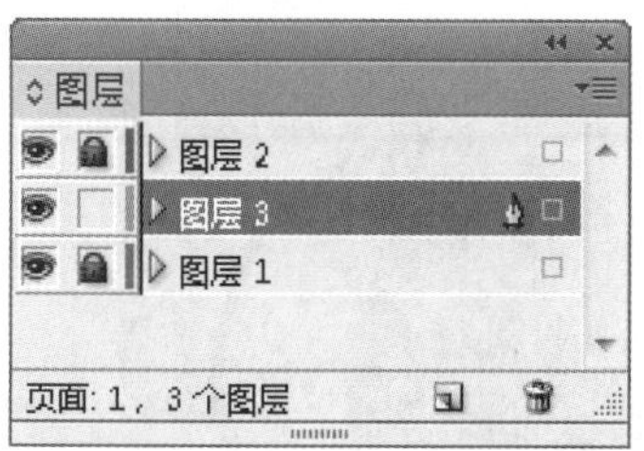

图9.34 “图层”面板

02 使用“钢笔工具”设置其描边色为无、填充色为白色，然后在环形图像的上方镂空处绘制图9.35所示的白色图形。

图9.35 绘制图形

03 选中上一步绘制的白色图形，按【Ctrl+D】快捷键，在弹出的菜单中选择“第9章\南京印象宣传单页设计\素材2.jpg”以将其置入到选中的图形中，然后选择“对象”|“适合”|“按比例填充框架”命令，得到图9.36所示的效果。

图9.36 置入图像

04 使用“选择工具”选中上一步置入图像后的对象，按【Ctrl+C】快捷键进行复制，然后按【Ctrl+V】快捷键进行粘贴，再使用“旋转工具”同时按住【Shift】键将其逆时针旋转90度，然后置于左侧的镂空处，如图9.37所示。

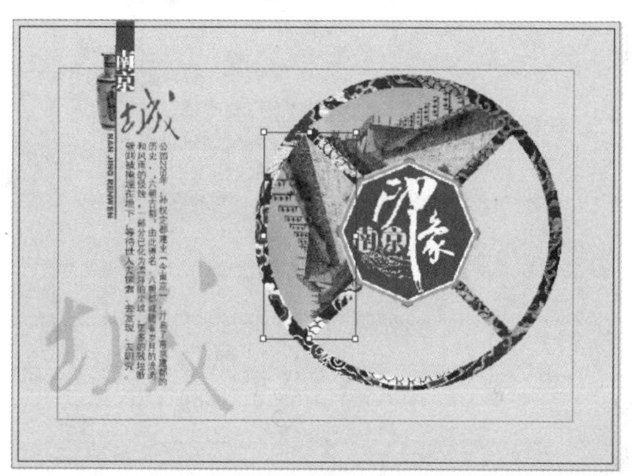

图9.37 复制并旋转图像

05 保持上一步复制得到的对象为选中状态，按照第3步的方法向其中置入“第9章\南京印象宣传单页设计\素材3.jpg”。此时，置入后的图像会与框架一样，保持逆时针旋转90度的状态，因此需要使用“选择工具”将其选中，然后再使用“旋转工具”将其顺时针旋转90度，并适当调整其大小及位置，得到图9.38所示的效果。

06 按照第4-5步的方法，继续制作另外两个镂空处的图像内容，得到图9.39所示的效果。要注意的是，右侧的镂空图像，需要使用“直接选择工具”将其中的图像选中，然后在“效果”面板中降低其“不透明度”数值，如图9.40所示。

07 使用“直接选择工具”选中右侧的镂空图像，按【Ctrl+C】快捷键进行复制，再按【Ctrl+V】快捷键进行粘贴，然后使用“选择工具”拖动该图像的框架，以裁剪出一个独立的“城”字，再使用“直接选择工具”将其中的图像选中，并在“效果”面板中将其“不透明度”数值设置为100%，然后将其置于右侧的镂空处，得到图9.41所示的最终效果。

图9.38　替换图像内容

图9.39　制作其他图像后的效果

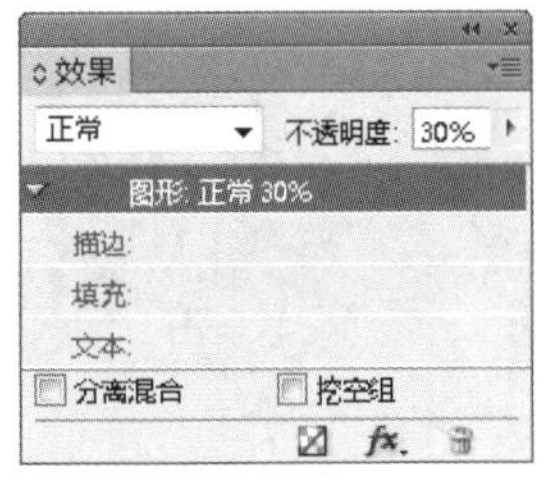

图9.40　“效果”面板

图9.41　最终效果

9.5.2　《地道英语口语》封面设计

在本例中，将使用InDesign中的置入对象功能设计一款封面。该封面的开本尺寸为185*260mm，书脊厚度为15mm，因此整个封面的宽度就是正封宽度+书脊宽度+封底宽度＝185mm+15mm+185mm=385mm。其操作步骤如下所述。

01 按【Ctrl+N】快捷键新建文档，在弹出的对话框中按照上述数值设置文本的宽度与高度，如图9.42所示。

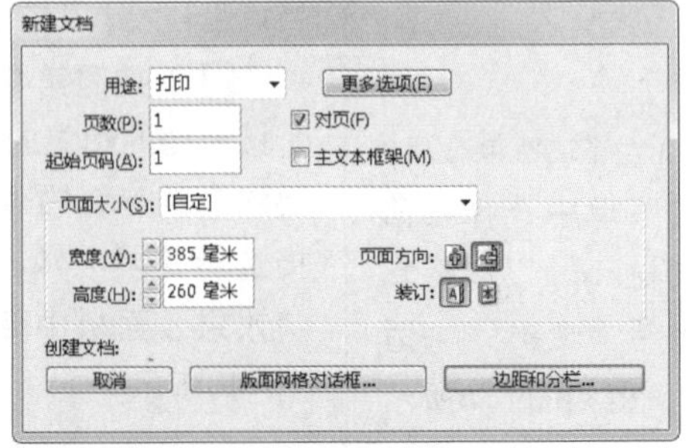

图9.42　“新建文档”对话框

02 单击“边距和分栏”按钮，设置弹出的对话框，如图9.43所示，在该对话框中划分封面的各个部分，单击“确定”按钮退出对话框，此时文档的状态如图9.44所示。

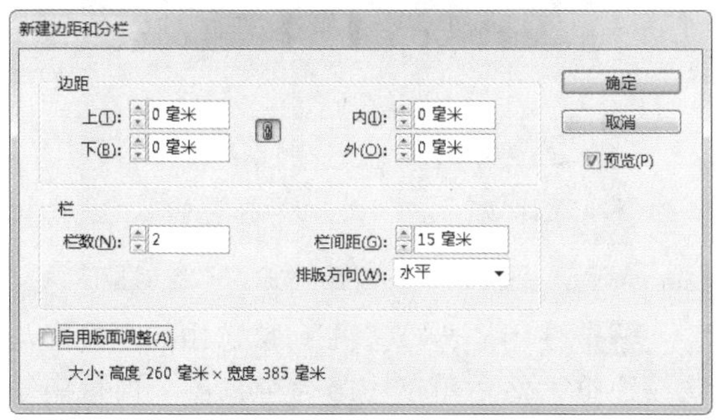

图9.43 设置“边距”数值

图9.44 创建得到的文档

03 选择“矩形工具”，沿着文档的出血线绘制一个矩形，设置其描边色为无，然后在“颜色”面板中设置其填充色，如图9.45所示，得到图9.46所示的效果。

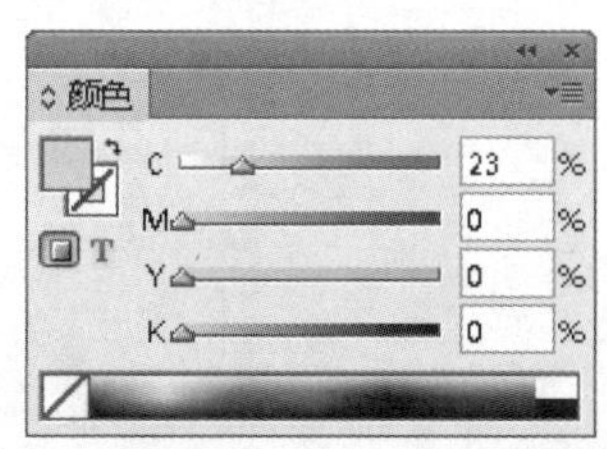

图9.45 “颜色”面板

图9.46 设置填充色后的矩形效果

04 在选中上一步绘制的矩形后，按【Ctrl+D】快捷键，在弹出的对话框中选择随书所附光盘中的文件“第9章\《地道英语口语》封面设计\素材1.jpg”，单击“打开”按钮，从而将该图片置入到选中的矩形中，如图9.47所示。

图9.47 置入素材图像

05 使用“直接选择工具”选中上一步置入的图像，显示“效果”面板并在其中设置参数，如图9.48所示，得到图9.49所示的效果。

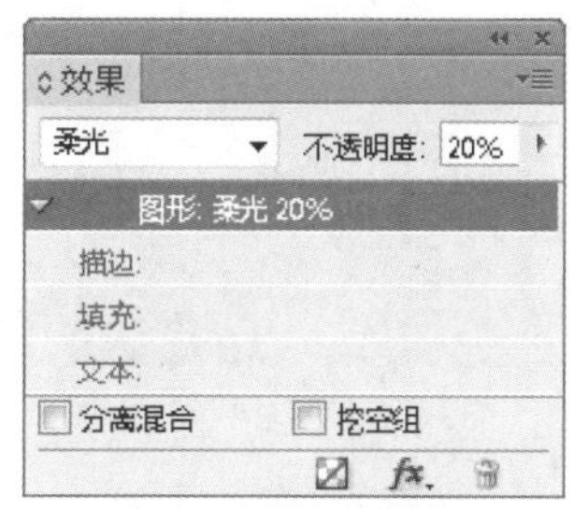

图9.48 “效果”面板

图9.49 设置效果后的状态

06 为了便于操作，可以在“图层”面板中锁定当前的“图层1”，然后创建一个新图层得到“图层2”。按照第4步的方法，再置入随书所附光盘中的文件“第9章\《地道英语口语》封面设计\素材2.ai”，并将其缩放为适当的大小，置于封面的位置上，如图9.50所示。

07 结合前面章节中讲解的绘制图形与输入文字功能，在封面中输入书名并设置其颜色为橙色，如图9.51所示。

图9.50 置入素材　　图9.51 输入书名

08 将上一步创建的文字与图形选中，并按【Ctrl+G】快捷键进行编组，然后选择“对象”|“效果”|“投影”命令，设置弹出的对话框，如图9.52所示，得到图9.53所示的效果。

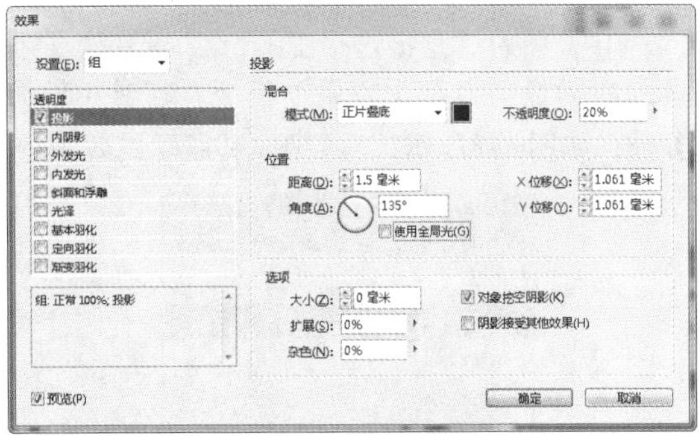

图9.52 “效果”对话框

图9.53 添加投影后的效果

09 按照第4步的方法，置入随书所附光盘中的文件“第9章\《地道英语口语》封面设计\素材3.ai”，并将其置于书名的下方，如图9.54所示。

10 选择“矩形工具”，在正封下方的花纹边框上绘制一个黑色矩形，如图9.55所示。

图9.54 置入并摆放素材的位置　图9.55 绘制图形

11 使用“选择工具”选中黑色矩形与花纹边框，然后单击“路径查找器”面板中的按钮，如图9.56所示，得到如图9.57所示的效果。

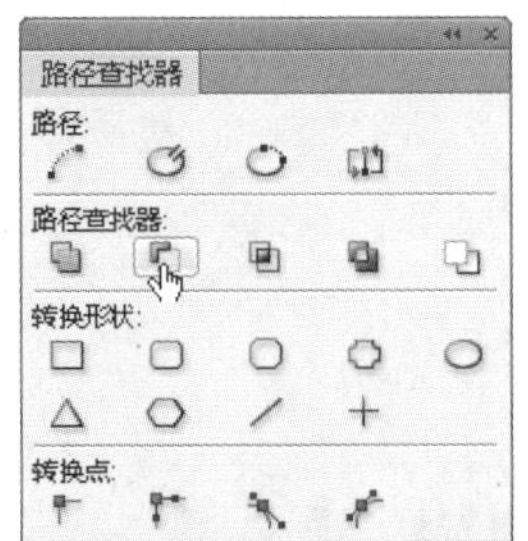

图9.56 “路径查找器”面板 图9.57 运算路径后的效果

12 最后，可以结合图形绘制与文本输入等功能为封面被相关的文字即可，如图9.58所示。

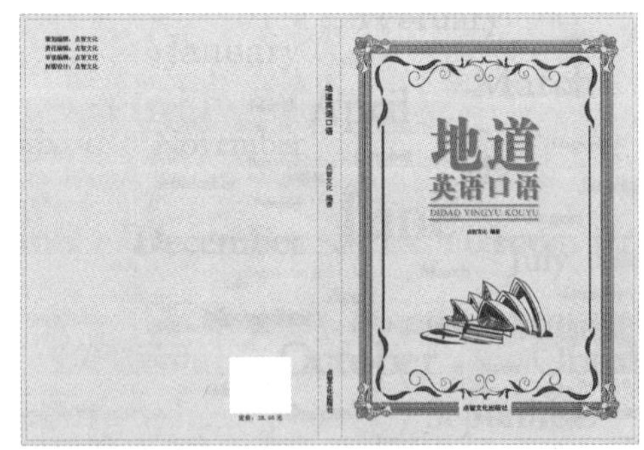

图9.58 最终效果

第10章 合成与特效处理

10.1 设置对象的混合效果

在InDesign中，除了提供非常强大的版面设计功能，还提供了一定的对象之间的融合及特效处理功能，如不透明度、混合模式以及对象效果等。在本节中，就来讲解这些知识的使用方法。

10.1.1 了解“效果”面板

按【Ctrl+Shift+F10】快捷组合键或选择“窗口”|“效果”命令，将弹出“效果”面板，如图10.1所示。

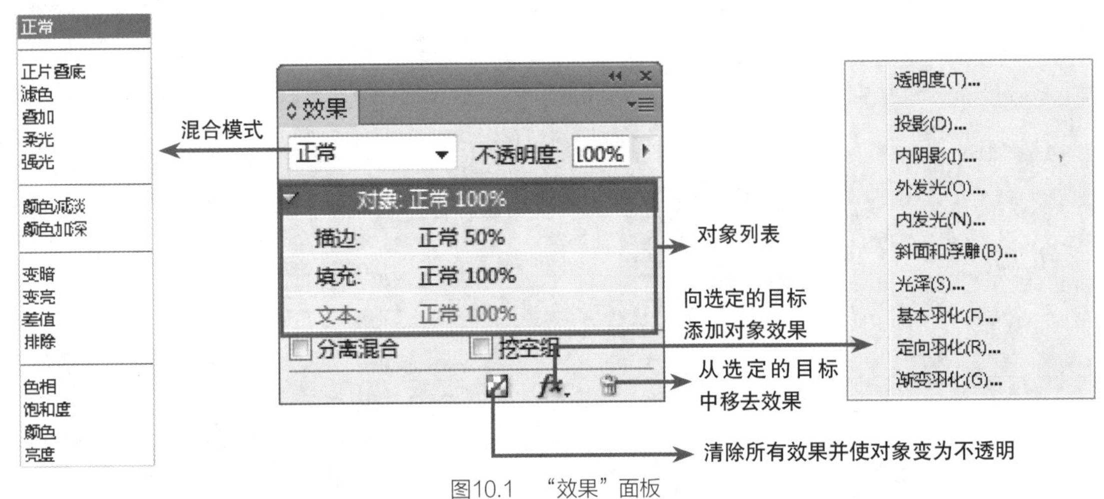

图10.1 “效果”面板

“效果”面板中各选项的含义解释如下。

- 混合模式 正常 ：在此下拉列表中，共包含了16种混合模式，用于创建对象之间不同的混合效果。
- 不透明度：在此文本框中输入数值，用于控制对象的透明属性，该数值越大则越不透明，该数值越小则越透明。当数值为100%时完全不透明，而数值为0%时完全透明。
- 对象列表：在此显示了当前可设置效果的对象，若选中最顶部的“对象”，则是为选中的对象整体设置效果，若选中其中一个，如描边、填充或文本等，则为选中的项目设置效果。
- 分离混合：当多个设置了混合模式的对象群组在一起时，其混合模式效果将作用于所有其下方的对象，若选择了该复选项后，混合模式将只作用于群组内的图像。
- 挖空组：当多个具有透明属性的对象群组在一起时，群组内的对象之间也存在透明效果，即透过群组中上面的对象可以看到下面的对象。选择该复选项后，群组内对象的透明属性将只作用于该群组以外的对象。
- 清除所有效果并使对象变为不透明按钮：单击此按钮，清除对象的所有效果，使混合模式恢复默认情况下的“正常”，不透明度恢复为100%。
- 向选定的目标添加对象效果按钮 fx ：单击此按钮，可显示包含透明度在内的10种效果列表。
- 从选定的目标中移去效果按钮：选择目标对象效果，单击该按钮即可移去此目标的对象效果。

10.1.2 设置不透明度

使用“不透明度”参数，可以控制对象的不透明度属性，若在对象列表中选择需要的对象，也可以为对象的不同部分设置不透明效果。

以图10.2所示的素材为例，其中右上方的文本块已经设置了描边属性，图10.3、图10.4和图10.5是分别设置“对象”、“描边”和“文本”的不透明度为50%时得到的效果。

图10.2 素材文档

图10.3 设置对象不透明度

图10.4 设置描边不透明度

图10.5 设置文本不透明度

10.1.3 设置混合模式

简单来说，混合模式就是以一定的方式让对象之间进行融合，根据所选混合模式的不同，得到的结果也大相径庭。

下面将以图10.6所示的图像为例，讲解各混合模式的作用。

图10.6 素材文档

- 正常：该模式为混合模式的默认模式，只是把两个对象重叠在一起，不会产生任何混合效果。在修改不透明度的情况下，下层图像才会显示出来。
- 正片叠底：基色与混合色的复合，得到的颜色一般较暗。与黑色复合的任何颜色会产生黑色，与白色复合的任何颜色则会保持原来的颜色。选择对象，在混合模式选项框选择正片叠底，效果如图10.7所示。此效果类似于使用多支魔术水彩笔在页面上添加颜色。

图10.7　正片叠底模式

- 滤色：与正片叠底模式不同，该模式下对象重叠得到的颜色显亮，使用黑色过滤时颜色不改变，使用白色过滤得到白色。应用滤色模式后，效果如图10.8所示。

图10.8　滤色模式

- 叠加：该模式的混合效果使亮部更亮，暗调部更暗，可以保留当前颜色的明暗对比以表现原始颜色的明度和暗度。
- 柔光：使颜色变亮或变暗，具体取决于混合色。如果上层对象的颜色比50% 灰色亮，则图像变亮；反之，则图像变暗。
- 强光：此模式的叠加效果与柔光类似，但其加亮与变暗的程度较柔光模式大许多，效果如图10.9所示。
- 颜色减淡：选择此命令可以生成非常亮的合成效果，其原理为上方对象的颜色值与下方对象的颜色值采取一定的算法相加，此模式通常被用来创建光源中心点极亮效果，如图10.10所示。
- 颜色加深：此模式与颜色减淡模式相反，通常用于创建非常暗的阴影效果，此模式效果如图10.11所示。

图10.9　强光模式

图10.10　颜色减淡模式

图10.11　颜色加深模式

- 变暗：选择此命令，将以上方对象中的较暗像素代替下方对象中与之相对应的较亮像素，且以下方对象中的较暗区域代替上方图层中的较亮区域，因此叠加后整体图像呈暗色调。
- 变亮：此模式与变暗模式相反，将以上方对象中较亮像素代替下方对象中与之相对应的较暗像素，且以下方对象中的较亮区域代替上方对象中的较暗区域，因此叠加后整体图像呈亮色调。
- 差值：此模式可在上方对象中减去下方对象相应处像素的颜色值，通常用于使图像变暗并取得反相效果。若想反转当前基色值，则可以与白色混合，与黑色混合则不会发生变化。

- 排除：选择此命令可创建一种与差值模式相似但具有高对比度低饱和度、色彩更柔和的效果。若想反转基色值，则可以与白色混合，与黑色混合则不会发生变化，如图10.12所示。

图10.12　排除模式

- 色相：选择此命令，最终图像的像素值由下方对象的亮度与饱和度及上方对象的色相值构成。
- 饱和度：选择此命令，最终对象的像素值由下方图层的亮度和色相值及上方图层的饱和度值构成。
- 颜色：选择此命令，最终对象的像素值由下方对象的亮度及上方对象的色相和饱和度值构成。此模式可以保留图片的灰阶，在给单色图片上色和给彩色图片着色的运用上非常有用。
- 亮度：选择此命令，最终对象的像素值由上层对象与下层对象的色调、饱和度进行混合，创建最终颜色。此模式下的对象效果与颜色模式下的对象效果相反，效果如图10.13所示。

图10.13　亮度模式

10.1.4　设置混合选项

在“效果”面板底部，可以选择“分离混合”与“挖空组”选项，它们可用于控制编组对象中的混合模式的混合原则。以图10.14中所示的图形为例，其中是两个墨绿色、重叠在一起的正圆形。图10.15所示是分别选中每个圆形并设置其混合模式为“强光”，并将二者编组后的效果，默认情况下，没有设置任何的混合选项，因此其混合原则为：两个圆形与背景图形之间混合，同时两个圆形之间也相互混合。

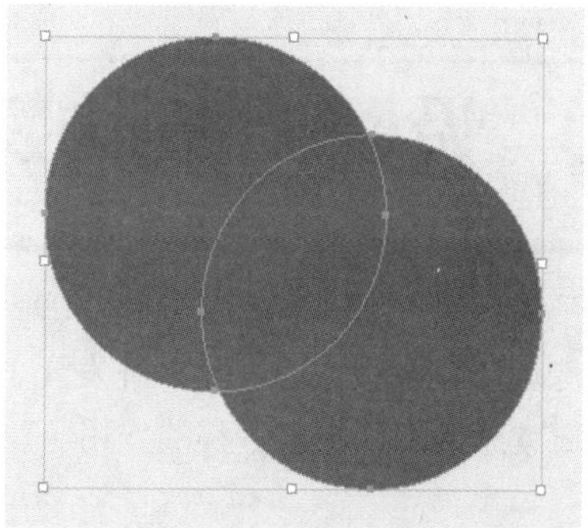

图10.14　素材图形

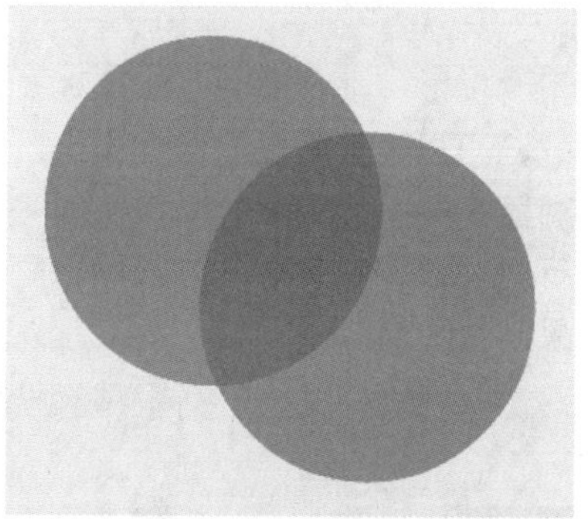

图10.15　设置混合模式并编组后的效果

图10.16所示是在选中编组对象，并选中“分离混合”选项后的效果，其作用在于，组中的对象不再与背景进行混合（相当于设置为“正常”模式），而只是在组中相重叠的区域进行混合。

图10.17所示是取消选中“分离混合”选项，然后选中“挖空组”选项后的效果，其作用在于，组中各对象之间重叠的区域被隐藏，然后直接与背景进行融合。

图10.18所示是同时选中“分离混合”与

"挖空组"选项时的效果，其作用就是组中的对象不与背景图形发生混合，对象之间也不混合。

图10.16　选择"分离混合"选项

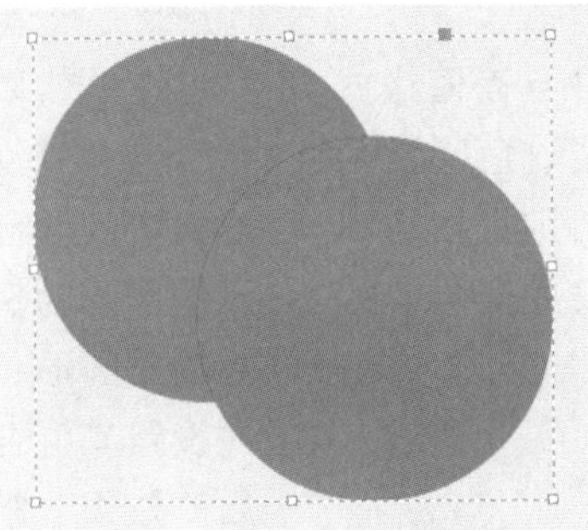

图10.17　选择"挖空组"选项

图10.18　同时选中"分离混合"和"挖空组"选项

10.2 设置对象特殊效果

为了满足多样化的排版需求，InDesign提供了一系列的对象效果功能，用户可以使用它们方便、快捷地制作投影、内发光、外发光、斜面和浮雕、基本羽化、定向羽化以及渐变羽化等多种效果，下面就来分别讲解其各种的作用。

10.2.1 投影

利用"投影"命令可以为任意对象添加阴影效果，还可以设置阴影的混合模式、不透明度、模糊程度及颜色等参数。

执行"对象"|"效果"|"投影"命令，弹出"效果"对话框，如图10.19所示。

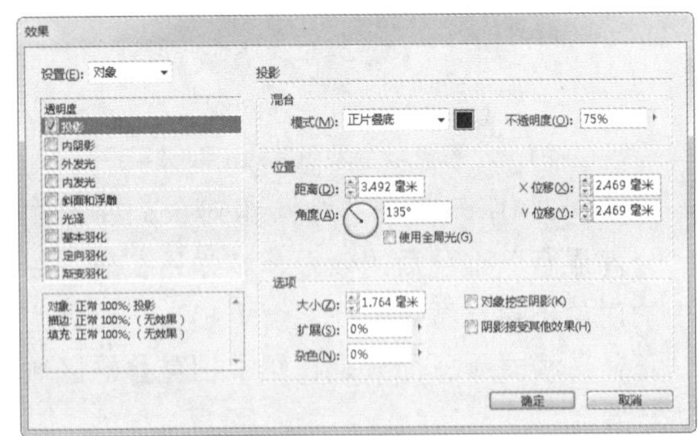

图10.19　"投影"对话框

该对话框中各选项的功能解释如下。

- 模式：在该下拉列表框中可以选择阴影的混合模式。
- 设置阴影颜色色块：单击此色块，弹出"效果颜色"对话框，如图10.20所示。从中可以设置阴影的颜色。

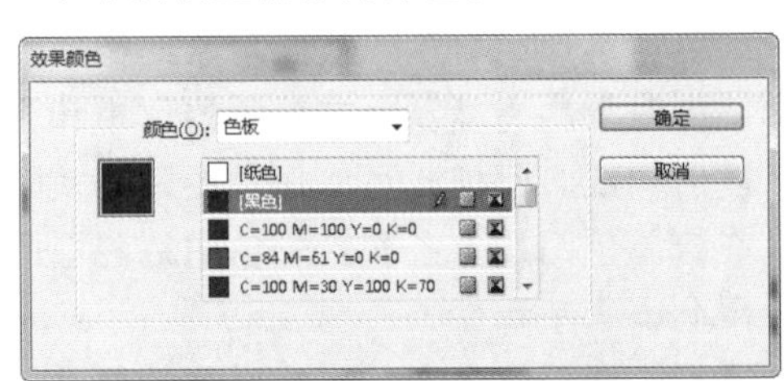

图10.20　"效果颜色"对话框

- 不透明度：在此文本框中输入数值，用于控制阴影的透明属性。
- 距离：在此文本框中输入数值，用于设置阴影的位置。
- X位移：在此文本框中输入数值，用于控制阴影在X轴上的位置。
- Y位移：在此文本框中输入数值，用于控制阴影在Y轴上的位置。
- 角度：在此文本框中输入数值，用于设置阴影的角度。
- 使用全局光：勾选此复选项，将使用全光。
- 大小：在此文本框中输入数值，用于控制阴影的大小。

- 扩展：在此文本框中输入数值，用于控制阴影的外散程度。
- 杂色：在此文本框中输入数值，用于控制阴影包含杂点的数量。

图10.21所示为原图像，按照前述“效果”对话框中的设置，得到的效果如图10.22所示。

图10.21　原图像

图10.22　添加投影效果

> **提示**
>
> 由于下面讲解的各类效果所弹出的对话框与设置“投影”命令时类似，故对于其他“效果”对话框中相同的选项就不再重复讲解。

10.2.2　内阴影

使用“内阴影”命令可以为图像添加内阴影效果，并使图像具有凹陷的效果。其相应的对话框如图10.23所示。

该对话框中的“收缩”选项用于控制内阴影效果边缘的模糊扩展程度。图10.24所示为图像添加内阴影前后的对比效果。

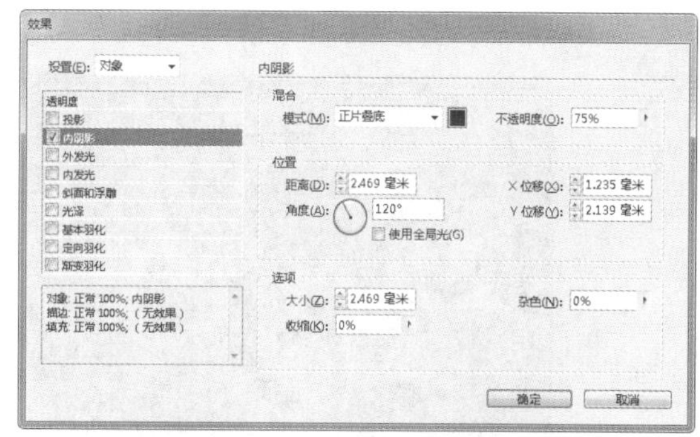

图10.23　“内阴影”对话框

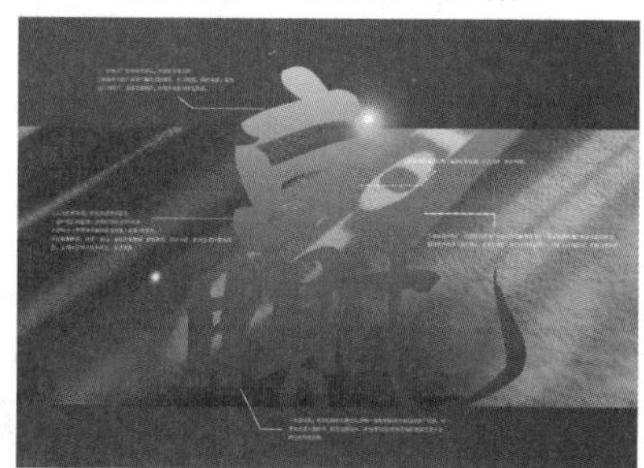

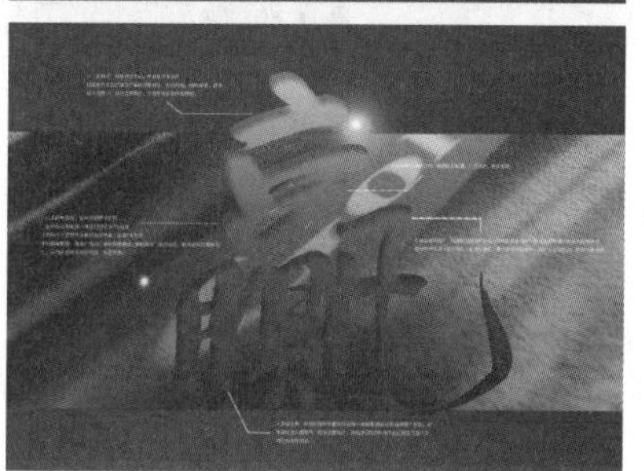

图10.24　添加内阴影前后的对比效果

10.2.3　外发光

使用“外发光”命令可以为图像添加发光效果，其相应的对话框如图10.25所示。其中“方法”下拉列表中的“柔和”和“精确”选项，用于控制发光边缘的清晰和模糊程度。

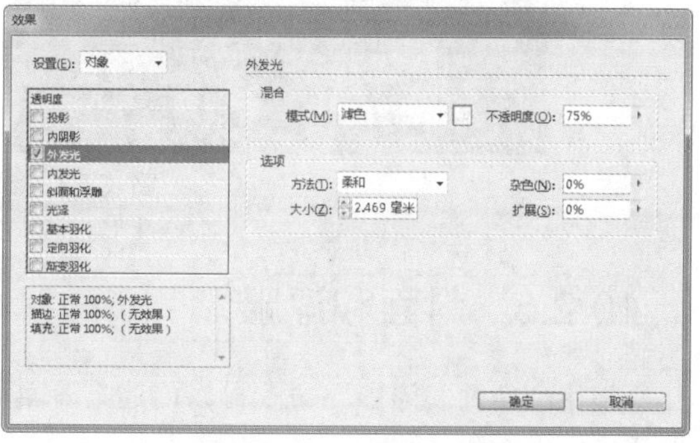

图10.25　“外发光”对话框

图10.26所示为图像添加不同外发光后的效果。

图10.26　添加外发光后的效果

10.2.4　内发光

使用“内发光”命令可以为图像内边缘添加发光效果，其相应的对话框如图10.27所示。其中“源”下拉列表框中的“中心”和“边缘”选项，用于控制创建发光效果的方式。

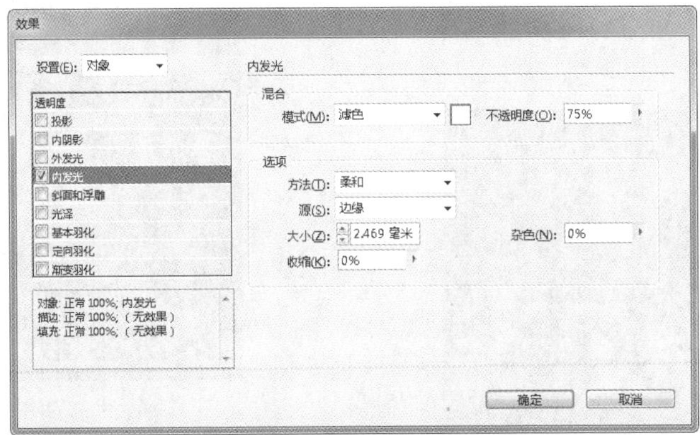

图10.27　“内发光”对话框

图10.28所示为图像添加内发光后的效果。

图10.28　添加内发光后的效果

10.2.5　斜面和浮雕

使用“斜面和浮雕”命令可以创建具有斜面或者浮雕效果的图像，其相应的对话框如图10.29所示。

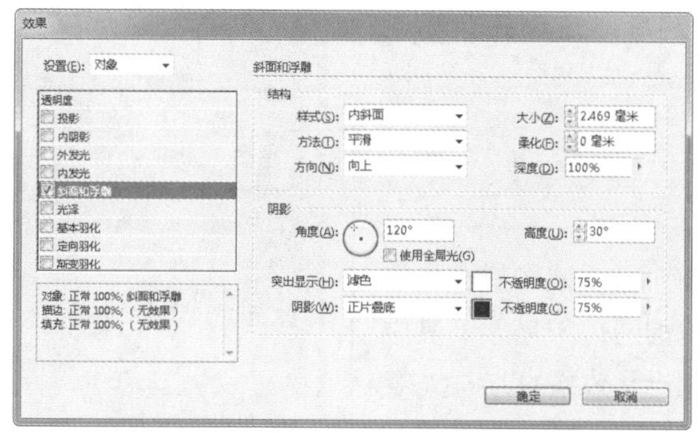

图10.29　“斜面和浮雕”对话框

该对话框中部分选项的功能解释如下。

- 样式：在其下拉列表中选择其中的各选项可以设置不同的效果，包括“外斜面”、“内斜面”、“浮雕”和“枕状浮雕”4种效果。图10.30和图10.31是应用了“内斜面”、“枕状浮雕”的效果。

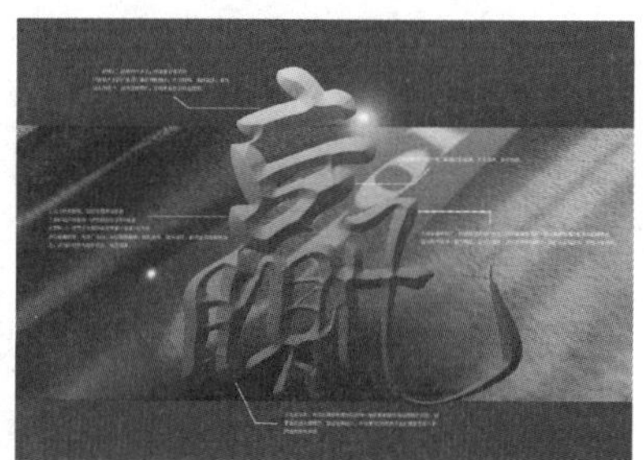

图10.30　“内斜面”样式效果

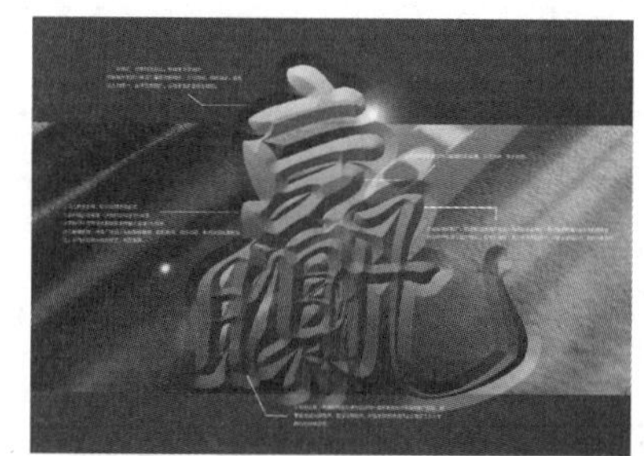

图10.31　“枕状浮雕”样式效果

- 方法：在此下拉列表中可以选择“平滑”、“雕刻清晰”、“雕刻柔和”3种来添加“斜面和浮雕”效果的方式。图10.32所示为分别选择此3个选项后的效果。

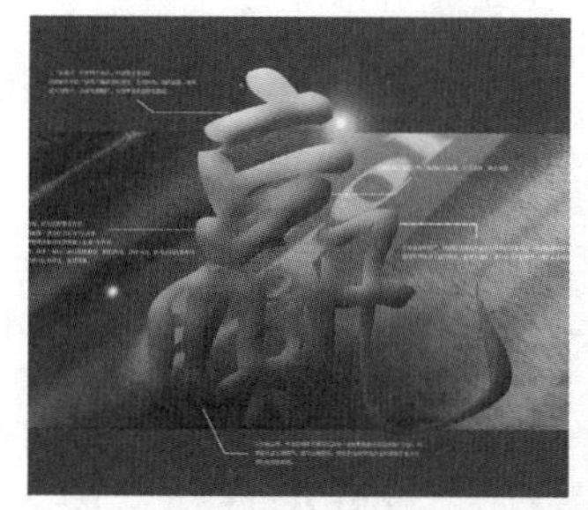

图10.32　创建不同的“斜面和浮雕”效果

- 柔化：此选项控制“斜面和浮雕”效果亮部区域与暗部区域的柔和程度。数值越大，则亮部区域与暗部区域越柔和。
- 方向：在此可以选择“斜面和浮雕”效果的视觉方向。单击“向上”选项，在视觉上“斜面和浮雕”样式呈现凸起效果；单击“向下”选项，在视觉上“斜面和浮雕”样式呈现凹陷效果。
- 深度：此数值控制“斜面和浮雕”效果的深度。数值越大，效果越明显。
- 高度：在此文本框中输入数值，用于设置光照的高度。
- 突出显示、阴影：在这两个下拉列表中，可以为形成倒角或者浮雕效果的高光与阴影区域选择不同的混合模式，从而得到不同的效果。如果分别单击右侧的色块，还可以在弹出的对话框中为高光与阴影区域选择不同的颜色。因为在某些情况下，高光区域并非完全为白色，可能会呈现某种色调；同样，阴影区域也并非完全为黑色。

10.2.6 光泽

“光泽”命令通常用于创建光滑的磨光或者金属效果。其相应的对话框如图10.33所示。其中的“反转”复选项用于控制光泽效果的方向。

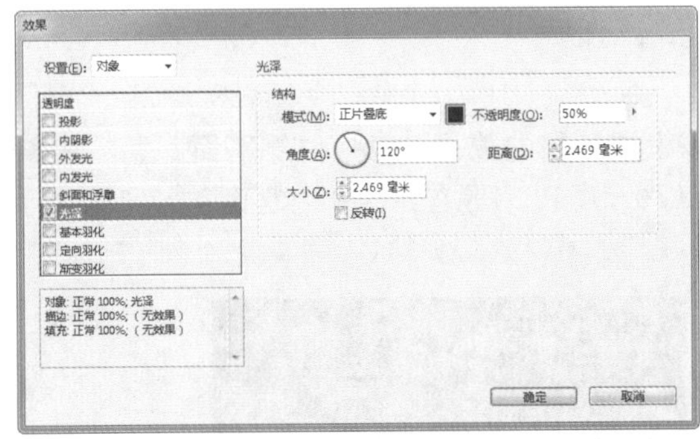

图10.33 “光泽”对话框

图10.34所示是为对图像添加光泽前后的效果对比。

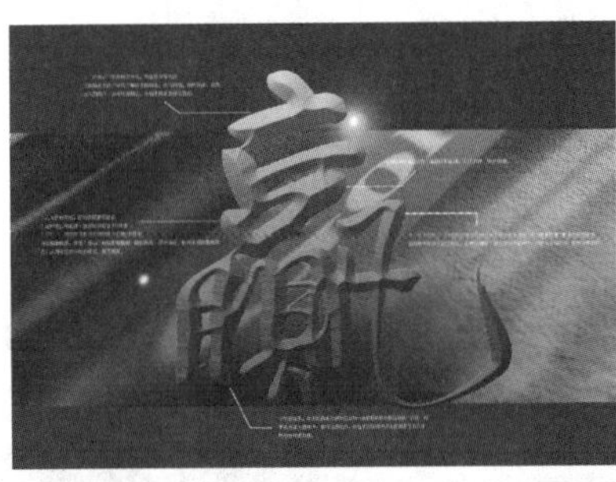

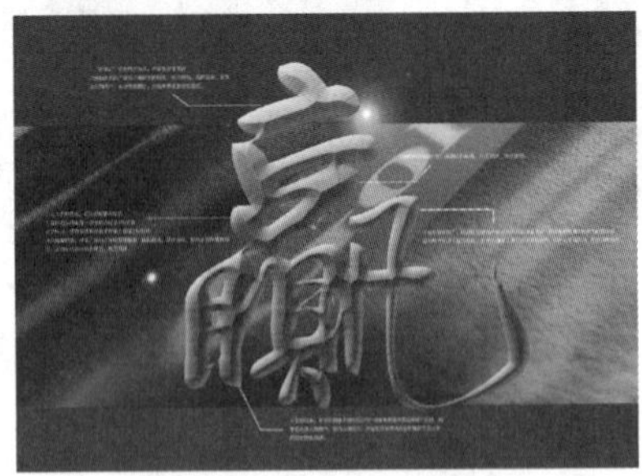

图10.34 添加光泽效果

10.2.7 基本羽化

“基本羽化”命令用于为图像添加柔化的边缘，其相应的对话框如图10.35所示。

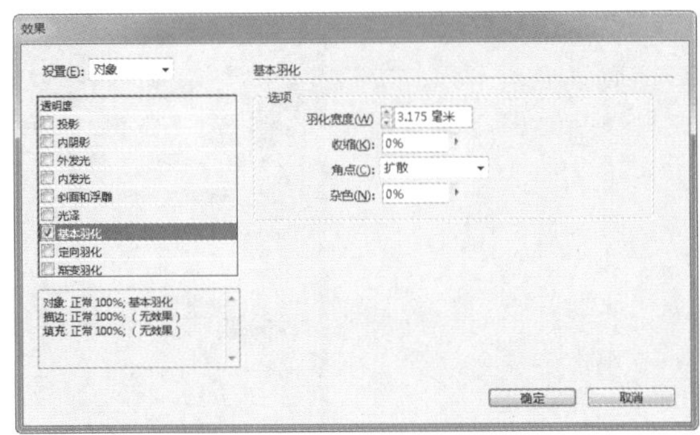

图10.35 “基本羽化”对话框

该对话框中各选项的功能解释如下。

- 羽化宽度：在此文本框中输入数值，用于控制图像从不透明渐隐为透明需要经过的距离。
- 收缩：与羽化宽度设置一起，控制边缘羽化的强度值；设置的值越大，不透明度越高；设置的值越小，透明度越高。
- 角点：在此下拉列表中可以选择“锐化”、“圆角”和“扩散”3个选项。“锐化”选项适合于星形对象，以及对矩形应用特殊效果；“圆角”选项可以将角点进行圆角化处理，应用于矩形时可取得良好效果；“扩散”选项可以产生比较模糊的羽化效果。

图10.36所示为对图像设置基本羽化后的效果。

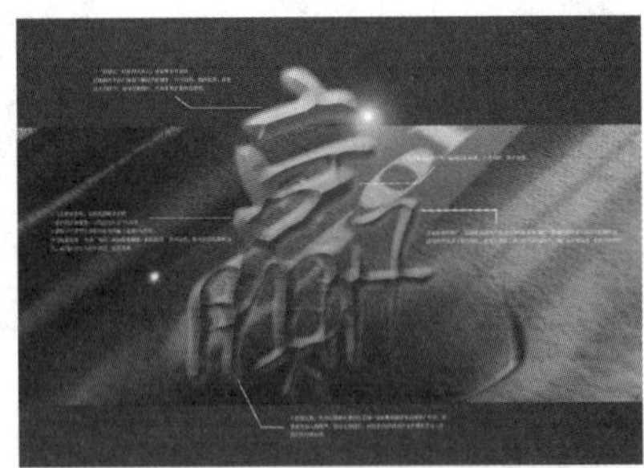

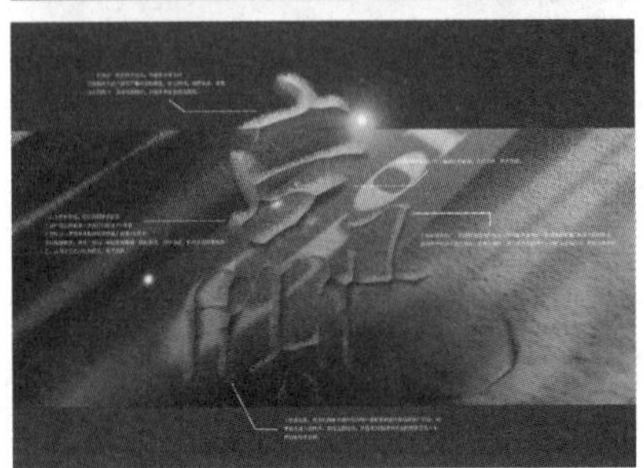

图10.36 设置基本羽化后的效果

10.2.8 定向羽化

“定向羽化”命令用于为图像的边缘沿指定的方向实现边缘羽化。其相应的对话框如图10.37所示。

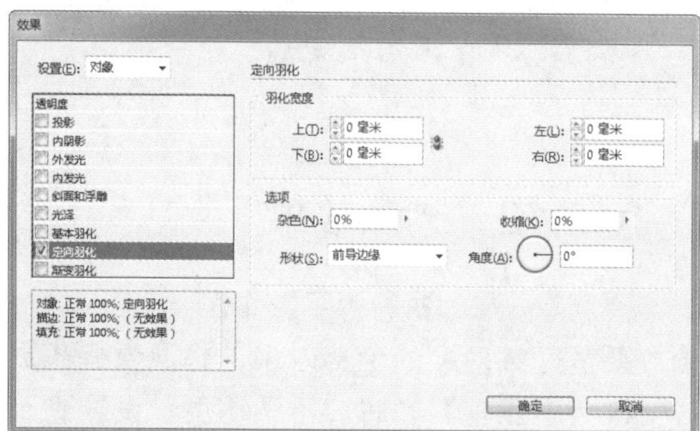

图10.37 “定向羽化”对话框

该对话框中部分选项的功能解释如下。

- 羽化宽度：可以通过设置上、下、左、右的羽化值控制羽化半径。单击“将所有设置为相同”按钮，使其处于被按下的状态，可以同时修改上、下、左、右的羽化值。
- 形状：在此下拉列表中可以选择“仅第一个边缘”、“前导边缘”和“所有边缘”选项，以确定图像原始形状的界限。

图10.38所示为对图像设置定向羽化后的效果。

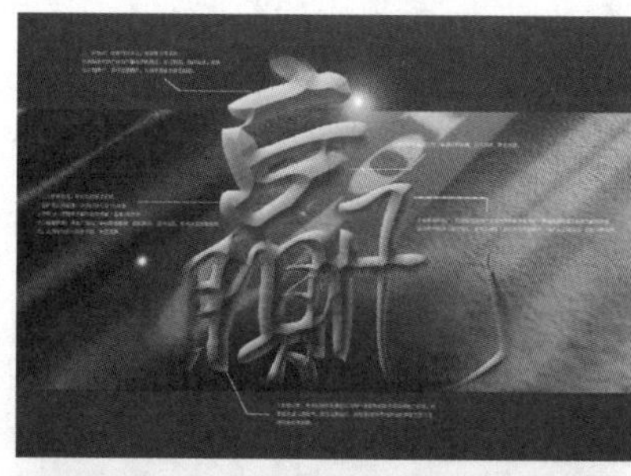

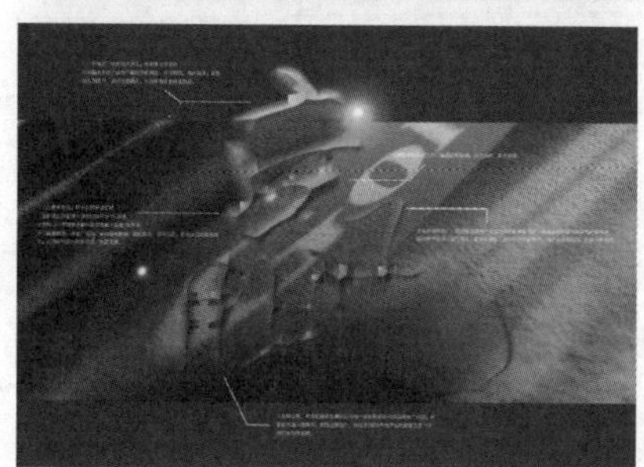

图10.38 设置定向羽化后的效果

10.2.9 渐变羽化

“渐变羽化”命令可以使对象所在区域渐隐为透明，从而实现此区域的柔化。其相应的对话框如图10.39所示。

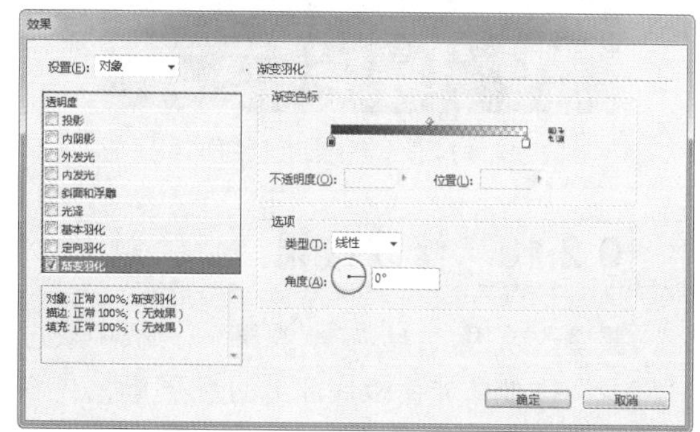

图10.39 “渐变羽化”对话框

该对话框中部分选项的功能解释如下。

- 渐变色标：该区域中的选项用来编辑渐变羽化的色标。在“位置”文本框中输入数值用于控制渐变中心点的位置。

提示

要创建渐变色标，可以在渐变滑块的下方单击鼠标（将渐变色标拖离滑块可以删除色标）；要调整色标的位置，可以将其向左或向右拖动；要调整两个不透明度色标之间的中点，可以拖动渐变滑块上方的菱形，菱形位置决定色标之间过渡的剧烈或渐进程度。

- 反向渐变按钮：单击此按钮可以反转渐变方向。
- 类型：在此下拉列表中可以选择“线性”、“径向”两个选项，以控制渐变的类型。

图10.40所示为对图像设置基本羽化后的效果。

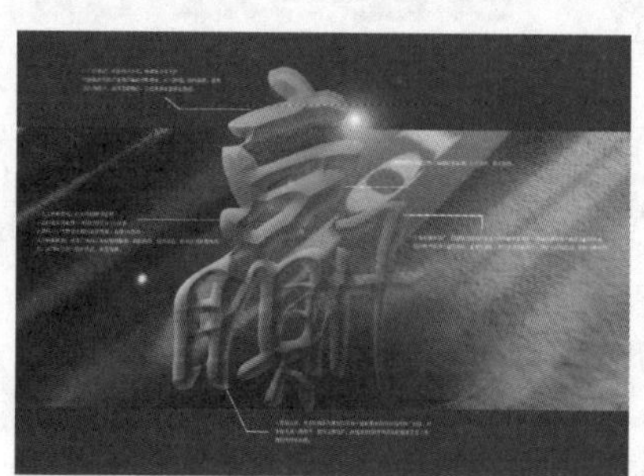

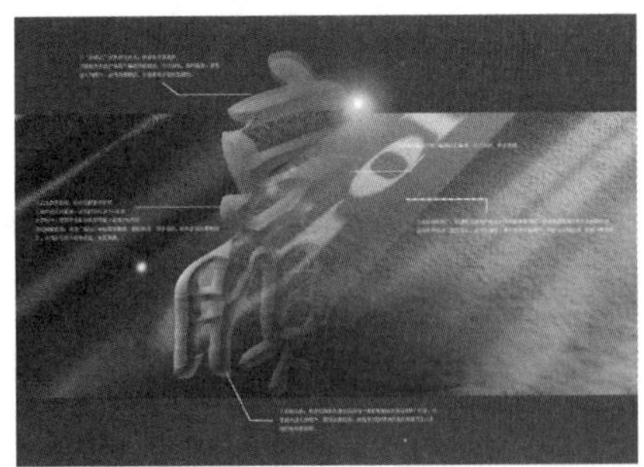

图10.40　设置渐变羽化后的效果

10.2.10　修改效果

要修改效果，可以在“效果”面板中双击“对象”右侧（非面板底部）的fx图标，或者单击“效果”面板底部的按钮fx.，在弹出的下拉菜单中选择要编辑的效果的名称，然后在弹出的对话框修改参数即可。

10.2.11　复制效果

要复制效果，执行以下操作之一。

- 要有选择地在对象之间复制效果，请使用“吸管工具”。要控制用“吸管工具”复制哪些透明度描边、填色和对象设置，请双击该工具打开“吸管选项”对话框。然后选择或取消选择“描边设置”、“填色设置”和“对象设置”区域中的选项。
- 要在同一对象中将一个级别的效果复制到另一个级别，在按住【Alt】键时，在“效果”面板上将一个级别的fx图标拖动到另一个级别（“描边”、“填充”或“文本”）。

提示

可以通过拖动fx图标将同一个对象中一个级别的效果移到另一个级别。

10.2.12　删除效果

要删除效果，执行以下操作之一。

- 要清除某对象的全部效果，将混合模式更改为“正常”，将“不透明度”设置更改为100%，需要在“效果”面板中单击“清除所有效果并使对象变为不透明”按钮，或者在“效果”面板菜单中选择“清除全部透明度”命令。
- 要清除全部效果但保留混合和不透明度设置，需要选择一个级别并在“效果”面板菜单中选择“清除效果”命令，或者将fx图标从“效果”面板中的“描边”、“填色”或“文本”级别拖动到“从选定的目标中移去效果”按钮上。
- 若要清除效果的多个级别（描边、填色或文本），需要选择所需级别，然后单击“从选定的目标中移去效果”按钮。
- 要删除某对象的个别效果，需要打开“效果”对话框并取消选择一个透明效果。

10.3 创建与应用对象样式

对象样式的作用就是将填充、描边、混合模式、对象效果及不透明度等属性保存起来，从而在需要的时候，直接单击相应的样式名称，即可将所设置的参数应用在指定的对象上。

执行“窗口”|“样式”|“对象样式”命令，即可弹出“对象样式”面板，如图10.41所示。使用此面板可以创建、重命名和应用对象样式，对于每个新文档，该面板最初将列出一组默认的对象样式。对象样式随文档一同存储，每次打开该文档时，它们都会显示在面板中。

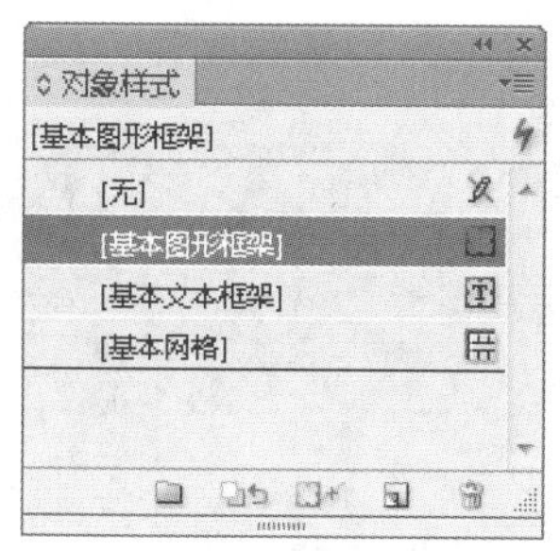

图10.41 “对象样式”面板

该面板中各选项的含义解释如下。

- 基本图形框架：标记图形框架的默认样式。
- 基本文本框架：标记文本框架的默认样式。
- 基本网格：标记框架网格的默认样式。

对象样式的功能及使用方法与字符样式或段落样式非常相似，对于已经创建的样式，用户在“对象样式”面板中单击样式名称即可将其应用于选中的对象，因此不再详细讲解。

10.4 设计实战

10.4.1 房地产宣传册内页设计

在本例中，将利用InDesign中的合成功能，设计房地产宣传册中的一个跨页内容，其操作步骤如下所述。

01 打开随书所附光盘中的文件“第10章\房地产宣传册内页设计\素材1.indd”，如图10.42所示。

02 选择“钢笔工具”设置描边色为无，然后在“颜色”面板中设置其填充色，如图10.43所示，然后绘制一个横跨两个页面的曲线图形，如图10.44所示。

图10.42 素材文档

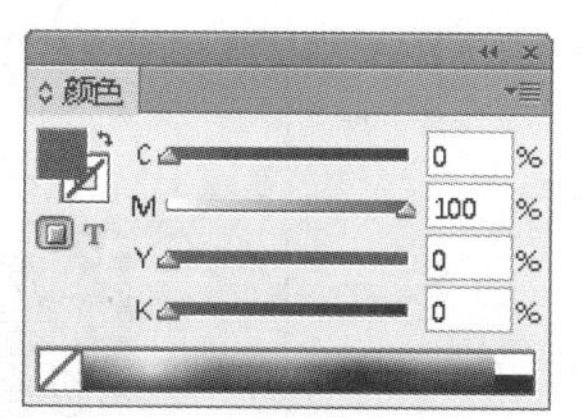

图10.43 “颜色”面板

图10.44 绘制得到的图形

03 使用“选择工具”，按住【Alt】键向右下方拖动上一步绘制的图形，以创建得到其副本对象，然后使用“旋转工具”，将其逆时针旋转一定角度，再适当调整好位置，在“颜色”面板中重新设置其填充色，如图10.45所示，得到图10.46所示的效果。

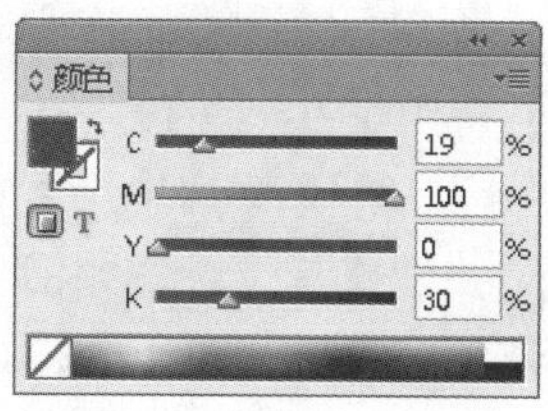

图10.45 “颜色”面板

图10.46 设置颜色后的效果

04 按照上一步的方法，再向右下方复制一次图形，并重新调整其颜色，如图10.47所示，得到图10.48所示的效果。

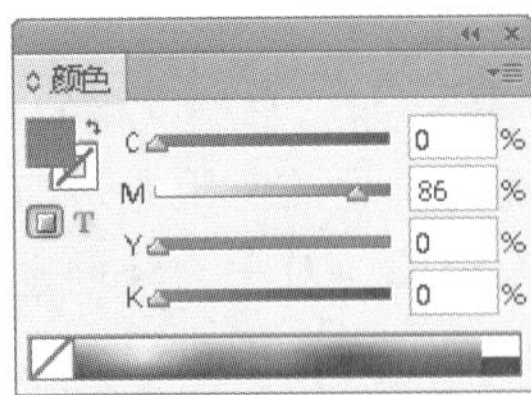

图10.47 “颜色”面板

图10.48 设置颜色后的效果

05 使用“选择工具”将前面绘制的3个图形选中，按【Ctrl+G】快捷键将其编组，然后在“效果”面板中设置参数，如图10.49所示，得到图10.50所示的效果。

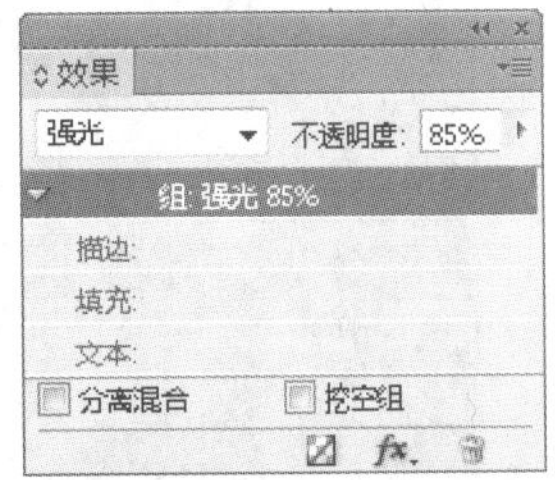

图10.49 “效果”面板

图10.50 设置效果后的状态

06 按照第3步的方法，复制当前的编组对象，并将其逆时针旋转180度，然后调整好位置，得到如图10.51所示的效果。

图10.51 复制并旋转对象后的效果

07 按【Ctrl+D】快捷键，在弹出的对话框中打开随书所附光盘中的文件“第10章\房地产宣传册内页设计\素材2.psd”，然后在文档中拖动以将其置入进来，如图10.52所示。

图10.52 置入图像

08 选中上一步置入的图像，然后在“效果”面板中设置其混合模式为“滤色”，得到图10.53所示的效果。

图10.53 设置混合模式后的效果

09 按照第7-8步的方法，置入随书所附光盘中的文件“第10章\房地产宣传册内页设计\素材3.psd”并调整其位置，如图10.54所示，然后设置其混合模式为“强光”，得到图10.55所示的效果。

图10.54　置入的图像

图10.55　设置混合模式后的效果

10 在“图层”面板中显示“素材”图层，得到图10.56所示的最终效果。

图10.56　最终效果

10.4.2　月饼包装设计

在本例中，我们将利用InDesign中的特效与合成功能，设计一款月饼包装，其操作步骤如下所述。

01 按【Ctrl+N】快捷键新建一个文档，设置弹出的对话框如图10.57所示。单击“边距和分栏”按钮，设置弹出的对话框，如图10.58所示，单击“确定”按钮退出即可。

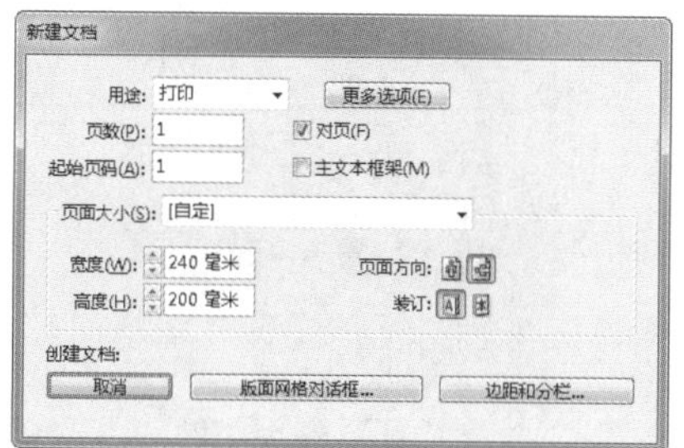

图10.57　“新建文档”对话框

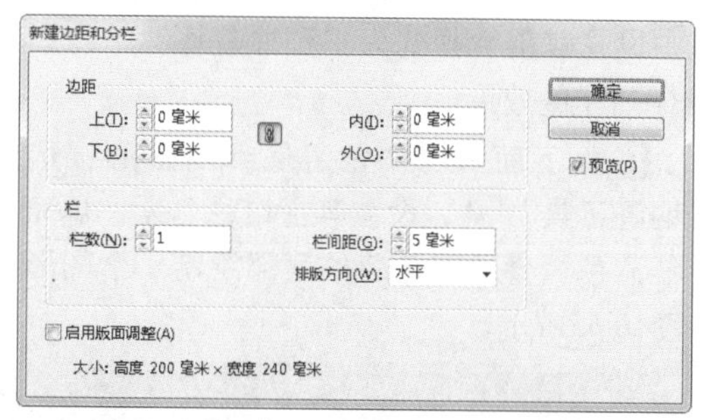

图10.58　“新建边距和分栏”对话框

02 使用“矩形工具”沿着文档的出血边缘绘制一个矩形，设置其描边色为无，然后在“渐变”面板中设置填充色，如图10.59所示，其起始色标的颜色值如图10.60所示，结束色标的颜色值如图10.61所示，设置完毕后，得到图10.62所示的效果。

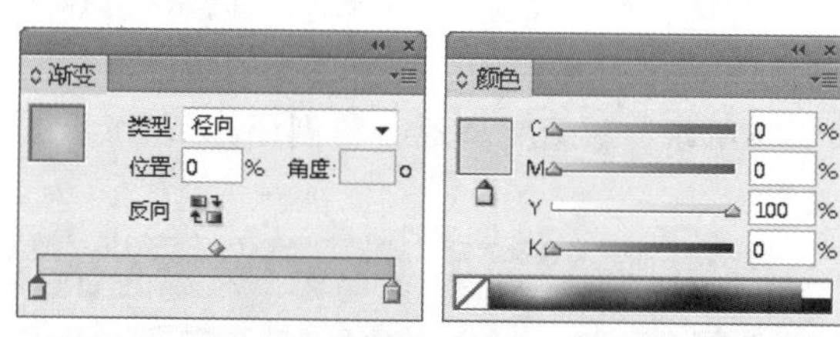

图10.59　“渐变”面板　图10.60　设置起始色标的颜色

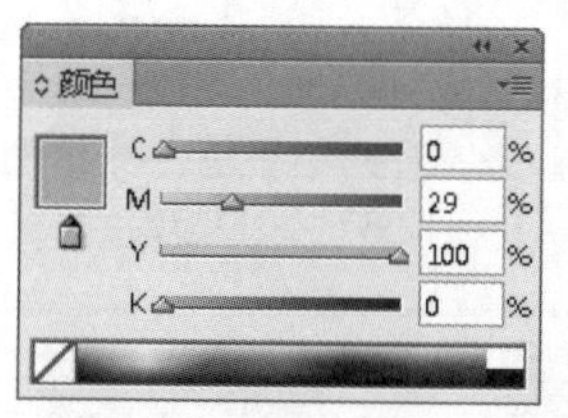

图10.61　设置结束色标的颜色　图10.62　绘制得到的渐变

03 选中上一步绘制的矩形，按【Ctrl+D】快捷键，在弹出的对话框中打开随书所附光盘中的文件“第10章\月饼包装设计\素材1.psd”，从而将其置入到所选的矩形中，使用“直接选择工具”选中置入后的图像，适当调整其大小及位置，直至得到图10.63所示的效果。

图10.63　置入图像

04 保持图像的选中状态，在“效果”面板中设置其混合模式为“正片叠底”，得到图10.64所示的效果。

05 下面来制作包装底部的图形。选择“钢笔工具”，设置其描边色为无，填充色为任意色，然后在包装的底部绘制一个图形，如图10.65所示。

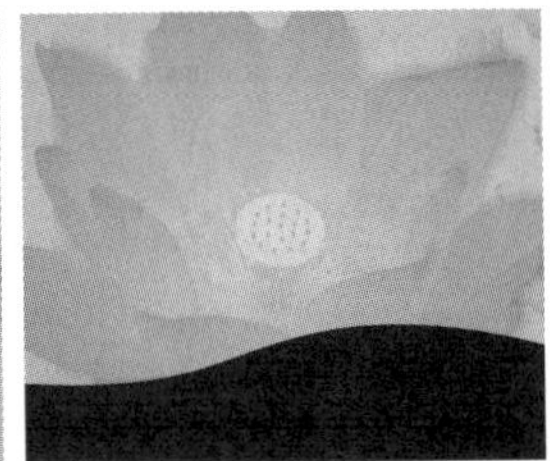

图10.64　设置混合模式后的效果　图10.65　绘制图形

06 在“渐变”面板中为上一步绘制的图形设置填充色，如图10.66所示，其起始色标的颜色值如图10.67所示，结束色标的颜色值如图10.68所示，设置完毕后，得到图10.69所示的效果。

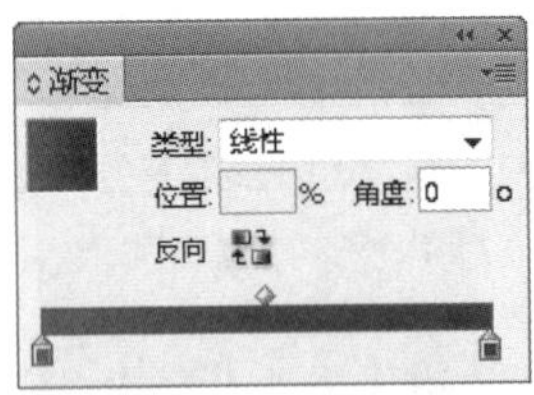

图10.66　“渐变”面板

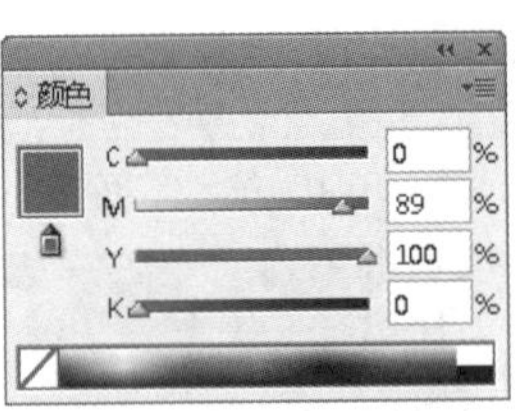

图10.67　设置起始色标的颜色

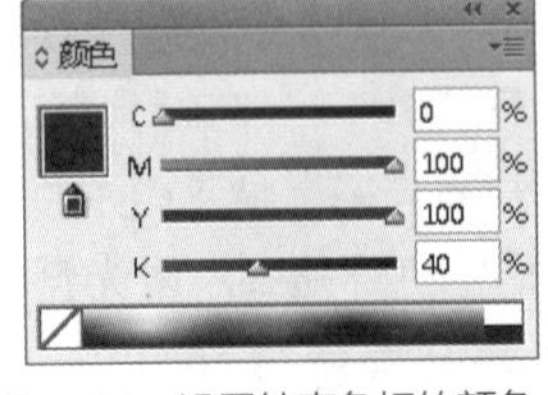

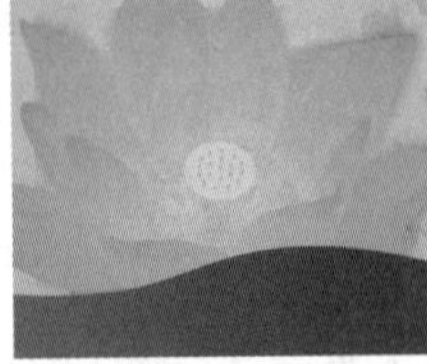

图10.68　设置结束色标的颜色 图10.69　设置渐变后的效果

07 按【Ctrl+D】键，在弹出的对话框中打开随书所附光盘中的文件“第10章\月饼包装设计\素材2.psd”，然后将其置于包装的右下角，如图10.70所示，然后将其选中，并在“效果”面板中设置“不透明度”数值为75%，得到图10.71所示的效果。

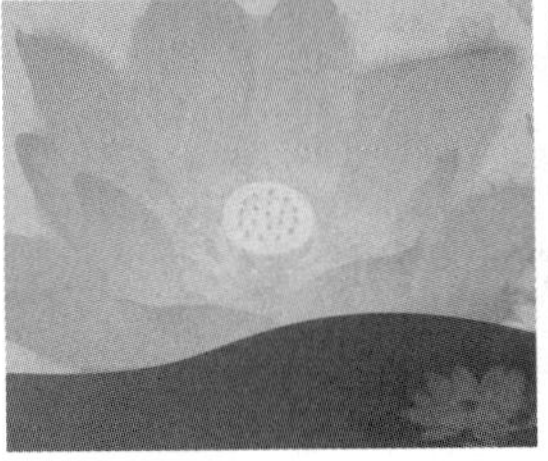

图10.70　置入图像　图10.71　设置不透明度后

08 按照上一步的方法再置入随书所附光盘中的文件“第10章\月饼包装设计\素材3.psd”，适当调整其大小，然后将其置于包装下方，如图10.72所示。

图10.72　置入并摆放图像的效果

09 选中上一步置入的图像，选择“对象”|“效果”|“外发光”命令，设置弹出的对话框，如图10.73所示，其中所设置的颜色如图10.74所示，得到图10.75所示的效果。

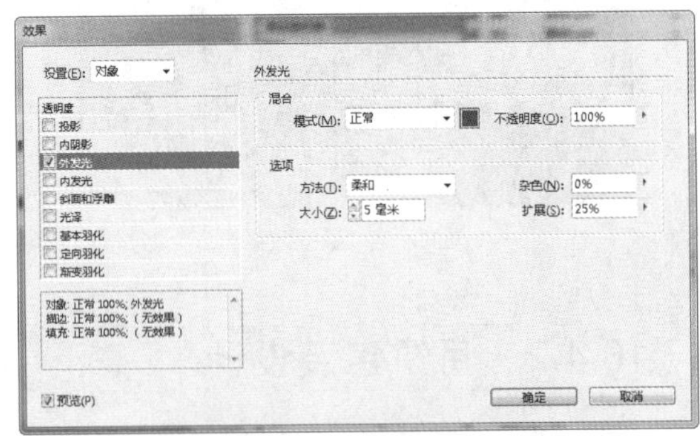

图10.73　“外发光”对话框

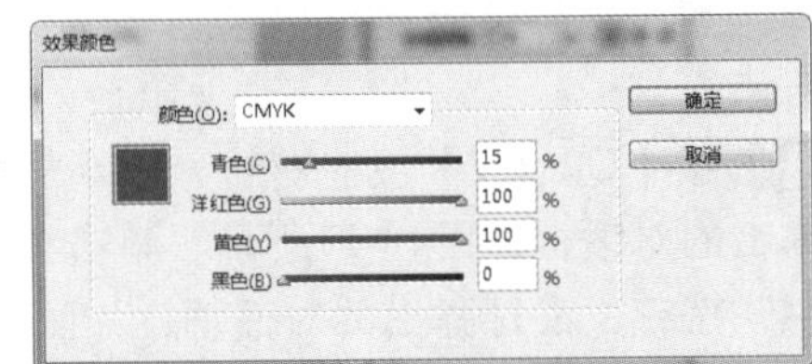

图10.74　设置外发光的颜色

10 按照第7步的方法，置入随书所附光盘中的文件“第10章\月饼包装设计\素材4.psd”，适当调整其大小，并将其置于包装的右侧位置，如图10.76所示。

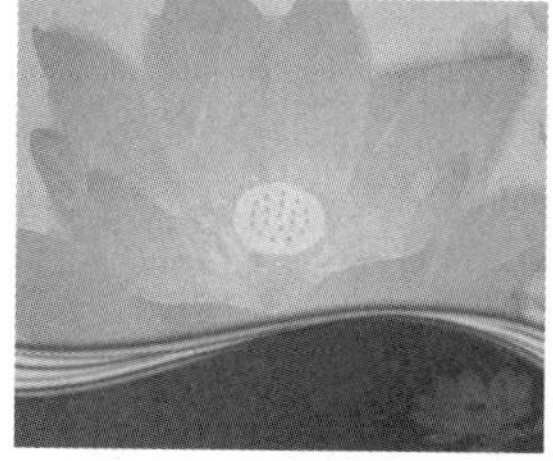

图10.75　设置发光后的效果

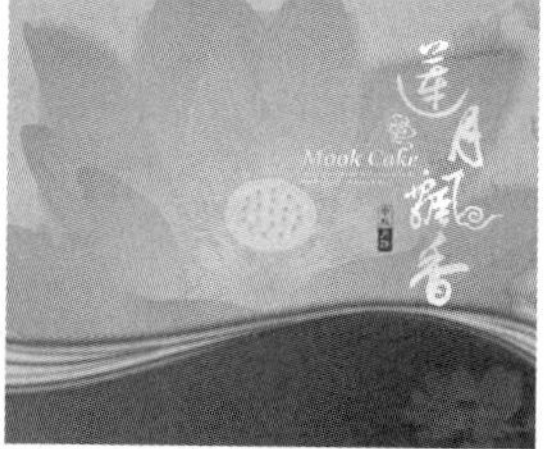

图10.76　置入图像

11 选中上一步置入的图像，选择“对象”|“效果”|“外发光”命令，设置弹出的对话框，如图10.77所示，其中所设置的颜色如图10.78所示，得到图10.79所示的效果。

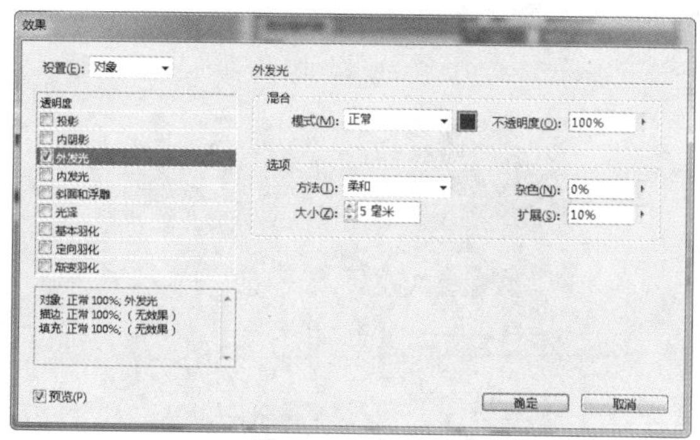

图10.77　“外发光”对话框

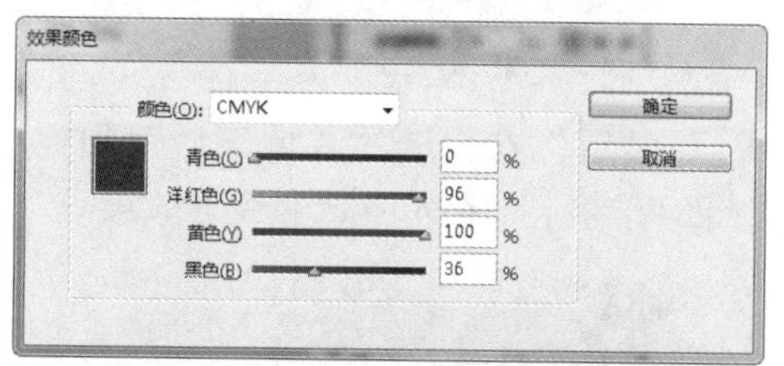

图10.78　设置外发光的颜色

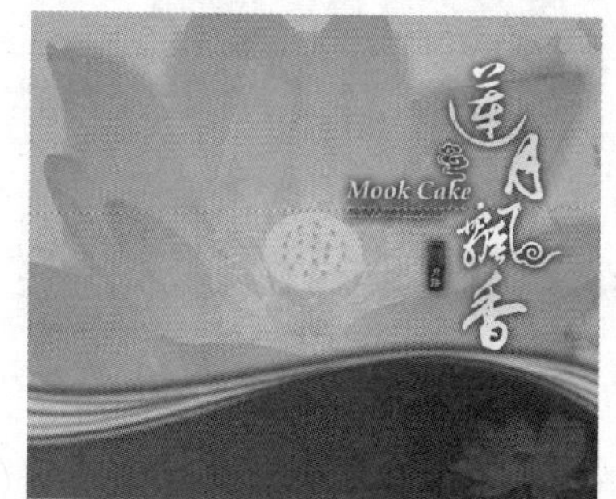

图10.79　设置发光后的效果

12 下面来制作包装的左上方内容。选择“椭圆工具”，设置其描边色为无，在“颜色”面板中设置其填充色，如图10.80所示，然后在包装的左上方绘制一个图10.81所示的正圆。

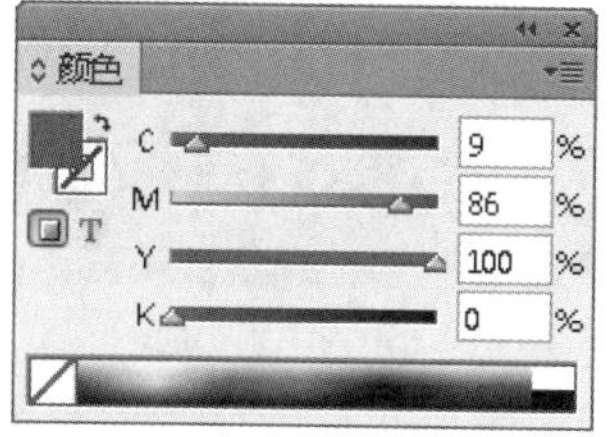

图10.80　设置“颜色”面板

图10.81　绘制圆形

13 选中上一步绘制的正圆，选择“对象”|“效果”|“内阴影”命令，设置弹出的对话框，如图10.82所示，其中所设置的颜色如图10.83所示，得到图10.84所示的效果。

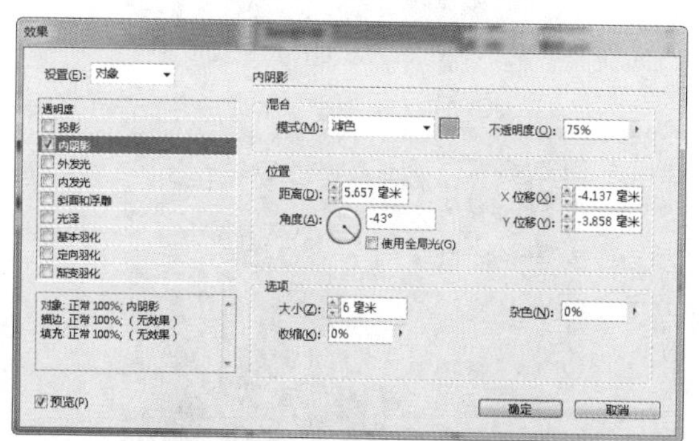

图10.82　“内阴影”对话框

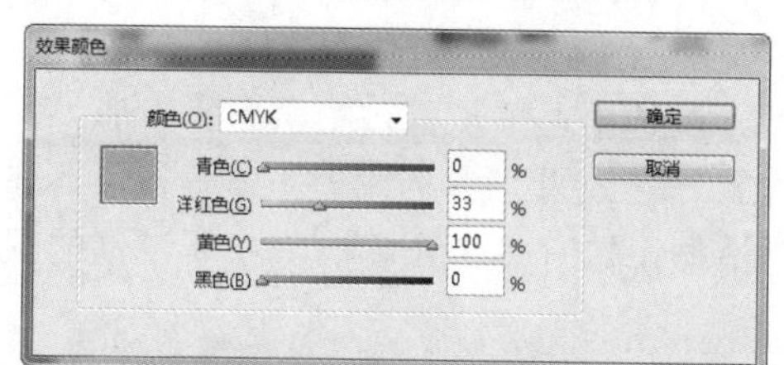

图10.83　设置内阴影的颜色

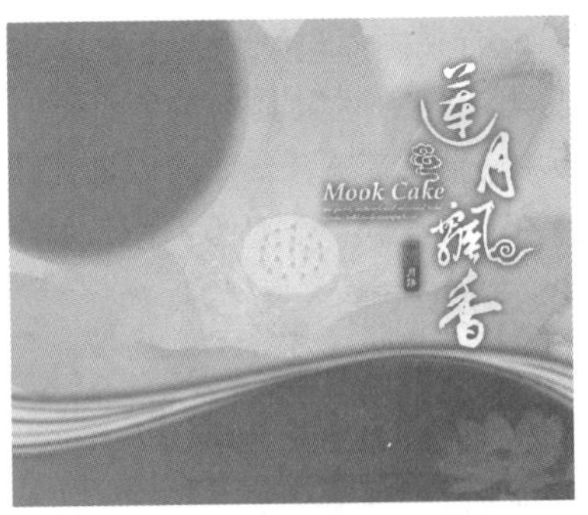

图10.84　设置内阴影后的效果

14 按照第12步的方法，在左上方正圆的内部再绘制一个略小一些的正圆，如图10.85所示。选中此圆形，按照第7步的方法，置入随书所附光盘中的文件“第10章\月饼包装设计\素材5.jpg”，然后使用“直接选择工具”选中置入的图像，适当调整其大小及位置，得到图10.86所示的效果。

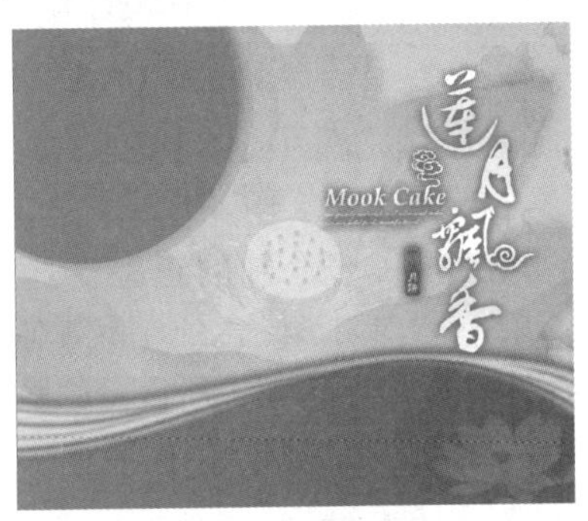

图10.85　绘制略小一些的圆形

图10.86　置入图像

15 选中上一步置入图像后的圆形，选择“对象”|“效果”|“内阴影”命令，设置弹出的对话框，如图10.87所示，其中所设置的颜色如图10.88所示，得到图10.89所示的效果。

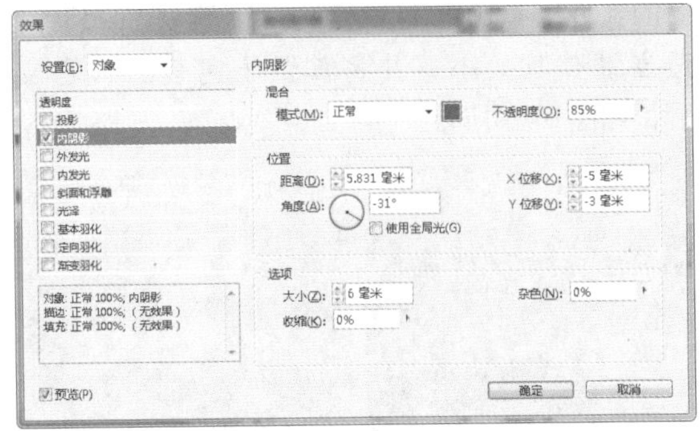

图10.87　“内阴影”对话框

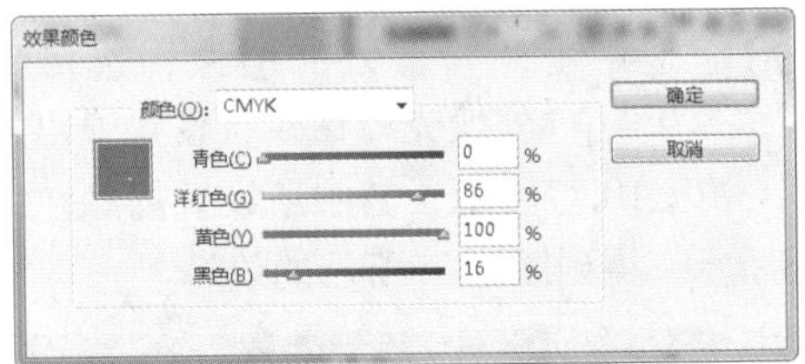

图10.88　设置内阴影色彩

图10.89　设置内阴影后的效果

16 最后，在包装的其他区域添加相应的文字，即可得到图10.90所示的最终效果。

图10.90　最终效果

第11章

创建与编辑长文档

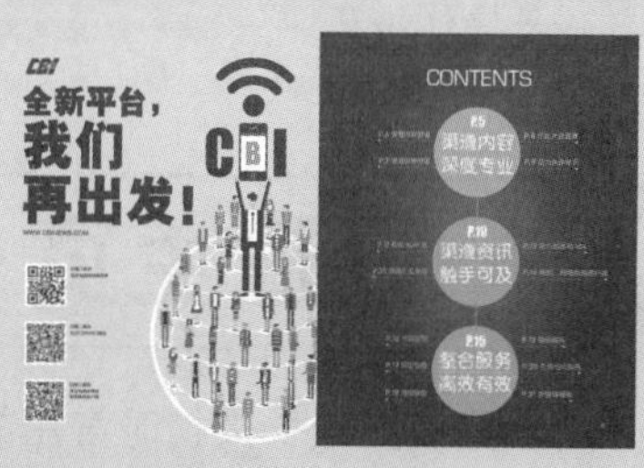

11.1 长文档的概念

简单来说，长文档就是由一系列页面组成的文档，它们常常拥有相近或相同的页面属性，如页眉、页码及页码设计等，在整体的设计风格、表现手法上也较为统一，如图书、杂志、报纸、画册等，都属于长文档。例如图11.1所示就是一些典型的宣传册作品。

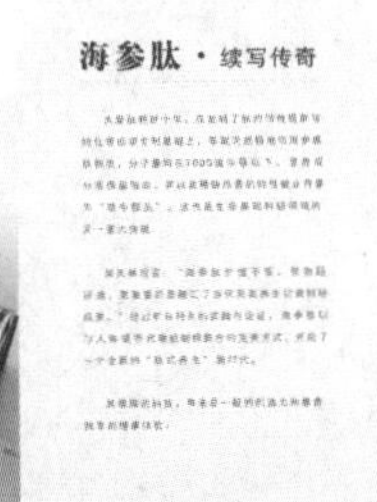

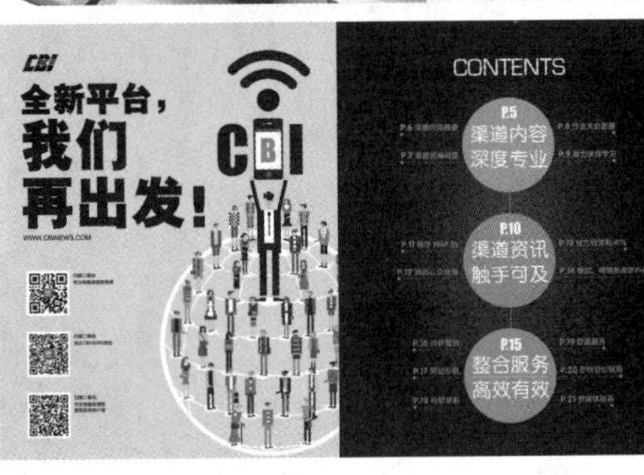

图11.1　画册设计作品

长文档在管理和编辑过程中，需要对多个页面甚至多个文档进行协调、统一，因此就需要使用InDesign提供的如书籍、主页、页码、索引及目录等功能。在本章中，就来讲解这些功能的详细使用方法及操作技巧。

11.2 设置主页

主页是在处理长文档时常用的功能，其作用就在于，当长文档中拥有相同或相近的文本、图形、图像等元素时，可以将其置于主页中，使所有应用了该主页的普通页面都会显示主页中的元素，从而实现多页面的协调、统一处理。

11.2.1　创建主页

创建一个文档后，InDesign会自动为其创建一个默认的主页，如图11.2所示。此外，用户也可以根据需要自行创建主页或将普通页面转换为主页，下面就来讲解其相关知识。

1. 直接创建新主页

要直接创建新的主页，可以使用“页面”面板，按照以下方法操作。

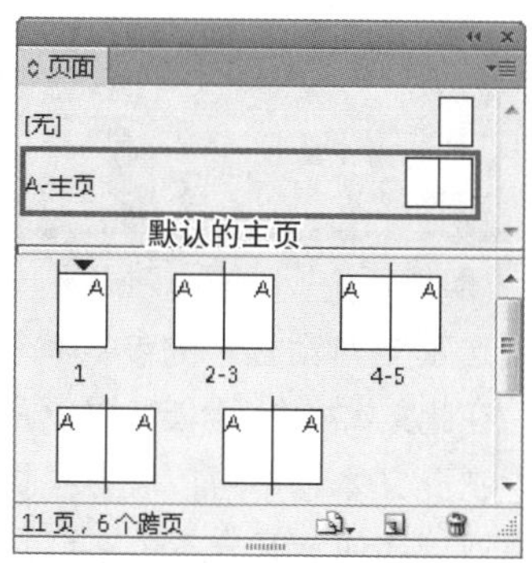

图11.2 “页面”面板中的默认主页“A-主页”

- 单击“页面”面板右上角的“面板”按钮，在弹出的菜单中选择“新建主页”命令。
- 在主页区域中，单击鼠标右键，在弹出的快捷菜单中选择“新建主页”命令。
- 按【Ctrl】键单击“创建新页面”按钮，将以默认的参数创建一个新的主页。
- 在主页区中单击一下鼠标，然后再单击创建新页面按钮，即可在其中以默认参数创建一个新的主页。

执行上述前两项操作后，将弹出“新建主页”对话框，如图11.3所示。

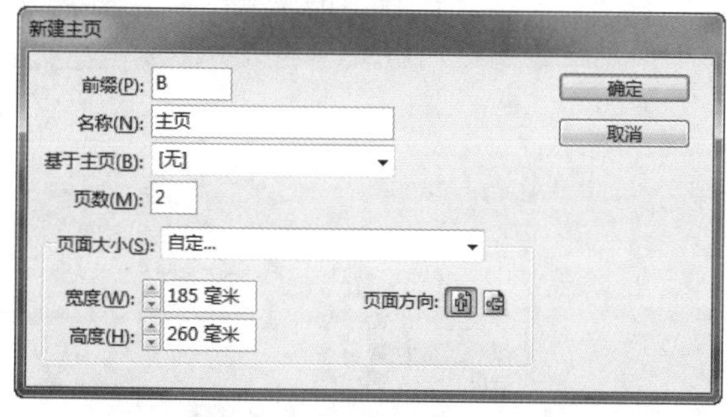

图11.3 “新建主页”对话框

“新建主页”对话框对话框中各个选项的功能如下。

- 前缀：在该文本框中输入一个前缀，以便于识别“页面”面板中各个页面所应用的主页，最多可以键入4个字符。
- 名称：在该文本框中输入主页跨页的名称。
- 基于主页：在其右侧的下拉列表中，选择一个作为主页跨页为基础的现有的主页跨页，或选择“无”选项。
- 页数：在该文本框中输入新建主页跨页中要包含的页数，取值范围不能超过10个。

设置好相关参数后，单击“确定”按钮退出对话框，即可创建新的主页。

2. 转换普通页面为主页

由于在主页中进行设计时，无法看到正文页中的内容，因此在一些特殊情况下，用户可以先在普通页面中安排主页的设计元素，然后在“页面”面板中拖动普通页面至“主页”区域，此时光标将变为状态，如图11.4所示。释放鼠标左键，即可创建新的主页，如图11.5所示。

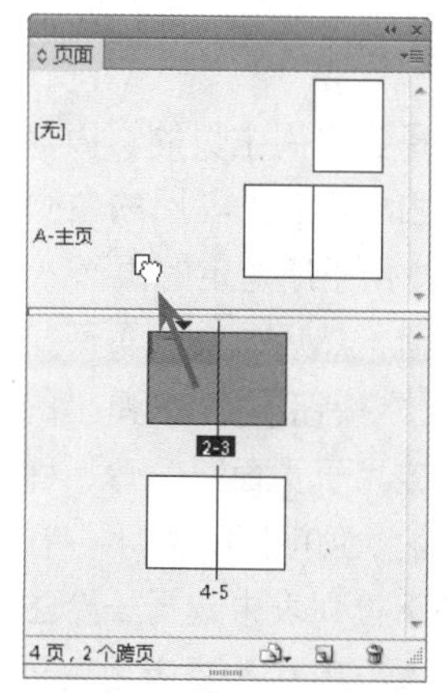

图11.4 拖动普通页面

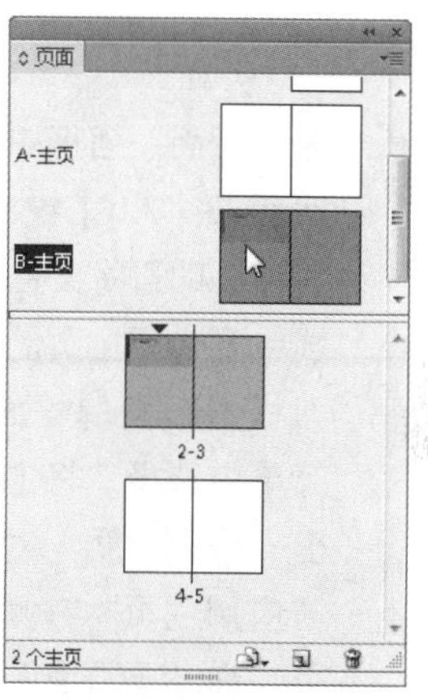

图11.5 创建新的主页

另外，用户也可以在“页面”面板中选择要转换为主页的普通页面，然后单击“页面”面板右上角的“面板”按钮，在弹出的菜单中选择“主页”|“存储为主页”命令。即可完成将普通页面存储为主页的操作。

3. 载入其他文档的主页

要载入其他文档中的主页，可以单击“页面”面板右上角的“面板”按钮，在弹出的菜单中选择“主页”|“载入主页”命令，在弹出的对话框中选择要载入的*.indd格式的文件。单击“打开”按钮，即可将选择的文件的主页载入到当前页面中。

11.2.2 应用主页

要应用主页，可以按照以下方法操作。

- 将要应用的主页拖至普通页面上，如图11.6所示，释放鼠标后即可为其应用该主页，如图11.7所示。

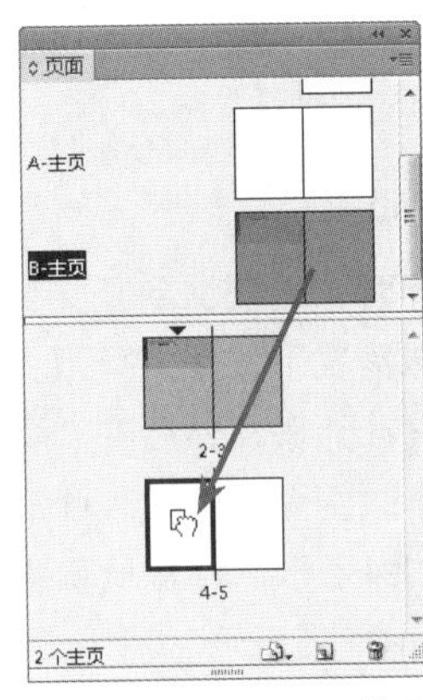

图11.6　拖动主页至普通页面上

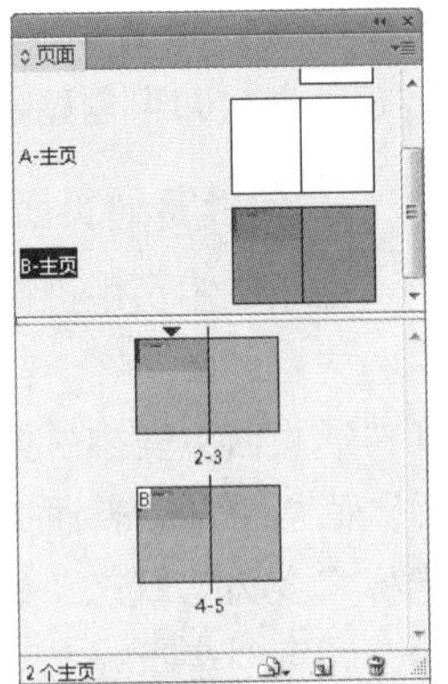

图11.7　应用主页后的状态

- 在“页面”面板中选择要应用主页的页面，然后按【Alt】键的同时单击要应用的主页名称，即可将该主页应用于所选定的页面。
- 选中要应用主页的页面，然后单击“页面”面板右上角的“面板”按钮，在弹出的菜单中选择“将主页应用于页面”命令，弹出“应用主页”对话框，如图11.8所示。在“应用主页”右侧的下拉列表中选择一个主页，在“于页面”文本框中输入要应用主页的页面，单击“确定”按钮退出对话框。

图11.8　“应用主页”对话框

提示

如果要应用的页面是多页连续的，在文本框中输入数值时，需要在数字间加“-”，如6-14；如果要应用的页面是多页且不连续的，在文本框中输入数值时，需要在数字间加“，”，如1，5，6-14，20。

11.2.3　设置主页属性

要设置主页，可以使用“页面”面板中的命令。以“A-主页”为例，在该主页上单击鼠标右键，单击“页面”面板右上角的面板按钮，在弹出的菜单中选择“‘A-主页’的主页选项”命令，在弹出的对话框中即可设置参数，如图11.9所示。

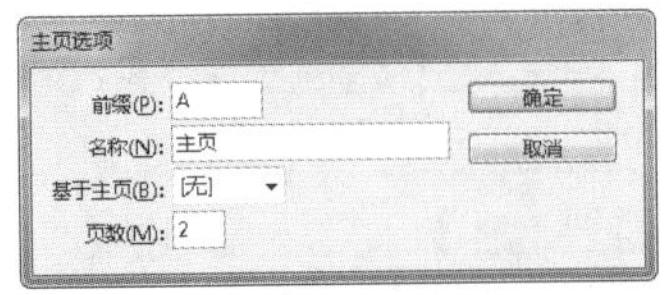

图11.9　“主页选项”对话框

“主页选项”对话框中的参数解释如下。

- 前缀：在此文本框中可以定义主页的标识符。
- 名称：在此文本框中可以设置主页的名称，用户可以以此作为区分各个主页的方法。
- 基于主页：在此可以选择一个以某个主页作为当前主页的基础，当前主页将拥有所选主页的元素。
- 页数：在此可以设置当前主页的页面数量。

11.2.4　编辑主页内容

编辑主页的方法与编辑普通页面的方法几乎是完全相同的。在编辑主页前，首先要进入到该主页中，用户可以执行以下操作来实现。

- 在“页面”面板中双击要编辑的主页名称。
- 在文档底部的状态栏上单击“页码切换下拉”按钮，在弹出的菜单中选择需要编辑的主页名称，如图11.10所示。

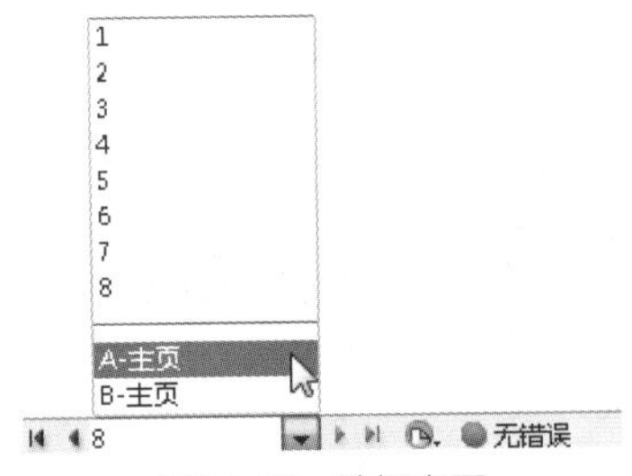

图11.10　选择主页

默认情况下，主页中包括两个空白页面，左侧的页面代表出版物中偶数页的版式，右侧的页面则代表出版物中奇数页的版式。

11.2.5　复制主页

复制主页分为两种，一是在同一文档内复制，二是将主页从一个文档复制到另外一个文档以作为新主页的基础。

1. 在同一文档内复制主页

在“页面”面板中，执行以下操作之一。

- 将主页跨页的名称拖至面板底部的“新建页面”按钮上，如图11.11所示。

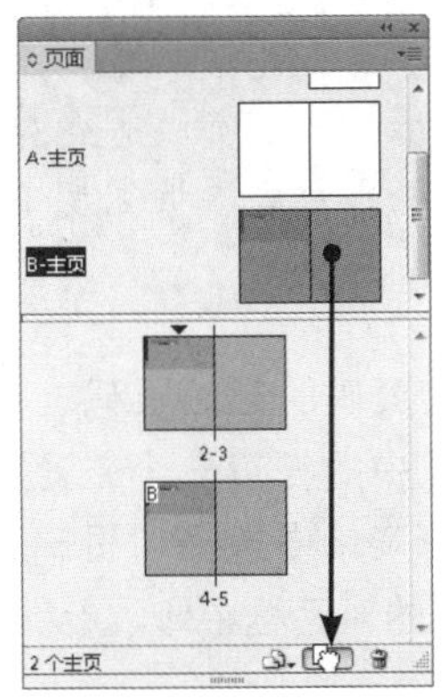

图11.11　复制主页

- 选择主页跨页的名称，例如“A-主页”，然后单击“页面”面板右上角的“面板”按钮，在弹出的菜单中选择“直接复制主页跨页‘A-主页’”命令。

> **提示**
>
> 当在复制主页时，被复制主页的页面前缀将变为字母表中的下一个字母。

2. 将主页复制或移动到另外一个文档

要将当前的主页复制到其他的文档中，可以按照以下方法操作。

01 打开即将添加主页的文档（目标文档），接着打开包含要复制的主页的文档（源文档）。

02 在源文档的“页面”面板中，执行以下操作之一。

- 选择并拖动主页跨页至目标文档中，以便对其进行复制。
- 首先选择要移动或复制的主页，接着选择“版面”|“页面”|“移动主页”命令，弹出“移动主页”对话框，如图11.12所示。

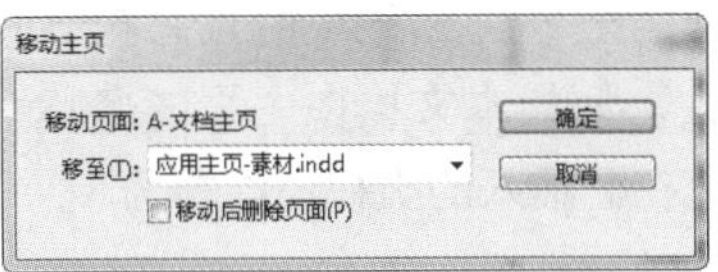

图11.12　“移动主页”对话框

该对话框中各选项的功能如下。

- 移动页面：选定的要移动或复制的主页。
- 移至：单击其右侧的三角按钮，在弹出的菜单中选择目标文档名称。
- 移动后删除页面：勾选此复选项，可以从源文档中删除一个或多个页面。

> **提示**
>
> 如果目标文档的主页已具有相同的前缀，则为移动后的主页分配字母表中的下一个可用字母。

11.2.6　删除主页

要删除主页，可以将要删除的主页选中，然后执行以下操作之一。

- 将选择的主页图标拖至到面板底部的“删除选中页面”按钮。
- 单击面板底部的“删除选中页面”按钮。
- 选择“面板”菜单中的“删除主页跨页‘主页名称’”命令。

> **提示**
>
> 删除主页后，[无]主页将应用于已删除的主页所应用的所有文档页面。如要选择所有未使用的主页，可以单击“页面”面板右上角的“面板”按钮，在弹出的菜单中选择“主页”|“选择未使用的主页”命令。

11.3 插入并设置页码

作为专业的排版软件，InDesign提供了完善的页面设置功能，用户可以根据需要在适当的位置设计页码，并设置多种不同的页码样式。

插入页码的方法非常简单，用户可以在要添加页码的主页中拖动创建一个文本框，然后按【Ctrl+Alt+Shift+N】快捷组合键或选择“文字”|“插入特殊字符”|“自动页码”命令即可，以图

11.13所示的文本框为例，插入页码后的状态如图11.14所示。在此页码中，页码中的字母“A”只是一个通配符，而且它与当前主页的名称有关。例如本文档中主页的名称为“A-主页”，故在此插入的页码通配符为A。

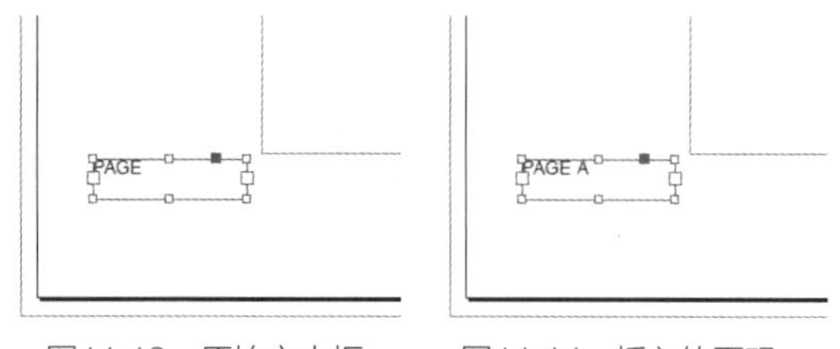

图11.13　原始文本框　　图11.14　插入的页码

> **提示**
>
> 在拖动创建文本框时，其宽度要比输入文字的宽度略大几个字符，这样做是在后面插入页码时，如果页码达到3位甚至4位数时，不会出现因为文本框宽度不够而无法显示页码的问题。

若要修改页码的起始页码、属性，可以在“页面”面板中的任意一个普通页面上单击鼠标，在弹出的菜单中选择“页码和章节选项”命令，在弹出的对话框中修改参数即可。

11.4 创建与编辑书籍

书籍是InDesign中独有的特色功能，当处理的长文档包含多个文件时，使用书籍可以将这些文档整合起来，并进行同步样式、色板、主页等多种管理操作，从而大大提高对多个文档进行统一处理的效率。

11.4.1　了解书籍面板

在InDesign中，书籍的管理工作全部位于“书籍”面板中，该面板无法在“窗口”菜单中直接调用，而是在创建书籍或打开已有书籍文件后，才会显示出来，且面板的名称与书籍文件的文件名相同，图11.15所示就是名为“书籍1”的“书籍”面板。

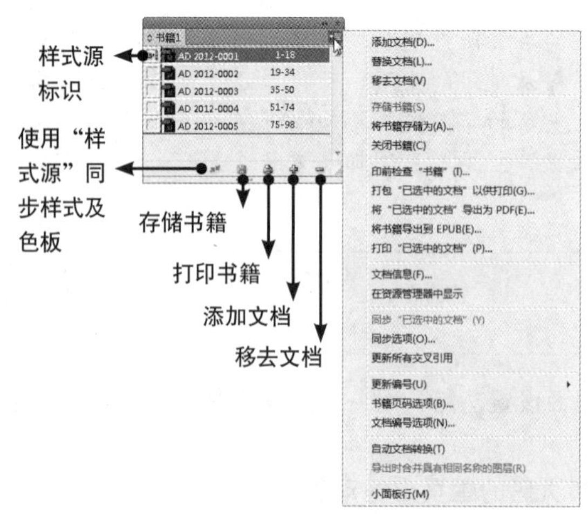

图11.15　“书籍”面板

“书籍”面板中各选项的含义解释如下。

- 样式源标识图标：表示是以此图标右侧的文档为样式源。
- 使用“样式源”同步样式及色板按钮：单击该按钮可以使目标文档与样式源文档中的样式及色板保持一致。
- 存储书籍按钮：单击该按钮可以保存对当前书籍所做的修改。
- 打印书籍按钮：单击该按钮可以打印当前书籍。
- 添加文档按钮：单击该按钮可以在弹出的对话框中选择一个InDesign文档，单击“打开”按钮即可将该文档添加至当前书籍中。
- 移去文档按钮：单击该按钮可将当前选中的文档从当前书籍中删除。
- 面板菜单：可以利用该菜单中的命令进行添加、替换或移去文档等与书籍相关的操作。

11.4.2 书籍基础操作

1. 创建书籍

要创建书籍，可以选择“文件”|“新建”|“书籍”命令，此时将弹出“新建书籍”对话框，在其中选择其保存的路径并输入文件的保存名称，然后单击“保存”按钮退出对话框即可。

将书籍文件保存在磁盘上后，该文件即被打开并显示“书籍”面板，该面板是以所保存的书籍文件名称命名的，如图11.16所示。

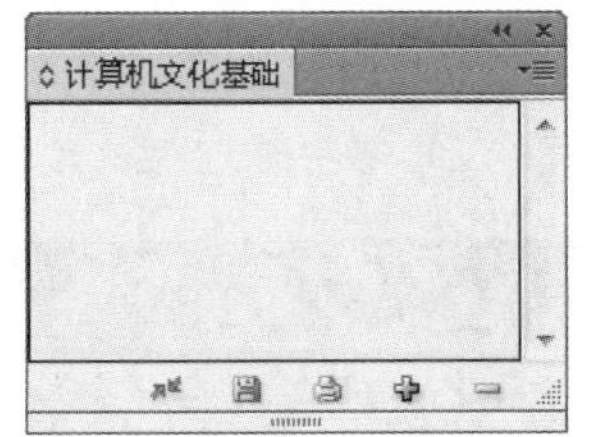

图11.16 “计算机文化基础”面板

2. 保存书籍

要保存书籍，可以执行以下操作之一。

- 如果要使用新名称存储书籍，可以单击“书籍”面板右上角的“面板”按钮，在弹出的菜单中选择“将书籍存储为”命令，在弹出的“将书籍存储为”对话框中指定一个位置和文件名，然后单击“保存”按钮。
- 如果要使用同一名称存储现有书籍，可以单击“书籍”面板右上角的“面板”按钮，在弹出的菜单中选择“存储书籍”命令，或单击“书籍”面板底部的“存储书籍”按钮。

提示

如果通过服务器共享书籍文件，应确保使用了文件管理系统，以便不会意外地冲掉彼此所做的修改。

3. 添加文档

要向书籍中添加文档，可以按照以下方法操作：

- 单击当前“书籍”面板底部的“添加文档”按钮，或在面板菜单中选择“添加文档”命令，在弹出的“添加文档”对话框中选择要添加的文档。单击“打开”按钮即可将该文档添加至书籍中。
- 直接从Windows资源管理器中拖动文档至“书籍”面板中，释放鼠标即可将文档添加至书籍中。图11.17所示就是添加了3个文档后的书籍。

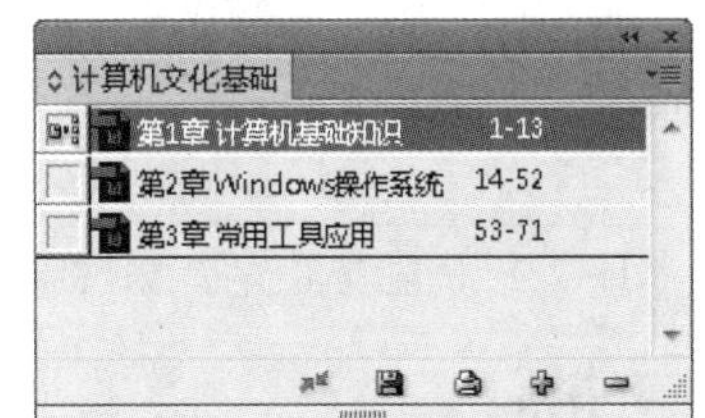

图11.17 “书籍”面板

提示

若添加至书籍中的是旧版本的InDesign文档，则在添加过程中，会弹出对话框，提示用户重新保存该文档。

4. 删除文档

要删除书籍中的一个或多个文档，可以先将其选中，然后执行下列操作。

- 单击“书籍”面板底部的“移去文档”按钮。
- 单击“书籍”面板右上角的“面板”按钮，在弹出的菜单中选择“移去文档”命令。

5. 替换文档

要使用其他文档替换当前书籍中的某个文档，可以将其选中，然后单击“书籍”面板右上角的“面板”按钮，在弹出的菜单中选择“替换文档”命令，在弹出的“替换文档”对话框中指定需要使用的文档，单击“打开”按钮即可。

6. 调整文档顺序

要调整书籍中文档的顺序，可以先将其选中（一个或多个文档），然后按住鼠标左键拖至目标位置，当出现一条粗黑线时释放鼠标即可。图11.18所示为拖动中的状态，图11.19所示为调整好顺序后的面板状态。

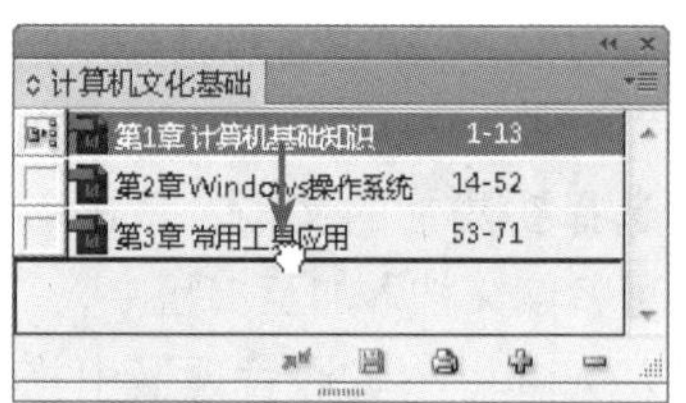

图11.18　拖动中的状态

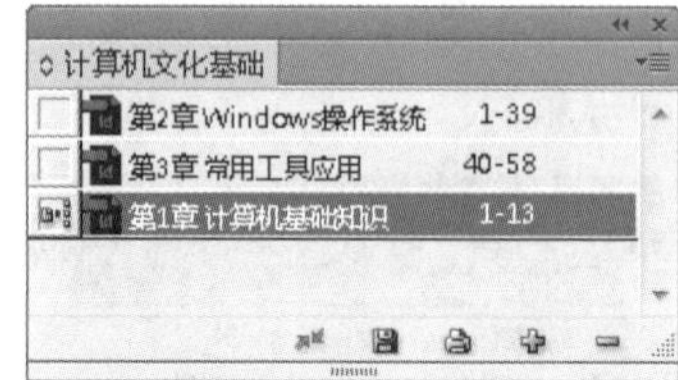

图11.19　调整顺序后的面板状态

7. 关闭书籍

要关闭书籍，可以按照以下方法操作。

- 单击要关闭的“书籍”面板中上角的 按钮。
- 单击“书籍”面板右上角的“面板”按钮 ，在弹出的菜单中选择“关闭书籍”命令。

提示

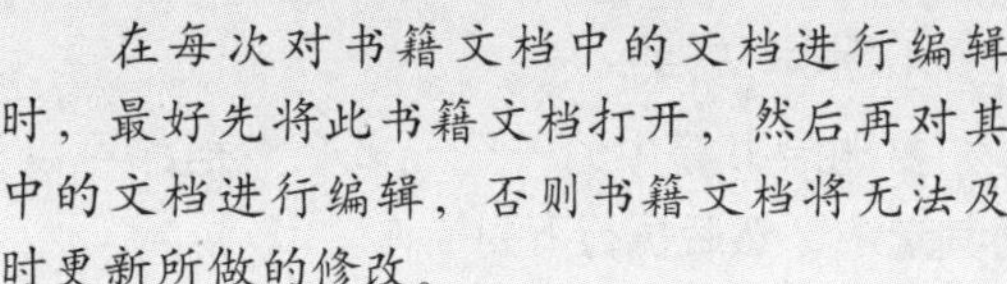

在每次对书籍文档中的文档进行编辑时，最好先将此书籍文档打开，然后再对其中的文档进行编辑，否则书籍文档将无法及时更新所做的修改。

11.4.3　同步书籍中的文档

对于书籍中的文档，用户可以根据需要统一各文档中的属性，如段落样式、字符样式、对象样式、主页、字体等，该操作对多文档之间的协调统一非常有用，下面就来讲解一下其相关操作。

1. 设定同步的样式源

在进行同步操作前，首先要确定用于同步的样式源，也就是指定以哪个文档为准，将其中的属性同步到其他文档中。

默认情况下，InDesign会使用书籍中的第一个文档作为样式源，即该文档左侧会显示“样式源”图标 ，如图11.20所示，用户可以在文档左侧的空白处单击鼠标，使之变为样式源图标 即可改变样式源，如图11.21所示。

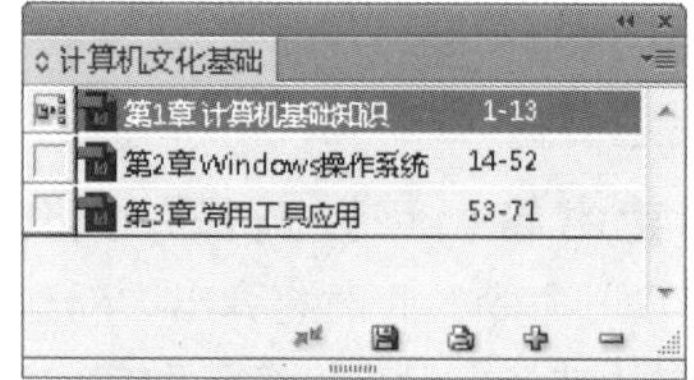

图11.20　默认的样式源位置

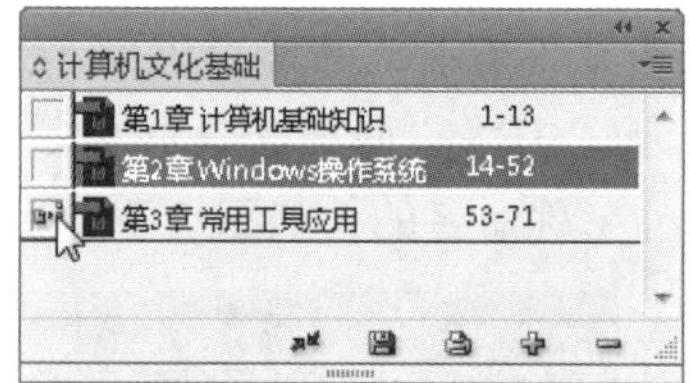

图11.21　改变样式源后的状态

提示

一个书籍中，只有存在一个样式源。

2. 同步书籍

在设定了同步样式源后，可以按照以下方法执行同步操作。

01 在“书籍”面板中，选中要被同步的文档，如果未选中任何文档，将同步整个书籍。

提示

要确保未选中任何文档，需要单击最后一个文档的下方的空白灰色区域，这可能需要滚动“书籍”面板或调整面板大小。

02 直接单击使用“样式源”同步样式及“色板”按钮 ，则按照默认或上一次设定的同步参数进行同步。

03 按住【Alt】键单击使用“样式源”同步样式及“色板”按钮 ，或单击“书籍”面板右上角的“面板”按钮 ，在弹出的菜单中选择“同步选项”命令，弹出“同步选项”对话框，如图11.22所示。

04 在“同步选项”对话框中指定要从样式源复制的项目。

05 单击“同步”按钮，InDesign将自动进行同步操作。若单击“确定”按钮，则仅保存同步选项，而不会对文档进行同步处理。

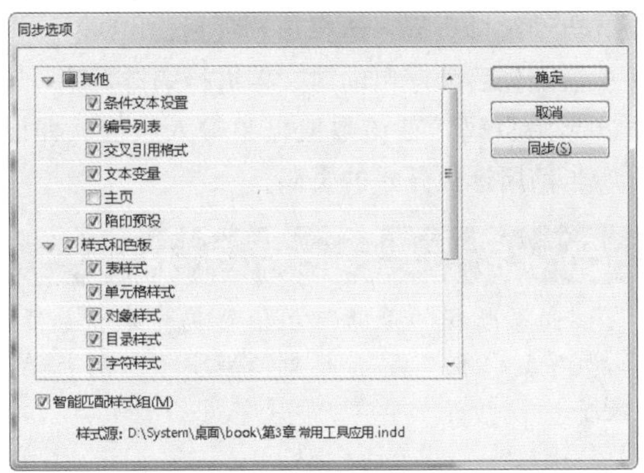

图11.22 “同步选项”对话框

06 完成后将弹出图11.23所示的提示框，单击“确定”按钮。

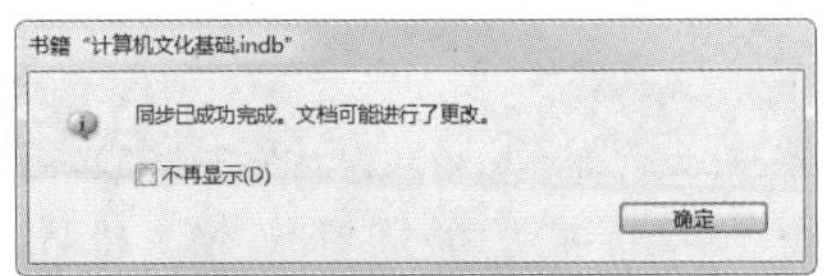

图11.23 同步书籍提示框

值得一提的是，默认情况下，“同步选项”对话框中并没有选中“主页”选项，若需要同步主页，应该选中此选项。同步主页对于使用相同设计元素（如动态的页眉和页脚，或连续的表头和表尾）的文档非常有用。但是，若想保留非样式源文档的主页上的页面项目，则不要同步主页，或应创建不同名称的主页。

在首次同步主页之后，文档页面上被覆盖的所有主页项目将从主页中分离。因此，如果打算同步书籍中的主页，最好在设计过程一开始就同步书籍中的所有文档。这样，被覆盖的主页项目将保留与主页的连接，从而可以继续根据样式源中修改的主页项目进行更新。

另外，最好只使用一个样式源来同步主页。如果采用不同的样式源进行同步，则被覆盖的主页项目可能会与主页分离。如果需要使用不同的样式源进行同步，应该在同步之前取消选择“同步选项”对话框中的“主页”选项。

11.4.4 设置书籍的页码

对于长文档而言，添加并设置页码几乎是必不可少的一项工作。在书籍中，用户可以对页码进行多种设置，如起始页码、页码样式等，使书籍中的各个文档的页码能够连续地排列起来。下面就来讲解一下设置与编辑页码的相关知识。

1. 书籍页码选项

要设置书籍页码选项，可以单击“书籍”面板右上角的“面板”按钮，在弹出的菜单中选择“书籍页码选项”命令，弹出图11.24所示的对话框。

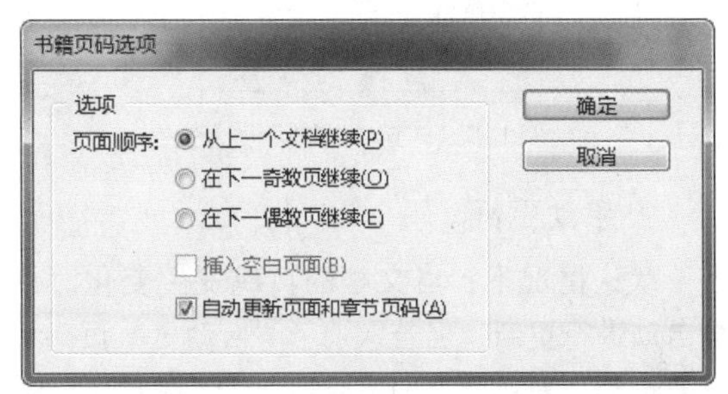

图11.24 “书籍页码选项”对话框

“书籍页码选项”对话框中各选项的含义解释如下。

- 从上一个文档继续：选择此复选项，可以让当前章节的页码跟随前一章节的页码。
- 在下一奇数页继续：选择此选项，将按奇数页开始编号。
- 在下一偶数页继续：选择此选项，将按偶数页开始编号。
- 插入空白页面：选择此选项，以便将空白页面添加到任一文档的结尾处，而后续文档必须在此处从奇数或偶数编号的页面开始。
- 自动更新页面和章节页码：取消对此复选项的勾选，即可关闭自动更新页码功能。

在取消选择“自动更新页面和章节页码”复选项后，当“书籍”面板中文档的页数发生变动时，页码不会自动更新。如图11.25所示为原“书籍”面板状态，此时将文档“侧面”拖至文档“背面”下方，图11.26所示为选中“自动更新页面和章节页码”复选项时的面板状态，图11.27所示为未选中“自动更新页面和章节页码”复选项时的面板状态。

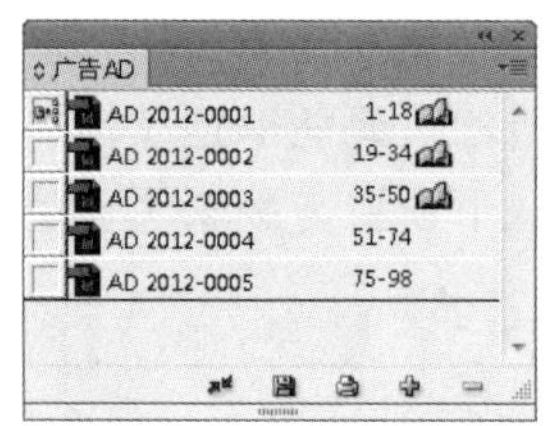

图11.25　原面板状态　图11.26　选中时的面板状态

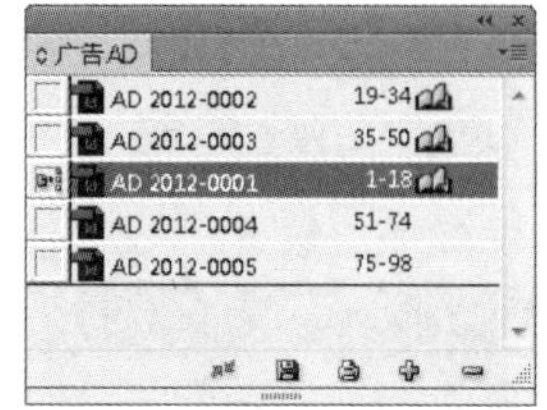

图11.27　未选中时的面板状态

2. 手动更新页码

默认情况下，当文档的页码发生变化时，会自动进行更新，但若取消了“自动更新页码和章节页码”复选项，则需要用户进行手动更新。此时用户可以单击“书籍”面板的“面板”按钮▼≡，在弹出的菜单中选择“更新编号”|“更新页码和章节编号”命令以手动更新页码。

3. 文档编号选项

在“书籍”面板中选择需要修改页码的文档，双击该文档，或者单击“书籍”面板右上角的“面板”按钮▼≡，在弹出的菜单中选择“新建章节”命令，弹出“新建章节”对话框，如图11.28所示。

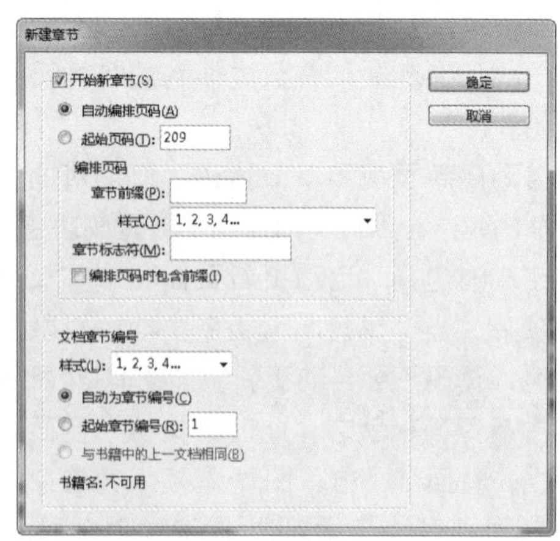

图11.28　“新建章节”对话框

“新建章节”对话框中各选项的含义解释如下。

- 自动编排页码：选择该选项后，InDesign将按照先后顺序自动对文档进行编排页码 。
- 起始页码：在该数值框中输入数值，即以当前所选页开始的页码。

提示

如果选择的是非阿拉伯页码样式（如罗马数字），仍需要在此文本框中输入阿拉伯数字。

- 章节前缀：在此文本框中可以为章节输入一个标签。包括要在前缀和页码之间显示的空格或标点符号（例如 A–16 或 A 16），前缀的长度不应多于8个字符。

提示

不能通过按空格键来输入空格，而应从文档窗口中复制并粘贴宽度固定的空格字符。另外，加号（+）或逗号（,）符号不能用在章节的前缀中。

- 样式（编排页码）：在此下拉列表中选择一个选项，可以设置生成页码时的格式，例如使用阿拉伯数字或小写英文字母等。
- 章节标志符：在此文本框中可以输入一个标签，InDesign会将其插入到页面中，插入位置为在选择“文字”|“插入特殊字符”|“标志符”|“章节标志符”时显示的章节标志符字符的位置。
- 编排页码时包含前缀：选择此复选项，可以在生成目录或索引时，或在打印包含自动页码的页面时显示章节前缀。如果取消对该选项的选择，将在 InDesign 中显示章节前缀，但在打印的文档、索引和目录中隐藏该前缀。
- 样式（文档章节编号）：从此下拉列表中选择一种章节编号样式，此章节样式可在整个文档中使用。
- 自动为章节编号：选择此选项，可以对书籍中的章节按顺序编号。
- 起始章节编号：在此文本框中输入数值，用于指定章节编号的起始数字。如果希望不要对书籍中的章节进行连续编号，可以使用此选项。

- 与书籍中的上一文档相同：选择此选项，可以使用与书籍中上一文档相同的章节编号。

11.5 创建与编辑目录

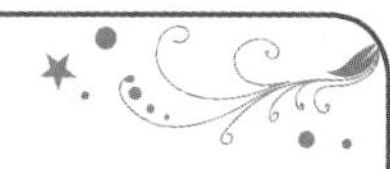

目录是长文档中必不可少的内容，尤其在图书、杂志等项目中。由于页码非常多，因此非常有必要通过目录来引导读者阅读及划分图书的结构层次。

InDesign提供了非常完善的创建与编辑目录功能。条目及页码直接从文档内容中提取，并随时可以更新，甚至可以跨越同一书籍文件中的多个文档进行该操作。并且一个文档可以包含多个目录。

下面就来讲解InDesign中目录的创建与编辑方法。

11.5.1 创建目录前的准备工作

要正确、准确地生成目录，首先应该确认以下内容：

- 所有文档均已添加到“书籍”面板中，文档的顺序正确，章节及页码编号均为最新，且所有标题以正确的段落样式统一了格式。
- 避免使用名称相同但定义不同的样式创建文档，以确保在书籍中使用一致的段落样式。如果有多个名称相同但样式定义不同的样式，InDesign将会使用当前文档中的定义或者在书籍中第一次出现时的定义。
- “目录”对话框中要显示出必要的样式。如果未显示必要的样式，则需要对书籍进行同步，以便将样式复制到包含目录的文档中。
- 如果希望目录中显示页码前缀（如 1-1、1-3 等），需要使用节编号，而不是使用章编号。

11.5.2 创建目录

在完成创建目录的准备工作后，可以按照以下步骤生成目录。

01 打开素材，其中包含了6个页面，如图11.29所示。

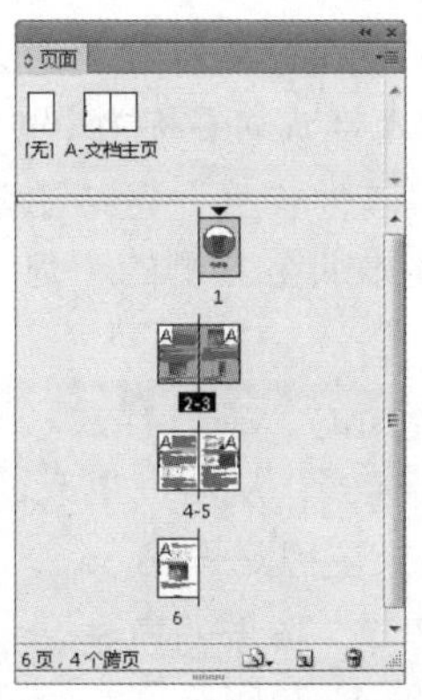

图11.29 “页面”面板

02 执行“版面”|“目录样式”命令，则弹出图11.30所示的对话框。

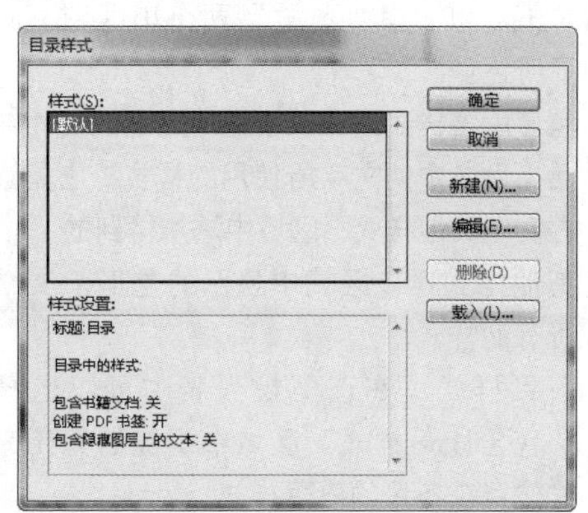

图11.30 “目录样式”对话框

提示

通过创建目录样式，可以在以后生成目录时反复调用该目录样式。若只是临时的生成目录，或生成目录操作执行得比较少，也可以跳过此步骤。

03 单击对话框右侧的“新建”按钮，则弹出图11.31所示的对话框。

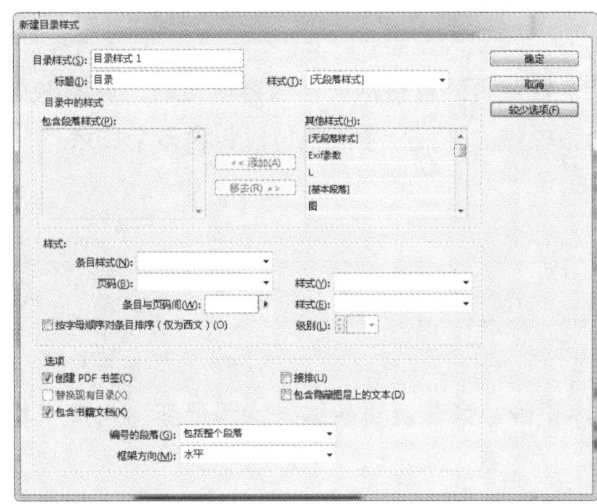

图11.31 “新建目录样式”对话框

在“新建目录样式”对话框中，其重要参数解释如下。

- 目录样式：在该文本框中可以为当前新建的样式命名。
- 标题：在该文本框中可以输入出现在目录顶部的文字。
- 样式：在位于标题选项右侧的样式下拉列表中，可以选择生成目录后，标题文字要应用的样式名称。

在“目录中的样式”区域中包括了“包含段落样式”和“其他样式”两个小区域，其含义如下所述：

- 包含段落样式：在该区域中显示的是希望包括在目录中的文字所使用的样式。它是通过右侧“其他样式”区域中添加得到的。
- 其他样式：该区域中显示的是当前文档中所有的样式。
- 条目样式：在该下拉列表中可以选择与“包含段落样式”区域中相应的、用来格式化目录条目的段落样式。
- 页码：在该下拉列表中可以指定选定的样式中，页码与目录条目之间的位置，依次为“条目后”、“条目前”及“无页码”3个选项。通常情况下，选择的是“条目后”选项。在其右侧的样式下拉列表中还可以指定页码的样式。
- 条目与页码间：在此可以指定目录的条目及其页码之间希望插入的字符，默认为^t（即定位符，尖号^+t）。在其右侧的样式下拉列表中还可以为条目与页码之间的内容指定一个样式。
- 按字母顺序对条目排序：选择该复选项后，目录将会按所选样式根据英文字母的顺序进行排列。
- 级别：默认情况下，添加到“包含段落样式”区域中的每个项目都比它之前的目录低一级。
- 创建PDF书签：选择该复选项后，在输出目录的同时将其输出成为书签。
- 接排：选择该复选项后，则所有的目录条目都会排在一段，各个条目之间用分号进行间隔。
- 替换现有目录：如果当前已经有一份目录，则此会被激活，选中后新生成的目录会替换旧的目录。
- 包含隐藏图层上的文本：选择该复选项后，则生成目录时会包括隐藏图层中的文本。
- 包含书籍文档：如果当前文档是书籍文档中的一部分，此复选项会被激活。选择该复选项后，可以为书籍中的所有文档创建一个单独的目录，并重排书籍的页码。

04 在“新建目录样式”对话框中的“目录样式”后输入样式的名称为Content。

05 在“其他样式”区域中双击“节”样式，从而将其添加至左侧的“包含段落样式”列表中。

06 在下面的“条目样式”下拉列表中选择“目录节”样式，从而在生成目录后，为1级标题生成的目录应用此样式。

07 按照第5~6步的方法，继续设置“小节”样式，如图11.32所示。

08 单击“确定”按钮返回“目录样式”对话框中，此时该对话框中已经存在了一个新的目录样式，如图11.33所示。单击“确定”按钮退出对话框即可。

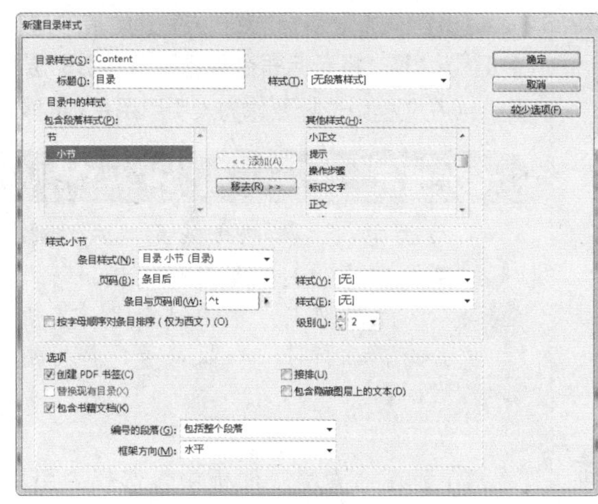

图11.32　“新建目录样式”对话框

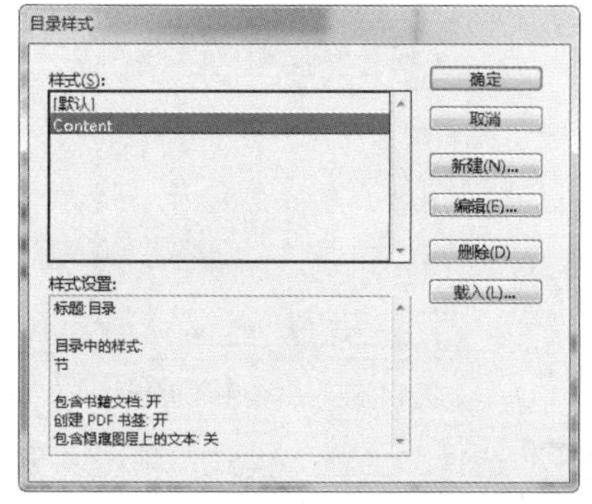

图11.33　添加样式后的“目录样式”对话框

09 切换至文档第1页左侧的空白位置，选择“版面”|“目录”命令，由于前面已经设置好了相应的参数，此时单击“确定”按钮退出对话框即开始生成目录。

10 生成目录完毕后，光标将变为状态，单击鼠标即可得到生成的目录。使用“选择工具”将生成的目录缩放成适当的大小后置于图11.34所示的位置。

目录

2.1 操作系统的概念 2

2.2 启动与关闭 Windows 7 系统 2

2.3 熟悉 Windows 7 的界面组成 4

2.3.1 桌面背景 4

2.3.2 桌面图标 5

图11.34　生成的目录

11.5.3　更新目录

在生成目录且又对文档编辑后，文档中的页码、标题或与目录条目相关的其他元素可能会发生变化，此时就需要更新目录。

更新目录的方法非常简单，首先选中目录内容文本框或将光标插入目录内容中，然后执行“版面”|“更新目录”命令即可。

11.6　索引

索引与目录的功能较为相近，都是将指定的文字（可以是人名、地名、词语、概念、或其他事项）提取出来，给人以引导，常见于各种工具书中。与目录不同的是，索引是通过在页面中定义关键字，最终将内容提取出来。下面就来讲解其相关操作。

11.6.1　创建索引

要创建索引，首先需要将索引标志符置于文本中，将每个索引标志符与要显示在索引中的单词

（称作主题）建立关联。具体创建的步骤如下。

01 创建主题列表。选择“窗口”|“文字和表”|“索引”命令以显示“索引”面板，如图11.35所示。

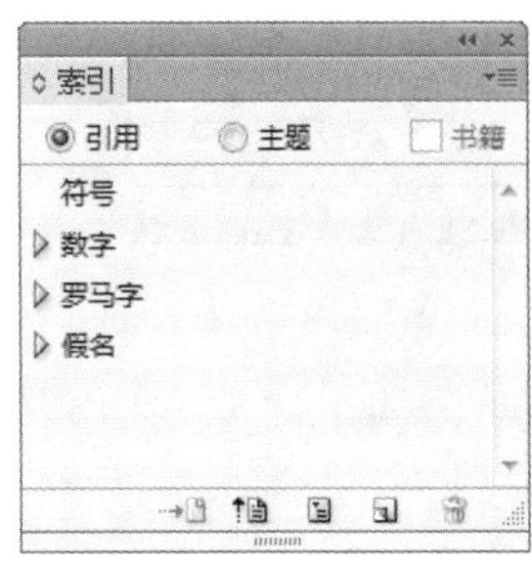

图11.35　“索引”面板

02 选择“主题”模式，单击“索引”面板右上角的“面板”按钮，在弹出的菜单中选择“新建主题”命令，或者单击“索引”面板底部的“创建新索引条目”按钮，弹出“新建主题”对话框，如图11.36所示。

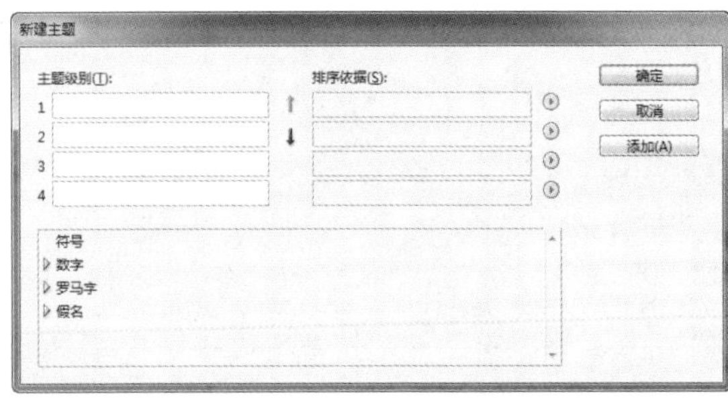

图11.36　“新建主题”对话框

在“索引”面板中包含两个模式，即“引用”和“主题”。含义解释如下。

- 在“引用”模式中，预览区域显示当前文档或书籍的完整索引条目，主要用于添加索引条目。
- 在“主题”模式中，预览区域只显示主题，而不显示页码或交叉引用，主要用于创建索引结构。

03 在“主题级别”下的第一个文本框中键入主题名称（如：标题一）。在第二个文本框中输入副主题（如：标题二）。在输入“标题二”时相对于“标题一”要有所缩进。如果还要在副主题下创建副主题，可以在第三个文本框中输入名称，依此类推。

04 设置好后，单击“添加”按钮以添加主题，此主题将显示在“新建主题”对话框和“索引”面板中，单击“完成”按钮退出对话框。

05 添加索引标志符。在工具箱中选择“文字工具”，将光标插在希望显示索引标志符的位置，或在文档中选择要作为索引引用基础的文本。

提示

当选定的文本包含随文图或特殊字符时，某些字符（例如索引标志符和随文图）将会从“主题级别”框中删除。而其他字符（例如全角破折号和版权符号）将转换为元字符（例如，^_ 或 ^2）。

06 在“索引”面板中，选择“引用”模式。如果添加到“主题”列表的条目没有显示在“引用”中，此时可以单击“索引”面板右上角的“面板”按钮，在弹出的菜单中选择“显示未使用的主题”命令，随后就可以在添加条目时使用那些主题。

提示

如果要从书籍文件中任何打开的文档查看索引条目，可以选择“书籍”模式。

07 单击“索引”面板右上角的“面板”按钮，在弹出的菜单中选择“新建页面引用”命令，弹出图11.37所示的对话框。

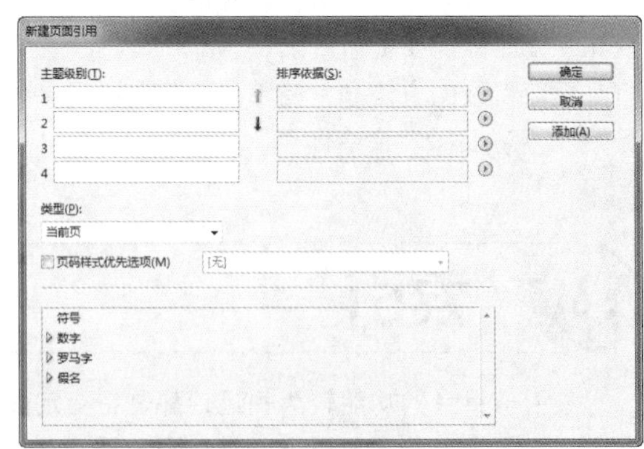

图11.37　“新建页面引用”对话框

“新建页面引用”对话框中各选项的含义解释如下。

- 主题级别：如果要创建简单索引条目，可以在第一个文本框中输入条目名称（如果选择了文本，则该文本将显示在“主题级别”框中）；如果要创建条目和子条目，可以在第一个文本框中输入父级名称，并在后面的文本框中键入子条目；如果要应用已有的主题，可以双击对话框底部列表框中的任一主题。

- 排序依据：控制更改条目在最终索引中的排序方式。
- 类型：在此下拉列表中选择“当前页”选项，页面范围不扩展到当前页面之外；选择“到下一样式更改”选项，更改页面范围从索引标志符到段落样式的下一更改处；选择“到下一次使用样式”选项，页面范围从索引标志符到“邻近段落样式”弹出菜单中所指定的段落样式的下一个实例所出现的页面；选择“到文章末尾”选项，页面范围从索引标志符到包含文本的文本框架当前串接的结尾；选择“到文档末尾”选项，页面范围从索引标志符到文档的结尾；选择“到章节末尾”选项，页面范围从索引标志符扩展到“页面”面板中所定义的当前章节的结尾；选择“后　段”选项，页面范围从索引标志符到“邻近”文本框中所指定的段数的结尾，或是到现有的所有段落的结尾；选择“后　页”选项，页面范围从索引标志符到“邻近”文本框中所指定的页数的结尾，或是到现有的所有页面的结尾；选择“禁止页面范围”选项，即关闭页面范围；如果要创建引用其他条目的索引条目，可以一个交叉引用选项，如“参见此处，另请参见此处”、“[另请]参见，另请参见”或“请参见”，然后在“引用”文本框中输入条目名称，或将底部列表中的现有条目拖到“引用” 框中；如果要自定交叉引用条目中显示的“请参见”和“另请参见”条目，可以选择“自定交叉引用”选项。
- 页码样式优先选项：选择此复选项，可以在右侧的下拉列表中指定字符样式以强调特定的索引条目。
- “添加”按钮：单击此按钮，将添加当前条目，并使此对话框保持打开状态以添加其他条目。

08 设置好后，单击“添加”按钮，然后单击“确定”按钮退出。

09 生成索引。单击“索引”面板右上角的“面板”按钮，在弹出的菜单中选择“生成索引”命令，弹出图11.38所示的对话框。

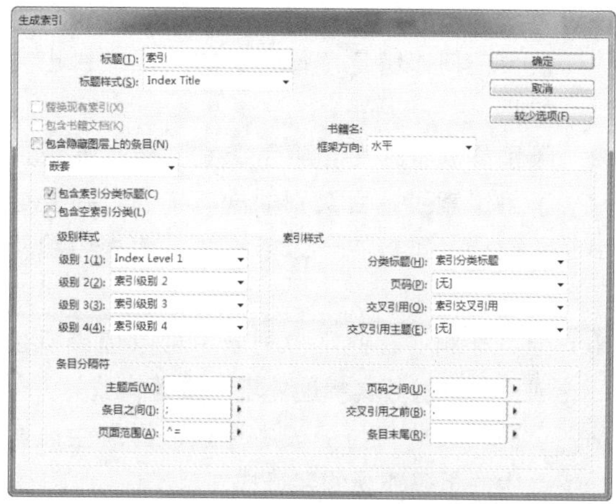

图11.38　“生成索引”对话框

“生成索引”对话框中的各选项的含义解释如下。

- 标题：在此文本框中可以输入将显示在索引顶部的文本。
- 标题样式：在此下拉列表中选择一个选项，用于设置标题格式。
- 替换现有索引：选中此复选项，将更新现有索引。如果尚未生成索引，此复选项呈灰显状态；如果取消选择此复选项，则可以创建多个索引。
- 包含书籍文档：选中此复选项，可以为当前书籍列表中的所有文档创建一个索引，并重新编排书籍的页码。如果只想为当前文档生成索引，则取消选择此复选项。
- 包含隐藏图层上的条目：选中此复选项，可以将隐藏图层上的索引标志符包含在索引中。

提示

以下的选项，需要单击“更多选项”按钮才能显示出来。

- 嵌套：选择此选项，可以使用默认样式设置索引格式，且子条目作为独立的缩进段落嵌套在条目之下。
- 接排：选择此复选项，可以将条目的所有级别显示在单个段落中。
- 包含索引分类标题：选择此复选项，将生成包含表示后续部分字母字符的分类标题。
- 包含空索引分类：选择此选项，将针对字母表的所有字母生成分类标题，即使索引缺少任何以特定字母开头的一级条目也会如此。
- 级别样式：对每个索引级别，选择要应用于每个索引条目级别的段落样式。在生成索引后，可以在“段落样式”面板中编辑这些样式。
- 分类标题：在此下拉列表中可以选择所生成索引中的分类标题外观的段落样式。
- 页码：在此下拉列表中可以选择所生成索引中的页码外观的字符样式。
- 交叉引用：在此下拉列表中可以选择所生成索引中交叉引用前缀外观的字符样式。
- 交叉引用主题：在此下拉列表中可以选择所生成索引中被引用主题外观的字符样式。
- 主题后：在此文本框中，可以输入或选择一个用来分隔条目和页码的特殊字符。默认值是两个空格，通过编辑相应的级别样式或选择其他级别样式，确定此字符的格式。
- 页码之间：在此文本框中，可以输入或选择一个特殊字符，以便将相邻页码或页面范围分隔开来。默认值是逗号加半角空格。
- 条目之间：如果选择“嵌套”选项，在此文本框中，可以输入或选择一个特殊字符，以决定单个条目下的两个交叉引用的分隔方式。如果选择了“接排”选项，此设置则决定条目和子条目的分隔方式。
- 交叉引用之前：在此文本框中，可以输入或选择一个在引用和交叉引用之间显示的特殊字符。默认值是句点加空格，通过切换或编辑相应的级别样式来决定此字符的格式。
- 页面范围：在此文本框中，可以输入或选择一个用来分隔页面范围中的第一个页码和最后一个页码的特殊字符。默认值是半角破折号，通过切换或编辑页码样式来决定此字符的格式。
- 条目末尾：在此文本框中，可以输入或选择一个在条目结尾处显示的特殊字符。如果选择了“接排”选项，则指定字符将显示在最后一个交叉引用的结尾。默认值是无字符。

10 排入索引文章。使用载入的文本光标将索引排入文本框中，然后设置页面和索引的格式。

> **提示**
>
> 多数情况下，索引需要开始于新的页面。另外，在出版前的索引调整过程中，这些步骤可能需要重复若干次。

11.6.2 管理索引

在设置索引并向文档中添加索引标志符之后，便可通过多种方式管理索引。可以查看书籍中的所有索引主题、从“主题”列表中移去“引用”列表中未使用的主题、在“引用”列表或“主题”列表中查找条目以及从文档中删除索引标志符等。

1. 查看书籍中的所有索引主题

打开书籍文件及“书籍”面板中包含的所有文档，然后在“索引”面板中选择“书籍”模式，即可显示整本书中的条目。

2. 移去未使用的主题

创建索引后，通过单击“索引”面板右上角的“面板”按钮，在弹出的菜单中选择“移去未使用的主题”命令，可以移去索引中未包含的主题。

3. 查找条目

单击“索引”面板右上角的“面板”按钮

，在弹出的菜单中选择“显示查找栏”命令，然后在“查找”文本框中，输入要查找的条目名称，然后单击向下箭头↓或向上箭头↑键开始查找。

4. 删除索引标志符

在“索引”面板中，选择要删除的条目或主题，然后单击“删除选定条目”按钮，即可将选定的条目或主题删除。

提示

如果选定的条目是多个子标题的上级标题，则会删除所有子标题。另外，在文档中，选择索引标志符，按【Backspace】键或【Delete】键也可以将选定的索引标志符删除。

5. 定位索引标志符

要定位索引标志符，可按照下面的步骤操作。

01 执行“文字”|“显示隐含的字符”命令，使文档中显示索引标志符。

02 在“索引” 面板中，选择“引用”模式，然后选择要定位的条目。

03 单击“索引”面板右上角的“面板”按钮，在弹出的菜单中选择“转到选定标志符”命令，此时插入点将显示在索引标志符的右侧。

11.7 设计实战

11.7.1 画册主页设计与应用

在本例中，将为画册设计主页及页码内容，其操作步骤如下。

01 打开随书所附光盘中的文件“第11章\画册主页设计与应用\素材.indd”素材，在“页面”面板中双击“A-文档主页”以进入主页编辑状态，如图11.39所示。

图11.39　素材文档中的主页

02 选择“矩形工具”，设置其描边色为无，在“颜色”面板中设置其填充色，如图11.40所示，然后在左侧页面的顶部绘制一个矩形条，如图11.41所示。

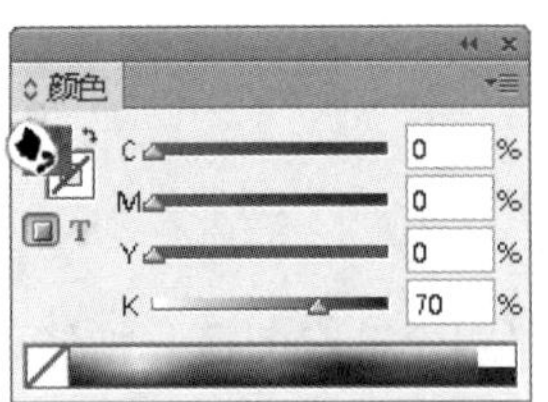
图11.40　设置填充色

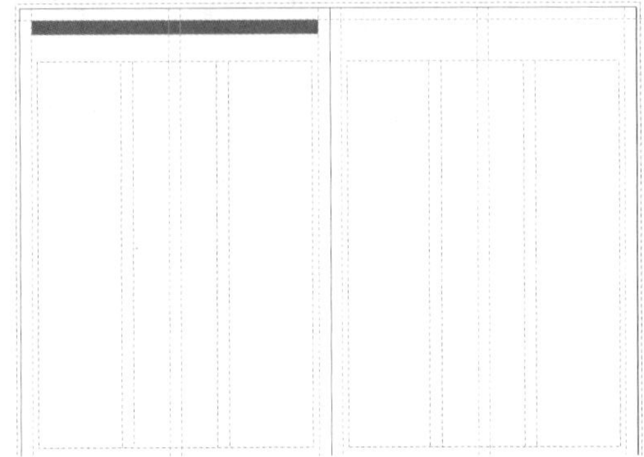
图11.41　绘制灰色矩形

03 使用“文字工具” 在灰色矩形内部拖动以绘制一个文本框，并输入“点智互联”，设置文字的填充色为白色，描边色为无，然后在“字符”面板中设置其属性，如图11.42所示，得到图11.43所示的效果。

图11.42　“字符”面板

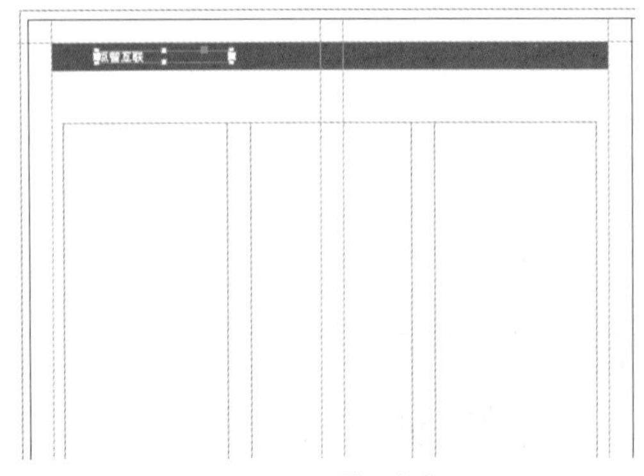
图11.43　输入文字

04 在上一步输入的文本左侧再绘制一个文本框，同样设置其为白色，按【Ctrl+Alt+Shift+N】快捷组合键插入页码标志符，并在“字符”面板中设置其属性，如图11.44所示，得到图11.45所示的效果。

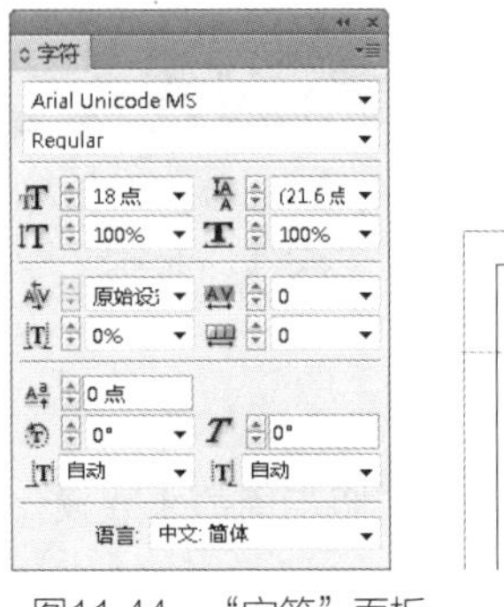
图11.44　“字符”面板　　图11.45　输入并设置页码标志符

05 使用“选择工具” 选中当前的所有对象，按住【Alt+Shift】快捷键，向右侧拖动至右侧页面中，如图11.46所示。

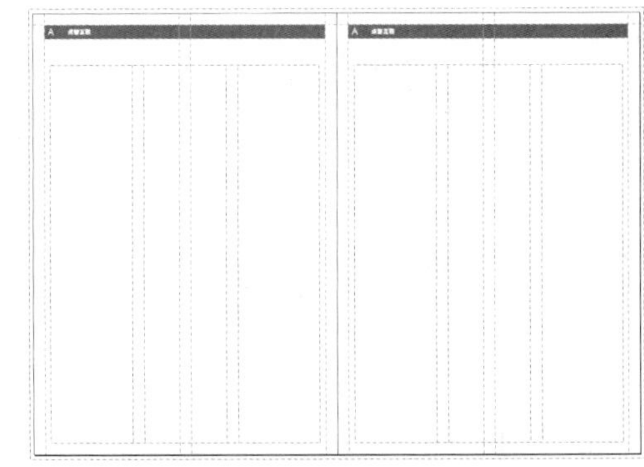
图11.46　复制主页元素至右侧

06 使用“选择工具” ，将包含页码标识符的文本框移至灰色矩形的右侧，得到图11.47所示的效果。

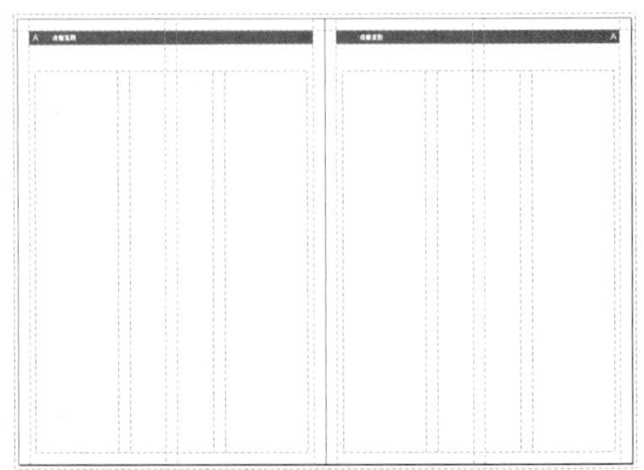
图11.47　移动页码标志符

07 将包含“点智互联”的文本框移至页码文本框的左侧，并修改其中的内容为“www.dzwh.com.cn”，得到图11.48所示的效果。

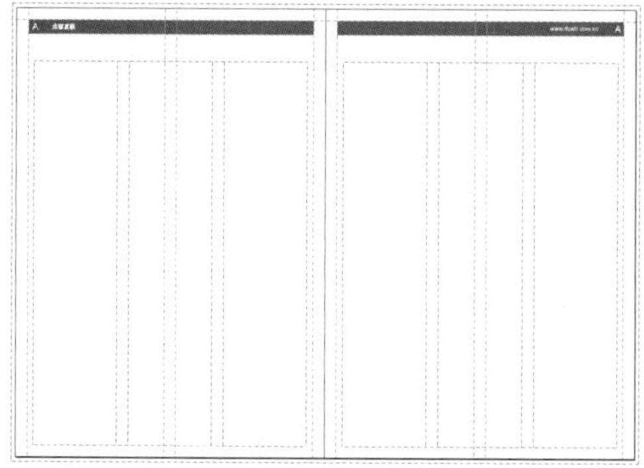

图11.48　修改文字后的效果

08 至此，我们已经完成了主页的设置。默认情况下，新创建的页面均应用了该主页。图11.49所示是设计内容页面后的部分效果。

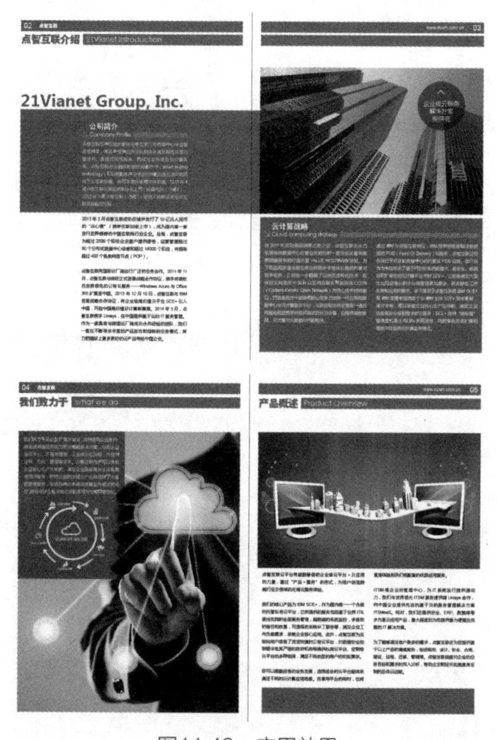

图11.49　应用效果

11.7.2　生成图书目录

在本例中，将利用InDesign中的生成目录功能，来制作一本图书（截选）的目录，其操作步骤如下。

01 打开随书所附光盘中的文件“第11章\生成目录\素材.indd”素材。该InDesign文档中已经包含了图书的3个章节，且已经为各级标题应用好了相应的样式。

02 选择“版面”|“目录”命令，在弹出的对话框中，从右侧的段落样式列表中，选中要添加的一级标题，如图11.50所示。

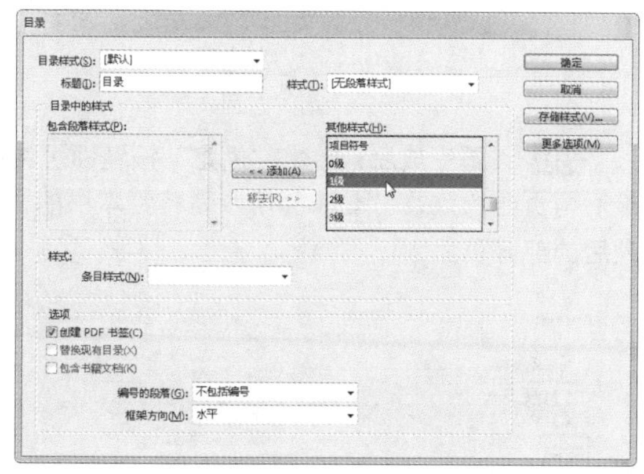

图11.50　选择要添加的样式

03 双击“1级”样式以将其添加到左侧的列表中，如图11.51所示。

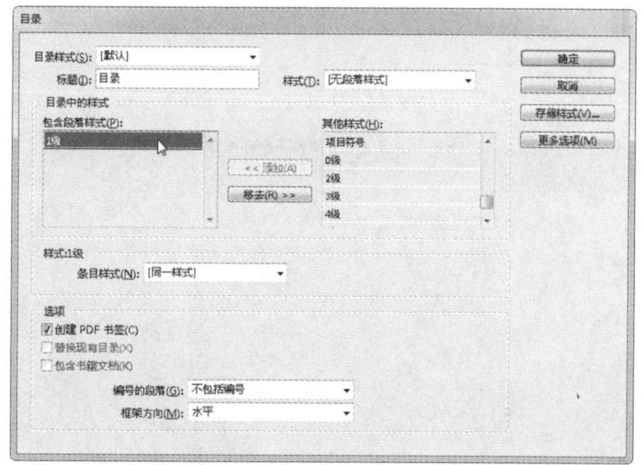

图11.51　添加样式后的状态

04 在下面的“条目样式”下拉列表中选择“目录 章”样式，如图11.52所示。

05 按照第2~4步的方法，再添加“2级”和“3级”段落样式至左侧的列表中，并分别指定其“条目样式”为“目录　节”和“目录　小节”，如图11.53所示。

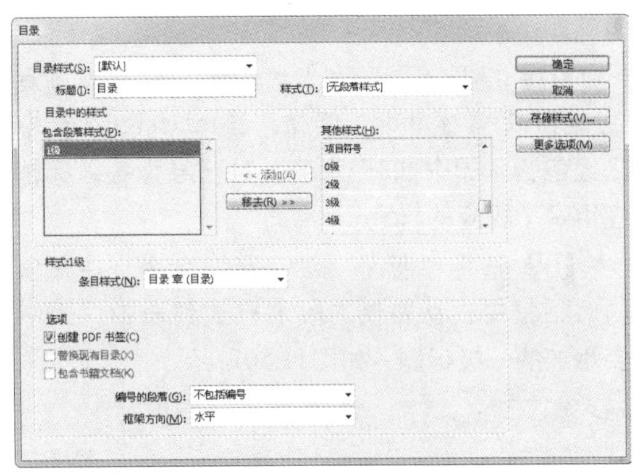

图11.52　指定“条目样式”

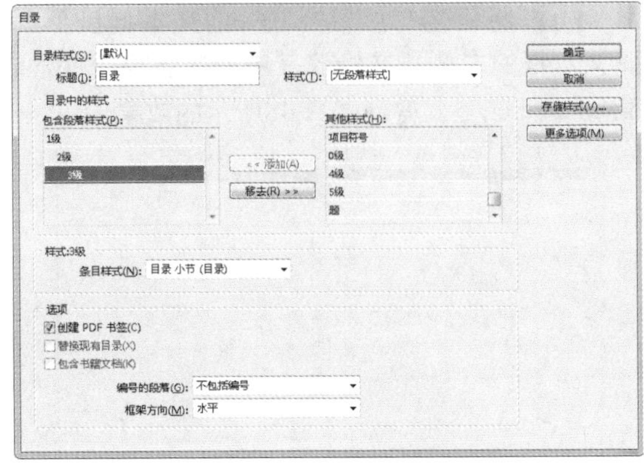

图11.53　添加其他样式后的状态

06 设置完成后，单击“确定”按钮即可生成当前文档中的目录，图11.54所示是将其置于文档最后两页时的效果。图11.55所示是将整本书的目录文本复制到单独的文件中并进行设计与格式化处理后的部分页面。

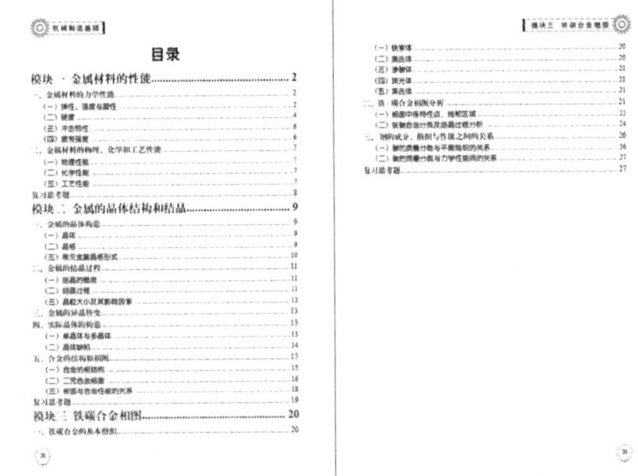

图11.54　生成得到的目录

图11.55　设计好的部分目录页面

第12章 印前与输出

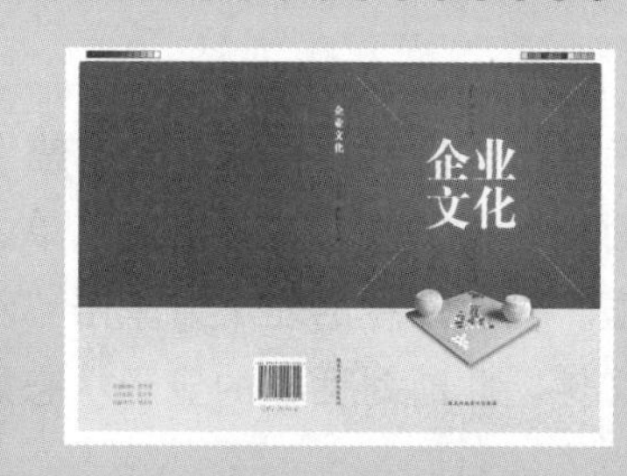

12.1 输出前必要的检查

InDesign文档通常是转换为PDF文件进行印刷，因此在输出之前，有必要对文档内容进行仔细、详尽的检查，以避免在印刷时出现错误。下面就来讲解一下其相关知识。

12.1.1 了解“印前检查”面板

在InDesign中，使用“印前检查”面板可以显示、查找并定义错误的显示范围，用户可以选择“窗口”|“输出”|“印前检查”命令，或双击文档窗口（左）底部的“印前检查”图标 无错误 ，弹出的“印前检查”面板如图12.1所示。

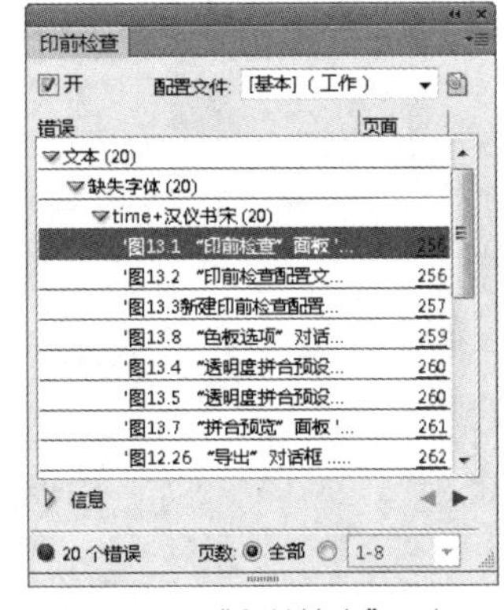

图12.1 “印前检查”面板

12.1.2 定义与编辑印前检查配置

默认情况下，在“印前检查”面板中采用默认的“[基本]（工作）”配置文件，它可以检查出文档中缺失的链接、修改的链接、溢流文本和缺失的字体等问题。

在检测的过程中，如果没有检测到错误，“印前检查”图标显示为绿色图标；如果检测到错误，则会显示为红色图标。此时在“印前检查”面板中，可以展开问题，并跳转至相应的页面以解决问题。

1. 定义印前检查配置

通常情况下，使用默认的印前检查配置文件，已经可能满足日常的工作需求，若有需要，也可以自定义配置文件。单击“印前检查”面板右上角的“面板”按钮，在弹出的菜单中选择“定义配置文件”命令，打开“印前检查配置文件”对话框。在对话框的左下方单击“新建印前检查配置文件”图标并输入名称，即可得到新的配置文件，此时对话框的显示状态如图12.2所示。

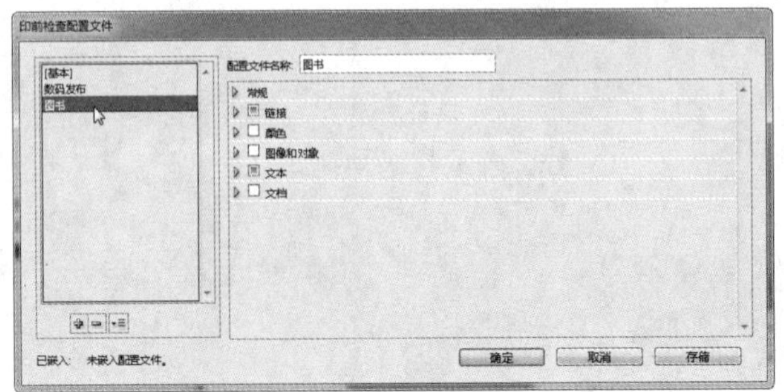

图12.2 新建印前检查配置文件

在“印前检查配置文件”对话框中各选项的含义解释如下。

- 配置文件名称：在此文本框中可以输入配置文件的名称。
- 链接：此选项组用于确定缺失的链接和修改的链接是否显示为错误。
- 颜色：此选项组用于确定需要何种透明混合空间，以及是否允许使用CMYK印版、色彩空间、叠印等项。
- 图像和对象：此选项组用于指定图像分辨率、透明度、描边宽度等项要求。
- 文本：此选项组用于显示缺失字体、溢流文本等项错误。
- 文档：此选项组用于指定对页面大小和方向、页数、空白页面以及出血和辅助信息区设置的要求。

设置完成后，单击“存储”按钮以保留对一个配置文件的更改，然后再处理另一个配置文件。或直接单击“确定”按钮，关闭对话框并存储所有更改。

2. 嵌入配置文件

默认情况下，印前检查配置文件是保存在本地电脑中，若希望配置文件在其他电脑上也可用，则可以将其嵌入到文档中，从而在保存文件里，将其嵌入到当前文档中。

要嵌入一个配置文件，可以选择下面方法之一。

- 在“印前检查”面板中的“配置文件”下拉列表中选择要嵌入的配置文件，然后单击“配置文件”列表右侧的“嵌入”图标。
- 在“印前检查配置文件”对话框左侧的列表中选择要嵌入的配置文件，再单击对话框下方的“印前检查配置文件菜单”图标，然后在弹出的快捷菜单中选择“嵌入配置文件”命令。

提示

只能嵌入一个配置文件，无法嵌入“[基本]（工作）”配置文件。

3. 取消嵌入配置文件

要取消嵌入配置文件，可以在“印前检查配置文件”对话框左侧的列表中选择要取消嵌入的配置文件，再单击对话框下方的“印前检查配置文件菜单”图标，然后在弹出的快捷菜单中选择“取消嵌入配置文件”命令。

4. 导出配置文件

对于设置好的配置文件，若希望以后或在其他电脑也使用，则可以将其导出为.idpp文件。用户可以在“印前检查配置文件”对话框左侧的列表中选择要导出的配置文件，再单击对话框下方的“印前检查配置文件菜单”图标，然后在弹出的快捷菜单中选择“导出配置文件”命令，在弹出的“将印前检查配置文件另存为”对话框中指定位置和名称，最后单击“保存”按钮即可。

5. 载入配置文件

要载入配置文件，可以在“印前检查配置文件”对话框左侧的列表中选择要载入的配置文件，单击对话框下方的“印前检查配置文件菜单”图标，然后在弹出的快捷菜单中选择“载入配置文件”命令，在弹出的“打开文件”对话框中选择包含要使用的嵌入配置文件的*.idpp文件或文档，最后单击“打开”按钮即可。

6. 删除配置文件

要删除配置文件，可以单击“印前检查”面板右上角的“面板”按钮，在弹出的菜单中选择“定义配置文件”命令，在弹出的“印前检查配置文件”对话框左侧的列表中选择要删除的配置文件，然后单击对话框下方的“删除印前检查配置文件”图标，最后在弹出的提示框中单击“确定”按钮即可。

12.1.3 检查颜色

对于要打印的文档，应该注意检查文档中颜色的使用：

- 确认“色板”面板中所用颜色均为CMYK

模式，颜色后面的图标显示为⊠图标。

- 对于彩色印刷且拥有大量文本的文档，如书籍或杂志中的正文、图注等，其文字应使用单色黑（C0、M0、Y0、K100），以避免在套版时发生错位，从而导致发生文字显示问题。虽然这种错位问题出现的几率很低，但还是应该做好预防工作。

12.1.4 检查透明混合空间

InDesign提供了RGB与CMYK两种透明混合空间，用户可以在“编辑”|“透明混合空间”子菜单中进行选择。如果所创建文档用于打印，可以选择CMYK透明混合空间；若文档用于 Web或电脑上查看，则可以选择RGB透明混合空间。

12.1.5 检查透明拼合

当文档从InDesign中进行输出时，如果存在透明度则需要进行透明度拼合处理。如果输出的PDF不想进行拼合，保留透明度，需要将文件保存为 Adobe PDF 1.4 (Acrobat 5.0) 或更高版本的格式。在InDesign中，对于打印、导出这些操作是较频繁的，为了让拼合过程自动化，可以执行菜单“编辑”|“透明度拼合预设”命令，在弹出的“透明度拼合预设”对话框中对透明度的拼合进行设置，并将拼合设置存储在“透明度拼合预设”对话框中，如图12.3所示。

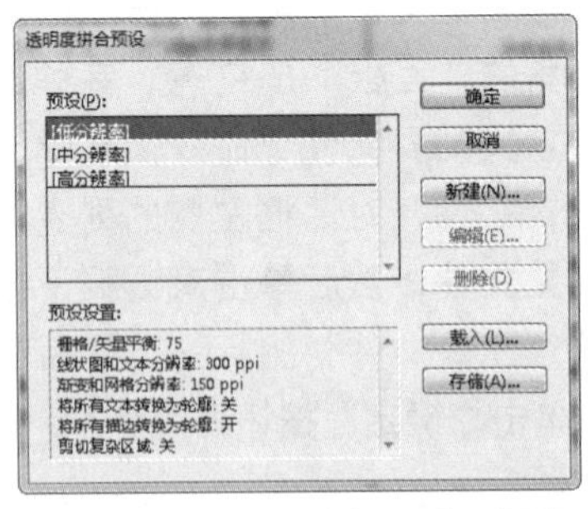

图12.3 “透明度拼合预设”对话框

参数解释如下：

- 低分辨率：文本分辨率较低，适用于在黑白桌面打印机打印的普通校样，也广泛应用于在Web上发布或导出为SVG的文档。
- 中分辨率：文本分辨率适中，适用于桌面校样及Adobe PostScript彩色打印机上打印文档。
- 高分辨率：文本分辨率较高，适用于文档的最终出版及高品质的校样。

单击“新建”按钮，在弹出的“透明度拼合预设选项”对话框中进行拼合设置，如图12.4所示。单击“确定”按钮以存储此拼合预设，或单击“取消”按钮以放弃此拼合预设。

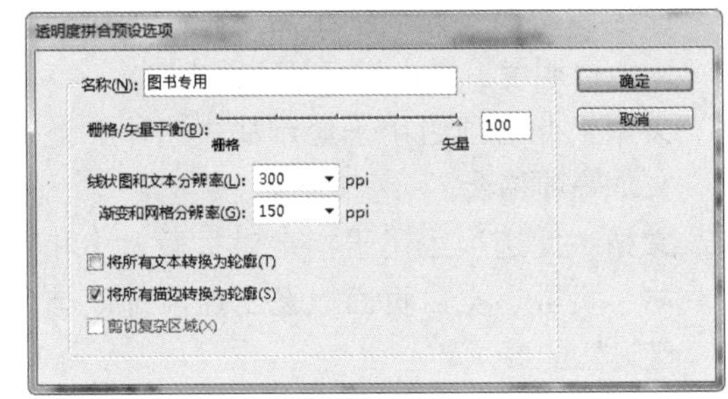

图12.4 “透明度拼合预设选项”对话框

对于现有的拼合预设，可以单击“编辑”按钮，在弹出的“透明度拼合预设选项”对话框中对它进行重新设置。

提示

对于默认的拼合预设，无法对其进行编辑。

单击“删除”按钮，可将拼合预设删除，但默认的拼合预设无法删除。

提示

在“透明度拼合预设”对话框中按住【Alt】键，使对话框中的“取消”按钮变为“重置”按钮，如图12.5所示。单击该按钮，可将现有的拼合预设删除，只剩下默认的拼合预设。

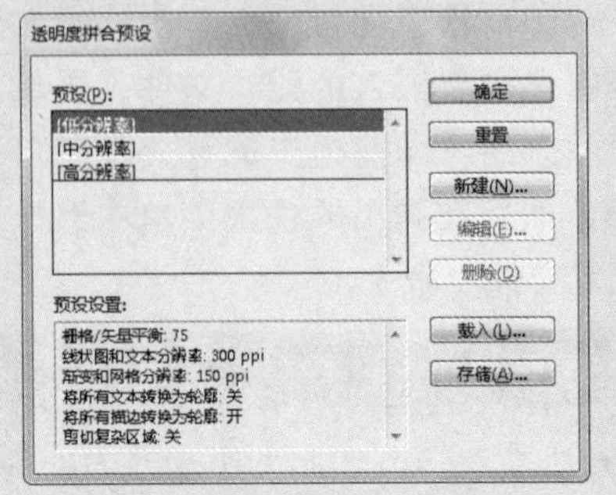

图12.5 重置透明度拼合预设

单击“载入”按钮，可将需要的拼合预设.flst文件载入。

选中一个预设，单击“存储”按钮，选择目标文件夹，可将此预设存储为单独的文件以方便下次的载入使用。

设置好透明拼合后，执行菜单“窗口”|“输出”|“拼合预览”命令，在弹出的“拼合预览”面板中对预览选项进行选择，如图12.6所示。

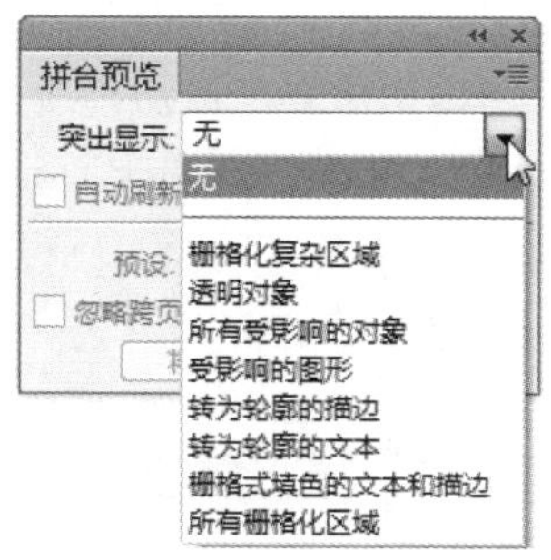

图12.6 “拼合预览”面板

“拼合预览”面板中各选项的含义解释如下。

- 无：此选项为默认设置，模式为停用预览。
- 栅格化复杂区域：选择此选项，对象的复杂区域由于性能原因不能高亮显示时，可以选择“栅格化复杂区域”选项进行栅格化处理。
- 透明对象：选择此选项，当对象应用了透明度时，可以应用此模式进行预览。

提示

应用了透明度的对象大部分是半透明（包括带有 Alpha 通道的图像）、含有不透明蒙版和含有混合模式等对象。

- 所有受影响的对象：选择此选项，突出显示应用于涉及透明度有影响的所有对象。
- 转为轮廓的描边：选择此选项，对于轮廓化描边或涉及透明度的描边的影响将会突出显示。
- 转为轮廓的文本：选择此选项，对于将文本轮廓化或涉及透明度的文本将会突出显示。
- 栅格式填色的文本和描边：选择此选项，对文本和描边进行栅格化填色。
- 所有栅格化区域：选择此选项，处理时间比其他选项的处理时间长。突出显示某些在 PostScript 中没有其他方式可让其表现出来或者要光栅化的对象。该选项还可显示涉及透明度的栅格图形与栅格效果。

12.1.6　检查出血

出血，是指为了避免裁剪边缘时出现偏差，导致边缘出现白边而设置的，通常设置为3mm即可。默认情况下，InDesign新建的文档已经带有3mm出血。为保险起见，在输出前，应检查一下文档设置。页面边缘的红色线即为出血线。

12.2　打包文档资源

通过本书前面的讲解不难看出，对于一个InDesign文档而言，常常会涉及到多项资源的综合运用，如中文字体、英文字体、矢量图形、位图图像等。如果要将文档发送到其他电脑，就需要其他电脑中也包含这些资源，才能够正常地显示和输出。但这些资源往往是位于电脑中不同的位置，若要逐一检查并整理，无疑是非常费力的一件事情，此时就可以使用InDesign提供的打包功能。

通过对文件进行打包，可创建包含 InDesign 文档（或书籍文件中的文档）、任何必要的字体、链接的图形、文本文件和自定报告的文件夹。此报告（存储的文本文件）包括“打印说明”对话框中的信息，打印文档需要的所有使用的字体、链接和油墨的列表，以及打印设置。

12.2.1　文档打包设置

在前面讲解了使用“印前检查”面板对印前的文档进行预检，使用“打包”命令同样也可以执行最新的印前检查。在“打包”对话框中会指明所有检测出问题的区域。执行“文件”|“打包”命令，弹出的“打包”对话框如图12.7所示。

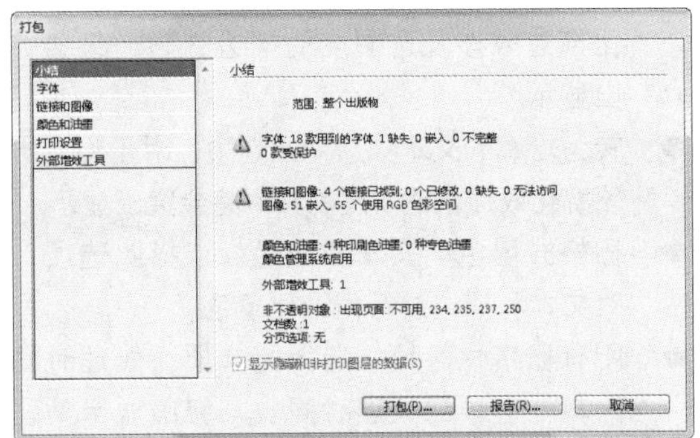

图12.7　“打包”对话框

提示

单击“书籍”面板右上角的“面板”按钮，在弹出的菜单中选择“打包‘书籍’以供打印”或“打包‘已选中的文档’以供打印”命令，具体取决于在“书籍”面板中选择的是全部文档、部分文档，还是未选择任何文档。

下面将对各选项组中的设置进行详细讲解。

1. 小结

在“小结”选项窗口中，可以了解关于打印文件中字体、链接和图像、颜色和油墨、打印设置以及外部增效工具的简明信息。

如果出版物在某个方面出现了问题，在“小结”选项窗口中对应的区域前方会显示警告图标，此时需要单击“取消”按钮，然后使用“印前检查”面板解决有问题的区域。直至对文档满意为止，然后再次开始打包。

提示

当出现警告图标时，也可以直接在“打包”对话框左侧选择相应的选项，然后在显示出的窗口中进行更改，在下面会做详细的讲解。

2. 字体

在“打包”对话框左侧选择“字体”选项组，将显示相应的窗口，如图12.8所示。在此窗口中列出了当前出版物中应用的所有字体的名称、文字、状态以及是否受保护。

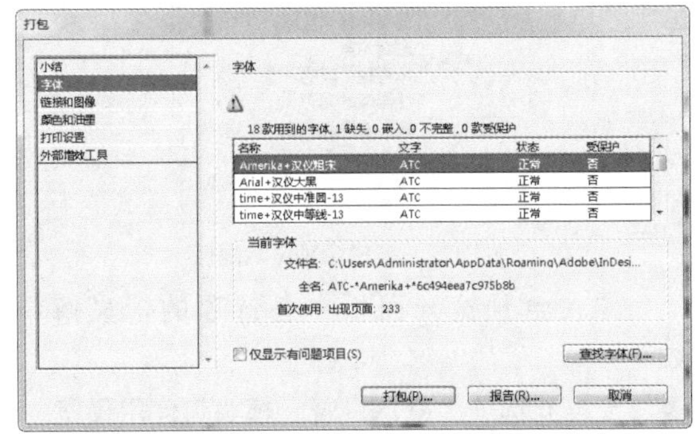

图12.8　“字体”选项组窗口

在“字体”选项窗口中如果选中“仅显示有问题项目”复选项，在列表中将只显示有问题的字体，如图12.9所示。如果要对有问题的字体进行替换，可以单击对话框右下方的“查找字体”按钮，在弹出的“查找字体”对话框中进行替换。其中在对话框左侧的列表框中显示了文档中所有的字体，在存在问题的字体右侧有图标出现。然后选中有问题的字体，在下方的“替换为”区域中设置要替换的目标字体，如图12.10所示。

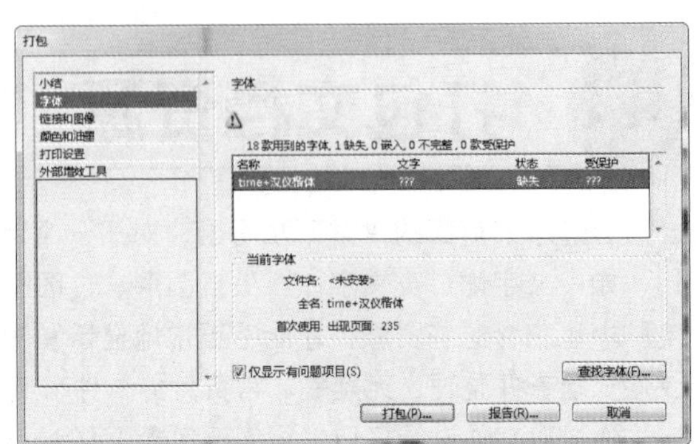

图12.9　仅显示有问题项目

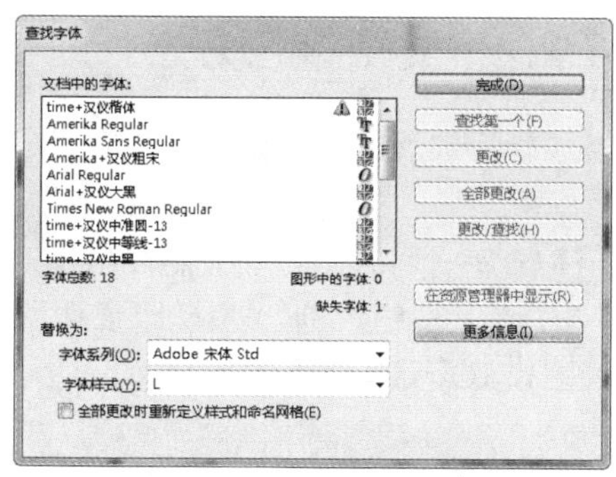

图12.10 “查找字体”对话框

在“查找字体”对话框中右侧按钮的含义解释如下。

- 查找第一个：单击此按钮，将查找所选字体在文档中第一次出现的页面。
- 更改：单击此按钮，可以对查找到的字体进行替换。
- 全部更改：单击此按钮，可以将文档中所有当前所选择的字体替代为“替换为”下拉列表中所选中的字体。
- 更改/查找：单击此按钮，可以将文档中第一次查找到的字体替换，再继续查找所指定的字体，直到文档最后。
- 更多信息：单击此按钮，可以显示所选中字体的名称、样式、类型以及在文档中使用此字体的字数和所在页面等。

3. 链接和图像

在“打包”对话框左侧选择“链接和图像”选项组，将显示相应的窗口，如图12.11所示。此窗口中列出了文档中使用的所有链接、嵌入图像和置入的 InDesign 文件。预检程序将显示缺失或已过时的链接和任何 RGB 图（这些图像可能不会正确地分色，除非启用颜色管理并正确设置）。

> **提示**
>
> “链接和图像”窗口中无法检测置入的EPS、Adobe Illustrator、Adobe PDF、FreeHand文件中和置入的*.INDD 文件中嵌入的 RGB图像。要想获得最佳效果，必须使用“印前检查”面板验证置入图形的颜色数据，或在这些图形的原始应用程序中进行验证。

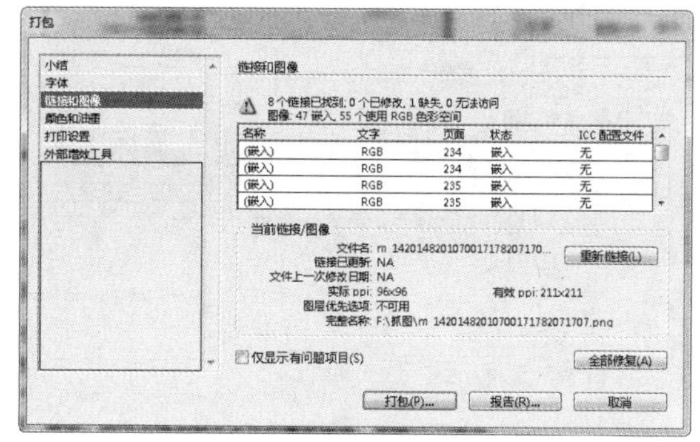

图12.11 “链接和图像”选项组窗口

在“链接和图像”选项窗口中，选中“仅显示有问题项目”复选项，可以将有问题的图像显示出来。要修复链接，执行以下操作之一即可：

- 当选中缺失的图像时，单击“重新链接”按钮，如图12.12所示。然后在弹出的“定位”对话框中找到正确的图像文件，单击“打开”按钮，即可完成对缺失文件的重新链接。

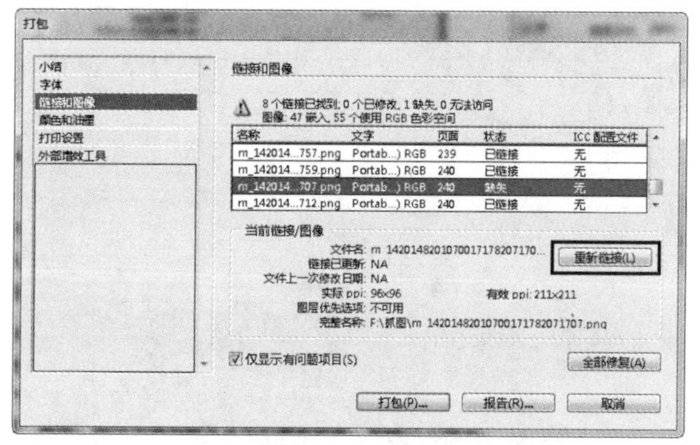

图12.12 选中缺失的图像

- 选择有问题的图像，单击“全部修复”按钮。在弹出的“定位”对话框中找到正确的图像文件，单击“打开”按钮退出即可。

4. 颜色和油墨

在“打包”对话框左侧选择“颜色和油墨”选项组，将显示相应的窗口，如图12.13所示。此窗口中列出了文档中所用到的颜色的名称和类型、角度以及行/英寸等信息，还显示了所使用的印刷色油墨以及专色油墨的数量，以及是否启用颜色管理系统。

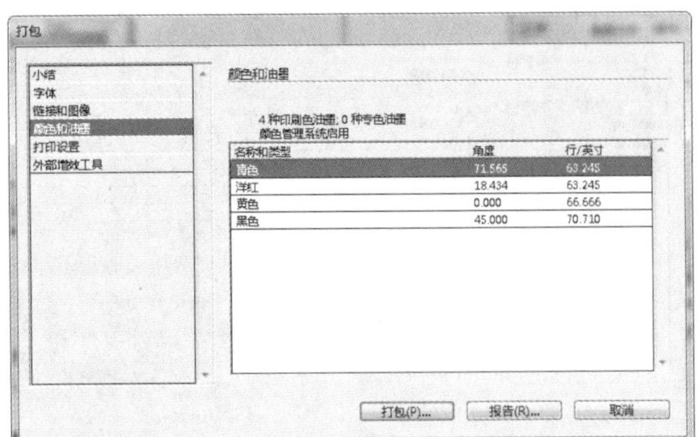

图12.13 “颜色和油墨”选项组窗口

5. 打印设置

在“打包”对话框左侧选择“打印设置”选项组，将显示相应的窗口，如图12.14所示。此窗口中列出了与文档有关的打印设置的全部内容，如打印驱动程序、份数、页面、缩放、页面位置以及出血等信息。

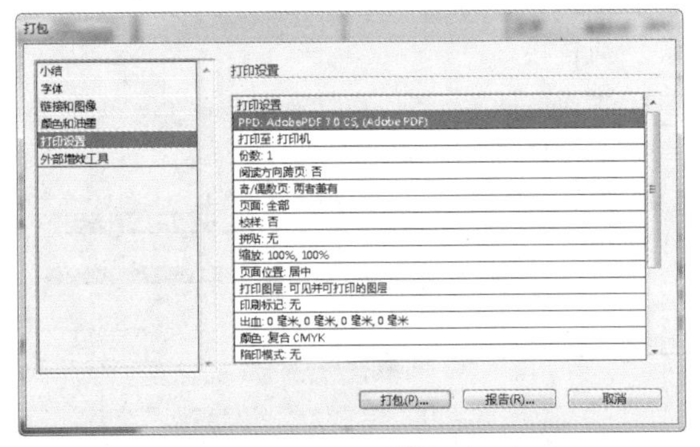

图12.14 “打印设置”组选项窗口

6. 外部增效工具

在“打包”对话框左侧选择“外部增效工具”选项组，将显示相应的窗口，如图12.15所示。此窗口中列出了与当前文档有关的外部插件的全部信息。

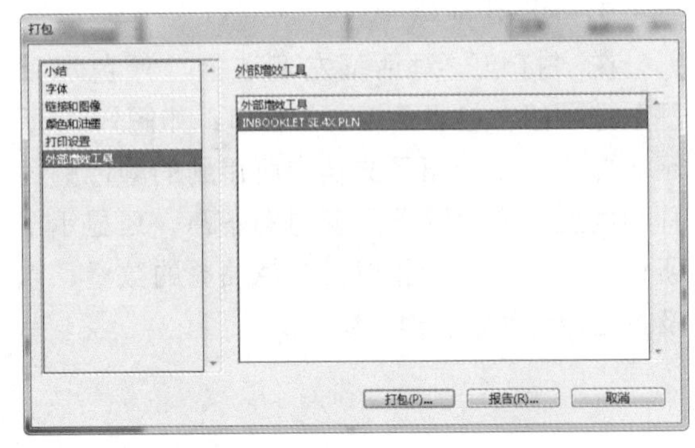

图12.15 “外部增效工具”选项组窗口

12.2.2 文档打包方法

当预检完成后，可按以下的步骤完成打包操作。

01 单击“打包”按钮，将弹出提示框，单击“存储”按钮，弹出“打印说明”对话框，如图12.16所示。

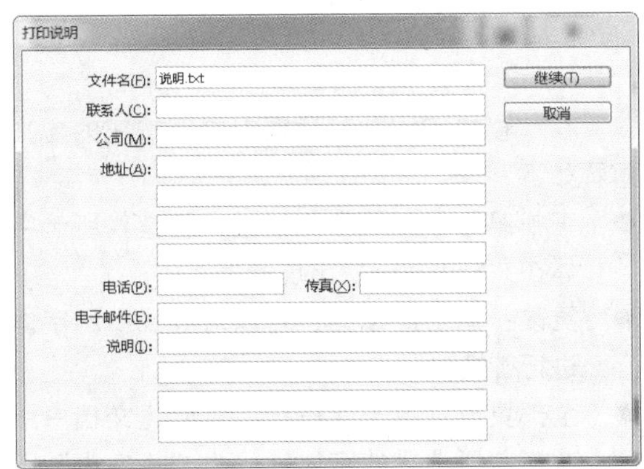

图12.16 “打印说明”对话框

02 填写打印说明，输入的文件名是附带所有其他打包文件的报告的名称。

03 单击“继续”按钮，弹出“打包出版物”对话框，如图12.17所示。然后指定存储所有打包文件的位置。

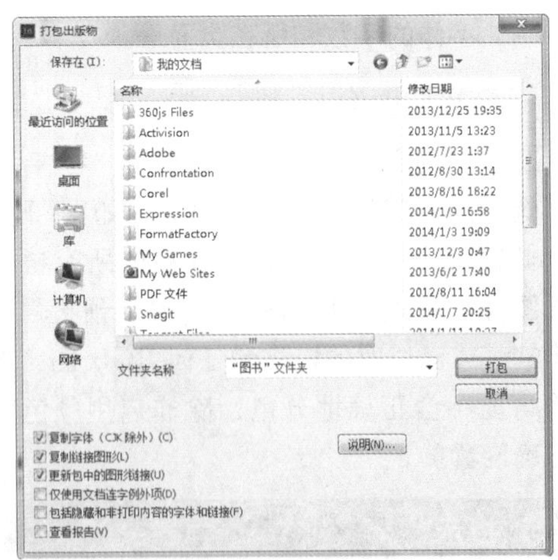

图12.17 “打包出版物”对话框

在“打包出版物”对话框中，各选项的含义解释如下。

- 保存在：在此下拉列表中可以为所打包的文件指定位置。
- 文件夹名称：在此下拉列表中可以输入新

文件夹的名称。

- 复制字体：选择此复选项，可以复制文档中所有必需的字体文件，而不是整个字体系列。
- 复制链接图形：选择此复选项，可以将链接的图形文件复制到文件夹中。
- 更新包中的图形链接：选择此复选项，可以将图形链接更改到打包文件夹中。
- 仅使用文档连字例外项：选择此复选项，InDesign 将标记此文档，这样当其他用户在具有其他连字和词典设置的计算机上打开或编辑此文档时，不会发生重排。
- 包括隐藏和非打印内容的字体和链接：选择此复选项，可以打包位于隐藏图层、隐藏条件和“打印图层”选项已关闭的图层上的对象。
- 查看报告：选择此复选项，在打包后可以立即在文本编辑器中打开打印说明报告。
- “说明”按钮：单击此按钮，可以继续编辑打印说明。

04 单击“打包” 按钮，弹出“警告”对话框，单击“确定”按钮，弹出“打包文档”进度显示框，直至打包完成。

12.3 导出PDF

PDF（Portable Document Format）文件格式是Adobe公司开发的电子文件格式。这种文件格式与操作系统平台无关。也就是说，PDF文件不管是在Windows、Unix还是Mac OS操作系统中都是通用的。这一特点使它成为在Internet上进行电子文档发行和数字化信息传播的理想文档格式。目前，使用PDF进行打印输出，也是极为常见的一种方式。

PDF文件格式具有以下特点。

- 是对文字、图像数据都兼容的文件格式，可直接传送到打印机、激光照排机。
- 是独立于各种平台和应用程序的高兼容性文件格式。PDF文件可以使用各种平台之间通用的二进制或ASCII编码，实现真正的跨平台作业，也可以传送到任何平台上。
- 是文字、图像的压缩文件格式。文件的存储空间小，经过压缩的PDF文件容量可达到原文件量的1/3左右，而且不会造成图像、文字信息的丢失，适合网络快速传输。
- 具有字体内周期、字体替代和字体格式的调整功能。PDF文件浏览不受操作系统、网络环境、应用程序版本、字体的限制。
- PDF文件中，每个页面都是独立的，其中任何一页有损坏或错误，不会导致其他页面无法解释，只需要重新生成新的一页即可。

要将文档导出为PDF文件，可以选择“文件”|“导出”命令，在弹出的“导出”对话框中选择“Adobe PDF（打印）”保存格式。单击“保存”按钮，弹出“导出 Adobe PDF”对话框，如图12.18所示。

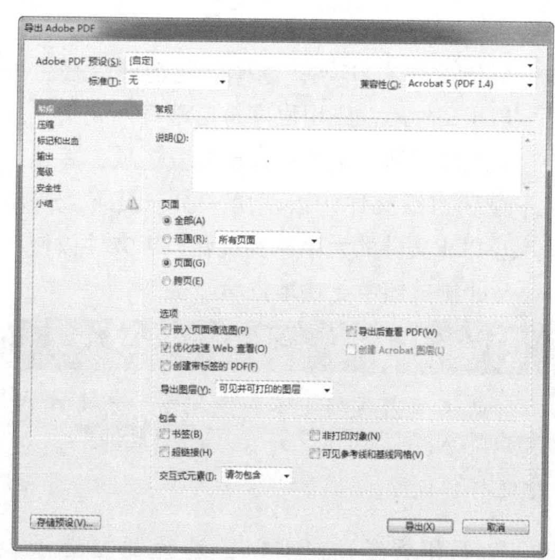

图12.18 “导出 Adobe PDF”对话框

提示

“Adobe PDF（交互）”格式可用于交互与动态演示。

在“导出 Adobe PDF”对话框中重要选项的含义解释如下。

- Adobe PDF预设：在此下拉列表中可以选择已创建好的 PDF 处理的设置。
- 标准：在此下拉列表中可以选择文件的 PDF/X 格式。
- 兼容性 ：在此下拉列表中可以选择文件的 PDF 版本。

1. 常规

在左侧选择“常规”选项，可设置用于控制生成PDF文档的InDesign文档的页码范围，导出后PDF文档页面所包含的元素，以及PDF文档页面的优化选项。

- 全部：选择此复选项，将导出当前文档或书籍中的所有页面。
- 范围：选择此复选项，可以在文本框中指定当前文档中要导出页面的范围。
- 跨页：选择此复选项，可以集中导出页面，如同将其打印在单张纸上。

提示

不能选择“跨页”用于商业打印，否则服务提供商将无法使用这些页面。

- 导出后查看PDF ：选择此复选项，在生成PDF文件后，应用程序将自动打开此文件。
- 优化快速Web查看：选择此复选项，将通过重新组织文件，以使用一次一页下载来减小PDF文件的大小，并优化PDF文件以便在Web浏览器中更快地查看。

提示

此选项将压缩文本和线状图，不考虑在“导出 Adobe PDF”对话框的“压缩”类别中选择的设置。

- 创建带标签的 PDF ：选择此复选项，在导出的过程中，基于 InDesign 支持的 Acrobat 标签的子集自动为文章中的元素添加标签。
- 书签：选择此复选项，可以创建目录条目的书签，保留目录级别。

提示

如果“兼容性”设置为 Acrobat 6 (PDF 1.5) 或更高版本，则会压缩标签以获得较小的文件大小。如果在 Acrobat 4.0 或Acrobat 5.0 中打开该 PDF，将不会显示标签，因为这些版本的 Acrobat 不能解压缩标签。

2. 压缩

在左侧选择“压缩”选项，可设置用于控制文档中的图像在导出时是否要进行压缩和缩减像素采样。其选项设置窗口如图12.19所示。

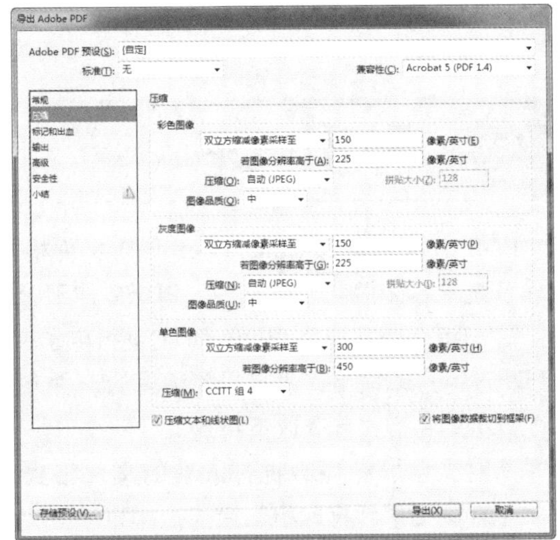

图12.19 “压缩”选项

- 平均缩减像素采样至：选择此选项，将计算样本区域中的像素平均数，并使用指定分辨率的平均像素颜色替换整个区域。
- 次像素采样至：选择此选项，将选择样本区域中心的像素，并使用此像素颜色替换整个区域。
- 双立方缩减像素采样至：选择此选项，将使用加权平均数确定像素颜色，这种方法产生的效果通常比缩减像素采样的简单平均方法产生的效果更好。

提示

双立方缩减像素采样是速度最慢但最精确的方法，可产生最平滑的色调渐变。

- 自动（JPEG）：选择此选项，将自动确定彩色和灰度图像的最佳品质。对于多数文件，此选项会生成满意的结果。

- 图像品质：此下拉列表中的选项用于控制应用的压缩量。
- CCITT组4：此选项用于单色位图图像，对于多数单色图像可以生成较好的压缩。
- 压缩文本和线状图：选中此复选项，将纯平压缩（类似于图像的 ZIP 压缩）应用到文档中的所有文本和线状图，而不损失细节或品质。
- 将图像数据裁切到框架：选中此复选项，仅导出位于框架可视区域内的图像数据，可能会缩小文件的大小。如果后续处理器需要其他信息（例如，对图像进行重新定位或出血），不要选中此复选项。

3. 标记和出血

在左侧选择“标记和出血”选项，可用于控制导出的PDF文档页面中的打印标记、色样、页面信息、出血标志与版面之间的距离。

4. 输出

在左侧选择“输出”选项，可用于设置颜色转换。描述最终RGB或CMYK颜色的输出设备，以及显示要包含的配置文件。

5. 高级

在左侧选择“高级”选项，可用于控制字体、OPI 规范、透明度拼合和 JDF 说明在 PDF 文件中的存储方式。

6. 安全性

在左侧选择“安全性”选项，可用于设置PDF的安全性。比如是否可以复制PDF中的内容、打印文档或其他操作。

7. 小结

在左侧选择“小结”选项，可用于将当前所做的设置用列表的方式提供查看，并指出在当前设置下出现的问题，以便进行修改。

在“导出 Adobe PDF”对话框中设置好相关的参数，单击“导出”按钮。

> **提示**
>
> 在导出的过程中，要想查看该过程，可以执行“窗口”|“实用程序”|“后台任务”命令，在弹出的“后台任务”面板中观看。

12.4 打印

在要求不高的打印需求中，如校样稿、预览稿等，可以直接使用InDesign进行打印输出（如果是大型的印刷输出，无论是黑白或彩色印刷，都推荐导出为PDF后，再交付印厂进行印刷）。下面就来讲解其相关知识。

按【Ctrl+P】快捷键或选择“文件”|“打印”命令，将弹出图12.20所示的“打印”对话框。

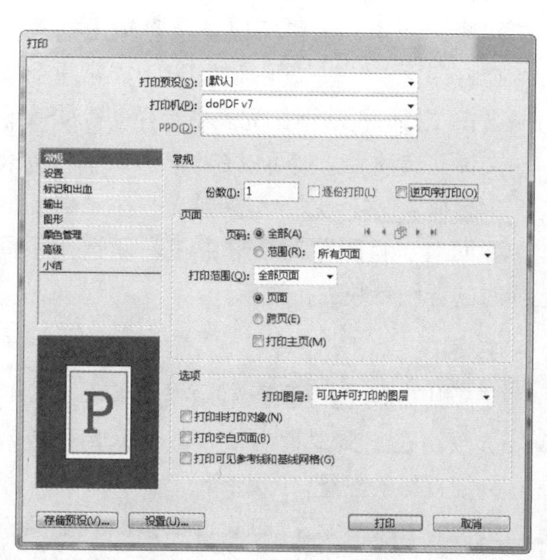

图12.20　“打印”对话框

- 打印预设：在此下拉列表中，可以选择默认的或过往存储的预设，从而快速应用打印参数。用户也可以选择“文件”|“打印预设”|“定义”命令，弹出“打印预设”对话框，如图12.21所示。单击“新建”按钮。在弹出的“新建打印预设”对话框中输入新名称和使用默认名称，修改打印设置，然后单击“确定”按钮以返回到“打印预设”对话框。然后再次单击“确定”按钮退出对话框即可。

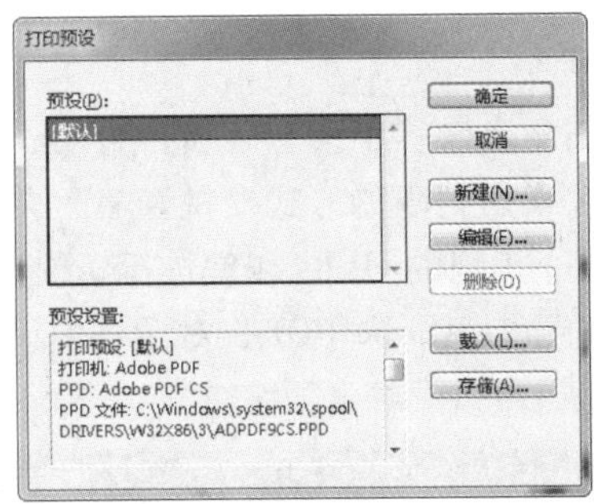

图12.21 “打印预设”对话框

- 打印机：如果安装了多台打印机，可以从“打印机”下拉列表中选择要使用的打印机设备。可以选择PostScript或其他打印机。
- PPD：PPD文件，即PostScript Printer Description 文件的缩写，可用于自定指定的PostScript 打印机驱动程序的行为。这个文件包含有关输出设备的信息，其中包括打印机驻留字体、可用介质大小及方向、优化的网频、网角、分辨率以及色彩输出功能。在打印之前，设置正确的 PPD 非常重要。当在“打印机”下拉列表中选择“PostScript 文件”选项后，就可以在“PPD”下拉列表中选择“设备无关”等选项。

下面对“打印”对话框中在左侧选择不同选项时的详细参数进行讲解。

1. 常规

“常规”选项组中重要选项的含义解释如下。

- 份数：在此文本框中输入数值，用于控制文档打印的数量。
- 页码：用于设置打印的页码范围。如果选中“范围”单选项，可以在其右侧的文本框中使用边字符分隔连续的页码，比如1—20，表示打印第1页到20页的内容；也可以使用逗号或空格分隔多个页码范围，比如1，5，20，表示只打印第1、5和20页的内容；如果输入-10，表示打印第10页及其前面的页面；如果输入10-，则表示打印第10页及其后面的页面。
- 打印范围：在此可以选择是打印全部页面、仅打印偶数页或奇数页等参数；若选中下面的“打印主页”选项，则只打印文档中的主页。

2. 设置

选择“设置”选项后将显示图12.22所示的参数。

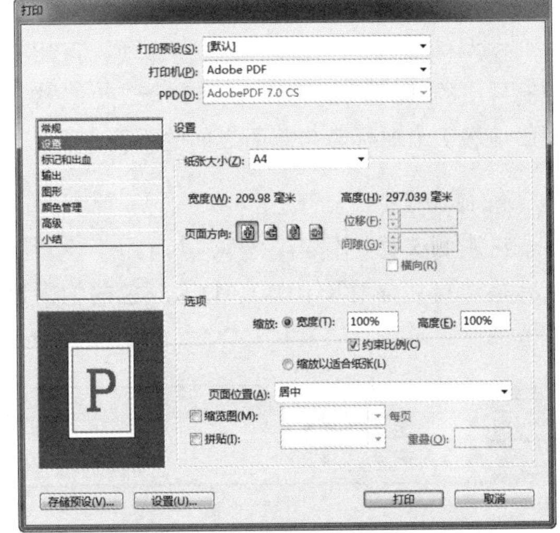

图12.22 “设置”选项

在“设置”选项中重要选项的含义解释如下。

- 纸张大小：在此下拉列表中可以选择预设的尺寸，或自定义尺寸来控制打印页面的尺寸。
- 页面方向：可以通过单击纵向图标、横向图标、反纵向图标以及反横向图标来控制页面打印的方向。
- 缩放：当页面尺寸大于打印纸张的尺寸时，可以在“宽度”和“高度”文本框中输入数值，以缩小文档适合打印纸张。“缩放以适合纸张”单选项是在不能确保缩放比例时使用的。

- 页面位置：在此下拉列表中选择某一选项，用于控制文档在当前打印纸上的位置。

3. 标记和出血

选择“标记和出血”选项后，将显示图12.23所示的对话框。

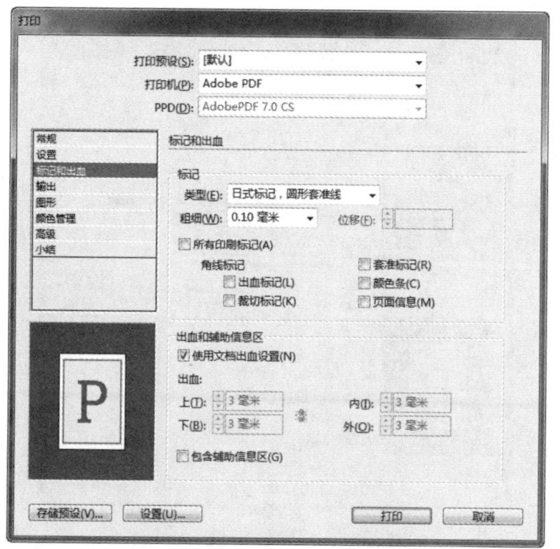

图12.23 “标记和出血”选项

在“标记和出血”选项中重要选项的含义解释如下。

- 类型：在此下拉列表中可以选择显示裁切标记的显示类型。
- 粗细：在此下拉列表中选择或输入数值以控制标记线的粗细。
- 所有印刷标记：选中此复选项，以便选择下方的所有角线标记。图12.24所示是展示了一些相关的标记说明。

图12.24 标记说明

4. 输出

选择“输出”选项组后，将显示图12.25所示的参数。

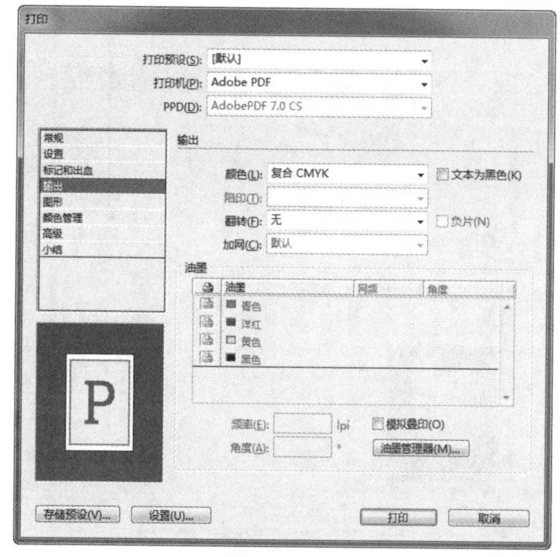

图12.25 “输出”选项

在“输出”选项中重要选项的含义解释如下。

- 颜色：在此下拉列表中可以选择文件中使用的色彩输出到打印机的方式。
- 陷印：在此下拉列表中可以选择补漏白的方式。
- 翻转：在此下拉列表中可以选择文档所需要的打印方向。
- 加网：在此下拉列表中可以选择文档的网线数及解析度。
- 油墨：在此区域中可以控制文档中的颜色油墨，以将选中的颜色转换为打印所使用的油墨。
- 频率：在此文本框中输入数值用于控制油墨半色调网点的网线数。
- 角度：在此文本框中输入数值用于控制油墨半色调网点的旋转角度。
- 模拟叠印：选择此复选项，可以模拟叠印的效果。
- 油墨管理器：单击该按钮，将弹出“油墨管理器”对话框，在此对话框框中可以进行油墨的管理。

5. 图形

选择“图形”选项组后，将显示图12.26所示的参数。

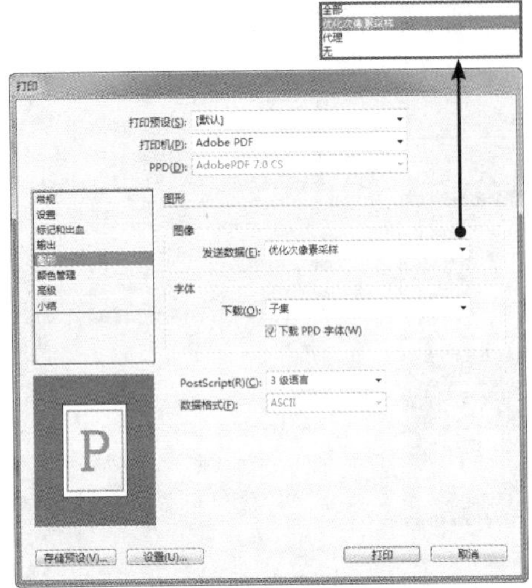
图12.26 “图形”选项

在“图形”选项中重要选项的含义解释如下。

- 发送数据：此下拉列表中的选项用于控制置入的位图图像发送到打印机时输出的方式。如果选择“全部”选项，会发送全分辨率数据，这比较适合于任何高分辨率打印或打印高对比度的灰度或彩色图像，但此选项需要的磁盘空间最大；如果选择“优化次像素采样”选项，则只发送足够的图像数据供输出设备以最高分辨率打印图形，这比较适合处理高分辨率图像将校样打印到台式打印机的情况；如果选择“代理”选项，将使用屏幕分辨率为72dpi来发送位图图像，以缩短打印时间；如果选择“无”选项，打印时将临时删除所有图形，并使用具有交叉线的图形框替代这些图形，以缩短打印时间。
- 下载：选择此下拉列表中的选项可以控制字体下载到打印机的方式。选择“无”选项，表示不下载字体到打印机，如果字体在打印机中存在，应该使用此选项；选择“完整”，表示在打印开始时下载文档所需的所有字体；选择“子集”选项，表示仅下载文档中使用的字体，每打印一页下载一次字体。
- 下载 PPD 字体：选择此复选项，将下载文档中使用的所有字体，包括已安装在打印机中的那些字体。
- PostScript：此下拉列表中的选项用于指定 PostScript 等级。
- 数据格式：此下拉列表中的选项用于指定 InDesign 将图像数据从计算机发送到打印机的方式。

6. 颜色管理

选择“颜色管理”选项后，将显示图12.27所示的参数。

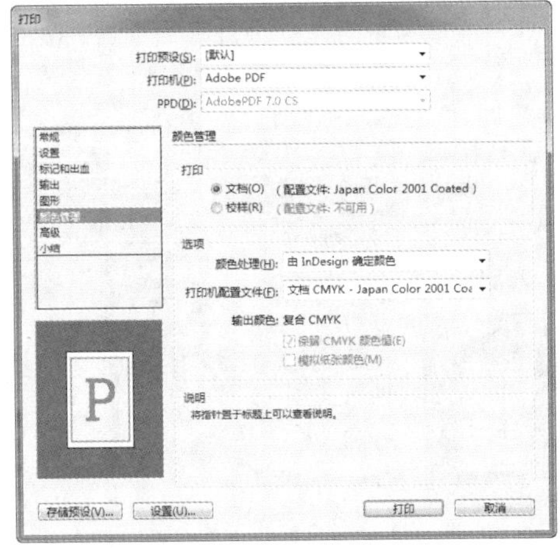
图12.27 “颜色管理”选项

在“颜色管理”选项组中重要选项的含义解释如下。

- 文档：选择此单选项，将以“颜色设置”对话框（执行“编辑”|“颜色设置”命令）中设置的文件颜色进行打印。
- 校样：选择此单选项，将以“视图”|“校样设置”中设置的文件颜色进行打印。

7. 高级

选择“高级”选项后，将显示图12.28所示的参数。

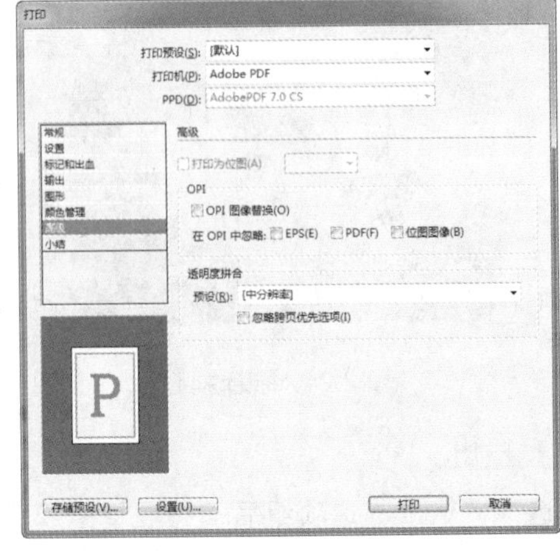
图12.28 “高级”选项

在“高级”选项组中重要选项的含义解释如下。

- 打印为位图：选择此复选项，可以将文档中的内容转换为位图再打印，同时还可以在右侧的下拉列表中选择打印位图的分辨率。
- OPI图像替换：选择此复选项，将启用对OPI工作流程的支持。
- 在OPI中忽略：设置OPI中如EPS、PDF和位图图像是否被忽略。
- 预设：用以指定使用什么方式进行透明度拼合。

8. 小结

选择“小结”选项，将显示图11.29所示的状态。此窗口中主要用于对前面所进行的所有设置进行汇总，通过汇总数据可以检查打印设置以避免输出错误。如果想将这些信息保存为*.TXT文件，可以单击“存储小结”按钮，在弹出的“存储打印小结”对话框中指定名称及位置，单击“保存”按钮退出，如图12.29所示。

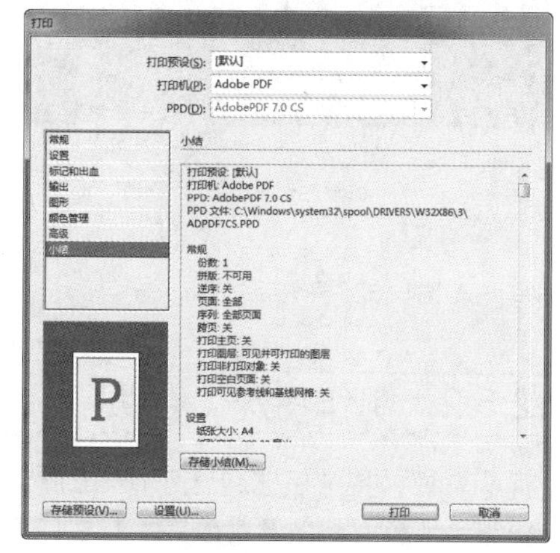

图12.29 “小结”选项

12.5 设计实战

12.5.1 输出为可出片的PDF 文件

01 打开随书所附光盘中的文件“第12章\输出为可出片的PDF 文件\素材.indd”素材，如图12.30所示。

图12.30 素材文档

02 由于本例要创建的PDF用于出片，故需要确定“编辑”|“透明混合空间”|“文档CMYK”命令是否处于选中的状态。

03 执行“文件”|“导出”命令，在弹出的“导出”对话框中输入文件名，将“保存类型”设置为“Adobe PDF（打印）”，单击“保存”按钮，弹出“导出Adobe PDF”对话框，在预设下拉列表中选择“印刷质量”选项，然后在对话框左侧选择“标记和出血”选项组，设置如图12.31所示。

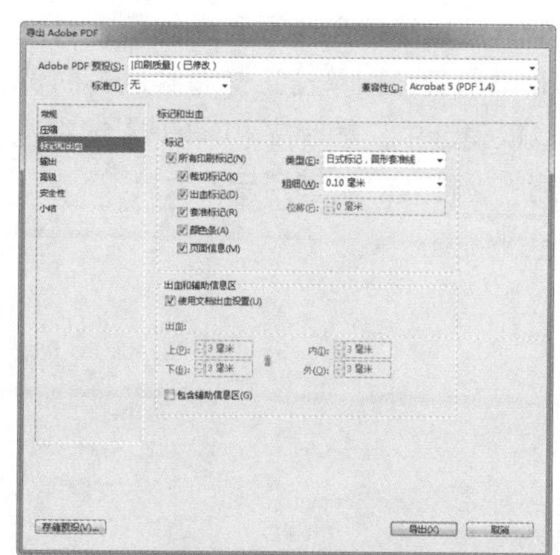

图12.31 设置输出的参数

04 单击“导出”按钮退出“导出Adobe

PDF”对话框，图12.32所示为导出的出片PDF。

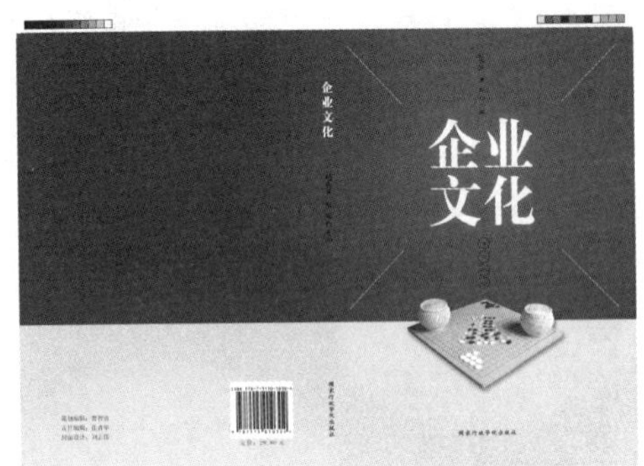

图12.32　导出后的PDF状态

12.5.2　制作特殊工艺版

简单来说，特殊工艺包含了UV覆膜、烫金、烫银、专色、起鼓及磨砂等。若在印刷时确定要使用特殊工艺，那么首先要确定添加特殊工艺的范围，然后制作相应的特殊工艺版文件，其中，将要添加工艺的内容处理为黑色，其他范围设置为白色，最后交给印刷厂并说明要添加的工艺即可。下面来讲解一下其具体操作方法。

01 以上一例中使用的素材为例，确定要为封面下方的浅黄色区域添加磨砂工艺，并为书名《企业文化》添加烫银工艺，下面就来制作这两个工艺版文件。

02 打开随书所附光盘中的文件“第12章\制作特殊工艺版\素材.indd”素材。按【Ctrl+A】快捷键全选页面中的所有对象，按住【Shift】键分别单击正封和封底处的黄色图像，以取消选中，然后按【Delete】键将选中的对象删除，得到图12.33所示的效果。

图12.33　删除其他对象后的效果

03 使用“直接选择工具”，分别选中黄色区域内的图像，然后按【Delete】键将选中的对象删除，得到图12.34所示的效果。

图12.34　删除图像后的效果

04 使用“选择工具”选中封面中剩余的两个矩形，然后在“色板”面板中设置其填充色为“黑色”，得到图12.35所示的效果。

图12.35　底部的矩形工艺版文件状态

05 按照上一例中讲解的方法，将当前文档输出成为出片的PDF文件即可。

06 按照第2~5步的方法，为书名文字“企业文化”制作工艺版，如图12.36所示，并输出成为出片的PDF即可。

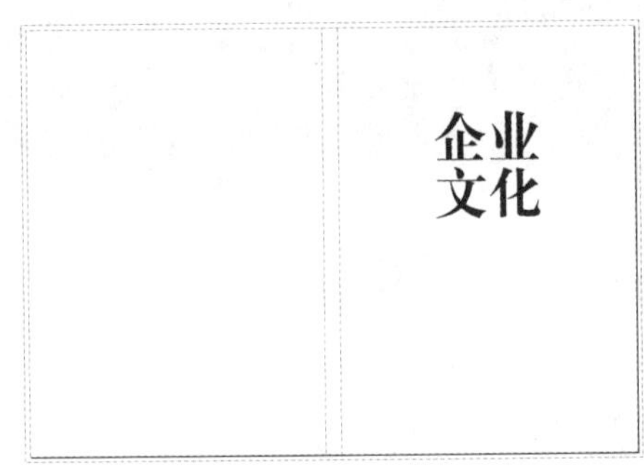

图12.36　书名的工艺版文件

第13章 综合案例

13.1 皇马酒店经理名片设计

本例设计的是皇马酒店经理的名片。从其名字及标志上就能够看出，该名片应以欧式风格为主来进行设计，因此设计师采用了具有欧式风格的边框作为装饰，配合恰当的色彩，以及简洁的文字编排设计，彰显出一种简约、大气的设计感。

01 按【Ctrl+N】快捷键新建一个文档，设置弹出的对话框如图13.1所示。单击“新建边距和分栏”按钮，设置弹出的对话框，如图13.2所示，单击“确定”按钮以完成文档的创建。

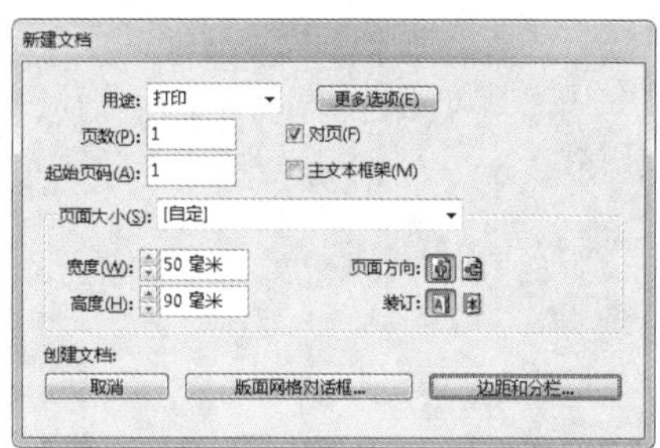

图13.1 “新建文档”对话框

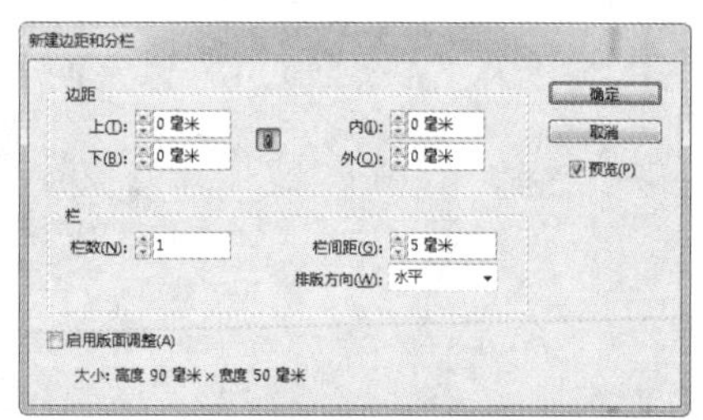

图13.2 “新建边距和分栏”对话框

02 使用“矩形工具”沿文档的出血边缘绘制一个矩形，设置其描边色为无，在“颜色”面板中设置其填充色，如图13.3所示，得到图13.4所示的效果。

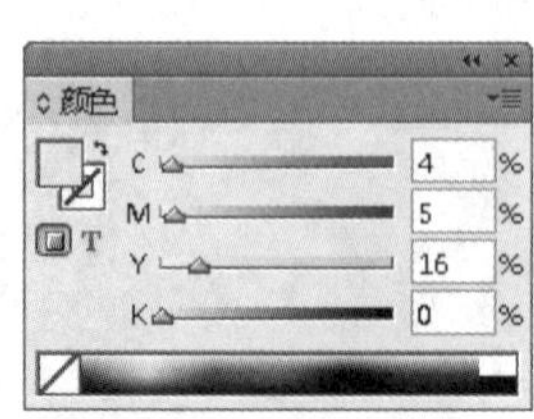

图13.3 “颜色”面板

图13.4 设置颜色后的矩形

03 选中上一步绘制的矩形，按【Ctrl+D】快捷键，在弹出的对话框中打开随书所附光盘中的文件“第13章\皇马酒店经理名片设计\素材1.ai”，从而将其置入到选中的矩形中，如图13.5所示。

04 使用“直接选择工具”选中上一步置入的素材，在“效果”面板中设置其“不透明度”数值为6%，得到图13.6所示的效果。

图13.5 置入底纹素材

图13.6 设置不透明度后的效果

05 按照第3步的方法，置入随书所附光盘中的文件“第13章\皇马酒店经理名片设计\素材2.ai”，适当调整其大小及位置，得到图13.7所示的效果。

06 按照第3步的方法，置入随书所附光盘中的文件“第13章\皇马酒店经理名片设计\素材3.ai”，适当调整其大小及位置，得到图13.8所示的效果。

图13.7 置入边框素材

图13.8 置入标志素材

07 使用“文字工具” 在标志图像的下方绘制一个文本框，在其中输入酒店名称，并在“字符”面板中设置其属性，如图13.9所示，得到图13.10所示的效果。

图13.9 “字符”面板 图13.10 输入并格式化酒店名称

08 按照前面讲解的输入文本、置入素材等方法，结合随书所附光盘中的文件“第13章\皇马酒店经理名片设计\素材4.ai”和“第13章\皇马酒店经理名片设计\素材5.ai”，制作得到图13.11所示的名片效果。图13.12所示是结合随书所附光盘中的文件“第13章\皇马酒店经理名片设计\素材6.ai”制作得到的名片背面效果，读者可以尝试制作。

图13.11 名片正面最终效果 图13.12 名片背面最终效果

13.2 房地产广告

在本例中，将设计一款时尚、有活力的房地产广告，设计师采用了非常明朗、活泼的色彩及版面设计，以突出该房地产的活力，吸引年青人的关注，继而达到进一步了解甚至购买的意愿。

01 按【Ctrl+N】快捷键新建一个文档，设置弹出的对话框，如图13.13所示。单击“新建边距和分栏”按钮，设置弹出的对话框，如图13.14所示，单击“确定”按钮以完成文档的创建。

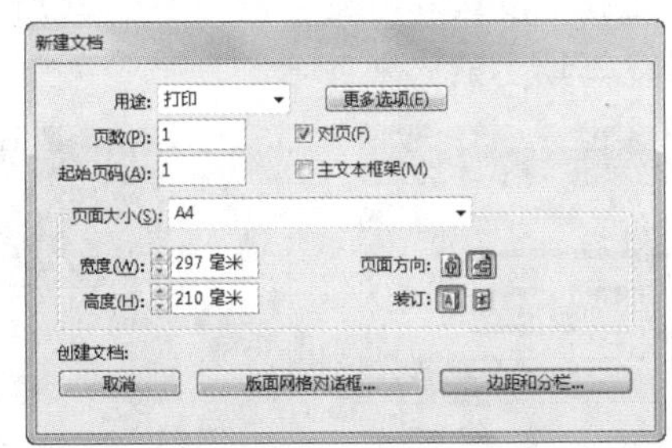

图13.13 “新建文档”对话框

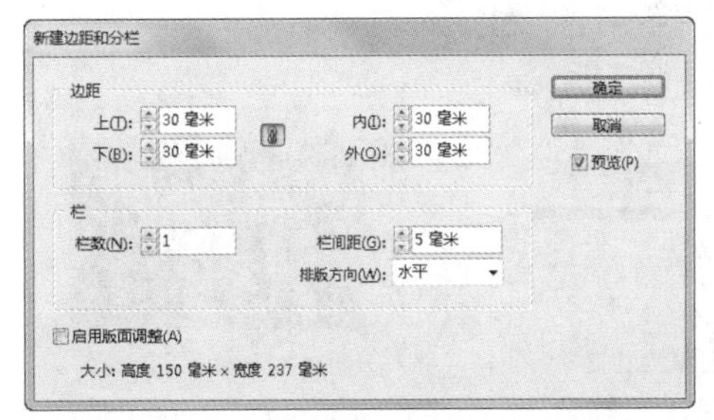

图13.14 “新建边距和分栏”对话框

02 使用“矩形工具” 沿文档的出血边缘绘制一个矩形，设置其描边色为无，在“颜色”面板中设置其填充色，如图13.15所示，得到图13.16所示的效果。

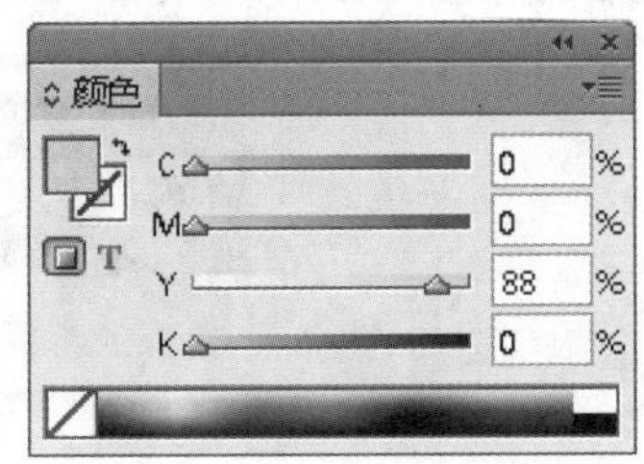

图13.15 “颜色”面板

图13.16 设置颜色后的矩形

第13章 综合案例

03 继续使用“矩形工具”，沿页边距线再绘制一个矩形，设置其描边色为无，在“颜色”面板中设置其填充色，如图13.17所示，得到图13.18所示的效果。

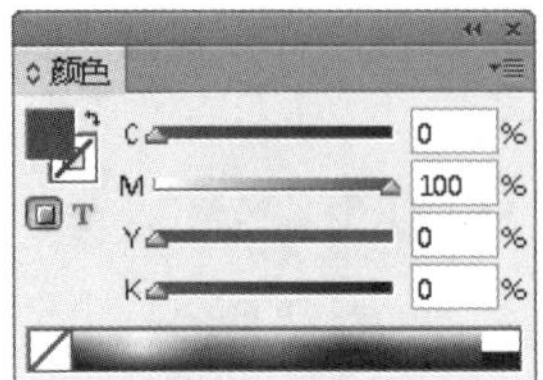

图13.17 “颜色”面板

图13.18 设置颜色后的图形

04 为了便于操作，可以在“图层”面板中锁定“图层1”，然后创建一个新图层，得到“图层2”，如图13.19所示，然后继续下面的操作。

05 使用“直线工具”在紫色矩形的左下角向下绘制一条直线，在“颜色”面板中设置其描边色，如图13.20所示，再在“描边”面板中设置参数，如图13.21所示，得到图13.22所示的效果。

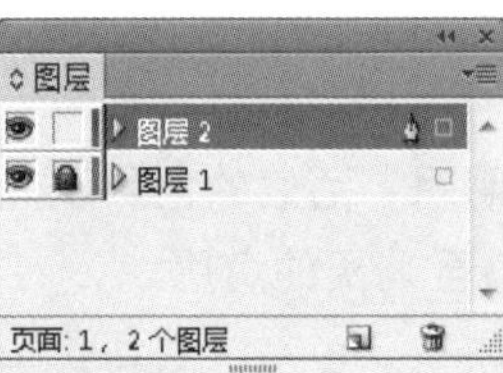

图13.19 “图层”面板

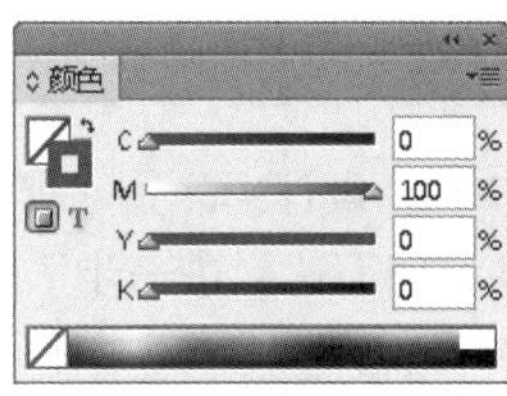

图13.20 “颜色”面板

图13.21 “描边”面板

图13.22 绘制直线

06 使用“选择工具”，按住【Alt+Shift】快捷键向右侧拖动以创建得到其副本，如图13.23所示。

图13.23 向右绘制线条

07 连续按【Ctrl+Alt+Shift+D】快捷组合键执行连续变换并复制操作，以复制得到多个直线线条，直至得到图13.24所示的效果。

图13.24 连续复制多个线条后的效果

08 按【Ctrl+D】快捷键，在弹出的对话框中打开随书所附光盘中的文件“第13章\房地产广告设计\素材1.psd”，并将其置于文档的左下角位置，适当调整其大小后，得到图13.25所示的效果。

图13.25 置入图像

09 使用“矩形工具”在左侧第1~3个线条上绘制图形，设置其描边色为无，在“颜色”面板中设置其填充色，如图13.26所示，得到图13.27所示的效果。

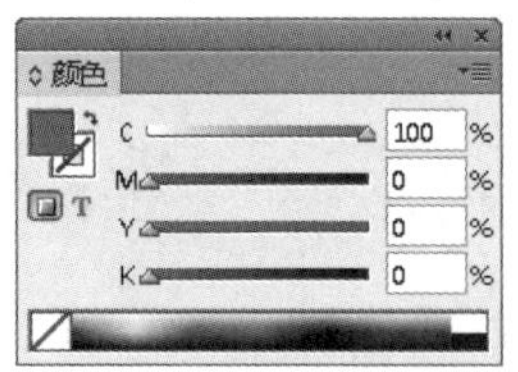

图13.26 “颜色”面板

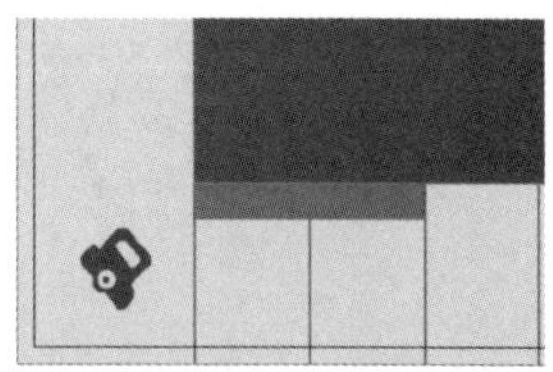

图13.27 绘制矩形

10 选中上一步绘制的矩形，按【Ctrl+Shift+[】快捷组合键将其置于底层，从而让线条显示出来，如图13.28所示。

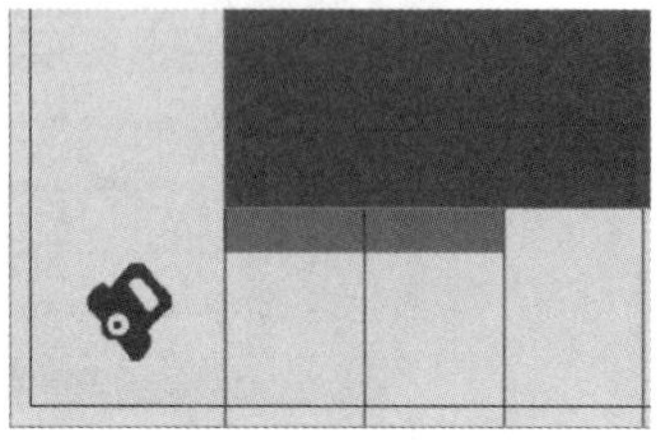

图13.28 调整图形的层次

11 使用“文字工具” 在第1和2个线条之间绘制一个文本框，在“颜色”面板中设置文本的填充色，如图13.29所示，在“字符”面板中设置文本属性，如图13.30所示，得到图13.31所示的效果。

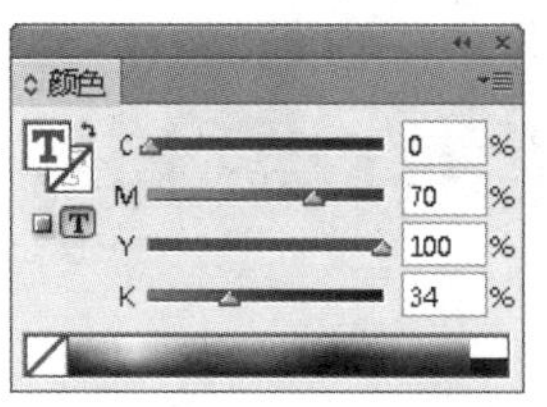

图13.29 “颜色”面板

图13.30 “字符”面板

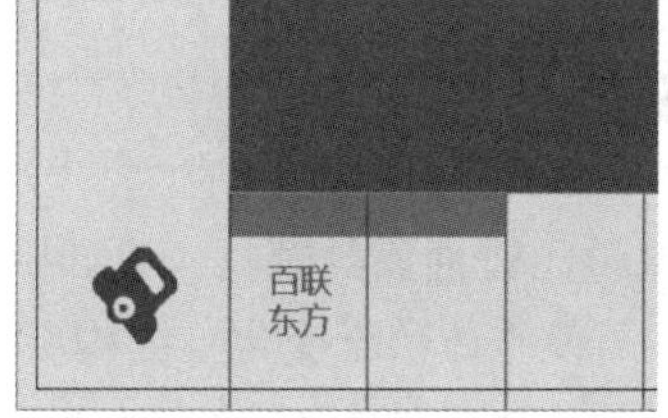

图13.31 输入并格式化文字后的效果

12 按照第8~11步的方法，继续在右侧的位置输入文字、置入随书所附光盘中的文件“第13章\房地产广告设计\素材2.psd”及“第13章\房地产广告设计\素材3.psd”并绘制图形，直至得到图13.32所示的效果。

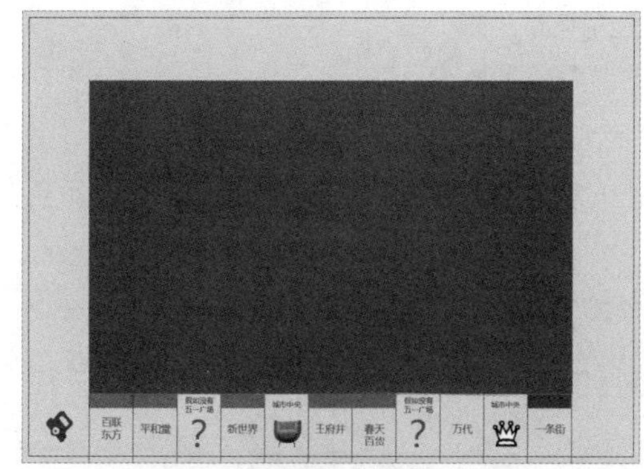

图13.32 添加其他内容后的效果

13 使用“选择工具” ，按住【Alt+Shift】快捷键拖动左下角的图像至右下角的位置，并单击“控制”面板中的“水平翻转”按钮，得到图13.33所示的效果。

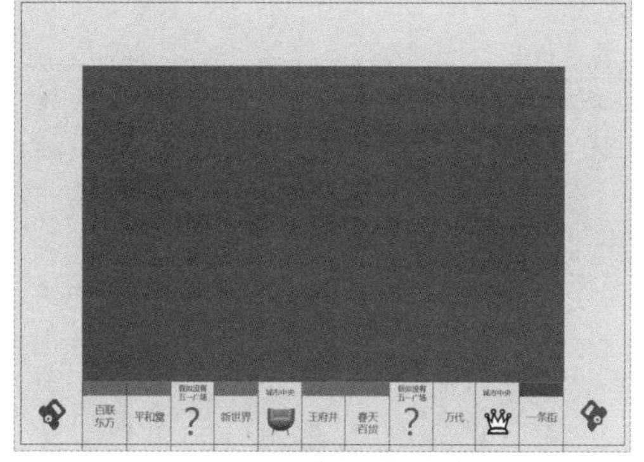

图13.33 向右复制对象

14 使用“选择工具” ，选中从“城市中央”至“一条街”之间的对象，按【Ctrl+C】快捷键进行复制，再按【Ctrl+V】快捷键进行粘贴，然后使用“旋转工具” 将其顺时针旋转90度，最后置于中间紫色矩形的左侧，如图13.34所示。

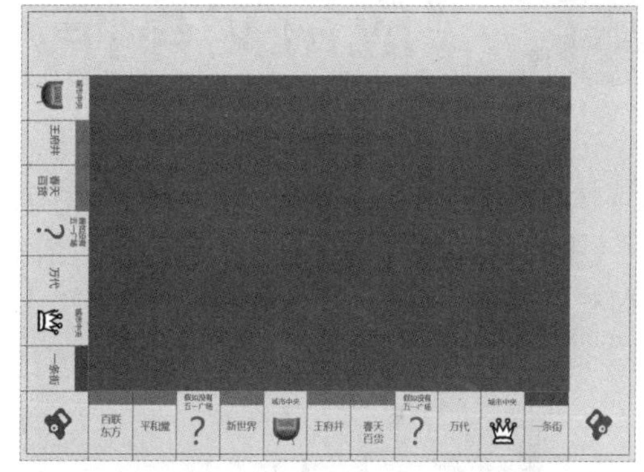

图13.34 复制并摆放在左侧位置

15 按照上一步的方法，再继续向紫色矩形的右侧和上方复制对象，直至得到图13.35所示的效果。

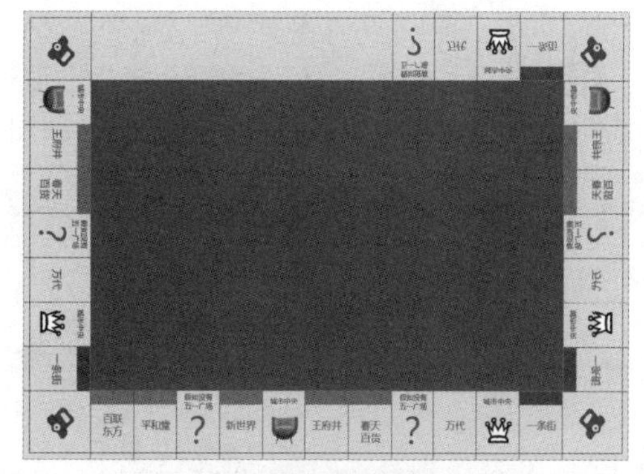

图13.35 制作其他位置的元素

16 结合前面讲解的绘制线条与输入文本功能，在左上方的空白处制作得到图13.36所示

的效果。

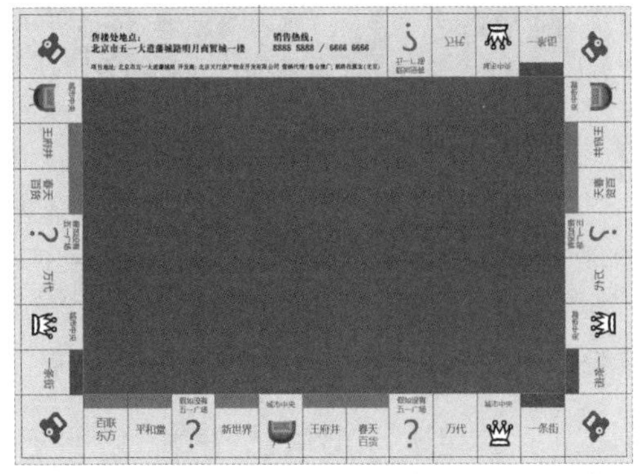

图13.36　输入文本并绘制线条

17 最后，按【Ctrl+D】快捷键置入随书所附光盘中的文件“第13章\房地产广告设计\素材4.psd”，并将其置于文档的中间位置，如图13.37所示。由于此处主要是输入文字并置入图像，其操作较为简单，故不再详细讲解。

图13.37　最终效果

13.3 《应用文写作》封面设计

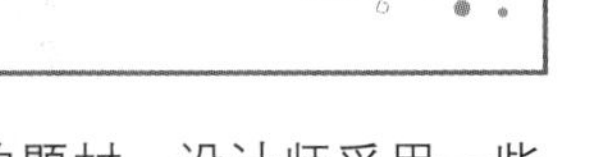

在本例中，将为图书《应用文写作》设计一款封面。对这种比较抽象的题材，设计师采用一些装饰性的图形，并以倾斜的圆角矩形划分封面的主体结构，从而使整体富于变化且结构更为新颖。

01 按【Ctrl+N】快捷键新建一个文档，设置弹出的对话框，如图13.38所示，单击“新建边距和分栏”按钮，设置弹出的对话框，如图13.39所示，单击“确定”按钮，完成文档的创建。

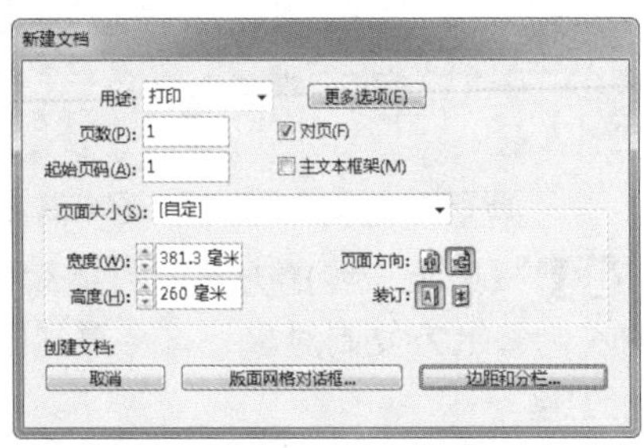

图13.38　“新建文档”对话框

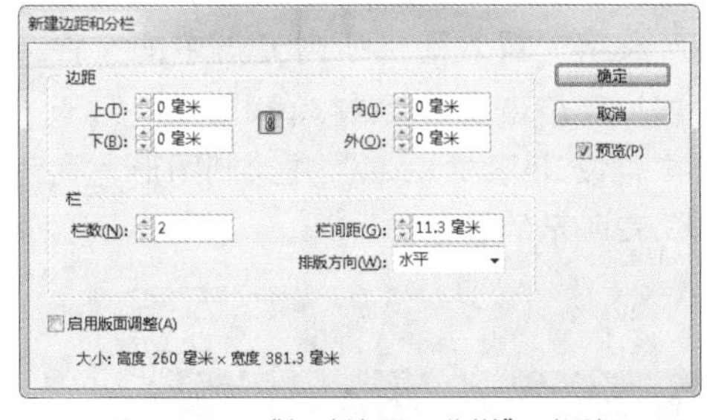

图13.39　“新建边距和分栏”对话框

02 使用“矩形工具”沿文档的出血边缘绘制一个矩形，设置其描边色为无，在“颜色”面板中设置其填充色，如图13.40所示，得到图13.41所示的效果。

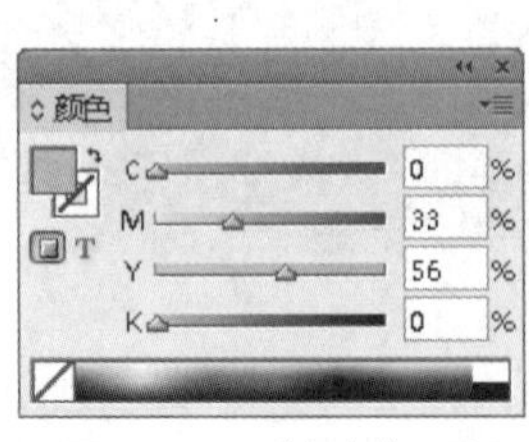

图13.40　“颜色”面板

图13.41　设置颜色后的矩形

03 选中上一步绘制的矩形，按【Ctrl+D】快捷键，在弹出的对话框中打开随书所附光盘中的文件“第13章\《应用文写作》封面设计\素材1.jpg”，从而将其置入到选中的矩形中，如图13.42所示。

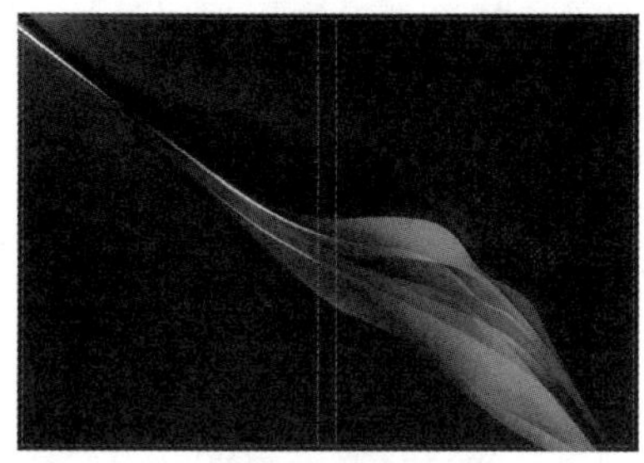

图13.42　置入图像

04 使用“直接选择工具”选中上一步置入的图像，在“效果”面板中设置其混合模式为“柔光”，得到图13.43所示的效果。

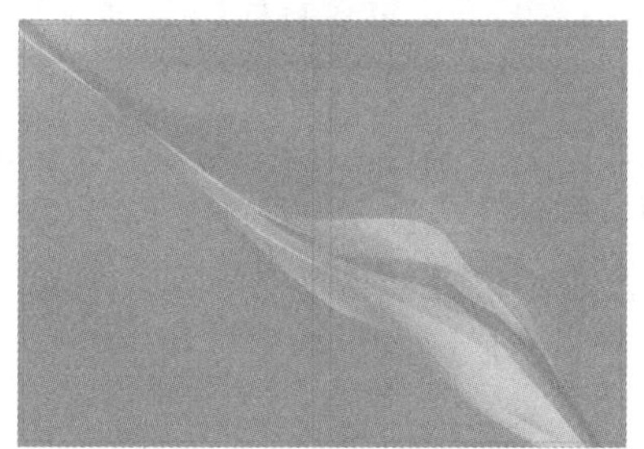

图13.43　设置混合模式后的效果

05 使用“矩形工具”在封面中绘制一个较大的矩形，设置其描边色为无，然后在“渐变”面板中设置其填充色，如图13.44所示其中第1、3个色标的颜色值如图13.45所示，第2个色标的颜色值如图13.46所示，得到图13.47所示的效果。

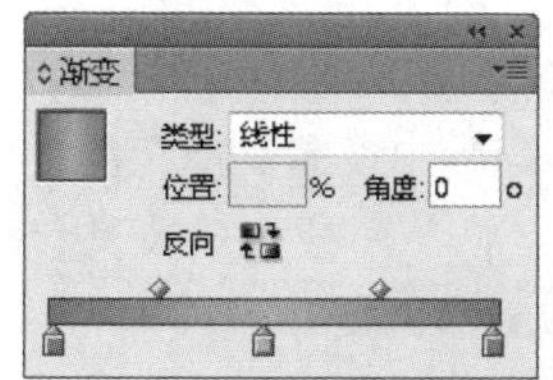

图13.44　“渐变”面板

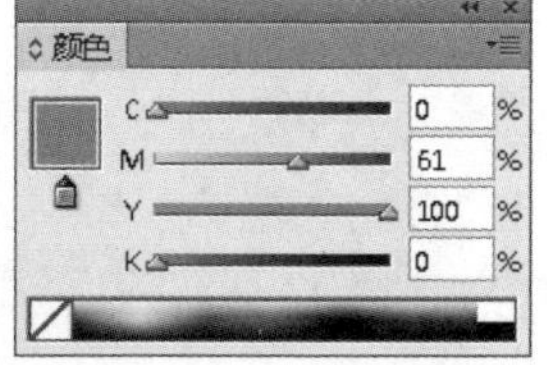

图13.45　第1、3个色块的颜色

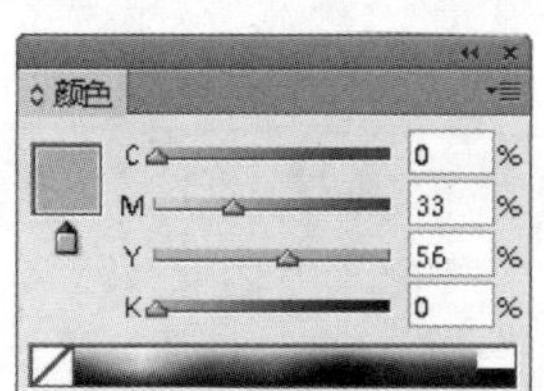

图13.46　第2个色块的颜色

图13.47　设置渐变后的效果

06 使用“旋转工具”将矩形旋转-156度左右，然后使用“选择工具”将其移动至右上方，如图13.48所示。

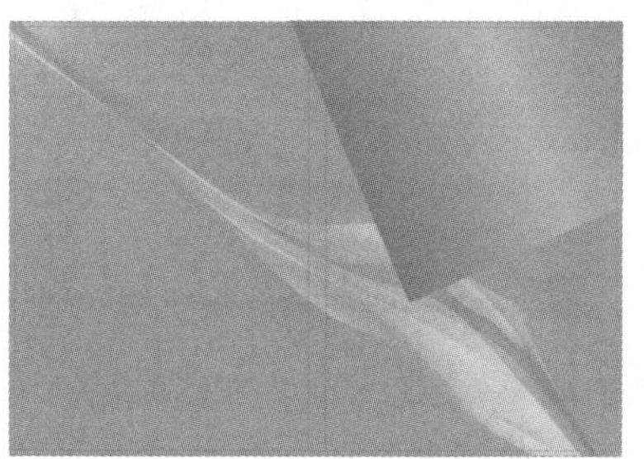

图13.48　旋转矩形并调整其位置后的效果

07 保持矩形的选中状态，选择“对象”|“角效果”命令，设置弹出的对话框，如图13.49所示，得到图13.50所示的效果。

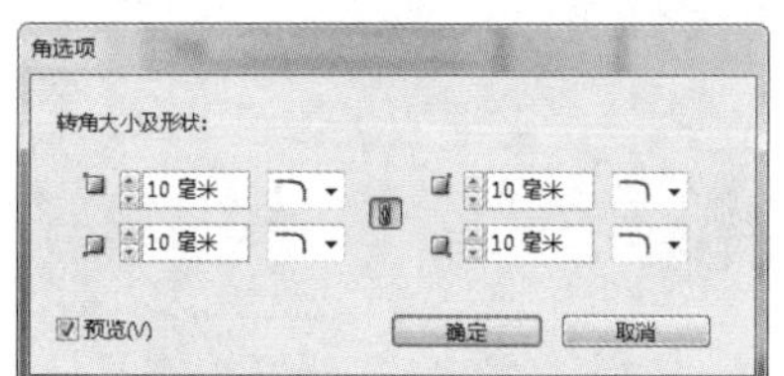

图13.49　“角选项”对话框

图13.50　设置圆角后的效果

08 保持矩形的选中状态，按【Ctrl+C】快捷键进行复制，按【Ctrl+V】快捷键进行粘贴，再使用“旋转工具”将其旋转一定角度，设置矩形的填充色为无，在“颜色”面板中设置其描边色，如图13.51所示，得到图13.52所示的效果。

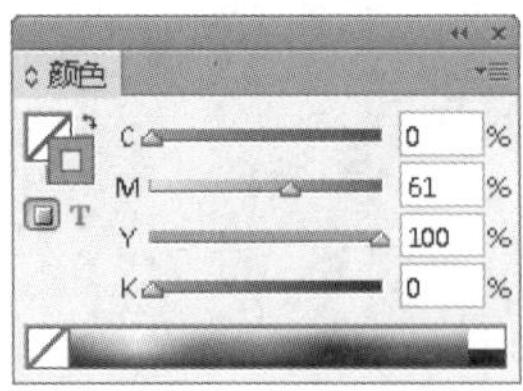

图13.51 “颜色”面板

图13.52 圆角矩形框效果

09 按照第8步的方法，复制一个矩形并适当调整角度及位置，设置其填充色为白色，描边色为无，得到图13.53所示的效果。

图13.53 制作的白色矩形

10 选中上一步制作的白色矩形，按【Ctrl+D】快捷键，在弹出的对话框中打开随书所附光盘中的文件“第13章\《应用文写作》封面设计\素材2.jpg”，使用“直接选择工具”选中置入的图像，适当调整其大小及角度，得到图13.54所示的效果。

图13.54 置入图像后的效果

11 保持第9步绘制的矩形，按【Ctrl+C】快捷键进行复制，选择“编辑”|“原位粘贴”命令以创建得到其副本。选中该矩形，按【Ctrl+D】快捷键，在弹出的对话框中打开随书所附光盘中的文件“第13章\《应用文写作》封面设计\素材3.psd”，从而替换其中原有的图像，然后使用“直接选择工具”调整其大小及位置，得到图13.55所示的效果。

图13.55 置入花纹图像后的效果

12 选择前面制作的矩形线条，按【Ctrl+C】快捷键进行复制，按【Ctrl+V】快捷键进行粘贴，再使用“旋转工具”将其旋转一定角度，然后调整好位置，得到图13.56所示的效果。

图13.56 制作另一个矩形框效果

13 使用“选择工具”在正封上方绘制一个文本框，在“颜色”面板中设置其填充色，如图13.57所示，再在“字符”面板中设置其参数，如图13.58所示，得到图13.59所示的效果。

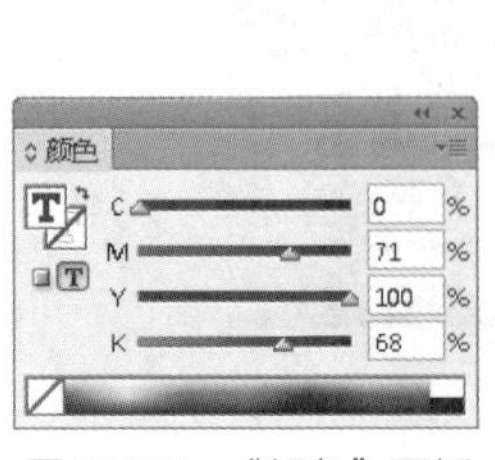

图13.57 “颜色”面板

图13.58 “字符”面板

图13.59　输入并格式化文字

14 选中上一步输入的文本，按【Ctrl+C】快捷键进行复制，选择“编辑”|“原位粘贴”命令以创建得到其副本。单击“控制”面板中的“垂直翻转”按钮，使用“选择工具”同时按住【Shift】键向下拖动，得到图13.60所示的效果。

图13.60　翻转文字后的效果

15 保持副本文本框的选中状态，在“效果”面板中设置其“不透明度”为25%，得到图13.61所示的效果。

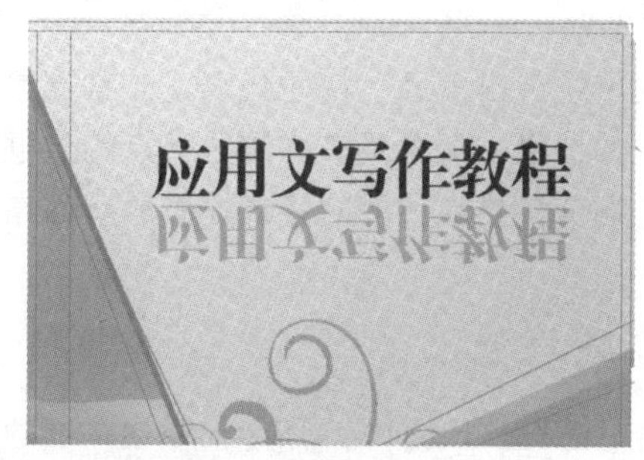

图13.61　设置不透明度后的效果

16 保持副本文本框的选中状态，选择“对象”|“效果”|“渐变羽化”命令，设置弹出的对话框，如图13.62所示，得到图13.63所示的效果。

17 使用“直线工具”在书名的下方绘制一条直线，在“颜色”面板中设置其描边色，如图13.64所示，在“描边”面板中设置参数，如图13.65所示，得到图13.66所示的效果。

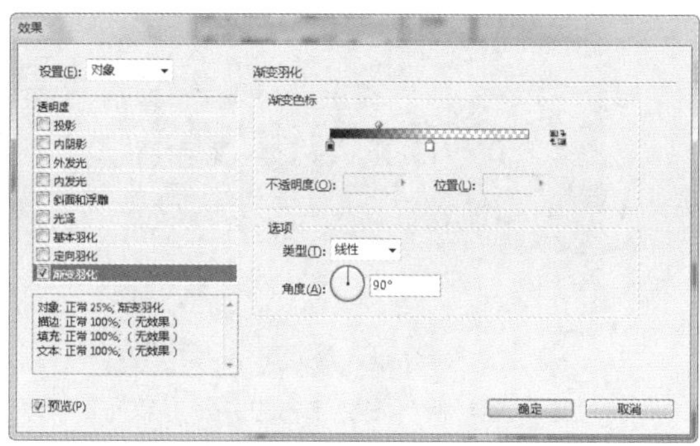

图13.62　“效果”对话框

图13.63　设置渐变羽化后的效果

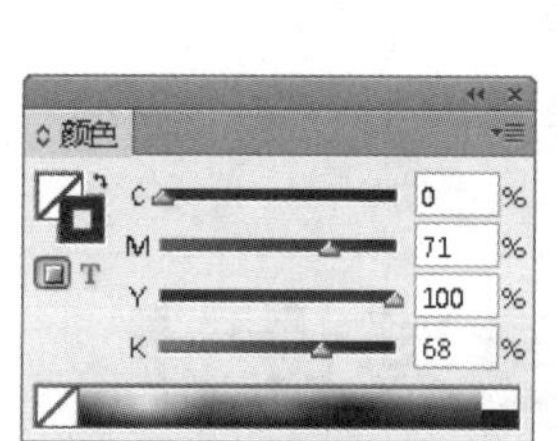

图13.64　“颜色”面板　　图13.65　“描边”面板

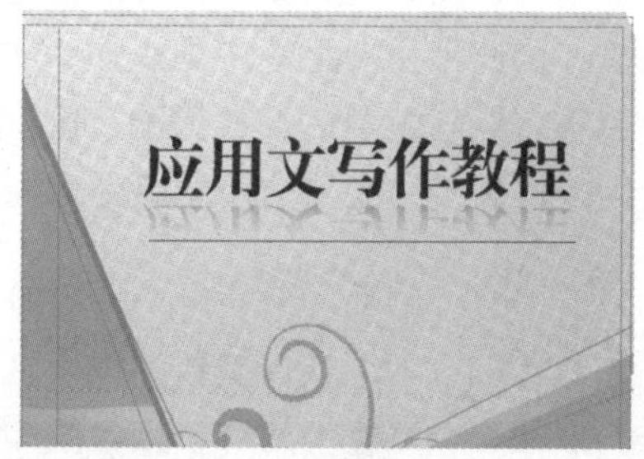

图13.66　绘制的线条

18 使用“文字工具”，按照前面讲解的方法，在直线的下方绘制一个文本框，并在其中输入书名的拼音，如图13.67所示。

19 使用“选择工具”选定第16步绘制的直线，按住【Alt+Shift】快捷键向下拖动以创建得到其副本，得到图13.68所示的效果。

图13.67　输入书名的拼音

图13.68　复制线条

20 使用“矩形工具” 在书名的右侧绘制一个矩形，并按照第7步的方法为其添加圆角，结合文本输入功能制作得到图13.69所示的效果。

21 最后，可以结合前面讲解的图形绘制与文本输入功能，在正封、书脊及封底位置输入其他的相关文字，得到图13.70所示的最终效果。

图13.69　添加图章后的效果

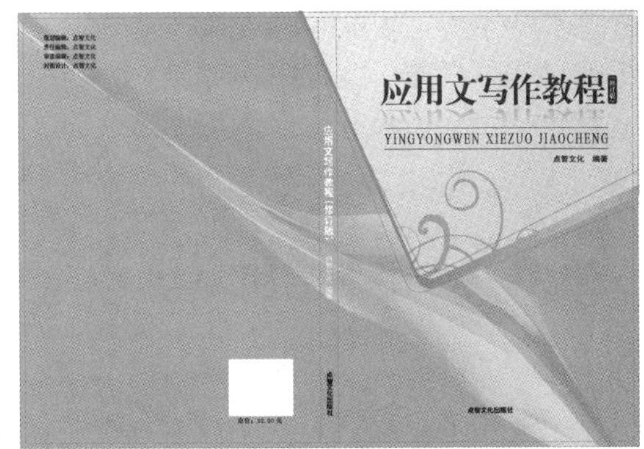

图13.70　最终效果

13.4 粽子包装设计

在本例中，设计了一款粽子产品的包装。作为中国的传统节日食品，粽子代表了非常深厚的中国风气息，因此采用典型的中国风作为主色调是非常应景的选择，配合具有中国风特点的边框及图案作为装饰，红与黄色的经典搭配，既突出了喜庆、祥和的节日特点，同时通过恰当的版面布局，让包装给人以高贵、庄重的视觉感受。

1. 第一部分　制作背景

01 按【Ctrl+N】快捷键新建一个文档，设置弹出的对话框，如图13.71所示。单击“新建边距和分栏”按钮，设置弹出的对话框，如图13.72所示，单击“确定”按钮，完成文档的创建。

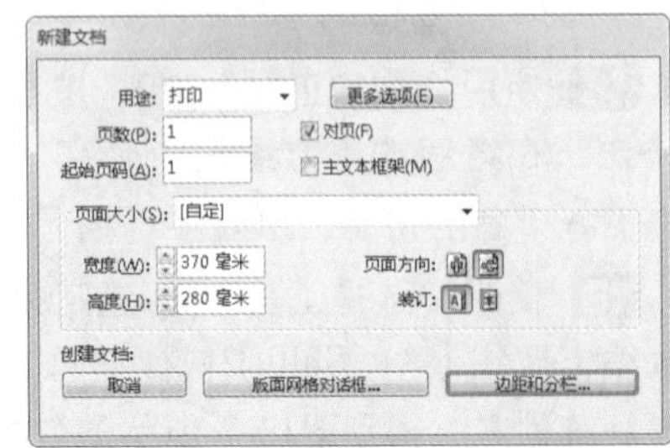

图13.71　“新建文档”对话框

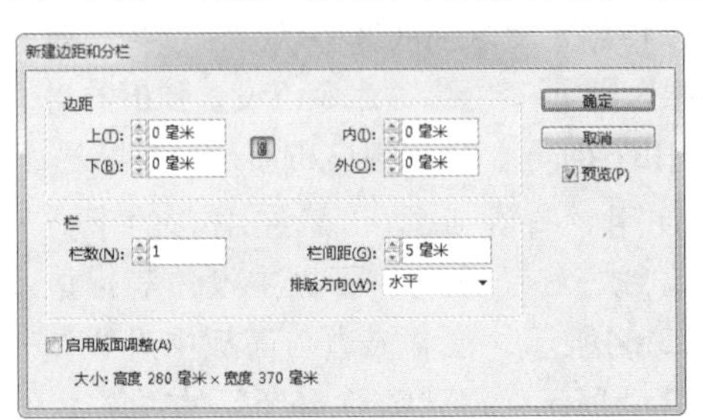

图13.72　“新建边距和分栏”对话框

02 使用“矩形工具”沿文档的出血边缘绘制一个矩形，设置其描边色为无，在“渐变”面板中设置其填充色，如图13.73所示。其中第1、3、5个色标的颜色值如图13.74所示，第2、4个色标的颜色如图13.75所示，得到图13.76所示的效果。

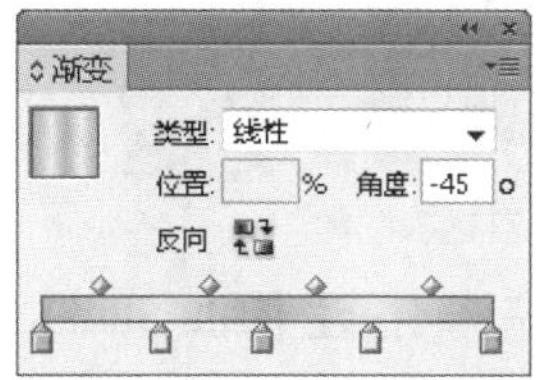

图13.73 “颜色”面板

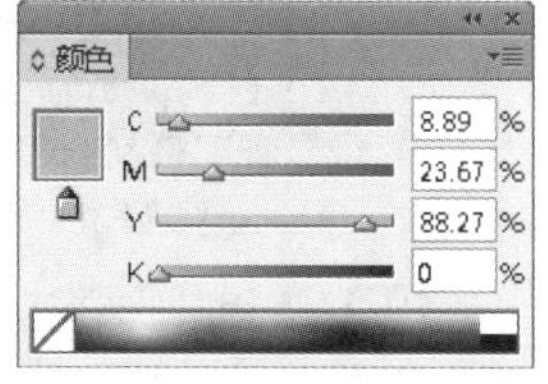

图13.74 第1、3、5个色标的颜色

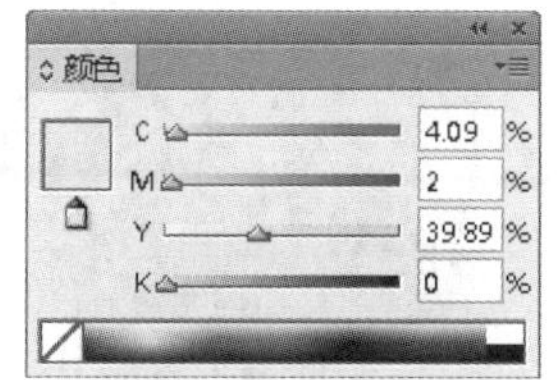

图13.75 第2、4个色标的颜色

图13.76 设置渐变后的效果

03 选中上一步绘制的矩形，按【Ctrl+D】快捷键，在弹出的对话框中打开随书所附光盘中的文件“第13章\粽子包装设计\素材1.psd”，从而将其置入到选中的矩形中，如图13.77所示。

图13.77 置入图像

04 使用“直接选择工具”选中上一步置入的素材，在“效果”面板中设置其混合模式为柔光，得到图13.78所示的效果。

图13.78 设置混合模式后的效果

05 在下面的操作中，为了便于对齐，需要添加两条参考线。按【Ctrl+R】快捷键显示标尺，分别从水平和垂直标尺上拖动出一条参考线，并置于文档的水平和垂直中心处，如图13.79所示。

图13.79 添加参考线

06 为便于后面的操作，此处可以在“图层”面板中锁定“图层1”，然后创建一个新图层得到“图层2”。

2. 第二部分 制作主体

01 选择“矩形工具”在文档的中间处绘制一个与文档等高的矩形，在“颜色”面板中设置其填充色，如图13.80所示，得到图13.81所示的效果。

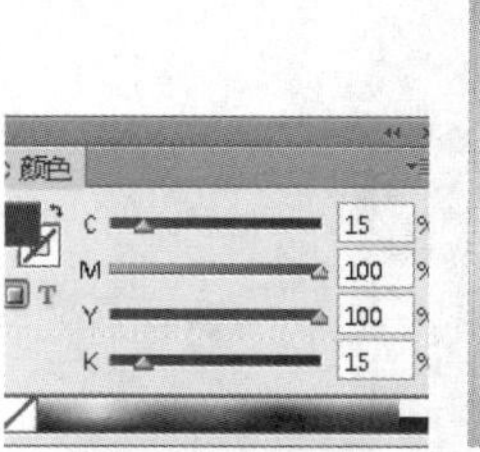

图13.80 “颜色”面板

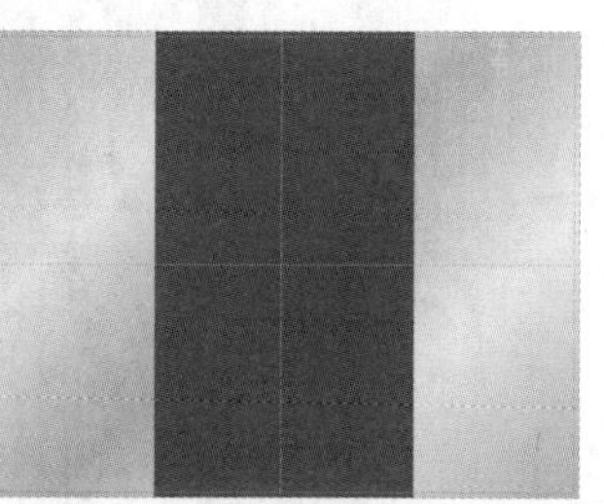

图13.81 绘制得到的矩形

02 继续使用“矩形工具”，按住【Shift】键绘制一个正方形，然后使用“旋转工具”将其旋转45度。在“颜色”面板中设置其填充色，如图13.82所示，再设置其描边色，如图13.83所示，得到图13.84所示的效果。

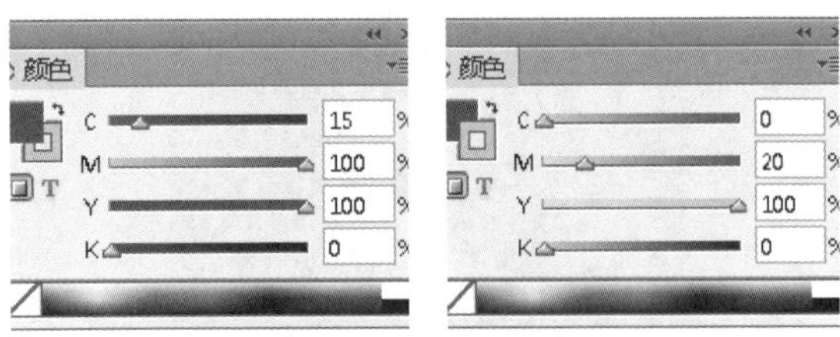

图13.82　设置填充色　　　图13.83　设置描边色

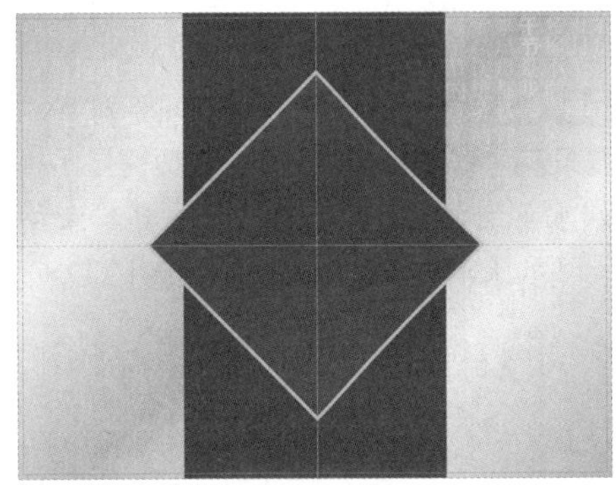

图13.84　设置颜色后的效果

03 保持选中上一步绘制的矩形，选择“对象”|“角选项”命令，设置弹出的对话框如图13.85所示，得到图13.86所示的效果。

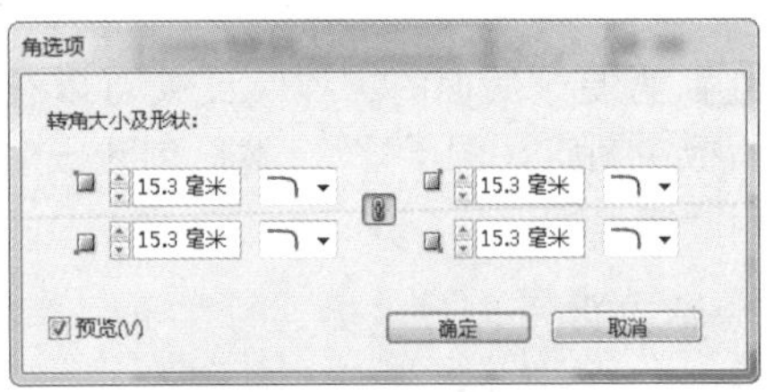

图13.85　“角选项”对话框

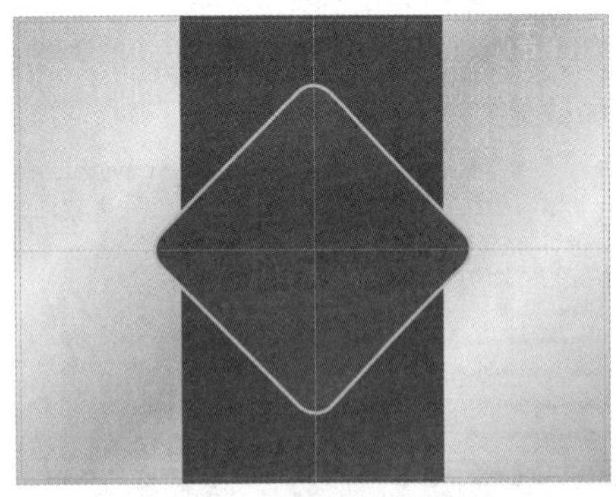

图13.86　设置角选项后的效果

04 按【Ctrl+D】快捷键，在弹出的对话框中打开随书所附光盘中的文件“第13章\粽子包装设计\素材2.psd”，对其进行适当的缩放后，调整至圆角矩形的顶部位置，如图13.87所示。

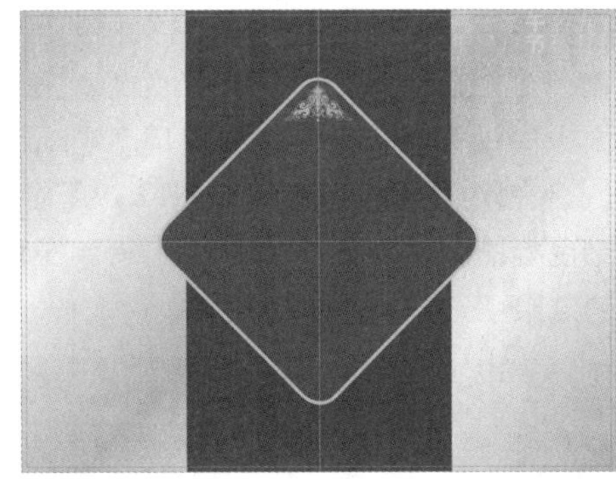

图13.87　置入并摆放图像

05 使用“选择工具”按住【Alt+Shift】键向下拖动上一步置入的图像以创建得到其副本，如图13.88所示。

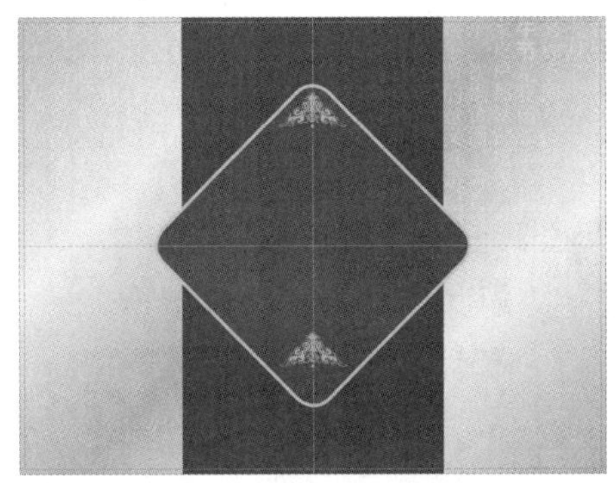

图13.88　向下复制图像

06 选中上一步复制得到的对象，在“控制”面板上单击“垂直翻转”按钮，然后调整好其位置，得到图13.89所示的效果。

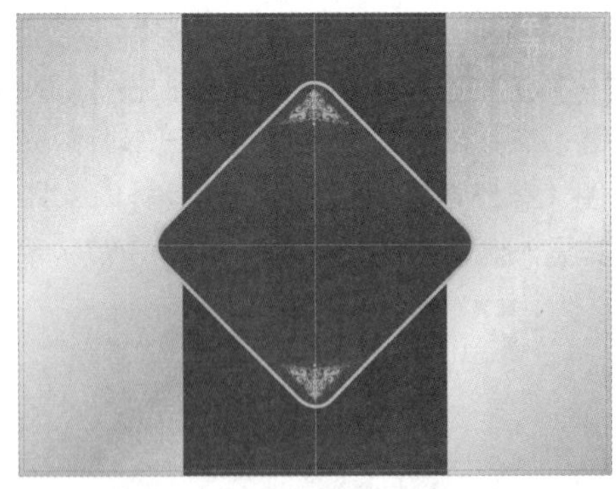

图13.89　翻转图像后的效果

07 使用“选择工具”，按住【Shift】快捷键分别选中上、下两个素材图像，然后双击“旋转工具”，在弹出的对话框中设置“角度”数值为90，再单击“复制”按钮，得到图13.90所示的效果。

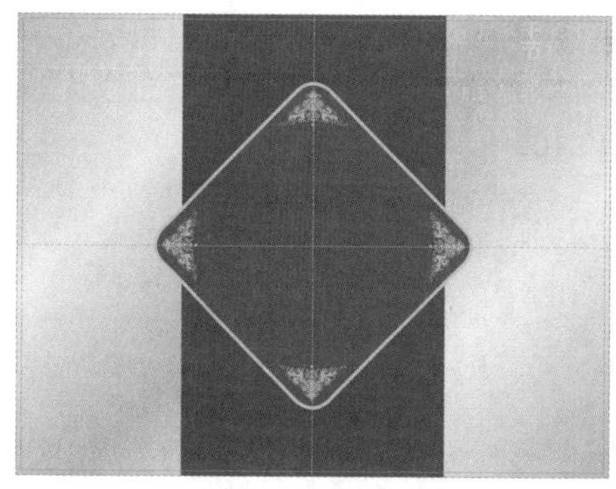

图13.90 复制并旋转对象

08 选择“椭圆工具”，按住【Shift】键绘制一个正圆并将其置于圆角矩形的内部，设置其描边色为无，设置其填充色，如图13.91所示，得到图13.92所示的效果。

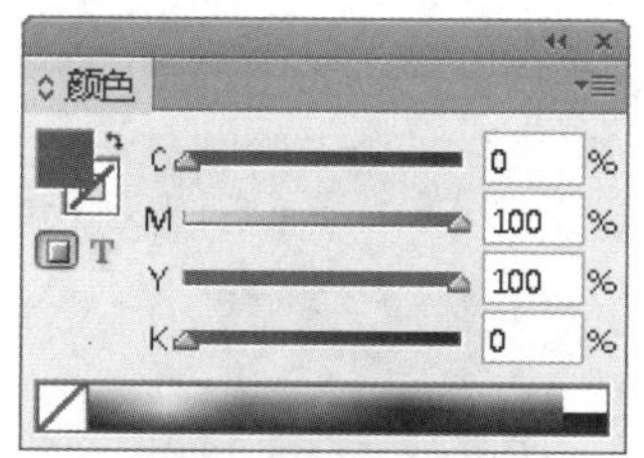

图13.91 “颜色”面板

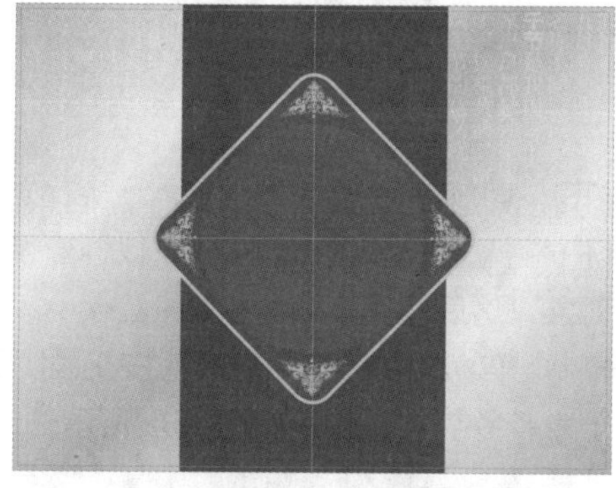

图13.92 绘制正圆

09 按【Ctrl+D】快捷键，在弹出的对话框中打开随书所附光盘中的文件“第13章\粽子包装设计\素材3.psd”，适当调整该圆形花纹图像的大小，并置于上一步绘制的圆形的内部，如图13.93所示。

10 按照第8步的方法，再绘制一个比圆形花纹图像略小一些的圆形，如图13.94所示。

11 选择“对象”|“效果”|“内发光”命令，设置弹出的对话框，如图13.95所示，得到如图13.96所示的效果。

图13.93 置入图像

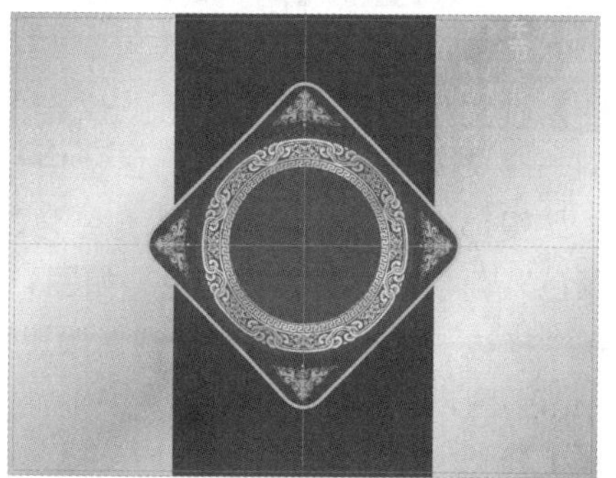

图13.94 再次绘制正圆

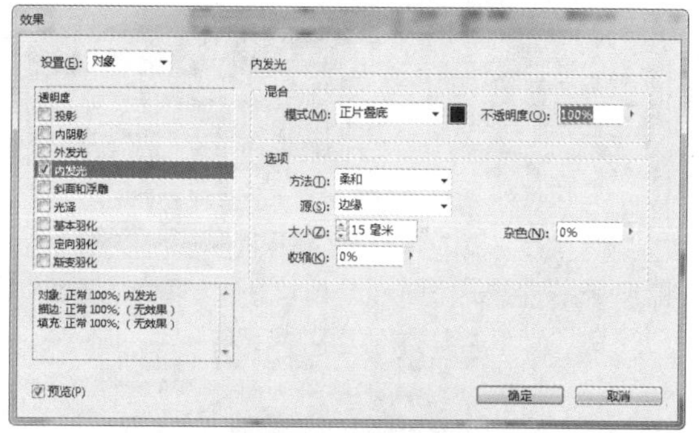

图13.95 “内发光”对话框

图13.96 设置内阴影后的效果

12 保持选中上一步添加了内发光的圆形，按【Ctrl+D】快捷键，在弹出的对话框中打开随书所附光盘中的文件“第13章\粽子包装

设计\素材4.psd”，适当调整该花纹的大小及位置，得到图13.97所示的效果。

图13.97　置入图像后的效果

13 使用“文字工具”，在文档的中间处绘制一个文本框，在“字符”面板中设置其属性，如图13.98所示。设置其填充色为白色，在“颜色”面板中设置其描边色，如图13.99所示，在“描边”面板中设置其属性，如图13.100所示，得到图13.101所示的效果。

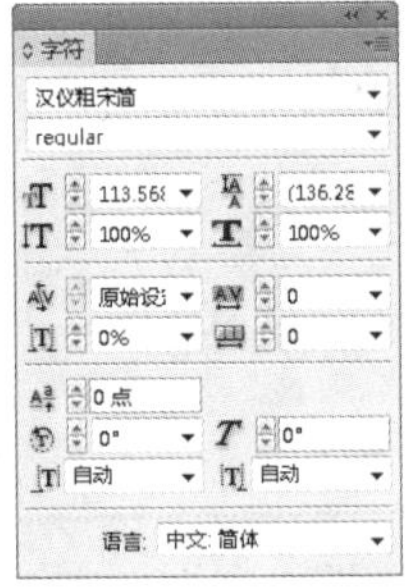

图13.98　“字符”面板

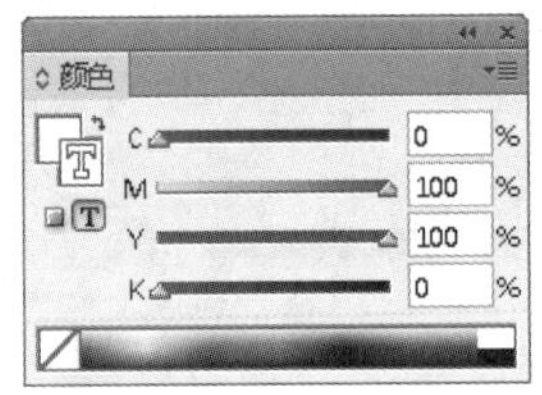

图13.99　“颜色”面板

图13.100　“描边”面板

图13.101　输入的文字

14 按照上一步的方法，在包装名字的下方输入其拼音字母，并设置其填充色为黄色，如图13.102所示。

图13.102　输入拼音文字

15 按【Ctrl+D】快捷键，在弹出的对话框中打开随书所附光盘中的文件“第13章\粽子包装设计\素材5.psd”，适当调整其大小，然后置于包装名字的上方，如图13.103所示。

图13.103　置入图像

16 使用“选择工具”，同时按住【Alt】键拖动上一步置入的素材，以创建得以其副本对象，然后按住【Shift】键将其缩小，并单击“控制”面板上的“水平翻转”按钮，再将其置于包装名字的下方，如图13.104所示。

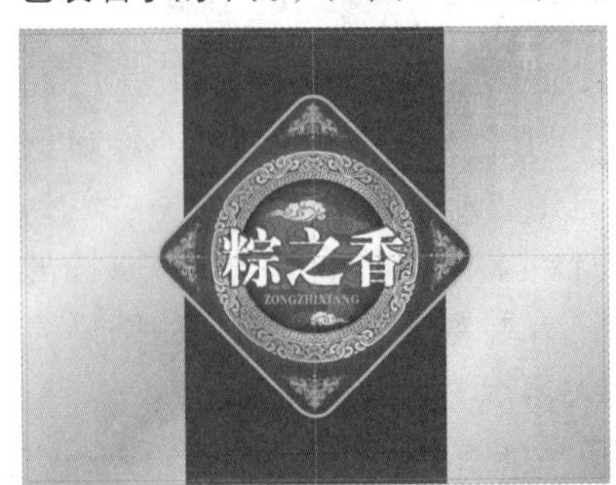

图13.104　复制并翻转对象

17 按【Ctrl+D】快捷键，在弹出的对话框中打开随书所附光盘中的文件“第13章\粽子包装设计\素材6.psd”，适当调整其大小，然后将其置于包装的右下角，如图13.105所示。

图13.105　置入图像

18 保持选中上一步置入的图像，按【Ctrl+Shift+[】快捷组合键，将其置于当前图层中所有对象的底部，如图13.106所示，再按【Ctrl+]】快捷键将其向上调整一个层次，得到图13.107所示的效果。

图13.106　将对象置于底部

图13.107　将对象向上调整一层

19 为便于后面的操作，此处可以在“图层”面板中锁定“图层2”，然后创建一个新图层得到“图层3”。

3. 第三部分　制作边框及花纹

01 按【Ctrl+D】快捷键，在弹出的对话框中打开随书所附光盘中的文件“第13章\粽子包装设计\素材7.psd”，适当调整其大小，然后将其置于包装的右侧中间处，如图13.108所示。

图13.108　摆放图像位置

02 使用“选择工具”，同时按住【Alt+Shift】快捷键向左侧进行拖动以创建得到其副本，然后在“控制”面板中单击水平翻转按钮，再调整其位置，得到图13.109所示的效果。

图13.109　复制并翻转对象

03 使用“矩形工具”，沿着文档的出血线绘制一个矩形，设置其填充色为无，暂时设置其描边色为任意色，在“描边”面板中设置其参数，如图13.110所示，得到图13.111所示的效果。

图13.110　“描边”面板

图13.111　设置描边后的效果

04 按照第一部分第2步设置渐变的方法为矩形的描边添加渐变色彩，并修改其中的“角度”数值，如图13.112所示，得到图13.113所示的效果。

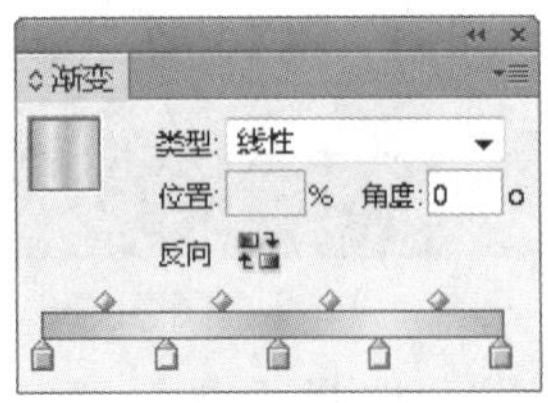

图13.112 “渐变”面板

图13.113 为描边设置渐变后的效果

05 继续使用“矩形工具”沿着文档边缘向内一定距离绘制一个矩形，设置其填充色为无，设置其描边色，如图13.114所示，设置其描边属性，如图13.115所示，得到图13.116所示的效果。

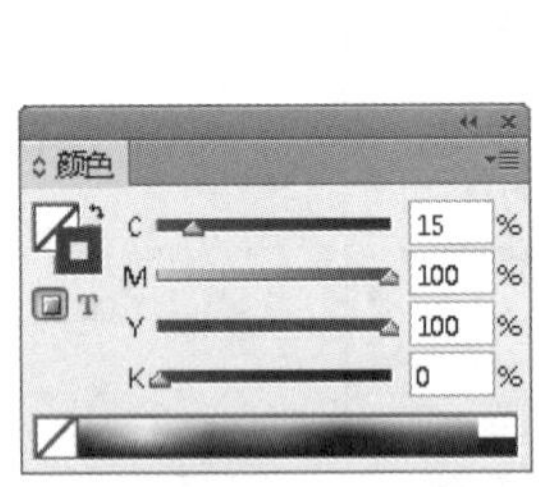

图13.114 “颜色”面板　图13.115 “描边”面板

06 按【Ctrl+D】快捷键，在弹出的对话框中打开随书所附光盘中的文件“第13章\粽子包装设计\素材8.psd”，适当调整其大小，然后将其置于上一步设置的矩形框上，如图13.117所示。

07 最后，按【Ctrl+D】快捷键，在弹出的对话框中打开随书所附光盘中的文件“第13章\粽子包装设计\素材9.psd”，适当调整其大小，然后将其置于包装的左上方，如图13.118所示。由于其操作方法较为简单，故不再详细讲解，此时的“图层”面板如图13.119所示。

图13.116 设置描边属性后的效果

图13.117 置入图像后的效果

图13.118 最终效果

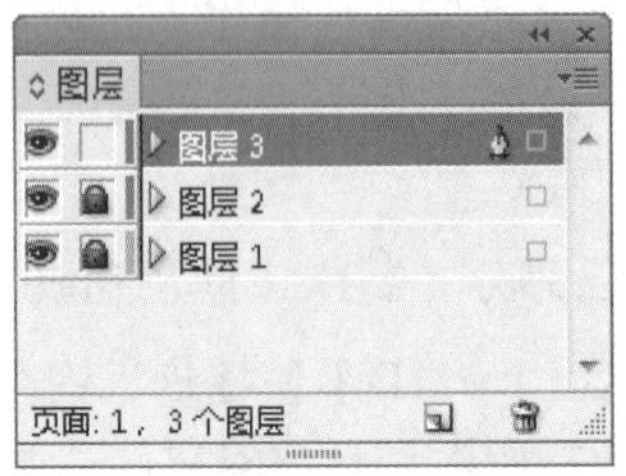

图13.119 “图层”面板

13.5 房地产三折页设计

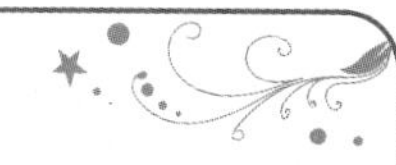

在本例设计的房地产三折页中，应特别注意对文件3个部分的划分。通常情况下，中间的部分为三折页的正封，最左侧的部分为封底，最右侧的部分为内折页，即折页正封与封底之间的部分。为了避免内折页过宽度，导致正封与封底无法将其包住，甚至出现起鼓的问题，因此内折页的宽度，通常会比正封和封底的宽度要小。例如在本例中，是以210mm*297mm的纸张为例设计三折页，因此将正封与封底的宽度定义为105mm，共210mm，而内折页的宽度则为87mm，这样即可避免上述问题的发生。

1. 第一部分　制作正面

01 按【Ctrl+N】快捷键新建一个文档，设置弹出的对话框，如图13.120所示。单击“新建边距和分栏”按钮，设置弹出的对话框，如图12.121所示，单击“确定”按钮以完成文档的创建。

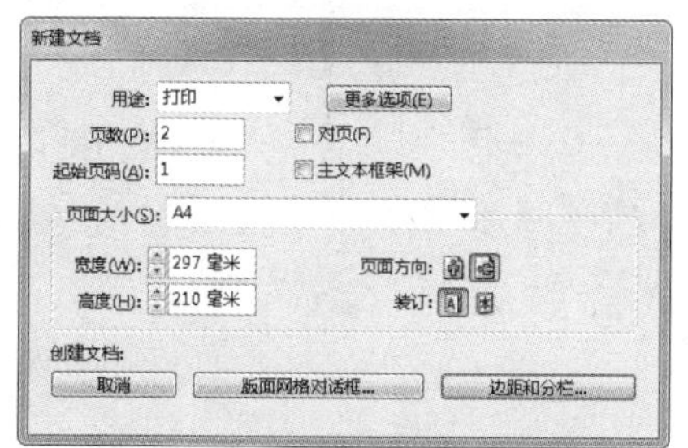

图13.120　“新建文档”对话框

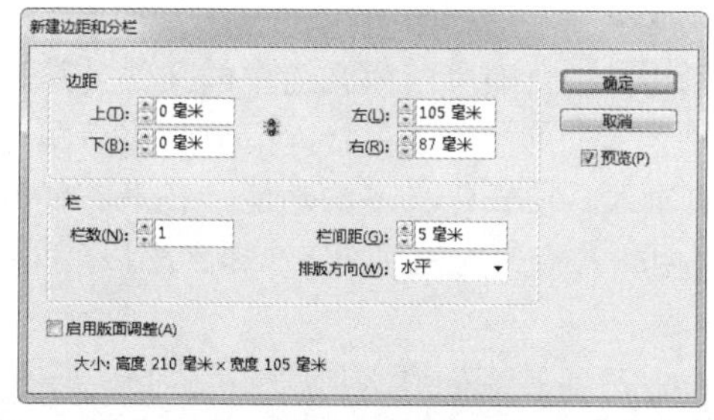

图13.121　“新建边距和分栏”对话框

02 使用“矩形工具”沿文档的出血边缘绘制一个矩形，设置其描边色为无，在“颜色”面板中设置其填充色，如图13.122所示，得到图13.123所示的效果。

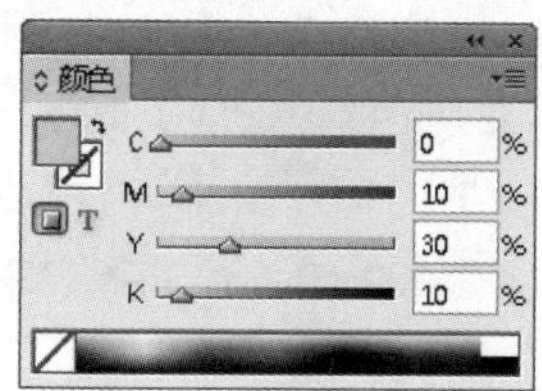

图13.122　“颜色”面板

图13.123　设置颜色后的矩形

03 选中上一步绘制的矩形，按【Ctrl+D】快捷键，在弹出的对话框中打开随书所附光盘中的文件“第13章\房地产三折页设计\素材1.psd”，从而将其置入到选中的矩形中，如图13.124所示。

图13.124　置入图像

04 使用“直接选择工具”选中上一步置入的素材，在“效果”面板中设置其混合属性，如图13.125所示，得到图13.126所示的效果。

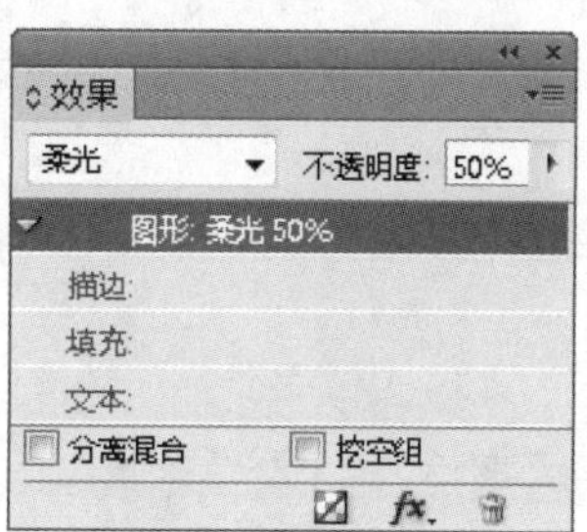

图13.125　“效果”面板

图13.126 设置效果后的状态

05 按【Ctrl+D】快捷键，在弹出的对话框中打开随书所附光盘中的文件“第13章\房地产三折页设计\素材2.ai”，将其置于正封的上方中间处并适当调整其大小，如图13.127所示。

图13.127 置入标志图像

06 按照上一步的方法，继续置入随书所附光盘中的文件“第13章\房地产三折页设计\素材3.ai”、“第13章\房地产三折页设计\素材4.ai”和“第13章\房地产三折页设计\素材5.jpg”并分别置于折页的各个部分，得到图13.128所示的效果。

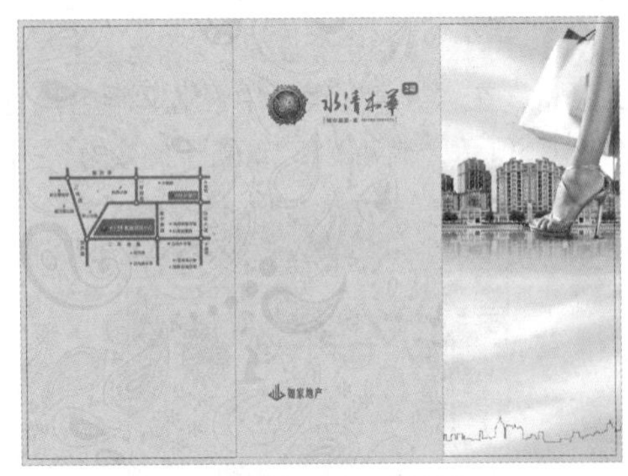
图13.128 置入其他图像

07 使用“文字工具”T，在正封底部的标志下方绘制一个文本框，在“字符”面板中设置其属性，如图13.129所示，在“颜色”面板中设置文本的填充色，如图13.130所示，得到图13.131所示的效果。

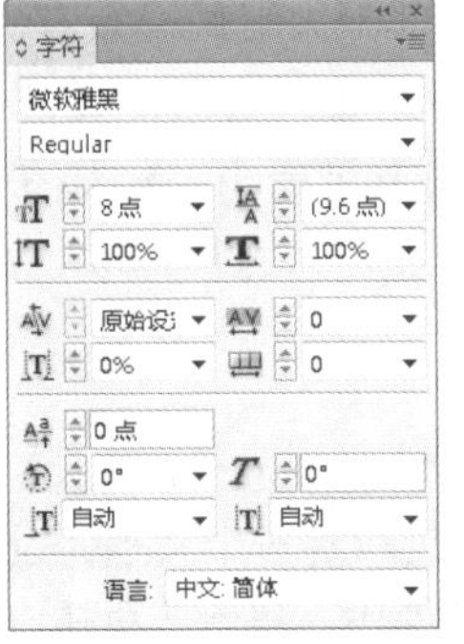

图13.129 “字符”面板

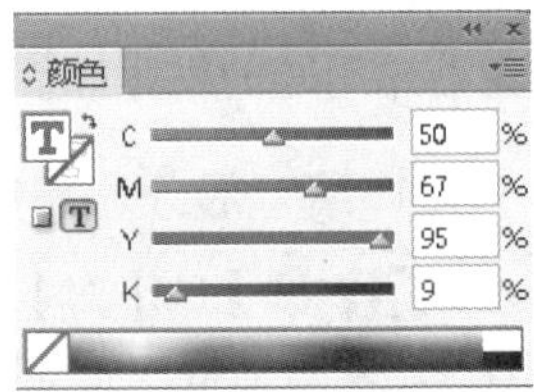

图13.130 “颜色”面板

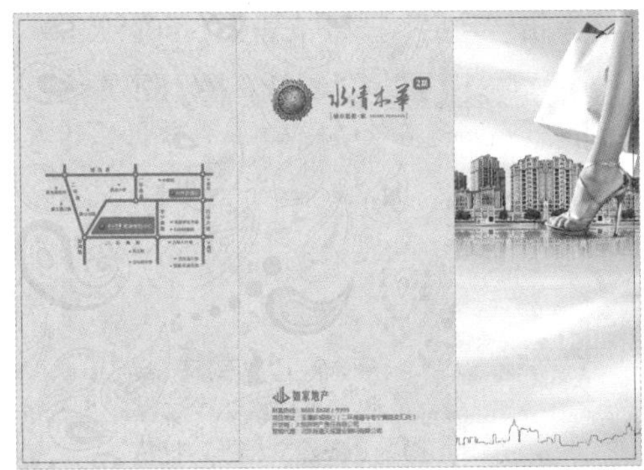
图13.131 输入并格式化文字

08 结合随书所附光盘中的文件“第13章\房地产三折页设计\素材6.ai”，及上一步中讲解的输入并格式化文本的功能，在最右侧的内折页中输入相关的说明文字，得到图13.132所示的效果。

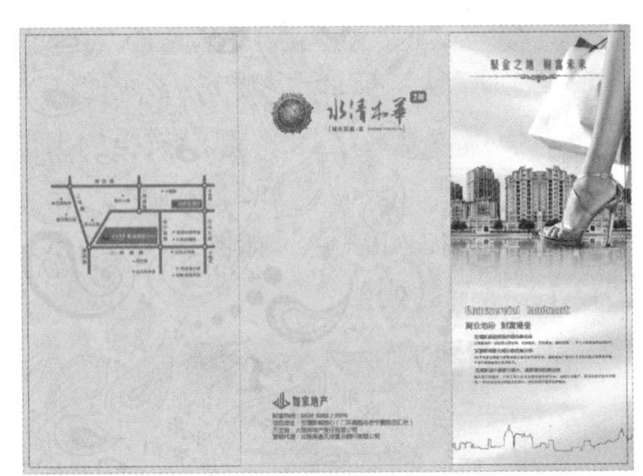
图13.132 在最右侧输入文字并加入素材

09 使用“椭圆工具”，分别按照图13.133和图13.134所示设置其填充色，并设置其描边色为“无”。在内折页上的文本前，绘制图13.135所示的两个装饰圆。

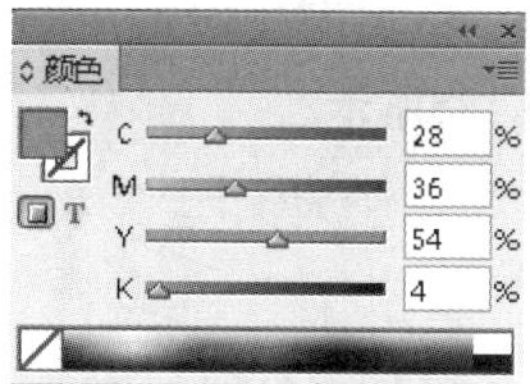

图13.133 “颜色”面板1

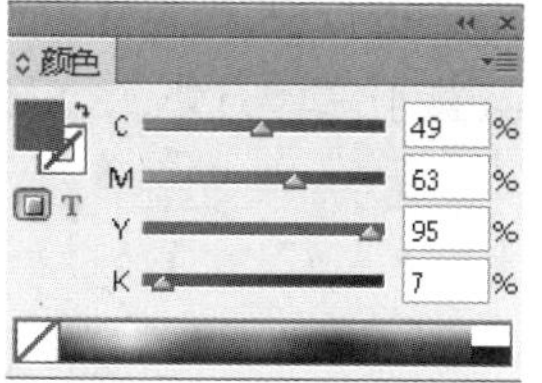

图13.134 颜色面板2

图13.135 绘制两个装饰圆

10 使用“选择工具”选中上一步绘制的装饰圆，按住【Alt+Shift】快捷键向下拖动两次，以创建得到其副本对象，调整好位置后，得到图13.136所示的效果，此时，三折页正面的整体效果如图13.137所示。

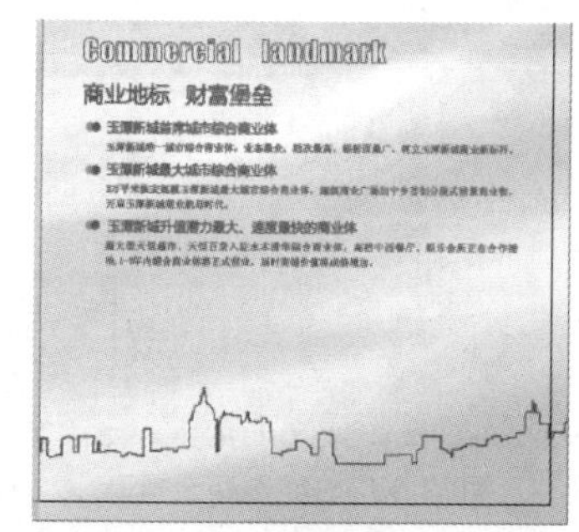

图13.136 复制装饰圆并调整好位置

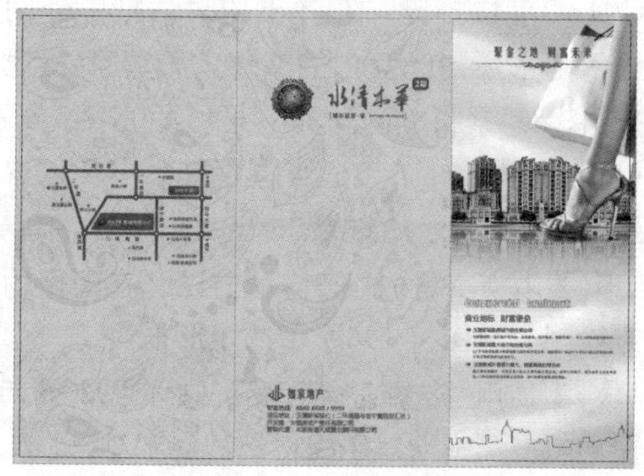

图13.137 正面的整体效果

2. 第二部分 制作背面

01 下面来制作三折页的背面内容。首先，先中正面中的背景对象，按【Ctrl+C】快捷键进行复制，然后切换至第2页，再选择“编辑”|“原位粘贴”命令。

02 使用“矩形工具”，设置其填充色为白色、描边色为无，在最左侧的位置绘制一个图13.138所示的矩形。

图13.138 绘制白色矩形

03 按照上一步的方法，绘制一个比白色矩形略小一些的矩形，设置其填充色为无。设置其描边色，如图13.139所示，设置其描边属性，如图13.140所示，得到图13.141所示的效果。

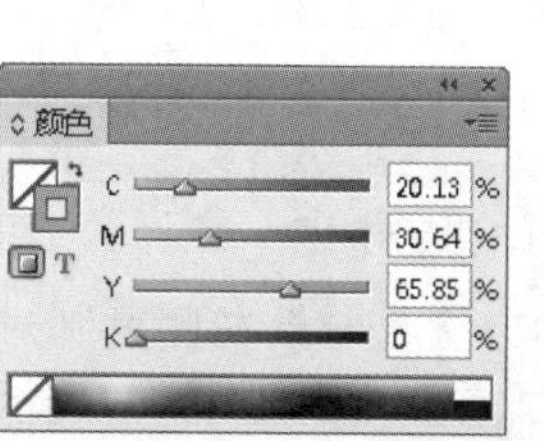

图13.139 “颜色”面板

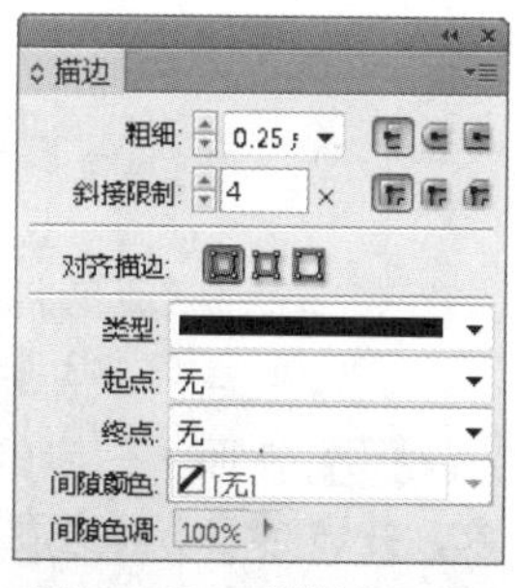

图13.140 “描边”面板

图13.141 制作得到的矩形框

04 按照上一步的方法，再绘制一个更小一些的矩形，并设置其描边“粗细”数值为2点，得到图13.142所示的效果。

图13.142 制作得到的矩形框

05 使用“选择工具”选中第2~4步中制作的图形对象，按住【Alt+Shift】快捷键向右侧拖动，以创建得到其副本并置于中间位置，如图13.143所示。

图13.143 向右侧复制对象

06 按照上一步的方法，向最右侧复制对象，并适当缩小其宽度，直至得到图13.144所示的效果。

图13.144 复制并缩小对象

07 按【Ctrl+D】快捷键，在弹出的对话框中打开随书所附光盘中的文件“第13章\房地产三折页设计\素材7.ai”，适当调整其大小并将其置于左上方处，如图13.145所示。

图13.145 置入图像

08 使用“矩形工具”，设置其描边色为无，设置其填充色为任意色，在上一步摆放花纹的左下方绘制一个矩形，再使用“选择工具”，按住【Alt+Shift】快捷键向右侧拖动，以创建得到其副本，如图13.146所示。

图13.146 绘制两个矩形

09 分别选择上一步绘制的两个矩形，按【Ctrl+D】快捷键，在弹出的对话框中分别为其置入随书所附光盘中的文件“第13章\房地产三折页设计\素材8.jpg”和“第13章\房地产三折页设计\素材9.jpg”，适当调整其大小及位置，得到图13.147所示的效果。

10 按照本部分第3步的方法，在图像的左下方绘制一个图13.148所示的矩形框。

11 使用“选择工具”，按住【Alt+Shift】快捷键向右侧拖动以创建得到其副本对象，如图13.149所示。

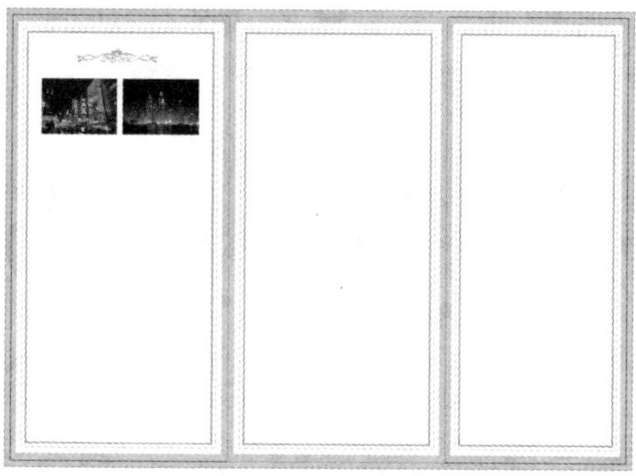

图13.147　置入图像后的效果

图13.148　绘制矩形框

图13.149　向右侧复制矩形框

12 连续按【Ctrl+Alt+D】快捷键多次复制矩形框，直至得到图13.150所示的效果。

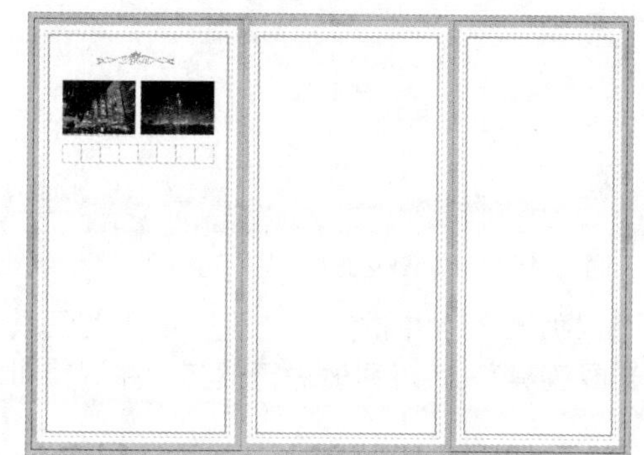

图13.150　连续复制多个矩形框后的效果

13 按照前面讲解的输入文本及置入图像的方法，结合随书所附光盘中的文件“第13章\房地产三折页设计\素材10.jpg”，制作得到图13.151所示的效果。

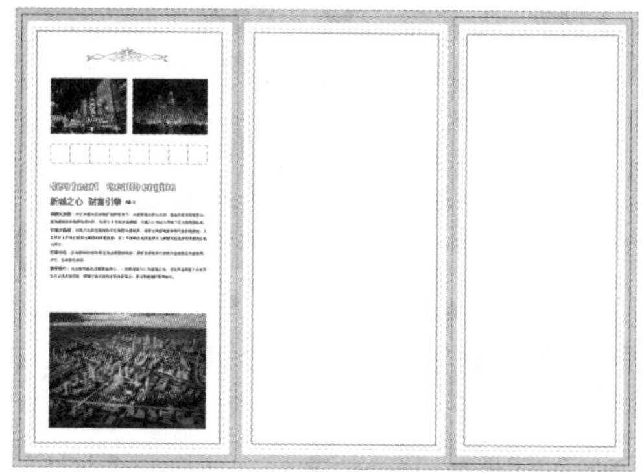

图13.151　输入文字并置入图像

14 使用“选择工具”选中左上方的花纹，并按住【Alt+Shift】快捷键向中间处进行复制，如图13.152所示。

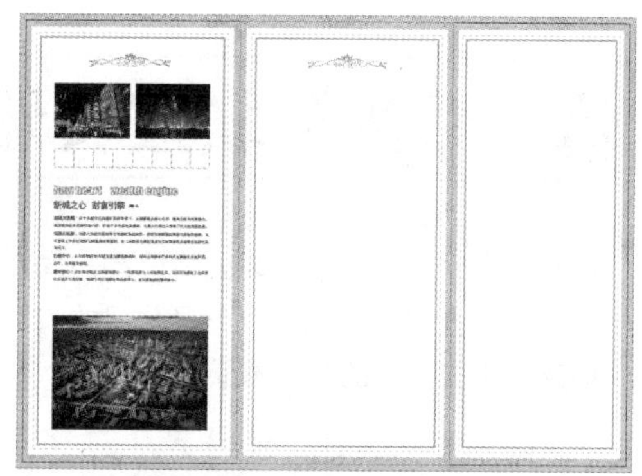

图13.152　向右复制花纹对象

15 使用“文字工具”T绘制文本框，并设置适当的文本属性，输入图13.153所示的文字。

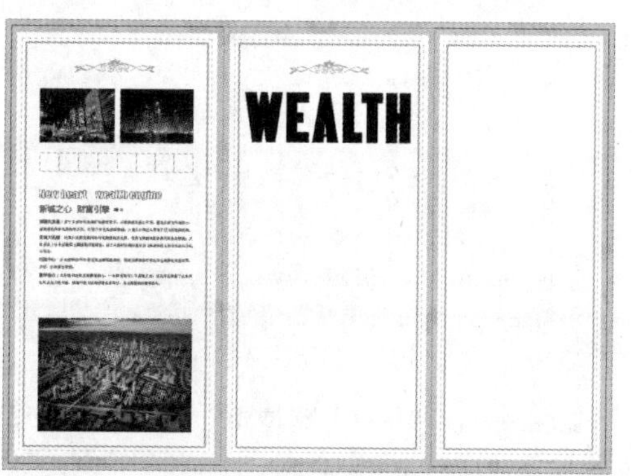

图13.153　输入文字

16 选中上一步输入的文字，按

【Ctrl+Shift+O】快捷组合键将其转换成为图形，然后按【Ctrl+D】快捷键，在弹出的对话框中打开随书所附光盘中的文件“第13章\房地产三折页设计\素材11.jpg”，从而将其置入到文字图形中，适当调整图像的大小及位置后，得到图13.154所示的效果。

17 按照前面讲解的置入图像、输入文字等操作，结合随书所附光盘中的文件“第13章\房地产三折页设计\素材12.jpg”和“第13章\房地产三折页设计\素材13.ai”，制作得到图13.155所示的最终效果，由于其操作方法在前面已经讲解过，故不再详细说明。

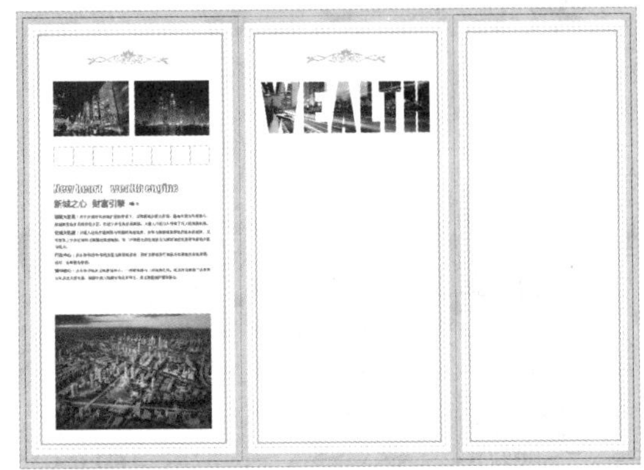

图13.154 置入图像

图13.155 背面的最终效果

13.6 点智互联宣传册设计

在本例中，将为点智互联公司设计一本宣传册。由于该公司属于云服务类科技公司，因此在设计时，采用了大量的蓝色，以彰显公司的特点，配合较多的留白与新颖的版面设计形式，给人以专业、稳定又不失大气的视觉感受。

1. 第一部分 设计封面

01 按【Ctrl+N】快捷键新建一个文档，设置弹出的对话框，如图13.156所示，单击“新建边距和分栏”按钮，设置弹出的对话框，如图13.157所示，单击“确定”按钮以完成文档的创建。

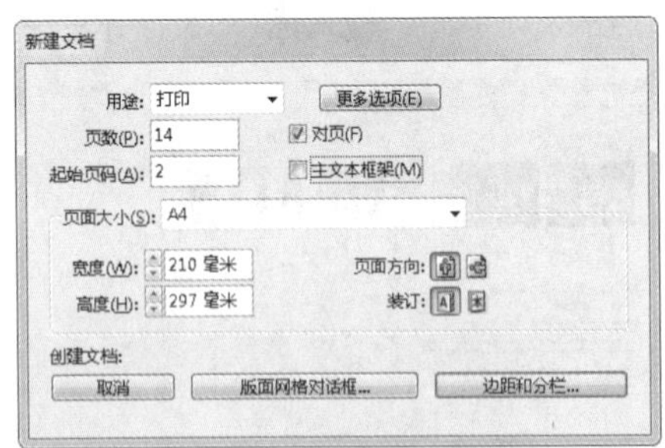

图13.156 “新建文档”对话框

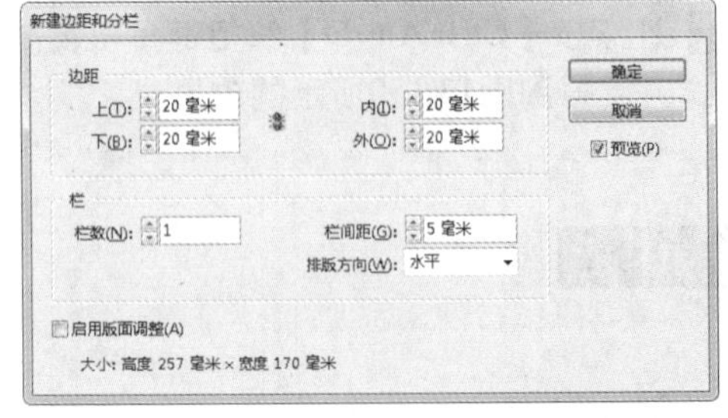

图13.157 “新建边距和分栏”对话框

02 按【Ctrl+D】快捷键，在弹出的对话框中打开随书所附光盘中的文件“第13章\点智互联宣传册设计\素材1.jpg”，如图13.158所示，然后使用“选择工具”对图像进行裁剪，并调整图像的大小及位置，直至得到图13.159所示的效果。

图13.158　素材图像

图13.159　置入并裁剪图像

03 使用“矩形工具”▭在正封的图像上方绘制一个矩形条，设置其填充色，如图13.160所示，设置其描边色为无，得到图13.161所示的效果。将该颜色保存至“色板”面板中，并将其重命名为“主色”。

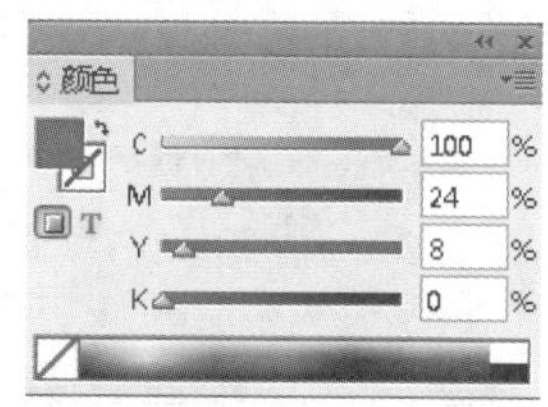

图13.160　“颜色”面板

图13.161　绘制的图形

提示

此处保存的颜色，是在后面的设计过程中最主要使用的色彩，在后面的讲解过程中，如无特殊说明，则所说的“蓝色”，均指使用此处保存的“主色”。

04 选中上一步绘制的矩形，按【Ctrl+D】快捷键，在弹出的对话框中打开随书所附光盘中的文件“第13章\点智互联宣传册设计\素材2.psd”，从而将其置入蓝色矩形中，使用“直接选择工具”适当调整图像的位置及大小，直至得到图13.162所示的效果。

图13.162　置入图像后的效果

05 使用“选择工具”选中置入了图像后的蓝色矩形，按住【Alt+Shift】快捷键向左侧拖动以创建得到其副本，并按照上一步的方法，使用“直接选择工具”适当调整图像的位置及大小，直至得到图13.163所示的效果。

图13.163　复制并调整图像后的效果

06 使用“文字工具”T，结合适当的格式化设置，在正封及封底处输入图13.164所示的文本。由于其操作方法比较简单，故不再详细讲解。

图13.164　封面整体效果

2. 第二部分　制作内容页

> **提示**
>
> 在第一部分的操作中，我们已经完成了宣传册封面的设计。在接下来的两页中，主要是设计用于放置宣传册的目录，该部分内容可以在内容设计完成后再进行处理。但为了准确地显示页码，我们可以先将内容页的章节划分出来，并在主页中设置好相应的版式。

01 首先选中第1~4页，在其中任意一个页面上单击鼠标右键，在弹出的快捷菜单中选择"将主页应用于页面"命令，设置弹出的对话框，如图13.165所示。

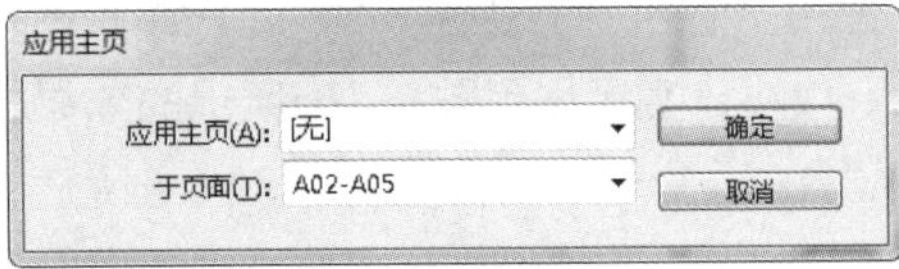

图13.165　"应用主页"对话框

02 在"页面"面板中选中第4页并在其上单击鼠标右键，在弹出的快捷菜单中选择"页码和章节选项"命令，设置弹出的对话框，如图13.166所示，得到图13.167所示的"页面"面板状态。

03 下面来设计一下宣传册的主页。双击主页"A-主页"以进入其编辑状态，选择"边距和分栏"命令，设置弹出的对话框如图13.168所示，再配合本书第11章结尾的案例中讲解的主页制作方法，制作得到图13.169所示的效果。

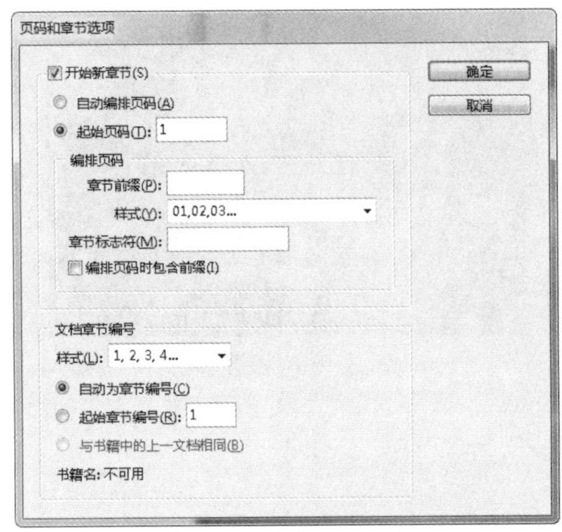

图13.166　"页码和章节选项"对话框

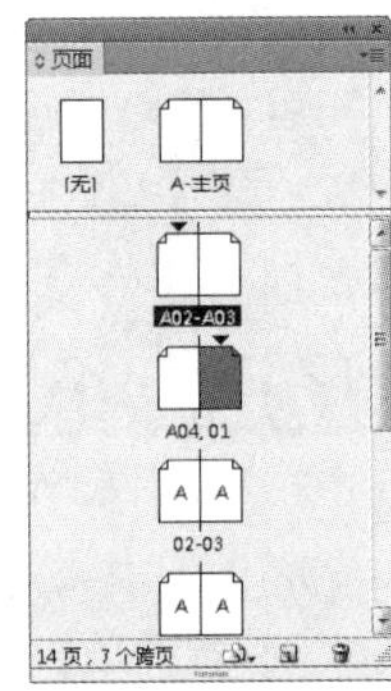

图13.167　设置后的"页面"面板状态

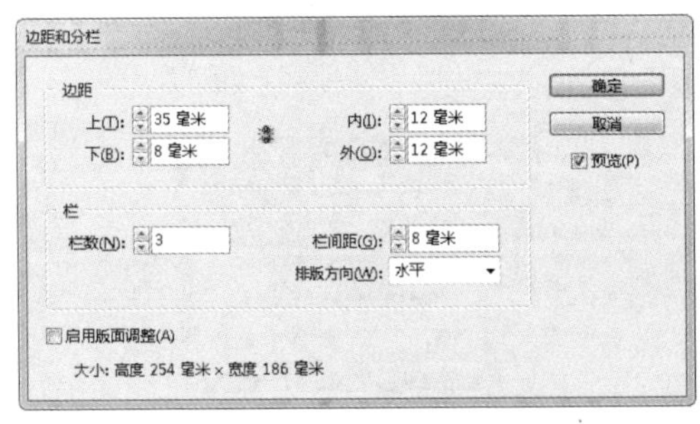

图13.168　"边距和分栏"对话框

图13.169　设置主页后的效果

> **提示**
>
> 读者可以直接将第11章章结尾的案例中的制作完成的内容复制到当前主页内。另外，在下面的操作中所提到的页码，如无特殊说明，均是以正文页面中显示的页码为准。

04 切换至正文第2页，使用“矩形工具”在灰色矩形条下的方绘制一个与之对齐且等高的矩形，设置其填充色为“主色”、描边色为无，得到图13.170所示的效果。

05 使用“文字工具”在蓝色矩形的前方绘制一个文本框，在其中输入文字“点智互联介绍”，然后按照图13.171所示设置其属性，得到图13.172所示的效果。

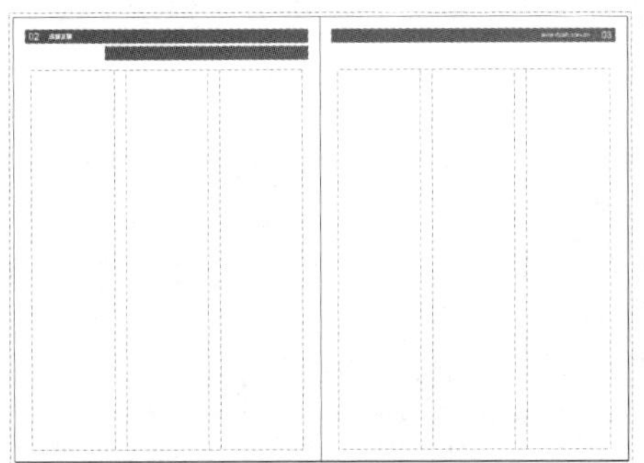

图13.170　绘制蓝色矩形

图13.171　“字符”面板

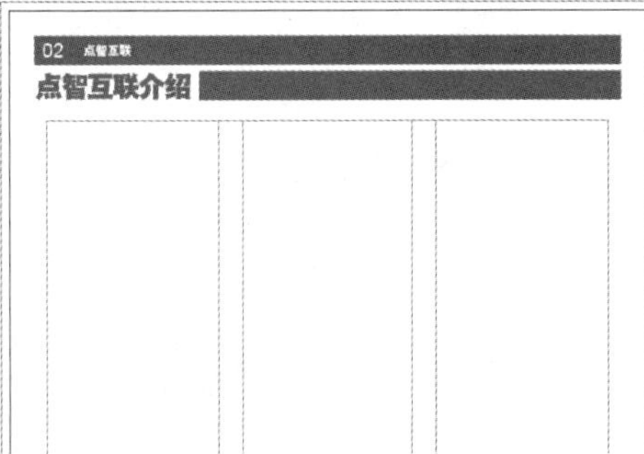

图13.172　输入文字

06 按照上一步的方法，在蓝色矩形内输入相应的英文并设置其属性，如图13.173所示，得到图13.174所示的效果。

图13.173　“字符”面板

图13.174　输入英文文字

07 使用“矩形工具”，按照第4步的方法绘制一个图13.175所示的蓝色矩形，再按照第5步的方法输入蓝色文本，如图13.176所示。

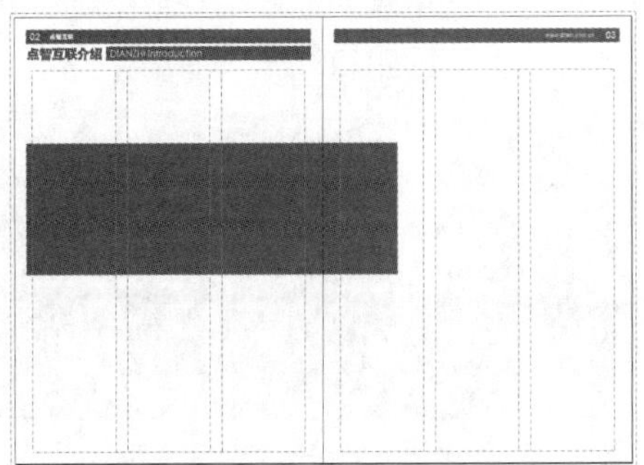

图13.175　绘制一个蓝色矩形

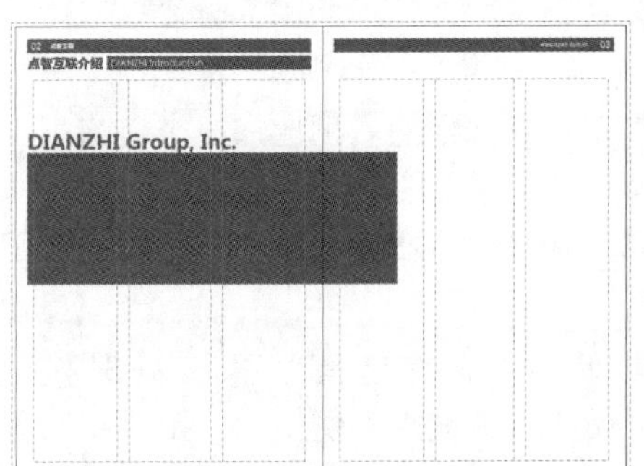

图13.176　输入蓝色文字

08 下面将在蓝色的色块内继续编辑内容。按照第5步的方法，在蓝色矩形内输入图13.177所

示的文本。

图13.177　输入文本

09 使用“直线工具”，设置其描边色为白色，按照图13.178所示设置其描边属性，在前面输入的文字左侧绘制图13.179所示的箭头图形。

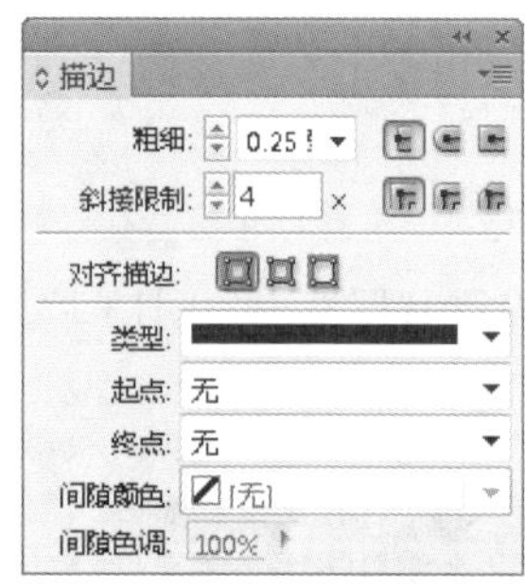

图13.178　“描边”面板

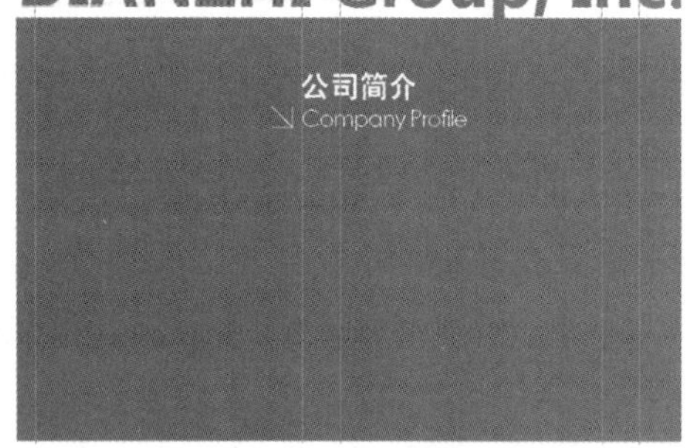

图13.179　绘制箭头

10 下面在文字的右侧增加一个装饰条。首先，使用“直线工具”，按照上一步设置的描边属性在文本的右侧绘制一条斜线，如图13.180所示。

11 使用“选择工具”，同时按住【Alt+Shift】快捷键向右侧拖动一定距离，如图13.181所示。连续按【Ctrl+Alt+Shift+D】快捷组合键多次，以复制得到多个斜线线条，图13.182所示。

图13.180　绘制斜线

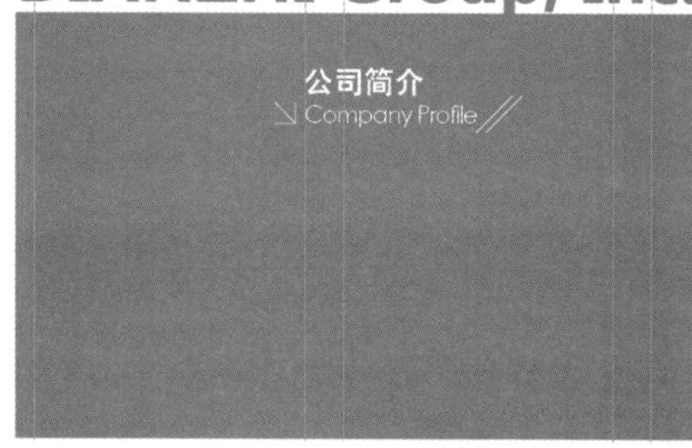

图13.181　向右复制斜线

图13.182　复制多个斜线后的效果

12 使用“矩形工具”在斜线线条上绘制一个图13.183所示的黑色矩形。使用“选择工具”选中所有的斜线线条，并按【Ctrl+X】快捷键进行剪切，然后选中黑色矩形，选择“编辑”|“贴入内部”命令，得到图13.184所示的效果。

图13.183　绘制黑色矩形

13 选中黑色矩形并设置其填充色为无，得到图13.185所示的效果。

图13.184　将斜线置入黑色矩形后的效果

图13.185　设置黑色为无后的效果

下面将在前面制作的标题下方输入正文内容。首先，我们需要为其定义一个复合字体及相应的段落样式，以便于进行统一控制。

14 选择“文字”|“复合字体编辑器”命令，在弹出的对话框中创建一个名为“arial+微软雅黑”的复合字体，并按照图13.186所示进行字体设置，然后单击“存储”按钮，再单击“确定”按钮退出对话框即可。

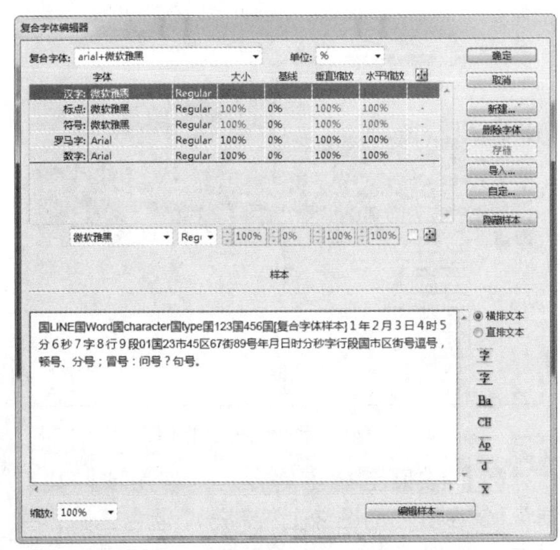
图13.186　“复合字体编辑器”对话框

15 在“段落样式”面板中创建一个新的段落样式，设置弹出的对话框，如图13.187、图13.188和图13.189所示，设置完成后，单击“确定”按钮退出对话框即可。

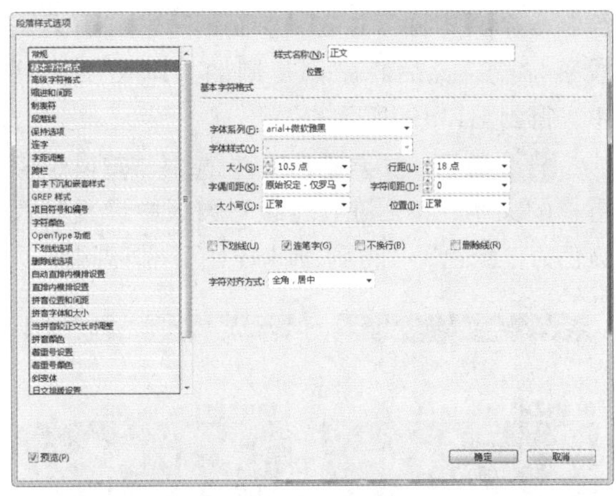
图13.187　设置段落样式1

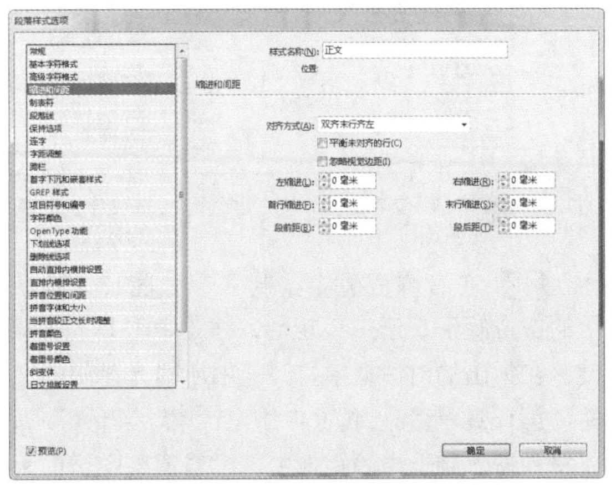
图13.188　设置段落样式2

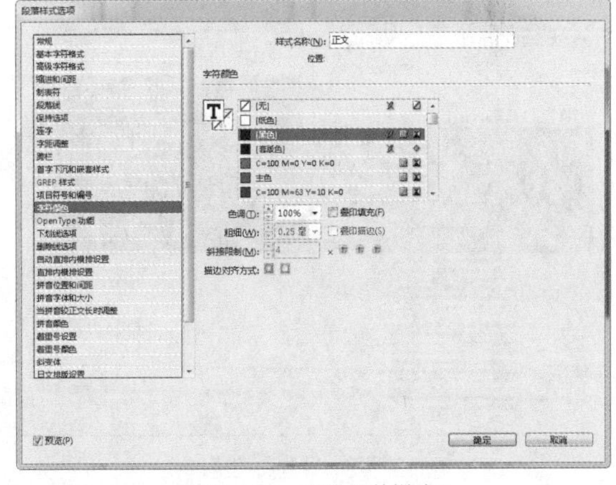
图13.189　设置段落样式3

16 打开随书所附光盘中的文件“第13章\点智互联宣传册设计\素材3.txt”，按【Ctrl+A】快捷键进行全选，再按【Ctrl+C】快捷键进行复制，返回至InDesign中，在标题下方

第13章　综合案例

绘制一个文本框，并应用前面创建的“正文”段落样式，然后将刚刚复制的文本粘贴至其中，得到图13.190所示的效果。

17 使用“文字工具”T选中与蓝色矩形重叠的文字，然后在“色板”面板中设置其填充色为“纸色”，得到图13.191所示的效果。

图13.190 粘贴入文本后的效果

图13.191 设置文字为白色后的效果

18 在右侧页面中绘制一个如图13.192所示的占位矩形，选中该矩形，按【Ctrl+D】快捷键，在弹出的对话框中打开随书所附光盘中的文件“第13章\点智互联宣传册设计\素材4.psd”，以将其置入到选中的矩形中，适当调整图像的大小及位置后，得到图13.193所示的效果。

图13.192 绘制占位矩形

19 选中上一步置入了图像的矩形，按【Ctrl+Shift+[】键将其置于底层，得到图13.194所示的效果。

20 选中蓝色矩形，在“效果”面板中设置其混合模式为“正片叠底”，得到图13.195所示的效果。

图13.193 置入图像

图13.194 调整图像的顺序

图13.195 设置图形的混合模式

21 按照上一步的方法，使用“椭圆工具”在右侧的图像上绘制一个蓝色正圆，并设置其混合模式为“正片叠底”，得到图13.196所示的效果，图13.197所示是在其上输入文字并绘制简单图形后的效果。

22 使用“矩形工具”，在右侧页面的下方绘制一个图13.198所示的灰色矩形，其填充色的设置如图13.199所示。

图13.196　绘制图形并设置混合模式

图13.197　绘制图形并输入文字

图13.198　绘制灰色矩形

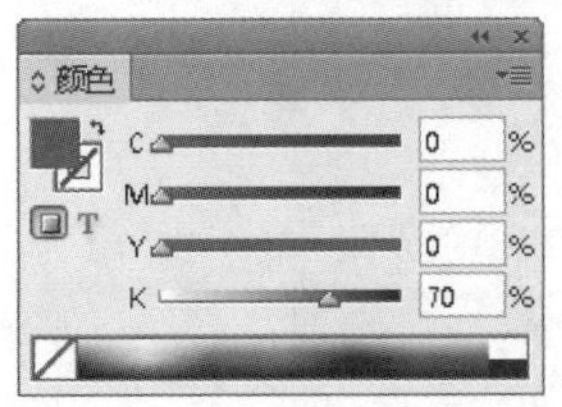

图13.199　“颜色”面板

23 使用“选择工具”选中左侧页面中的标题，并按【Alt】键将其拖至上一步绘制的灰色矩形内部，如图13.200所示。修改其中的文字内容，并适当调整文本框与图形对象的位置，得到图13.201所示的效果，图13.202所示是结合随书所附光盘中的文件“第13章\点智互联宣传册设计\素材5.txt”中的文字制作得到的效果。

图13.200　复制标题 图形

图13.201　编辑内容及图形后的效果

图13.202　添加入文字后的效果

24 下面来继续进行正文第4-5页的设计。切换至这两页后，按照前面讲解的置入素材、绘制图形以及输入文字等操作，配合随书所附光盘中的文件“第13章\点智互联宣传册设计\素材6.jpg”至“第13章\点智互联宣传册设计\素材9.txt”中的文字及图片，制作得到类似如图13.203所示的效果。

图13.203　初步完成后的页面效果

25 下面将为下方的小标题定义并应用新的段落样式。在“段落样式”面板中创建一个新的段落样式，设置弹出的对话框如图13.204、图13.205和图13.206所示，设置完成后，单击“确定”按钮退出对话框即可。

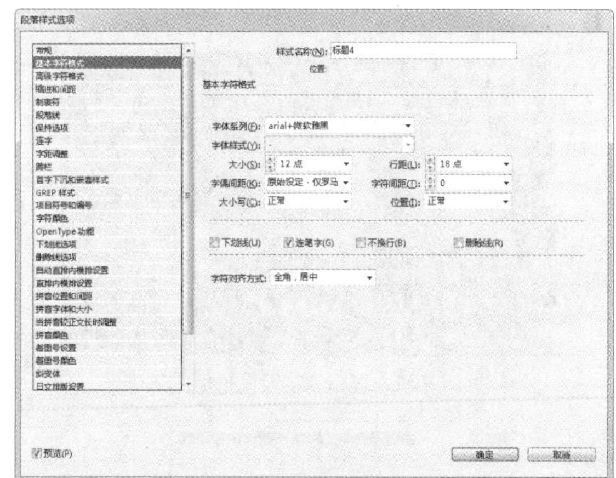

图13.204　设置段落样式1

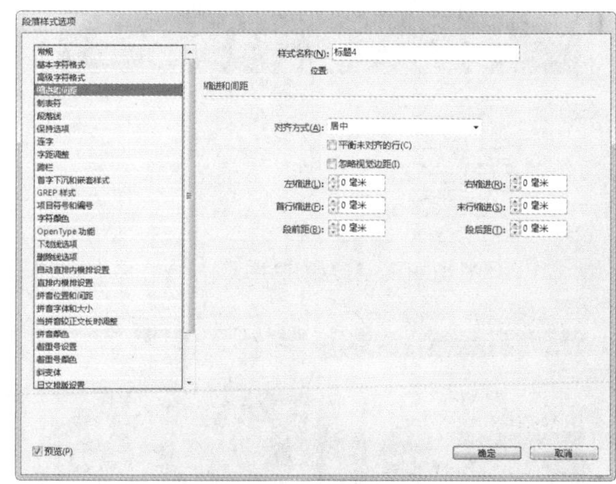

图13.205　设置段落样式2

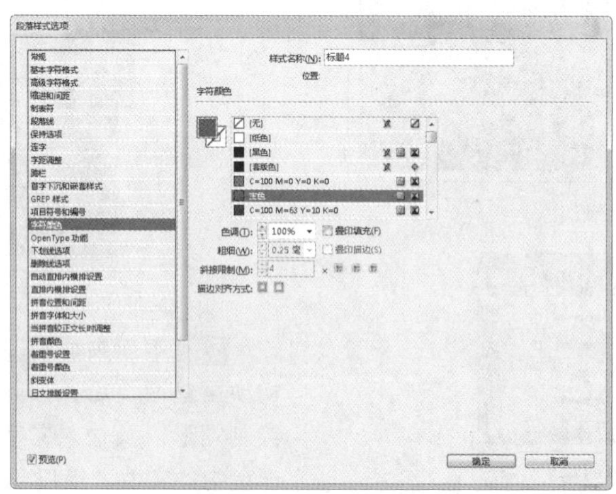

图13.206　设置段落样式3

26 使用“选择工具”选中页面下方的所有小标题，然后应用上一步中定义的段落样式，得到图13.207所示的效果。

27 打开随书所附光盘中的文件"第13章\点智互联宣传册设计\素材10.indd"，将其中的小图标复制到当前文档中并分别调整其位置，直至得到图13.208所示的效果。

图13.207　为小标题 应用样式后的效果

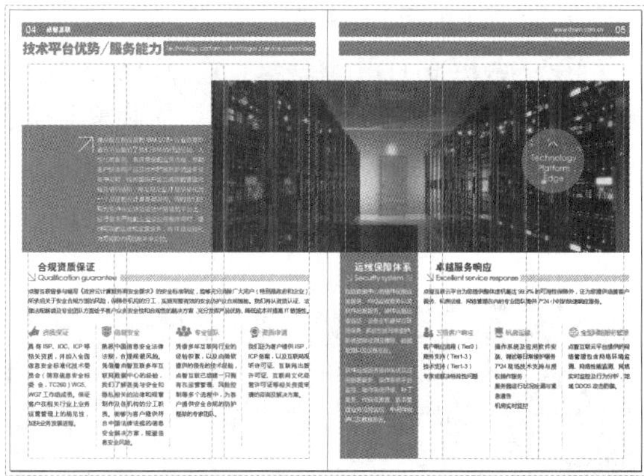

图13.208　添加图标后的效果

28 按照前面讲解的操作方法，以及定义好的样式，配合随书所附光盘中的文件"第13章\点智互联宣传册设计\素材11.jpg"至"第13章\点智互联宣传册设计\素材20.jpg"，可继续制作内容页中的其他页面效果，由于其操作方法基本相同，故不再重述。设计好的页面效果如图13.209、图13.210和图13.211所示。

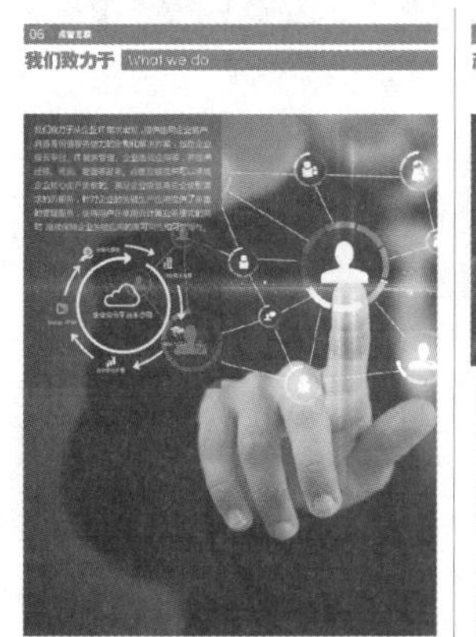

图13.209　完成后的页面1

图13.210　完成后的页面2

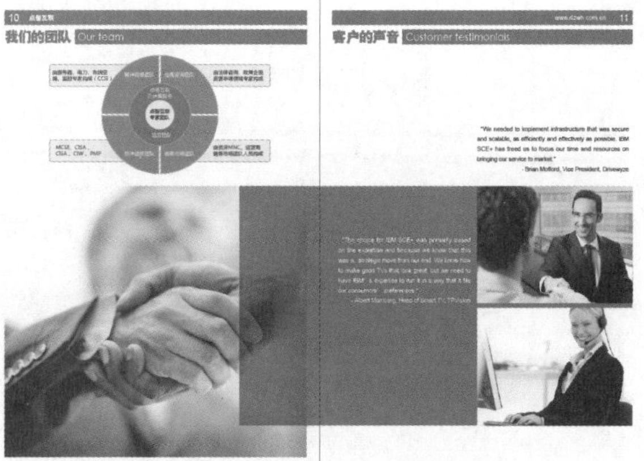

图13.211　完成后的页面3

3. 第三部分　制作目录

01 至此，我们已经完成了所有的内容页的设计，下面就来继续制作目录页的内容。切换至文档的第4-5页（即第2个跨页）。

02 按【Ctrl+D】快捷键，在弹出的对话框中打开随书所附光盘中的文件“第13章\点智互联宣传册设计\素材21.txt”，并通过适当的裁剪与缩放，使之铺满整个页面，得到图13.212所示的效果。

03 由于本宣传册中的涉及的目录项较少，因此就直接通过手动输入的方式来制作其目录，其操作方法也非常简单，在页面的右侧绘制输入页码及标题，并绘制直线作为装饰即可，如图13.213所示。

图13.212　目录页的图像效果

图13.213　完成后的目录效果